逆境植物细胞生物学

简令成 王 红 著

科学出版社

北京

内 容 简 介

本书分为两篇。第一篇是正常条件下植物细胞的结构与功能,包括11章,系统地叙述了植物细胞内各种细胞器的结构与功能,作为逆境中细胞结构与功能变化对比分析的基础。第二篇是低温、干旱和盐胁迫下植物细胞结构与功能的反应与适应,包括13章,叙述了各类细胞器的结构与功能、物质代谢以及基因表达在逆境中的变化,全面反映了当今国际上在植物抗寒、抗旱和抗盐机制及基因工程研究中细胞和分子水平上的最新研究成果,内容丰富,具有较高的学术水平。

本书可供综合性高等院校、农林院校及科研机构植物生物学、植物生理学、细胞生物学、分子生物学等专业的研究人员与教学人员、研究生和大学生参考。

图书在版编目(CIP)数据

逆境植物细胞生物学/简令成,王红著. —北京:科学出版社,2009
ISBN 978-7-03-022365-4

Ⅰ. 逆…　Ⅱ.①简…②王…　Ⅲ. 植物-细胞生物学　Ⅳ. Q942

中国版本图书馆 CIP 数据核字(2008)第 091243 号

责任编辑:莫结胜　席　慧/责任校对:张怡君
责任印制:赵　博/封面设计:耕者设计工作室

科学出版社出版
北京东黄城根北街 16 号
邮政编码:100717
http://www.sciencep.com

北京华宇信诺印刷有限公司印刷
科学出版社发行　各地新华书店经销

*

2009 年 1 月第　一　版　　开本:787×1092 1/16
2025 年 3 月第五次印刷　　印张:21 3/4
字数:508 000

定价:**128.00 元**
(如有印装质量问题,我社负责调换)

序

近年来全球气候变化，严重影响了人类的生存环境，并导致农业生产的巨大损失，这是亟待解决的国家重大战略问题。同时，植物对逆境（如低温、干旱和土壤盐渍化等）的应答机制也是科学家关注的问题，在我国的科研计划（如国家重点基础研究发展计划、国家高技术研究发展计划等）中已被列为重大研究方向，整个国际社会也都投入了巨大的人力和物力。过去的数十年间，植物科学工作者在植物逆境生理和细胞生物学研究方面取得了重要的进展，特别是近年来在拟南芥、水稻等模式植物的分子遗传学研究中取得了突破，在国际上产生了重要的影响。

简令成教授是一位资深的细胞生物学家，在逆境细胞生物学研究方面取得了重要成就，曾任中国科学院植物研究所细胞室主任，中国细胞生物学会第一、二届理事会理事，中国植物学会第十届理事会理事，中国植物细胞生物学专业委员会主任，《细胞生物学杂志》副主编，《实验生物学报》、*Cell Research* 及《植物学通报》编委等学术职务，并曾受聘为中国科学院研究生院和中国农业科学院研究生院兼职教授，以及作为客座教授在美国明尼苏达大学农学院园艺系植物抗性研究室工作过 8 年（1994～2001年）。王红博士是简先生的学生，她参与植物抗逆性的细胞生物学研究也已有多年，他们师生共同撰写的《逆境植物细胞生物学》，是对植物在细胞及分子水平研究中取得的新成果的一个较全面、系统的总结，内容丰富，具有很高的学术水平。书中的第一篇"正常条件下植物细胞的结构与功能"，既是该书中逆境植物细胞结构与功能变化的对比分析的基础，也弥补了以前的细胞生物学书籍阐述植物细胞的特异结构与功能相对较少的不足。所以，《逆境植物细胞生物学》的出版，对于我国进一步开展植物抗逆性和普通细胞生物学的研究与教学将起到重要作用。

著者长期从事植物抗逆性的细胞生物学研究，他们发表的大量研究论文早已受到读者的欢迎和重视，《逆境植物细胞生物学》的出版，是著者对植物抗逆性研究的又一个新贡献。基于在这个领域内长期的实践经验和知识积累，著者对于问题的看法能做到融会贯通，举一反三，因此该书在文字叙述上做到了深入浅出，同时有他们长期积累的图片（照片）可参考借鉴，使读者容易看懂和领会。我深信，读者们一定会对该书给予热烈的欢迎，并会从中获益良多，因此我十分高兴地向读者予以推荐。

中国科学院植物研究所

2008 年 5 月 7 日

前　言

众所周知，低温、干旱和盐渍化是全球普遍存在的三大主要自然灾害，严重地影响植物的生长和繁衍，阻碍农业生产的发展，破坏人类的绿色家园。并且，其危害程度还在加剧，正日益严酷地挑战人类的生存环境。不正常的气候变化日益剧烈，许多地区的干旱和盐渍化正以极高的速度蔓延，使包括人类在内的所有生物群体的生存空间日益缩小，并使人类健康遭受严重危害。因此，防治这些自然灾害是人类社会发展规划中最重要的战略任务。当今，全世界各国政府领导人对这一问题给予了极大关注，如何制订既能开发利用，又有周密的科学保护的政策和措施，防止进一步的破坏，并研究科学的恢复方法，提高植物对这些逆境的抵抗能力和适应性，是战胜这种自然灾害的一个重要方面。

植物与其生存环境的适应关系是矛盾统一体的两个方面，二者始终处在动态变化之中，不利的环境条件（如低温、干旱和盐渍化）给植物的生活和生存造成压力（stress），一方面导致植物体一系列形态学、生理学、生物化学和分子生物学的变化，影响植物的生长，甚至危害其生存；另一方面，植物为了生存会使它的机体结构和功能发生改变，其结果是适应者生存，不适应者灭亡。科学研究的任务和作用，是揭示和认识植物的这种适应性变化的规律，进而帮助植物如何更有效地去适应这种逆境，尤其是要帮助那些重要的农作物提高它们的抗逆能力，减轻逆境的危害，保持较好的产量和质量。因此，联合国教科文组织和许多发达国家都已将植物的抗逆性列为重大科研计划；许多综合大学的生命科学院系和农林院校开设了"逆境植物生物学或生理学"课程；许多著名的国际学术刊物都设有"植物抗逆性"（plant stress resistance）论文专栏；植物抗逆性国际学术讨论会几乎连年举行；不仅有大量的植物抗逆性的研究论文和综述发表，而且不断有许多抗逆性专著出版。所有这些，其目的都是为了动员各种力量去战胜低温、干旱和盐渍化等逆境自然灾害，保护人类的绿色家园和健康的生活环境。

细胞是生物有机体形态结构和生命活动的基本单位，植物对逆境的反应和适应也是通过细胞结构和功能的改变去实现的。长期以来，特别是近二十余年来，国内外的逆境研究专家们运用新的研究技术，在细胞和分子水平上进行了大量的工作，为植物在逆境反应和适应过程中的细胞结构与功能的改变提供了许多新的高水平的研究成果和新的学术见解，展示了细胞和分子在逆境适应中相辅相成的紧密关系。这些新成果不仅涉及生物膜结构的变化、水的调节和离子的平衡，以及细胞生长与分化的适应；更为重要的是揭示了膜与蛋白质的保护性物质、分子伴侣、渗透保护剂和自由基清除剂，细胞对逆境胁迫信号的感应和传递途径及其调控因子，基因表达的转录调节和转录表达水平，并在基因转化的遗传工程上都取得了不少进展，为进一步提高作物抗逆性打下了良好的基础，预示着光明的前景。

本书著者长期从事植物抗寒机制的细胞生物学研究，并涉足过抗旱和抗盐机制的探讨。如上所述，低温、干旱和土壤盐渍化这三大自然灾害与农业生产和人类生活的关系重大，所以在近几年中，特别对国内外有关植物抗寒、抗旱和抗盐的细胞与分子生物学的研究成果进行了搜集与整理，希望在本书中能够较系统地、全面地反映当前的最新研究成果和水平，为我国植物抗逆性的研究和教学做一点承前启后的工作，为推进我国在防治低温、干旱和盐渍化胁迫的斗争中，在保护人类绿色家园的持久战中，尽一点微薄之力。

本书分为两篇，第一篇是正常条件下植物细胞的结构与功能，作为逆境中植物细胞结构与功能变化对比分析的基础，包括 11 章，依次叙述：整体植物细胞的结构模式和它的基本组分；细胞壁；质膜；细胞核；质体：叶绿体和造淀粉体；线粒体；核糖核蛋白体；细胞质微管骨架；内质网-高尔基体系统；液泡；细胞间运输：胞间连丝和传递细胞。第二篇是低温、干旱和盐胁迫下植物细胞结构与功能的反应与适应，包括 13 章，依次叙述：质膜结构与功能对低温、干旱和盐胁迫的反应与适应；低温、干旱和盐渍化逆境中细胞核结构与功能的变化；细胞骨架对低温、干旱和盐胁迫的反应与适应；低温、干旱和盐渍化逆境中叶绿体结构与功能的变化；低温、干旱和盐渍化逆境中线粒体结构与功能的变化；液泡对逆境的反应与适应；细胞壁对低温、干旱和盐渍化的适应性变化；气孔开关运动的调节与植物的逆境适应；主动程序性细胞死亡与植物的逆境适应；脯氨酸和甜菜碱的渗透调节与保护作用；Ca^{2+} 在植物细胞对逆境反应和适应中的调节作用；活性氧在植物细胞对低温、干旱和盐胁迫反应中的双重作用：损伤作用和信号分子；抗性基因表达与基因工程。本书可作为植物生物学和农林科研机构以及大专院校的研究人员和教学人员、研究生和大学生的参考书。如若读者能从本书中得到一些收益，则对著者是一个莫大的欣慰。

植物对逆境胁迫的反应与适应是一个十分复杂的问题，涉及细胞结构，特别是膜结构学、细胞生理学、生物化学、生物物理学、遗传学和分子生物学等众多学科的知识和研究，当今的新成果也都是在这种多学科和高新技术的共同研究中取得的，我们在主观上虽想尽可能地将这些新成果反映在本书中，为读者贡献有益的启示；然而由于我们的水平有限，实际上做到的与原来期望做到的肯定会有很大距离，并且免不了有不少不妥之处，甚至有错误的地方，还要恳请读者多加指教。

本书的编写得到了许多朋友和同行的热心支持与鼓励，其中特别要提到的是美国明尼苏达（Minnesota）大学农学院园艺系李本湘（Paul H. Li）教授，受他的邀请，我曾作为客座教授于 1994～2001 年在他的植物抗逆研究室工作了 8 年，我们合作得很愉快，李教授对我们做的"植物抗逆机理的细胞生物学研究"很赞赏，在此期间，他曾一再动员和鼓励我撰写这方面的专著，我回答说："我在 1986 年花了近两个月时间写了一本《植物寒害和抗寒性》的小册子，自己很自信，读者反映也不错；然而日后的工作越多越不敢写了，因为许多问题还都不能定论。"李教授说："这正表明你认识的进步和成熟，英文'research'就是表示研究是不断地'再探索'（re-search），你在这种基础上写书，一定会写得更好，读者需要这样的著作。"如果这本书能得到读者的基本认同，则首先要感谢李本湘教授的支持与鼓励。我的学生王红博士积极参与撰写，是本书得以顺利完成的重要力量。在收集文献资料的过程中，北京林业大学生物学院生物化学与分子生物学系的卢存福博士给予了许多帮助，并对部分初稿提出过宝贵意见，特在此向他致以深深的谢意。

在本书的封面设计、校对及文献录入过程中，得到了以下同志的支持和帮助，他们是简洁、简正、薛群、孙德兰、胡占义、杜志高、刘本叶、马东明、蒲高斌、雷彩燕、邱晓芳、郭艳武、陈建林、黄莉莉、马兰青等，在此向他们表示真诚的感谢。

我还要深深感谢我的夫人，在我的整个科研生涯中，她总是默默地承担了全部家务劳动，让我能将全部精力用于科学实验和撰写本书。

我们在长期的植物抗寒机制的细胞生物学研究中，得到了国家自然科学基金委员会重大基金项目、多项面上基金项目以及中国科学院重点基金项目的持续资助，也在此表示衷心的感谢。

我们还要特别感谢著者所在单位中国科学院植物研究所领导给予了大力支持与鼓励，并在出版经费上给予了补助。

简令成

2008 年 5 月 8 日

目　　录

第二篇 低温、干旱和盐胁迫下植物细胞结构与功能的反应与适应

第一篇
正常条件下植物细胞的结构与功能

第一章　整体植物细胞的结构模式和它的基本组分

细胞结构与功能的论述是分别按照细胞内所包含的各种细胞器进行的，即论述各种细胞器的结构与功能。在分别探讨各种细胞器的结构与功能之前，无疑需要有一个完整的细胞结构的概念。

一、茎尖、根尖和形成层三个特区的分生组织细胞是植物生长发育、新器官产生的源头

植物体是由各种器官和组织以及各种类型的细胞构建而成的，它们有一个发育过程。高等植物种子中的胚与脊椎动物的胚胎有着很大的差异，脊椎动物的成熟胚胎几乎已经具备成年个体的所有器官，而植物种子中的幼胚尚不具备成年植物体的许多器官和组织，只是幼胚的顶端分生细胞具备了产生各种新器官的能力；并且，其新器官的产生是有时序性的。早期不断产生新的根、茎、叶，称为营养生长期；然后进入生殖生长期、生育后期，产生花和果实（种子）。这样一个生长、发育过程都是通过细胞的分裂增殖和分化来完成的。植物体从小到大依赖于三个特定区域中的分生组织细胞：根尖的分生组织、茎尖（包括侧芽）的分生组织，以及茎中和根中的形成层分生组织（图 1-1）。根尖分生组织细胞通过分裂、分化产生根系统；茎尖分生组织细胞通过分裂、分化不断向上增加茎干的高度，并不断产生新的枝条和叶片，最后发育出花和果实；形成层分生组织细胞通过其分裂与分化，产生维管束组织，增加韧皮部和木质部的厚度，使根和茎干增粗。

二、分生细胞的特征及其发育过程

从分生组织细胞发育到成熟的细胞组织，一般要经过三个发育阶段（时期）的生理生化和形态结构的变化过程。分生组织细胞的特征是：细胞体积小，细胞质稠密，核蛋白体（ribosome）丰富，蛋白质和核酸的生物合成旺盛，大的细胞核居于细胞中央，液泡小，细胞壁薄（图 1-2A）。在向成熟细胞分化发育过程中，细胞体积扩大，此时期的主要特征是：高尔基小泡活跃地移动到质膜，并与质膜融合，增大质膜面积；同时向细胞壁释放出其中装载的构建细胞壁的物质，以适应细胞壁的扩展。此时期还有另一个最明显的特征是，液泡体积不断扩大，一些小液泡相互融合成大液泡，并发生液泡吞噬（内吞）细胞质现象（图 1-2B）。这种吞噬细胞质的作用，被认为是终止细胞分裂、导致细胞分化的一种机制。

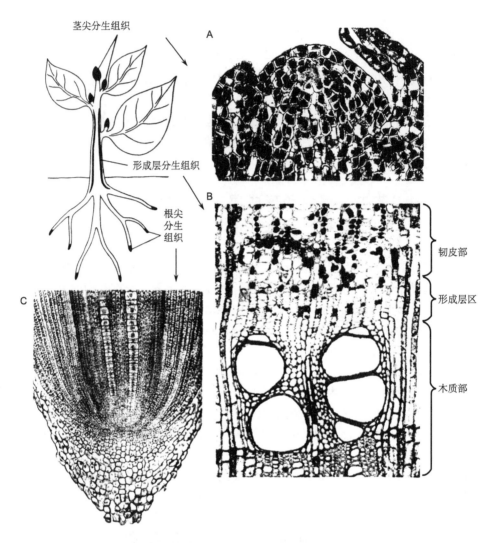

图 1-1　植物体三个特定区域中的分生组织。A. 茎尖纵切片，茎尖分生组织；B. 茎的横切片，茎中的形成层分生组织；C. 根尖纵切片，根尖分生组织

三、成熟细胞的特征

成熟植物细胞的一个最大和最明显的特征是，一个巨大的液泡占据细胞的中央，因此被命名为中央液泡，一般占据细胞总体积的90％以上；细胞核被排挤到相对很薄的周边细胞质中，这种成熟时期的核比分生细胞核明显地变小（图 1-2C）。

植物体还有一种重要的细胞，名为绿色细胞，它们是叶肉组织和茎皮层组织的组成细胞。这种成熟的绿色细胞也有一个巨大的中央液泡，其特点是：在周边细胞质中分布着大量的叶绿体（图 1-2D），致使植物体（叶片和茎干）呈现绿色。

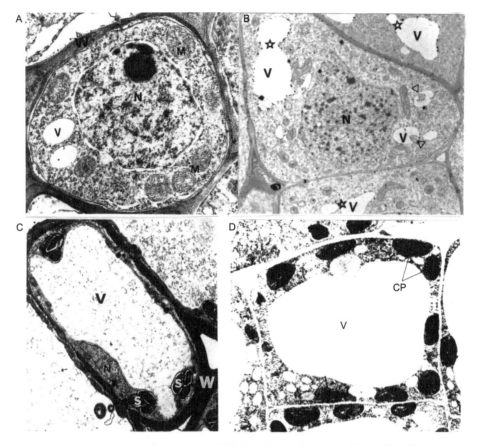

图 1-2　分生细胞发展到成熟细胞经历三个阶段的细胞结构特征。A. 分生细胞，核（N）大，居
于细胞中央，细胞质稠密，液泡（V）小，线粒体（M）丰富，细胞壁（W）薄；B. 处于增大、
向分化发展的过渡型细胞，液泡体积不断扩大，一些小液泡相互融合成大液泡（"☆"），并发生
液泡吞噬细胞质现象（箭头）；C. 成熟细胞，巨大的中央液泡占据细胞总体积的 90% 以上，较
小的细胞核被排挤到相对很薄的周边细胞质中，质体中贮存着淀粉粒（S）；D. 成熟的绿色细胞，
也包含一个巨大的中央液泡（V），在周边细胞质中分布着大量的叶绿体（CP）

四、植物整体细胞结构的基本模式

　　人们在比较研究"逆境植物细胞结构与功能的变化"时，一般都是采用茎端或根尖
分生组织，或者是叶片和皮层组织，因此，熟悉这类细胞的结构模式是一个重要基础。
高等植物细胞虽然因生理功能不同，在结构上表现不同的模式，但其基本的结构成分是
相同的。这些基本结构成分如下所述。

1. 细胞壁

　　细胞壁（cell wall，CW）是植物细胞的外周"围墙"，用其相对的坚固结构维持细
胞的形态，并保护着内部的原生质体，并对植物体起着骨架作用。分生组织的细胞壁是
较薄的，但成熟细胞的壁可以变得很厚、很坚固。

2. 质膜

质膜（plasma membrane，PM；plasmalemma）是生活原生质体外周的一种界面膜，即生活原生质体的外部屏障和感应器，是物质进出的"门户"；它与细胞壁内表面紧密相连和平行。

3. 细胞核

细胞核（nucleus，N）的外周为双层核膜（nuclear envelope，NE）所包围；核膜上有孔（nuclear envelope pore，NP）；内部有染色质（chromatin），还有一个、两个或多个核仁（nucleolus，NO），以及核基质（nuclear matrix）。细胞核是细胞内最大的细胞器，是细胞生命活动和遗传的控制中心。

4. 液泡

液泡（vacuole，V）是由一层单位膜——液泡膜（tonoplast 或 vacuole membrane，VM）包围的细胞器，其内部是一个水溶液体系，包含着大量的离子和代谢物质，与细胞质成分维持相互交换的格局，是植物细胞的一个自我调节体系和内部环境。在分生组织细胞中常可见到多个圆形的小液泡，在成熟的细胞中则转变成一个巨大的中央液泡，占据细胞总体积的 90% 以上。

5. 细胞质

这个术语在一些著作中表现出不同的内涵：一些作者将质膜以内到核膜以外这一空间中的物质和细胞器都视为细胞质（cytoplasm），这是一种广义的看法；也有一些作者将质膜以内的原生质，除细胞核和液泡以外的物质和结构成分称为细胞质；还有狭义的概念，仅将质膜以内、细胞核和液泡以外的无结构的浆液物质称为细胞质，英文名称为"cytosol"，中文名称为"细胞质浆"或"细胞质基质"。综观大部分著作，虽然第一种观点仍然常常被采用；然而，由于液泡是植物细胞，尤其是成熟植物细胞中的一种特殊的细胞器，它占据细胞总体积的 90% 以上，是一种水相体系，可称为植物细胞的内环境，因此，第二种观点将液泡划分到细胞质以外可能是适宜的，即植物细胞的原生质被区分为三个部分：细胞核、液泡和细胞质。这种概念中的细胞质包含以下的结构成分和细胞器：线粒体（mitochondria，M）、质体（plastid，P）、叶绿体（chloroplast，CP）、高尔基器（体）（Golgi apparatus / body，G）、内质网（endoplasmic reticulum，ER）、核糖核蛋白体（ribosome，RS）、微体（microbody，MB）、微管（microtubule，MT）、微丝（microfilament，MF）以及细胞质基质（细胞质浆，cytosol，Cs）。

6. 胞质细胞骨架

过去，人们认为，细胞质中的各种细胞器悬浮在细胞质浆液中；然而，细胞骨架（cytoskeleton）（微管和微丝）发现后的进一步研究显示，这些细胞器与细胞骨架微管和微丝有着密切的联系，它们由细胞骨架连接和支撑着形成一个精细而有序的空间网络结构体系（图 1-3）。图 1-3 中的两张电镜照片（Wei and Jian，1992）为 Porter（1976）绘制的细胞微梁模式图（图 1-4）提供了一个具体而真实的证据。

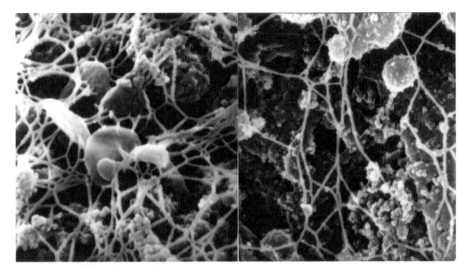

图 1-3　显示细胞质中细胞骨架与其他细胞器相连接的空间网络结构（Wei and Jian，1992）。
小麦苗端分生组织冰冻断裂、CSK 部分抽提，扫描电镜照相

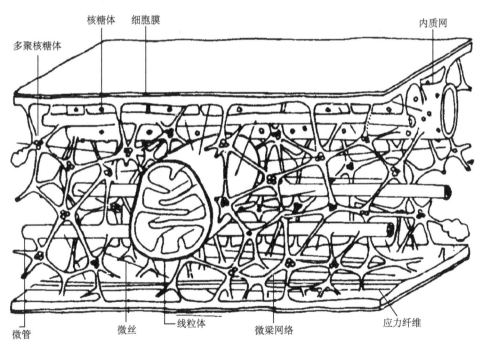

图 1-4　Porter（1976）绘制的细胞质骨架纤维与各种
细胞器交叉相连的立体网络结构模式图

五、生物膜是细胞的基本结构

　　上述的细胞结构，从外围的质膜到细胞内的细胞核和各种细胞器如线粒体、叶绿体、质体、液泡、内质网及高尔基体等都是由膜分隔的，具有专一功能的小区。从这个意义上说来，细胞的基本结构是一个膜体系，所以统称为生物膜（biological membrane）。生物膜的厚度一般是 7～8 nm，它的基本骨架是由磷脂分子构成的脂双层（lipid bilayer）。脂双层的表面是磷脂分子的亲水端（头部），内部（尾部）是磷脂分子的疏水性脂肪酸链。因此，脂双层对水溶性物质起着屏障作用，使它们不能自由通过，这对细胞的正常结构与功能的保护是很重要的。脂双层中还有许多以不同方式嵌入其间的蛋白质分子，这些膜结构蛋白都有其专一性功能：有的是在物质的跨膜运输中起作用，有的本身就是酶，或重要的电子传递体，有的是激素或其他有生物学活性物质的受体。生物膜中除了脂质和蛋白质以外，还有糖类分子，它们与蛋白质分子相结合形成糖蛋白，或与脂质分子结合成为糖脂。这些糖蛋白和糖脂多分布在膜的表面。在脂双层的内外两层中，脂质和蛋白质分子的种类和分布是不对称、不均衡的，这反映膜内外两侧的功能不同。生物膜也不是固定不变的结构，而是经常处于动态变化之中的。脂双层具有流动性，其脂分子可以自由地旋转、摆动和翻转，蛋白质分子也可以在脂双层中横向迁移，这是 Singer 和 Nicolson（1972）提出的获得公认的生物膜结构流体镶嵌模型（图1-5）。

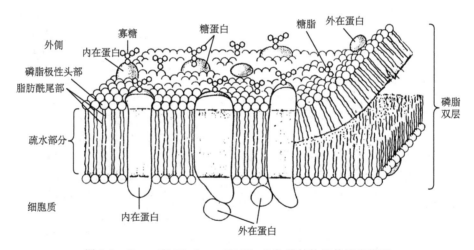

图 1-5　Singer 和 Nicolson（1972）生物膜结构流体镶嵌模型

六、水是细胞生命活动最根本的要素

　　水是生命的摇篮，生命发源于水中，没有水就没有生命活动，因为它具有许多重要特性：

　　1）水是极性分子，它是由 2 个氢原子和 1 个氧原子组成的，氢和氧共同争夺电子，形成共价键，但是氢和氧吸引电子的能力不同，氧吸引共用电子对的力量比氢大得多，结果共用电子对离氧近，离氢则较远，这种共价键称为极性共价键，它所连接的2个原子一个较负（−），一个较正（＋），即水分子中的氧略带负（−）电荷，氢略带正（＋）电荷，所以水是一个极性分子（polar molecule），它的一端（氢端）较正（＋），另一端（氧端）较负（−）（图1-6）。水分子的这种极性对水的动态和作用具有极重要的意义。

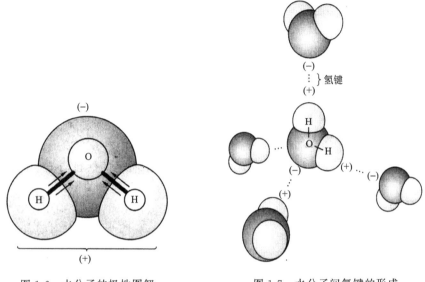

图 1-6　水分子的极性图解　　　　　　图 1-7　水分子间氢键的形成
（吴相钰，2005）　　　　　　　　　（吴相钰，2005）

2）由于水分子的极性使得它们相互作用，形成氢键（hydrogen bond）。如图 1-7 所示，略带负电荷的一端（O）与略带正电荷的一端（H）相互吸引，形成一个较弱的氢（H）键；这种经 H 键串联的两个水分子又可继而与其他水分子通过正、负电荷的相互吸引，形成 H 键的不断串联。这种水分子间的氢键连接，使水分子间具有内聚力（cohesion force），它对生命活动起着极其重要的作用。例如，一株参天大树，水分之所以能够从地下深处的根中向上运输到叶中，就是因为有着这种内聚力使之形成连续不断的水柱而被拉上去。水分子间的内聚力也使水的表面产生很大的张力，使浮游生物直至巨轮船舶能在水面上运行。水分子间的氢键还能使水的温度变化缓慢，加热时，水的温度上升得慢，这是因为热能必须先将氢键打断才能使水分子运动得快，温度才会上升，这就使水能吸收和储存更多的能量；相反，当水冷却时，水分子间又会重新形成氢键而释放出热能，使冷却过程变慢。沿海气候比内陆温和，冷热变化较小，其因也就在此；这也是为什么化雪天比下雪天冷的内在原因。水分子间氢键的另一个更重要作用，是使冰比液态的水轻。因为冰中的氢键已被固定，其中水分子占据的空间较大，密度较小，所以它的质量比液态水轻，能浮在液态水的上面。如果冰的分子密度大于水的分子密度，那么寒冬过后，冰就很难全部融化，如此年深日久，不仅河流湖泊，连海洋都可能全部结成坚冰，地球上的生物就不可能生存下去了。

3）水是极性分子，是各种矿物质和营养物质最好的溶剂，使其得以在细胞内和机体内运输；水也是生命的基本物质——蛋白质、核酸、磷脂以及各种活性物质最好的介质。当低温、干旱和盐渍化胁迫引起细胞脱水时，就会使这些物质变性，细胞结构被破坏，导致伤害和死亡。所以，水分胁迫成为低温、干旱和盐渍化逆境的共同中心问题。对植物来说，还有更为重要的，水是光合作用的原料，而光合作用则是供应生物界有机物质和能量及氧气（O_2）的源泉。因此说，水是生命之源，没有水就没有生命。爱护水资源，也就是爱护一切生物，更是爱护人类本身的生存。

七、糖类、脂质、蛋白质和核酸是构造细胞、行使生命活动的四大类基本物质

1. 糖类

植物光合作用的最初产物就是糖。在这个基础上，经过多种化合作用产生各种各样的糖分子，分为单糖、双糖和多糖。

单糖有葡萄糖、果糖和山梨糖等。高等植物细胞中最常见的是葡萄糖和果糖，它们都是由6个碳原子组成的糖分子，是同分异构体，葡萄糖是动植物有机体常用的"燃料"，通过它的水解，释放出来的能量用于各种生命活动。葡萄糖和其他单糖也是细胞用于合成脂肪酸和氨基酸的原料。

双糖中有麦芽糖和蔗糖，它们是由2个单糖分子脱去1个水分子而成的，如2个葡萄糖分子脱去1个H_2O，生成麦芽糖（图1-8）。双糖中最常见的是蔗糖，它是由1个葡萄糖分子和1个果糖分子经脱水作用相结合形成的。植物汁液中的糖主要就是蔗糖，是植物体内运输的主要营养物质。甘蔗和糖用甜菜植物中的糖成分主要也是蔗糖。

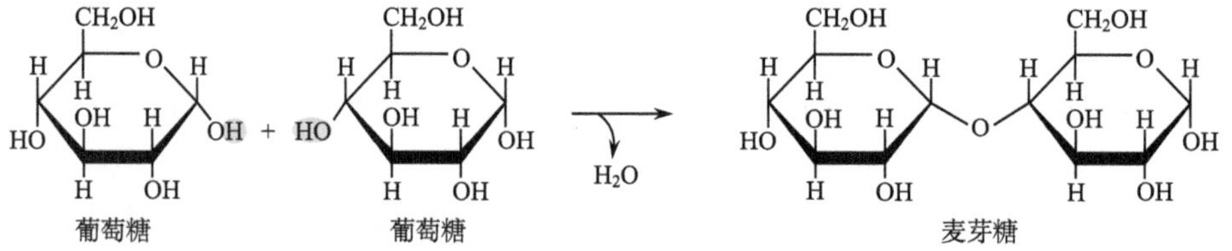

图1-8　2个葡萄糖分子经脱水形成麦芽糖

多糖是由数百个乃至几千个单糖通过脱水作用形成的多聚体。其中主要的有淀粉，这是人类食用谷物粮食的主要成分。还有多种多糖，如纤维素、半纤维素、果胶质和木质素等，参与植物细胞壁的构建，使植物细胞具有坚固的支撑能力。植物纤维素是地球上最丰富的有机物质，我们人类用的木材、衣着的棉花都是纤维素。牛、羊、马、猪、兔等草食动物的消化道中有分解消化纤维素的酶，所以它们能够以草为食而生活；但我们人类消化道中没有这种酶，所以，对人类来说，纤维素不是营养物质，但它对清洁消化道起重要作用，所以每天应该食用纤维素类食物（蔬菜）。

2. 脂质

脂质也有多种多样的类型，其特点是由碳（C）和氢（H）两种元素以非极性的共价键形成的化合物。由于这类化合物分子是非极性的，所以它是疏水的，与水不相溶。

脂质中最常见的是脂肪（油脂），它是甘油和脂肪酸通过脱水作用形成的。其分子包含 3 个不同的酰基，有双键的脂肪酸称为不饱和脂肪酸，没有双键的称为饱和脂肪酸。有双键存在的脂肪酸链发生弯曲，其分子排列占据的空间较大，分子间较疏松，因而在常温下呈现液体状态。动物脂肪中不饱和脂肪酸很少，而植物脂肪中不饱和脂肪酸含量高，因而蔬菜烹调中宜用植物油。

在动植物细胞中，除脂肪外，还有两类重要脂质：磷脂和胆固醇，尤其重要的是磷脂，它是构建生物膜的组成分子。磷脂双分子层是生物膜的"骨架"结构，在生物膜功能中起重要作用。

植物茎叶的表皮组织细胞表面还覆盖着蜡质、角质和木栓质，它们也都是脂质，对植物体起保护作用，防止水分蒸散和病原体入侵。

3. 蛋白质

蛋白质是生命活动存在的形式，为生命活动所必需。细胞内的每一种生命活动都必须有蛋白质参与。所以动植物体内具有许许多多各种各样的蛋白质分子，它们各自具有独特的三维结构，分别执行专一性的生理功能。人体细胞内就有多达数万种不同的蛋白质，以完成人体的正常生命活动。

蛋白质是由氨基酸组成的多聚体，其中包含 20 种氨基酸，它们是甘氨酸、丙氨酸、缬氨酸、亮氨酸、异亮氨酸、甲硫氨酸、苯丙氨酸、色氨酸、脯氨酸、丝氨酸、苏氨酸、半胱氨酸、酪氨酸、天冬酰胺、谷氨酰胺、天冬氨酸、谷氨酸、赖氨酸、精氨酸和组氨酸。蛋白质的多种多样都归因于其分子结构中氨基酸的不同排列顺序。这些氨基酸分为两大类：非极性的疏水氨基酸，如亮氨酸；极性的亲水氨基酸，如丝氨酸。蛋白质分子也是通过 1 个氨基酸和另 1 个氨基酸经脱水作用连接而形成的。其细节是，一个氨基酸的 C 端与另一个氨基酸的 N 端连接形成的 C—N 共价键称为肽键。这两个氨基酸结合的分子叫二肽（图 1-9），更多的氨基酸以同样的方式一个一个地加上去，形成的产物叫多肽（polypeptide）。这种多肽链中的氨基酸数目和序列随蛋白质种类的不同而异。每种蛋白质分子中的多肽链具有专一性的结构形态，分 4 个水平，即一级结构、二级结构、三级结构和四级结构。上一级结构决定着下一级结构，这种蛋白质的分子结构决定着它所执行的生理功能。根据其功能，可将蛋白质分为 7 大类：结构蛋白、收缩蛋白、储存蛋白、防御蛋白、转运蛋白、信号蛋白和酶。

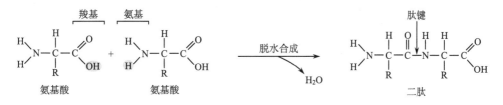

图 1-9　两个氨基酸经脱水合成一个二肽（蛋白质）

4. 核酸

核酸也是多聚体，是合成蛋白质的模板。有两类核酸：脱氧核糖核酸（deoxyribonucleic acid，DNA）和核糖核酸（ribonucleic acid，RNA）。当代生物体从双亲传递下来的遗传物质是 DNA，它决定遗传特性的片段是基因（gene）。基因是 DNA 分子中特定的一段，它编码特定蛋白质中的氨基酸序列，确定蛋白质的一级结构，因而也就确定了这种蛋白质的功能。

DNA 编码蛋白质的这种模板作用，是先通过转录作用（transcription），产生 mRNA，然后经 mRNA 的翻译作用（translation），产生特异蛋白质的一级结构。

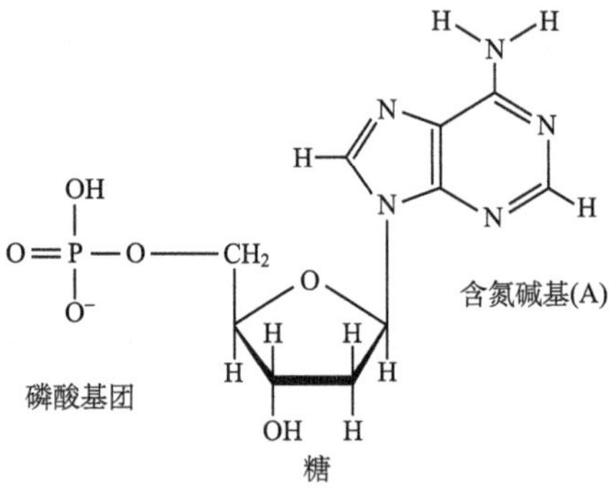

组成核酸多聚体的单体是核苷酸（nucleotide）。核苷酸由三部分组成：第一部分是戊糖，DNA 中的戊糖是脱氧核糖（deoxyribose），RNA 中的戊糖是核糖（ribose）。第二部分是磷酸基团，连接在戊糖的一端；连接在戊糖另一端的是第三部分——含氮碱基（nitrogenous base）（图 1-10）。这种含氮碱基有 4 种，DNA 中的是腺嘌呤（adenine，A）、胸腺嘧啶（thymidine，T）、胞嘧啶（cytosine，C）和鸟嘌呤（guanine，G）；RNA 中的含氮碱基有 3 种与 DNA 相同，但 T 为尿嘧啶（uracil，U）所替代，即 A、C、G 和 U。

图 1-10　核苷酸

核苷酸的聚合也是通过脱水作用形成多核苷酸聚合体。与多糖和多肽一样，脱水后核苷酸间的连接是上一个核苷酸的磷酸基团与下一个核苷酸的戊糖相连，于是在多核苷酸中形成了一个重复出现的糖-磷酸主链。RNA 通常为单链，而 DNA 则为双螺旋，双螺旋中的两条链由 A 与 T，C 与 G 之间的氢键联系在一起（图 1-11）。

DNA 分子一般很长，有成千上万甚至数百万个碱基对。一个 DNA 分子中包含着许多的基因，每个基因都有一个专一的核苷酸序列。这种专一性序列就是一种遗传信息，它编码专一性蛋白质的一级结构，从而行使其特异的功能。

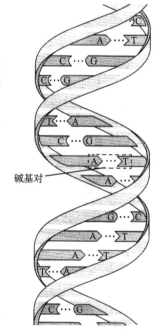

图 1-11　DNA 分子的双螺旋

八、植物细胞的生命活动需要 17 种元素

前面谈到的构建细胞结构和行使生命活动的大分子物质，都是由有关元素化合而成的。现今已知自然界存在的元素共计 92 种，据研究分析，其中约有 25 种元素是人体生命活动所必需的，见表 1-1，在这 25 种元素中，碳、氢、氧、氮共占总量的 96.3%，其中氧的含量最高。这是因为组成人体的各种化合物都含有氧元素，而且它是形成水的重要元素，水占人体总重的 60%～90%。碳也是组成人体绝大部分化合物的重要元素，约占体重的 20%。氢除了是形成水的元素外，也存在于生物体内绝大多数化合物之中。氮是构成蛋白质的重要元素，人体组织的 10%～20% 是蛋白质。

表 1-1 中所列的微量元素，虽然所需之量很少，但对维持正常的生命活动非常必要，缺少它人体就会发生病变，如缺碘会引起甲状腺肿大，不能行使其正常的生理功能。

植物与动物及人类不同，它不像动物那样需要进食有机物为生。植物能够利用空气中的 CO_2 和土壤中的矿物质离子（无机物）合成其生命活动所需要的各种各样的有机化合物。这些有机化合物不仅能满足植物本身的需要，而且还能提供给人类和其他动物利用。

植物必需的元素是指那些在植物生活周期中——从种子萌发到产生下一代种子过程中所必需的元素，是根据水培植物的方法确定的。依据这种方法确定的 17 种元素是完成植物正常生长发育周期（从种子到种子）所必需的，水培测试方法显示，

表 1-1　人体中存在的生命活动必需的 25 种元素

符号	元素	占体重的百分数/%
O	氧	65.0
C	碳	18.5
H	氢	9.5
N	氮	3.3
Ca	钙	1.5
P	磷	1.0
K	钾	0.4
S	硫	0.3
Na	钠	0.2
Cl	氯	0.2
Mg	镁	0.1

微量元素（少于 0.01%）：硼（B）、铬（Cr）、钴（Co）、铜（Cu）、氟（F）、碘（I）、铁（Fe）、锰（Mn）、钼（Mo）、硒（Se）、硅（Si）、锡（Sn）、钒（V）、锌（Zn）

资料来源：吴相钰（2005）。

缺少任何一种必需元素，植物的生长发育就不正常，植株变得矮小、叶色退绿黄化，严重时死亡。

在这 17 种必需的元素中，有 9 种是植物对它们的需要量较大，称为大量元素。这 9 种大量元素中有 6 种是合成有机化合物（糖类、脂质、蛋白质和核酸等）的主要元素，它们是碳（C）、氧（O）、氢（H）、氮（N）、磷（P）和硫（S）。含有这 6 种元素的有机化合物几乎占植株干重的 98%。另外 3 种大量元素是钙（Ca^{2+}）、钾（K^+）和镁（Mg^{2+}）。它们也各有其重要的各种功能：Ca^{2+} 在细胞壁的构建中起重要作用，它与某些酸性分子（如果胶质）结合，使细胞壁的结构成分的网状联络变得牢固；Ca^{2+} 还是维持生物膜稳定性的成分，并且对膜的选择透过性起调节作用。K^+ 是几种酶的辅因子，是调节细胞渗透压的主要溶质，也是调节气孔开关的重要离子，细胞质内 K^+ 浓度过低，会严重影响植物根、茎、叶的生长。Mg^{2+} 是合成叶绿素的成分，是光合作用所必需的，它也是几种酶的辅因子。

植物需要量极少的微量元素，已知的有 8 种，它们是铁（Fe）、氯（Cl）、铜（Cu）、锰（Mn）、锌（Zn）、钼（Mo）、硼（B）和镍（Ni）。这些微量元素在植物细胞内的主要功能是辅酶或辅因子的成分，如铁是细胞色素类的金属成分；超氧化物歧化酶（SOD）因含有金属元素成分而被分成多种 SOD，如 Fe-SOD、Zn-SOD、Mn-SOD，以及 Mo-SOD 等，它们是活性氧（ROS）的清除剂。

在植物必需的 17 种元素中，除碳、氢、氧是来自大气中之外，其余都是来自土壤中的矿质元素。在许多情况下，这些元素在土壤中的存在并不缺乏，但却是处于不能被植物利用（吸收）的状态，如氮（N）、磷（P）、钾（K），它们是植物需要量较多的大量元素，因而在许多情况下，土壤中的来源不足，导致农作物生长不良，这就必须因地

制宜地增施肥料，以保证作物能够良好地生长发育，获得丰产。

九、植物的生长发育需要一个适宜的温度、水分和土壤环境条件

一般来说，植物生长的适宜温度是 20～30℃，而实际上，植物常遭受低温和高温胁迫的危害，尤其是那些来源于热带和亚热带的喜温植物，它们在 12℃ 以下的低温就会发生冷害。水分对植物生长更为重要，风调雨顺是保证农作物丰收（五谷丰登）的重要条件。农谚说"有收无收在于水，收多收少在于肥"，这是总结概括了"农耕经验的真谛"，上句说明水的重要，下句说明土壤矿质肥料的重要。然而实际上，大气干旱和土壤盐渍化，不仅使农作物造成脱水渗透胁迫伤害，而且还引起矿质营养的缺乏，因而严重地危害了农作物的生长，降低了产量。

人类社会的发展需要对自然资源进行开发利用。这种开发为人类社会创造了财富，促进了社会的发展；但也破坏了自然环境的稳态平衡，尤其是森林的砍伐和工业发展的排污，严重破坏了生物圈、水资源及大气圈的稳态平衡。这种恶性循环造成的干旱更加严重，内陆湖泊及地下水位降低，土壤盐渍化和沙漠化更加迅速地发展，不正常的极端低温和高温更频繁地发生，我国南方新近（2008 年 1～2 月）发生的历史上少见的冰雪灾害是对人们又一次的严重警告。这种恶化了的环境条件，不仅危害了动植物种类的多样性，使许许多多的动植物种类灭绝或濒于灭绝，而且也严重危害了人类本身的生存环境。

现今，人类对这种发展途径中的负面性破坏已有清醒的认识，防御和治理这种连锁式破坏的循环已成为全世界各国政府制订今后科学性持续发展计划中的战略任务。生物科学研究者在这个战略任务中的责任是，研究和探讨植物在这些逆境中的伤害和适应机制。植物细胞受逆境的伤害和对逆境的适应，是植物对逆境反应的两个方面。植物为了本身的生存和后代的延续，对其细胞结构与功能进行适应性的变化，是它们对逆境反应的主要方面，也是植物进化的驱动力。那些对维持逆境生存的适应性变异，在植物进化的历史中被选择下来，成为能遗传的特性。研究者的任务就是要探讨这种适应逆境的遗传特性及其机制，发掘在遗传上具有高抗性的植物类型，将它们作为改善环境的"勇士"和"模特"加以推广应用；并进一步利用它们的抗性基因，开展基因工程研究，增强那些具有重要经济价值植物的抗逆性。近 20 余年来，在这条征途中，已在细胞及分子水平上取得了不少重要进展。撰写本书的目的，就是总结这些成果，以启示今后更好地开展逆境细胞生物学的研究，挽救植物的生存和繁衍，归根结底是治理和挽救人类本身的绿色家园，保证人类社会健康持续的发展。

第二章 细 胞 壁

细胞壁是植物细胞的外层结构（如在第一章整体细胞结构模式中谈到的，图1-2），是区别于动物细胞最明显的特征之一。细胞壁的产生，使演化进程中的植物有机体在生活行为、运动、营养方式、物质的吸收与运输、生长与生殖以及对环境反应与适应等各方面都形成了其独有的特性。细胞壁以其结构上的相对坚固性保护着其内部的原生质体，并在维持细胞形态，以及对植物体组织、器官的机械支撑等多方面都起着重要作用。

细胞壁虽是植物细胞的外部"围墙"，但它并未将相邻细胞完全隔离开来，其中分布着胞间连丝，各细胞之间仍然保持着沟通；同时，细胞壁本身对小分子物质仍具备渗透性，所以，它还行使质外体物质运输的功能，并在细胞识别和信号传递上发挥作用。

特化的植物细胞，一般都产生具有某种相应功能的特化细胞壁。因此，可以根据细胞壁的形态和性质，识别和划分不同类型的细胞。

在人类社会的经济生活中，植物细胞壁占有十分重要的地位，被人们利用的木材和植物纤维就是细胞壁；我们的衣着、建筑、车船、用具和纸张等都是应用细胞壁为材料（或部分材料）的产品；在人类每日的膳食中，更是离不开细胞壁，现在，人们越来越认识到，细胞壁中的纤维素是一种重要的保健食物成分。

由于细胞壁在细胞生命活动及人类社会经济生活中的重要作用，对于它的研究也一直受到重视。自20世纪后半期以来，对细胞壁的超微结构和化学成分及其功能等方面的研究都有许多重要进展。

一、细胞壁的成分和结构

植物体的分生组织区，如茎尖和根尖，在生长过程中不断产生新细胞，这些新细胞一般比较小，其外围具有一圈细胞壁（图1-2），名为初生细胞壁，它比较薄，且具有一定的弹性，以便适应细胞的生长。高等植物的初生细胞壁，在不同植物、不同器官组织、不同发育时期，在成分和结构上虽有很大变异，但其基本模型是按照一个共同原理构建的，即以纤维素微纤丝为骨架，以其他两种多糖——半纤维素和果胶以及糖蛋白为基质，通过共价键和非共价键的结合，交叉形成一个高度复杂的、抗张力强的网状结构（图2-1和图2-2）。这些成分和结构的细节如下。

纤维素：它是地球上最丰富的有机大分子物质。1个纤维素分子至少由500个葡萄糖残基通过β-1, 4-糖苷键彼此共价联结而成。每个纤维素葡聚糖分子链形成一种类螺旋状结构，并通过分子内的氢键维持其分子结构的稳定。在邻近的纤维素分子之间也有氢键联结，从而使纤维素分子间彼此强有力地黏着，形成平行排列的结构。60～70个纤维素分子链成为一束。这种高度有序性的分子束被称作纤维素微纤丝（图2-1和图2-2）。

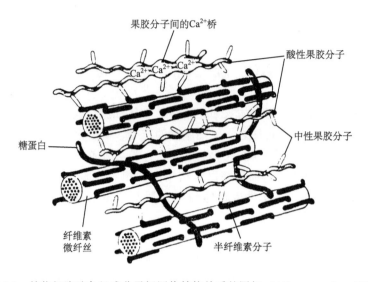

图 2-1　植物细胞壁各组成分子间网络结构关系的图解（Alberts et al.，1994）

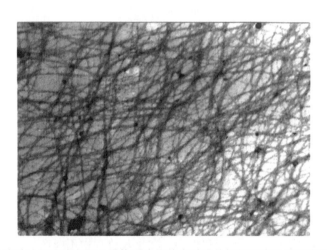

图 2-2　小麦幼叶细胞分离原生质体再生培养中质膜外侧新沉淀的纤维素微纤丝网络

半纤维素：它是初生壁基质中的一类多糖，包括多种类型，其中主要是木聚糖和木葡聚糖，各约占初生壁干重的 20%；还有其他少量的中性多糖，如阿拉伯聚糖、半乳聚糖、阿拉伯半乳聚糖以及葡甘露聚糖等。它们非共价性地紧密结合在每条纤维素微纤丝的表面，并彼此相互联结，给微纤丝加上一层包被，帮助微纤丝经由氢键交叉连接，形成一种网状复合体结构（图 2-2）。

果胶：它是初生壁中第三类主要多糖，包括同型半乳糖醛酸聚糖（homogalacturo-nan）、鼠李半乳糖醛酸聚糖 I 和鼠李半乳糖醛酸聚糖 II。这类多糖含有许多带负电荷的半乳糖醛酸残基，因此果胶多糖是高度水合的，并极容易结合阳离子。如在果胶分子溶液中加入 Ca^{2+}，Ca^{2+} 就会交联果胶分子，形成一种半硬化的凝胶。Ca^{2+} 的这种交联作用被认为是帮助细胞壁各成分维持共同紧密聚集状态的重要因素。在两个相邻细胞的细胞壁之间的中层具有特别丰富的果胶，称为"中胶层"。果胶在这里起着加强相邻细胞的细胞壁紧密联结的作用。

糖蛋白：初生壁基质中包含着多种糖蛋白，其含量可达细胞壁总物质的 10%，其中主要的一类为伸展蛋白（extensin）。它是一种富含羟脯氨酸的糖蛋白，其分子结构包含两个组成部分：蛋白质骨架和寡糖侧链。这两个部分的组成比率，随植物种类和器官组织的不同而异，在胡萝卜根细胞壁中的伸展蛋白，碳水化合物占 65%，蛋白质为 35%；在其他一些植物如烟草、番茄、马铃薯、大豆等细胞壁的伸展蛋白中，蛋白质组分占 40%~50%，碳水化合物占 50%~60%。蛋白质的氨基酸序列已经被检测，由 305 个氨基酸组成，分子质量约为 34 000 Da，其中含 25 个 Ser-(Pro)$_4$ 重复序列，其他序列如 Try-Lys-Tyr-Lys，Thr-Pro-Val 也有多次重复。其中羟脯氨酸残基占 30%。伸展蛋白中碳水化合物的主要成分是阿拉伯糖和半乳糖。阿拉伯糖是以寡聚形式与蛋白质骨架上的羟脯氨酸相联结；半乳糖则以 O-糖苷键的形式与蛋白质骨架上的丝氨酸相结合。通过免疫学的分析表明，用糖苷化的伸展蛋白作抗原制备的抗体与脱糖苷化的蛋白质骨架没有交叉反应，说明寡糖完全包裹着蛋白质骨架核心。电子显微镜的观察揭示，有糖基结合的伸展蛋白在电镜下呈现棒状结构；而除去糖基的伸展蛋白则没有棒状结构，说明伸展蛋白完全是一个多聚脯氨酸Ⅱ型的构象；也说明阿拉伯糖在维持伸展蛋白的棒状结构中起着稳定作用。有意义的是，已经发现，伸展蛋白中阿拉伯糖数量的增加在植物界呈进化趋势。结合在丝氨酸上的半乳糖对伸展蛋白也可能起稳定作用。此外，寡糖侧链还可能是伸展蛋白与细胞壁其他多糖发生联结作用的中介，或保护"骨架蛋白"免受蛋白酶的水解。

现已发现，伸展蛋白的 3 种前体 P$_1$、P$_2$、P$_3$ 都是在细胞质中合成的，脯氨酸的羟化作用在内质网的腔内，以及由它释放出来的过渡小泡中进行；糖苷化作用在高尔基器上进行。高尔基小泡将伸展蛋白的前体运输和分泌到细胞壁中。伸展蛋白渗入细胞壁的方式属于内填充式，其碱性前体与酸性果胶羧基间的吸引力可能是它们插入细胞壁多糖分子间孔隙的动力。当伸展蛋白前体进入细胞壁中时，经由存在于壁内的过氧化物酶催化，形成异二酪氨酸（isodityrosine）双酚酯桥，实现前体之间的交联，以及伸展蛋白与细胞壁多糖分子之间的连接。关于伸展蛋白与细胞壁多糖分子间的结合，目前尚有不同的看法，除双酚酯桥连接的形式外，还认为是通过共价键，或伸展蛋白可能存在的"凝集素"性质与细胞壁中的纤维素、半纤维素和果胶物质相结合，形成蛋白质-葡聚糖苷的网状结构。电镜细胞化学观察证明，伸展蛋白均匀分布在整个细胞壁中，但在中胶层中没有分布。

伸展蛋白被认为对细胞壁的弹性张力和韧性起着加强作用。实验证明，当初生壁向次生壁转变时，随着伸展蛋白含量的增加，壁的刚性也增强。在烟草原生质体的培养中，若抑制伸展蛋白的合成，则不能再生正常的细胞壁。这说明伸展蛋白对于初生壁的完整性，以及使其他细胞壁多聚物的正确装配是需要的。有迹象表明，伸展蛋白在壁中的大量沉积可能是细胞壁木质化的先兆。此外，有实验揭示，伸展蛋白对植物的抗病性可能具有重要作用。当植物天然感染或人工接种病原菌后，细胞壁中伸展蛋白的积累大量增加；且抗性品种在受到病原菌的感染后，伸展蛋白的积累高于不抗病的敏感品种。因此有人认为，伸展蛋白的积累是一种抗病机制。

近年来，伸展蛋白的分子生物学也取得重要进展，编码伸展蛋白的基因已被克隆，并从胡萝卜基因库中筛选到一个基因组克隆 pDC5AI，对其中一个 2.2 kb 片段进行序列分析表明，这个富含羟脯氨酸糖蛋白的基因包括 1200 bp 的结构基因，100 bp 的信号肽编码区；从核酸序列推测出氨基酸序列中有 25 个编码 Ser-(Pro)$_4$ 的重复序列。已经证明这个基因是单拷贝基因，其基因表达在受伤的胡萝卜根组织中明显增加。编码番茄细胞壁羟脯氨酸糖蛋白的基因也已被筛选到。

在一些植物细胞壁中，还发现存在富含甘氨酸的蛋白质以及富含半胱氨酸的蛋白质；当植物受伤或受到病原菌感染时，它们的生物合成均增加。

除了上述这些蛋白质以外，细胞壁中还存在许多种类的酶，如过氧化物酶、磷酸酯酶、转化酶、α-甘露糖苷酶、β-甘露糖苷酶、β-1,3-葡聚糖酶、β-1,4-葡聚糖酶、聚半乳糖醛酸酶、果胶甲基酯酶、苹果酸脱氢酶、阿拉伯糖苷酶、α-半乳糖苷酶、β-半乳糖苷酶、β-葡萄糖醛酸苷酶、木糖苷酶、蛋白酶、维生素 C 氧化酶等。在衰老和果实成熟时，还产生自溶性酶——纤维素酶和果胶酶。

木质素：它是细胞壁的重要组成成分。木质部的绝大部分细胞壁都含有木质素；木质部以外的厚壁细胞也多含有木质素。但有些植物的韧皮纤维含木质素很少，甚至全无。木质素分子中有一个芳香族物质的核心，其分子不形成长链，它是在壁的纤维素骨架形成后渗入的，填充到纤维素排列的空隙中。成熟的木质部中的管胞和导管以及木纤维细胞的细胞壁，无论是中层、初生壁或次生壁均全部木质化。木质素是亲水的，因此，木制器具在潮湿条件下会吸水膨胀。

在植物体茎、叶表皮细胞的细胞壁中还包含着角质、栓质和蜡质等脂类物质，以及钙盐和硅化合物等矿物质，但所有这些都是作为细胞壁的次生修饰物质，主要起着防止细胞水分蒸发的作用。

二、细胞壁的形成

植物细胞壁是在有丝分裂末期开始形成的。当染色体移到细胞的两极，两个新子核将要形成的时候，在纺锤丝的赤道面上形成"成膜体"。成膜体主要是由微管构成的，但近年来发现，微丝也与微管并行存在，参与成膜体的组成。装载着细胞壁前体物质，特别是果胶物质的高尔基小泡被引导沿着成膜体的微管集中，并排列在赤道面上，小泡的膜相互融合并连接形成子细胞的质膜。从小泡中释放出来的内含物连成一片，形成细胞板，并在特定的位置上（受遗传基因控制）形成胞间连丝。细胞板成为细胞壁的中间层，其主要组成物质是果胶，所以又称为中胶层。在中胶层形成之后，随即在中胶层和质膜之间继续沉积物质，形成初生壁。在此过程中，包含细胞壁前体物质的高尔基小泡，还可能有内质网小泡，继续不断地运输到质膜，并与质膜融合，将其装载的细胞壁前体物质释放到质膜与中胶层之间。现已查明，高尔基小泡的运输与微管骨架有关；并已知细胞壁的主要成分纤维素的合成酶位于质膜上，因此纤维素的合成是在质膜表面上进行的。纤维素微纤丝的排列方向被认为是由周质微管骨架所调控。在初生壁形成后期，高尔基小泡还将构成细胞壁的糖蛋白（如伸展蛋白）的前体物质运输和分泌到细胞壁中。如上所述，这种糖蛋白以内填充方式插入到细胞壁各多糖分子间的孔隙中，与纤维素、半纤维素及果胶相交联，形成一个高度复合体的网状结构（图 2-1）。与此同时，还可能有其他蛋白质和各种酶通过高尔基小泡和内质网小泡运输和分泌进入细胞壁，从而形成一个完整的初生细胞壁。许多细胞还在初生壁内发生次生加厚，形成次生壁。有实验指出，液泡膨压是细胞壁形成和次生加厚所必需的条件，在膨压不足、发生质壁分离的细胞中，虽然仍能合成细胞壁的原材料，但却不能输送到质膜外的细胞壁上。

近年来还发现，细胞质的 Ca^{2+} 浓度影响细胞壁成分的沉积，高的 Ca^{2+} 浓度促进木质素和其他非纤维素多糖的沉积，并相反地抑制纤维素的沉积。

分离原生质体的培养，让人们对细胞壁的重建和形成过程及其影响因子有了更多的认识。

三、细胞生长与细胞壁的伸展变化

如上所述，分生组织产生新的细胞被一圈相对坚固的细胞壁所包围，这些分生后的新细胞随即要分化发育成新的器官和组织，细胞体积要增加几倍、几十倍，甚至几百倍。细胞体积的增大是与水的吸收和少量细胞质的增加相并行的，由此在细胞内形成了一种细胞膨压（turgor pressure），它可高达 1000 atm（1 atm＝1.013 25×10⁵ Pa），细胞的生长与扩大受这种膨压所调控，并与细胞壁形成一个矛盾统一体。细胞壁承受着细胞内的巨大膨压，需要它的坚固性，但其坚固性却限制了细胞体积的扩大。因此必须有一个与细胞生长相适应的促使细胞壁松弛和伸展的机制。

前面已谈到，高等植物细胞壁的结构是由三种交织的聚合物网络形成的，其中纤维素微纤丝通过基质多糖共同连接的网络起骨架作用；另一种是通过 Ca^{2+} 桥连接的果胶质的凝胶化网络；第三种是结构蛋白彼此间的共价交联，或与细胞壁基质的其他成分共价交联。细胞壁的这种结构网络使它具备伸展的机制。

大量研究结果已经显示，在这种生长细胞（growing cell）的细胞壁中包含着一种膨胀素（expansin）和另一种木葡聚糖内转糖基酶（xyloglucan-endotransglycosylase），它们对细胞壁起着松弛和伸展作用，其作用机制是，膨胀素以一种可逆性（非水解的）方式与细胞壁中的纤维素微纤丝表面紧密结合的衬质聚合物发生作用，使纤维素微纤丝与葡聚糖网络之间的氢键断裂，造成网络结构松弛，在受细胞膨压而产生的细胞壁张力（受细胞膨压作用而产生的应力）的协同作用下，导致细胞壁的伸展。Cosgrove（2000）提出了一个作用模式，认为膨胀素是通过破坏细胞壁多聚糖之间以及

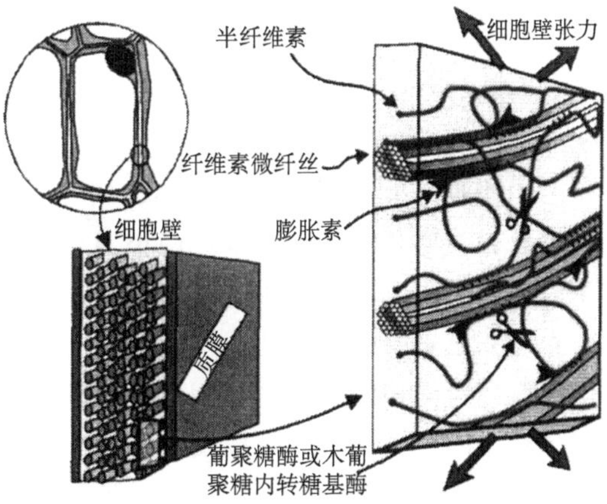

图 2-3　初生细胞壁的结构和它的松弛机制的图解

（Cosgrove，1997b）

多聚糖与纤维素微纤丝表面之间非共价键连接，催化一些聚合体进行缓慢滑动，并导致一些多聚体进行重新排列，从而产生细胞壁的松弛（图 2-3）。

膨胀素的活性受 pH 的调节，在酸性（pH 3.5～4.5）条件下显示出高活性，因而表现出"酸诱导的细胞壁松弛和伸展"（acid-induced relaxation and extension）。

葡聚糖酶和木葡聚糖内转糖基酶的松弛作用，则是通过切断葡聚糖主链，并参与还原末端的新形成。它们可能是细胞壁松弛的次级因子，主要是对松弛后的细胞壁结构起修饰作用，使细胞壁对细胞内膨压的应答反应更有效和更完善。

在细胞松弛和膨胀过程中，必须要有细胞壁物质的新合成和组入，这些多糖和少量的蛋白质在高尔基体内合成后，通过高尔基小泡膜流的运输和分泌，掺入到松弛后的网络中。

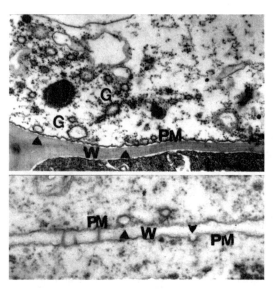

图 2-4　小麦幼叶细胞生长过程中，装载着细胞壁物质的高尔基小泡（G）流动到质膜（PM），与 PM 融合（箭头所指），将其中的内含物释放到细胞壁（W）中，并增加了 PM 的面积，借以适应细胞生长

在细胞的生长过程中，除了细胞壁的松弛和膨胀外，还需要有细胞壁物质的新合成和组入，以及质膜面积相应的增加，这主要是依靠高尔基体及其小泡的作用。在高尔基体内合成的多糖和少量的蛋白质，通过高尔基小泡的流动，迁移到质膜，并与质膜融合（图2-4）。其结果是，一方面增加了质膜的面积；另一方面，装载于小泡内的细胞壁物质被释放和掺入到松弛后的细胞壁网络结构中。

在细胞的成熟过程中，随着细胞壁的膨胀和扩大，还伴随着细胞壁的硬化。这种物理性质的变化是通过细胞壁疏松过程中的还原作用来实现的，包括聚合体之间交联的增加，以及细胞壁组成成分和结构的变化，如半纤维素的分支减少，因而它与纤维素或其他多糖形成更紧密的复合体；进而果胶质脱酯化，并通过 Ca^{2+} 与果胶质桥连的增加加固细胞壁的硬度；还有一些结构蛋白和木质素的掺入，使细胞壁变得更坚固。

由于膨胀素生理功能的重要性，所以对它的分子序列和基因家族也开展了许多研究。它的分子序列结构中至少有两个主要结构区。一个为"结合区"，其 C 端与 Group Ⅱ花粉过敏源蛋白有 50％相似。该花粉过敏源蛋白具有使柱头细胞壁松弛的潜在功能，说明它与膨胀素有相似的功能作用。另一个为"催化区"，其序列与内转葡萄糖基酶的催化区有一定的相似性。这种相似性可能说明膨胀素是通过转糖化机制起作用的，首先切割多聚糖的主链，然后连接到另一个相似聚合物的末端（Fry，1995）。

关于膨胀素的基因家族，通过对拟南芥和水稻等多种植物的研究，发现膨胀素由一个庞大的多基因家族编码（Cosgrove，1997b）。拟南芥基因组含有 38 个编码膨胀素的 ORF。根据膨胀素蛋白序列的相似程度，38 个 ORF 可分为 3 个亚单位。基于迄今所获的研究结果，膨胀素的多基因家族可分为 4 个独立的亚家族：α-、β-、γ-和δ-膨胀素。在拟南芥中，α-膨胀素是最大的亚家族，包含 26 个成员；第 2 大亚家族是 β-膨胀素，含有 8 个 ORF，可分为 3 类：β_1、β_2和β_3；γ-膨胀素亚家族很小。β-膨胀素基因在禾本科植物中大量存在，可调节水稻的节间伸长，并且在 GA 或伤害的诱导下其作用更明显 (Lee et al. , 2001)。

在水稻和拟南芥中还有许多未知的膨胀素。根据序列相似性和系统发育史的分析，发现了δ-膨胀素基因亚家族，它能编码大小和γ-膨胀素相似的截短型膨胀素，该蛋白质的序列与一般膨胀素的 C 端高度相似，但缺少一半 N 端序列。δ-膨胀素是单子叶植物的代表性亚家族，水稻基因组中有 18 个δ-膨胀素基因，其中 10 个位于 6 号染色体上。

膨胀素的功能不仅只限于在细胞生长中行使细胞壁的松弛作用，它还参与植物机体生长发育中其他许多生理过程，例如：①在雌花授粉过程中，膨胀素对柱头组织细胞壁的松弛作用有利于花粉管的进入 (Pezzotti et al. , 2002)；②膨胀素对水果细胞壁的松弛有利于水果的软化和成熟 (Rose et al. , 1997)；③膨胀素与器官（花、果、叶）脱落也有密切关系，已知一种膨胀素基因的转录产物在叶柄脱落区可被乙烯诱导而产生，随着转录产物的积累和活性的增加，叶片的脱落速度加快 (Cho and Cosgrove, 2002)；④膨胀素还与种子萌发期间胚乳的活化和利用密切相关 (Chen and Bradford, 2000)。

四、特殊类型细胞的细胞壁的次生修饰

随着细胞的分化，产生各类具有特殊功能的器官、组织和细胞，为适应其特殊生理功能的需要，其细胞壁也发生各种不同的次生修饰。例如，木质部中的导管和管胞，以及纤维和木纤维细胞的细胞壁都发生次生加厚。导管和管胞壁的次生加厚是非均一性的，但却是很规格化的，形成所谓的螺纹导管、梯纹导管和孔纹导管。纤维细胞和木纤维细胞壁的加厚是均匀的。这些细胞的次生加厚的物质主要是纤维素和木质素。加厚的方式，首先是质膜上的纤维素合成酶将高尔基小泡输送来的纤维素前体合成纤维素微纤丝，微纤丝的排列是定向的，并且是一层一层地从外往内加厚；同时纤维素微纤丝的排列在各层之间是相互交叉的。经过纤维素的加厚后，随即发生木质素的合成与渗透。细胞壁中的木质素是由输送来的香豆醇、松柏醇和白芥子醇经酶促脱氢，并随后发生自由基的聚合而形成的，它渗透到整个细胞壁，包括次生壁和初生壁，与细胞壁中的多糖分子以共价键相联结，形成交联网络。木质素是一种高度不溶性芳香族酚多聚物，大大加强了细胞壁的坚硬程度。次生加厚后的成熟导管、管胞或纤维、木纤维细胞，其内部的原生质体全部被自溶解体。导管和管胞成为输送水分和矿质营养的运输器官，木纤维成为支撑植物体的机械组织；然而木质部中的厚壁射线细胞及薄壁组织细胞在次生壁形成后，仍然保留着生活的原生质体。

在成熟的植物体表面的表皮细胞的外壁上次生加厚一层角质，它是表皮细胞在分化中产生的分泌物，是一种长链脂肪酸的多聚物，在细胞壁表面形成一种交联网络。表皮细胞还往往向角质层中，或角质层外面分泌一种蜡质复合物（酯化合物），形成角质和蜡质的复合层结构。在植物茎干的外表面还产生次生的木栓层，这种木栓层的细胞壁发生次生栓质化，木栓质也是一种脂肪酸的多聚物。这些角质和蜡质复合体的覆盖层以及木栓层使植物体表面形成一个良好的疏水保护层，它对减少植物体的水分蒸散、防止机械损伤、病原菌的侵染和紫外线的伤害等都具有重要作用。

植物细胞壁的另一类次生修饰是韧皮部筛管分子的筛板、内皮层细胞侧壁（经向壁）上的凯氏带以及叶柄、花蕾、花和果实基部离层的形成。例如，当叶片衰老时，在叶柄基部与茎之间形成的一个特定细胞层可能是受叶片衰老中产生的少量乙烯和其他生长调节物质共同的刺激，产生分解细胞壁的酶，如果胶酶和纤维素酶，这些酶定位溶解分离层的细胞壁；与此同时，在离层区茎那一边的细胞层的细胞壁则沉积抗水的软木脂，以便叶片在最终脱落时，保护伤口。

五、细胞壁的构建受微管骨架的引导

如上所述，在两个子细胞间的初生细胞壁开始形成时，装载着细胞壁前体物质的高尔基小泡是沿着成膜体的微管集中的；并且在近年来的细胞壁构建的研究中发现两个重要的相关事件：一是在决定植物细胞最终的形态中，纤维素微纤丝的排列方向是决定性的因素；另一个相关事件是，无论在初生壁或次生壁中，纤维素微纤丝的合成及其排列方向与周质微管骨架的排列方向是一致的。例如，处于伸长中的一个细胞，其侧壁中最新形成的纤维素微纤丝的排列方向一般与细胞的长轴成直角相交，这些微纤丝成螺旋式地分布在侧壁上。免疫荧光显微术的细胞化学显示周质微管也在侧壁上成螺旋式地排列。木质部的导管分子和气孔保卫细胞的细胞壁的次生加厚是研究这种相关性的最好的模式材料。许多观察结果表明，导管分子壁纤维素的沉积部位与微管的分布部位相对应。在气孔保卫母细胞分裂形成两个子细胞后，在腹壁加厚之前，微管集中分布在腹壁中央区域以内的质膜内侧，此后，在此处质膜之外沉积纤维素，使腹壁的中央部分发生次生加厚。在导管分化发育的早期，用秋水仙素处理植物组织，破坏微管，纤维素的沉积仍能进行，但不能形成正常的规格结构——螺纹或梯纹，而是不规则地加厚，或者是普遍地加厚。近年来，应用微管免疫细胞化学研究了百日草叶肉细胞悬浮培养物中导管分子的形态建成，其结果进一步证明了微管对细胞壁纤维素微纤丝沉积方向的控制与引导作用。在这种导管分子的发育中，微管先在特定的地方形成带，然后在此处质膜以外的对应部位上沉积纤维素。

那些进行多层次加厚细胞壁的细胞类型，也很明显地反映了纤维素微纤丝沉积方向是受微管调控的密切关系。例如，一种绿藻 *Oocytis* 的细胞壁是由 20～30 层纤维素微纤丝构成的，每层为一层纤维丝，各层的方向彼此成直角交叉。质膜内侧中的周质微管的排列方向总是与正在新合成纤维层相平行。调控这种微管排列方向的改变去适应指导新纤维层形成的机制，被认为是通过微管的去组装和再组装来完成的。棉花纤维细胞壁也是由多层相互交叉排列的纤维素微纤丝层所组成的。在棉花纤维细胞壁次生加厚过程中，周质微管数量显著增加，同时其排列方向与新形成的微纤丝层的方向是一致的；如果观察到微管的排列方向与细胞壁最内层的（最新形成的）微纤维层方向不一致时，则预示着即将形成的微纤丝层的新方向。利用药物破坏微管，则会造成微纤丝层排列方向的紊乱。

从激素处理改变微管排列方向以及改变细胞在不同方向上的生长，也可看出微管对纤维素沉积方向的指令性作用。如细胞经 GA_3 处理，其周质微管的排列方向会从与细胞长轴的平行排列改变成与细胞横向面相平行的排列，于是大量的纤维素微纤丝在与细胞长轴成直角的横向方向上沉积起来，结果促使细胞在长度上发生伸长。利用其他类型的激素，如激动素、苯肼咪唑及乙烯等处理细胞，则使周质微管排列稳定在与细胞长轴相平行的方向上，从而导致细胞壁纤维素微纤丝在与细胞长轴相平行的方向上沉积，于是促进细胞在横向上的增大。

关于微管控制纤维素沉积方向的机制的细节目前尚未深入了解，但已提出多种假设：①认为纤维素微纤丝的排列方向是直接由微管连接纤维素合成酶决定的；②认为纤维素合成酶桥连在微管上，并通过与微管相连的微丝肌动蛋白的作用，使合成酶沿着微管移动，因此合成的纤维素微纤丝的方向与微管相平行；③认为微管与质膜发生桥连后，改变了膜的流动性，通过这种改变了的膜流动性控制纤维素合成酶沿着微管平行移动。

第三章　质　膜

质膜，又称细胞膜或原生质膜，是植物细胞的第二层外围结构，与其外部的细胞壁密切相连和平行（图 3-1）。它是生活原生质体与其周围环境的一种分子屏障，是细胞的门户，控制着细胞内外的物质交换和信号转导，维持细胞内相对稳定的生活环境，使细胞成为生物有机体的一个基本单位。

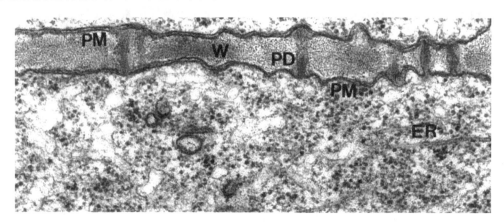

图 3-1　显示质膜的超微结构。在某些区段内可以分辨出"暗-亮-暗"三层结构。PM：质膜；W：细胞壁；PD：胞间连丝；ER：内质网。小麦幼叶细胞

一、质膜的超微结构

质膜很薄，只能借很薄的超薄切片和电子显微镜技术才能识别其结构。在电镜下，质膜表现为三层结构：中层电子密度低，呈现为透亮区；内外两层电子密度高，表现为两条发暗的黑线，即所谓的"暗-亮-暗"的三层结构（图 3-1）。这种结构被称为"单位膜"。其厚度为 6～10 nm，内外两层各约 2 nm，中层约 3.5 nm。暗层是由于膜表面蛋白质和磷脂亲水端（头部）被锇酸染色的结果；中层亮区是反映亲水双层磷脂的疏水部位（尾部）。

二、质膜的成分和结构模型

植物细胞的质膜与其他生物膜一样，其主要组成成分是磷脂和蛋白质，还有一些糖脂和糖蛋白，以及很少量的固醇类脂质，如胆固醇、麦角固醇和 β-谷固醇。

关于质膜的分子结构，不少学者曾先后提出过多种结构模型，最后得到公认的是 Singer 和 Nicolson（1972）提出的"流体镶嵌模型"（fluid mosaic model）（图 3-2）。这种模型的主要特点如下所述。

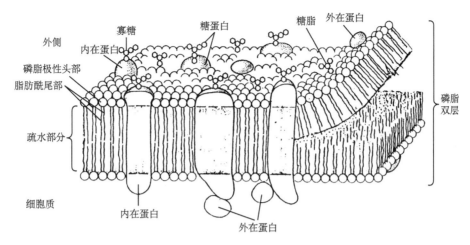

图 3-2　质膜分子结构的流动镶嵌模型（Singer and Nicolson，1972）

1. 强调膜分子结构的不对称性

　　膜结构以磷脂类双分子层为主要"骨架"，其分子的亲水端（头部）在膜的表面，疏水端（尾部）在膜的内部，这内外两层中脂质分子的分布是不完全对称的，同时，脂质中的不饱和脂肪酸和固醇多分布在膜的外侧。膜蛋白的分布也是不对称的，分布在脂双层表面的蛋白质称为"外在蛋白"（extrinsic protein）；部分或全部嵌入脂双层中的蛋白质称为"内在蛋白或整合蛋白"（intrinsic protein 或 integral protein）。这些嵌入蛋白和磷脂分子一样，也具有亲水和疏水两部分。处于膜外部的蛋白质分子由亲水的氨基酸组成，嵌入膜内部的蛋白质主要由疏水的氨基酸组成，它们相应地分别与磷脂的亲水和疏水部分结合，形成一种稳定的结构。糖蛋白和糖脂在膜上的分布也是不对称的，它们只分布在膜的外表面，与细胞质接触的内层没有（图 3-2）。

　　膜蛋白的不对称性分布为膜的功能确定了它的方向性，是膜功能在时间和空间上成为有序性的保证。膜蛋白在膜功能上具有许多重要作用，故被称为功能蛋白，有的膜蛋白本身就是酶或电子传递体；有的是激素或其他的生物学活性物质的受体；有的行使跨质膜物质运输的功能；有的起信号转导作用等。

2. 强调膜结构的流动性

　　流体镶嵌模型认为，膜结构中的成分，无论是脂类分子还是蛋白质分子都不是静止的，而是可以流动的。膜的流动性是膜结构的基本特征之一，是细胞进行生命活动所必需的条件。膜的流动性是由膜脂、膜蛋白的性质以及膜脂和膜蛋白相互作用所决定的。膜脂的流动性在很大程度上取决于脂肪酸链的长度和脂肪酸的不饱和度，脂肪酸链越短，不饱和程度越高，膜脂的流动性越大。温度对膜的流动性有很大影响，能促进膜脂发生相变（phase transition），从流动液晶态转变成凝胶态。不同种类的膜脂有不同的相变温度。不同的生物膜由于膜脂组分的不同而表现不同的相变温度。膜脂的运动有多种方式，如侧向扩散或侧向迁移、旋转运动、脂分子尾部的摆动，以及双层分子间的翻转运动等。测定膜脂流动性常用的方法是采用荧光探剂 DPH（1，6-二苯基-1，3，5-己三烯），它是一种比较敏感的研究膜脂流动性的探剂，稳态荧光偏振度（P）能反映膜脂双分子层整个脂肪酸链上各个层次流动性的平均值，P 值与膜流动性成反相关，P 值越大，表示膜的流动性越小。

膜蛋白也具有流动性，主要表现为侧向运动。这可通过荧光抗体免疫标记技术的测定获得证据。温度也影响膜蛋白的流动性，降低温度会使膜蛋白的运动速率降低。膜蛋白在脂双层中的运动还受到其他许多因素的影响和限制，如内在蛋白聚集形成复合物，使其运动变慢；又如内在蛋白与外在蛋白的相互作用，膜蛋白与膜脂的相互作用，以及膜蛋白与膜侧面的生物大分子（周质细胞骨架）之间的相互作用，都会在一定程度上限制膜蛋白和膜脂的流动性。例如，用细胞松弛素 B（cytochalasin B）处理细胞，阻断微丝的形成，则可使质膜的流动性明显增加。

质膜的流动性有着许多十分重要的生理功能。例如，跨膜的物质运输、细胞识别、细胞免疫和信息传递等都与膜的流动性有着密切的关系。

三、质膜的主要功能

质膜是生活原生质体的外周结构，它是物质进出的必经之处，因此，质膜的主要功能是进行物质运输；此外，代谢的调节与控制、信息传递、细胞识别与免疫等也都必须首先通过质膜进行。这里，仅对质膜的物质运输功能做一概要介绍。质膜物质运输最显著的特点是它的高度选择性，使细胞在复杂的环境中保证其代谢活动能够正常进行。物质通过质膜（跨膜运输）主要有三种方式。

1. 被动运输

所谓"被动运输"（passive transport），是指"物质通过质膜是顺着浓度梯度，由高浓度向低浓度进行扩散运动"，其动力来自浓度梯度，不需要由细胞提供代谢能量。一般较小的非极性分子易于溶解在脂双层中，于是它们能很快地以扩散方式通过膜。不带电荷的极性分子，如果其体积很小，也能快速通过脂双层。如水，尽管它在脂双层的中部（脂肪酸部分）是不溶性的，但其分子小（分子质量 18 Da），不带电荷，且具双极性结构，因此，它还是能很快地扩散通过脂双层。小分子的 CO_2（44 Da）、乙醇（46 Da）及尿素（60 Da）也能快速通过质膜。

相反，其他所有带电荷的分子和离子，不管其分子质量的大小，均不易通过质膜。因为电荷和分子的水化使它们不能进入脂双层的碳氢相（磷脂分子尾部）。因此，它们的通过需要借助于膜结构中的一类特异性蛋白，被命名为"运输蛋白"（transport protein）。这种运输蛋白是跨膜蛋白分子，或是跨膜蛋白分子复合物，它们以多种形式参与质膜的物质运输。

（1）通道蛋白（channel protein）

这种跨膜蛋白以其螺旋构象形成一种孔道（通道）穿过脂双层（图 3-3）。这种跨膜蛋白通道是水相的，能使大小适宜的分子及带电荷的溶质顺着浓度梯度，从质膜的一侧自由扩散到另一侧。最近，中国科学院植物研究所孙德兰等（2008）用原子力显微镜直接显示出分离的小麦原生质体质膜上的嵌入蛋白质（图 3-4，白色凸起）；并观察到某些嵌入蛋白形成聚集体，其中有孔（图 3-4，*），它与短杆菌质膜的通道蛋白图解（图 3-3C）很相似，这可能就是高等植物质膜通道蛋白的一种结构形态。

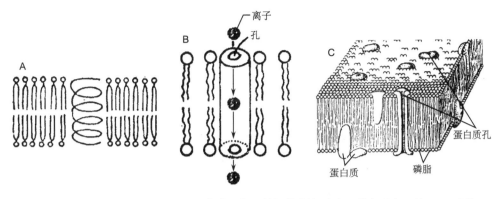

图 3-3 通道蛋白分子结构图解。A. 跨膜蛋白以其螺旋构象形成通道穿过脂双层；B. 通道
蛋白离子运输示意图；C. 短杆菌质膜内通道蛋白图解

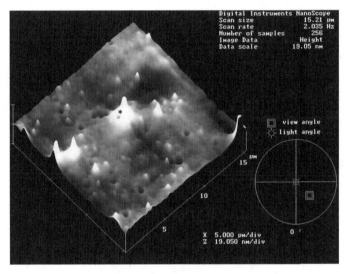

图 3-4 原子力显微镜下的分离小麦生活原生质体质膜上的嵌入蛋白（白色凸起），并有某些嵌入蛋白
形成聚集体，其中有孔（＊），这或许就是高等植物质膜通道蛋白的一种结构形态（孙德兰等，2008）

（2）门通道蛋白

这类运输蛋白或蛋白复合物形成的孔道与上述孔道蛋白所形成的孔道不同，它具有能够开关的"门"。这种"门"仅在对特定的刺激发生反应时打开，其他时间是关闭的。其中有些门通道对胞外的特定物质（配体）与其表面受体结合时发生反应，引起门通道蛋白（gated channel protein）的一种成分发生构象变化，结果使门打开。这种通道称为"配体门通道"（ligand gated channel）。另一种类型的通道称为"电位门通道"（voltage gated channel）。它是由于细胞内或细胞外特异离子浓度发生变化，或因其他刺激引起膜电位变化，导致其构象变化，造成"门"打开（图 3-5）。例如，当细胞质基质中 Ca^{2+} 浓度增加时，K^+ 的通道门就打开。这种通道门也有它自己的开关机制和规律。它的开放和关闭常常是十分短暂（几毫秒）和连续相继的过程，在这种瞬时开放的

时间里，一些离子、代谢物或其他溶质顺着浓度梯度自由扩散地通过质膜。

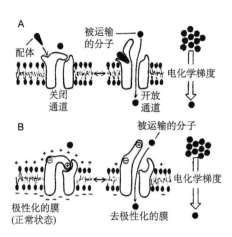

图 3-5 门通道两种类型示意图（Alberts et al.，1994）。A. 配体门通道；
B. 电位门通道

（3）载体蛋白

载体蛋白（carrier protein），也是跨膜蛋白，它能与特定的分子，如糖、氨基酸或金属离子形成结合状态而通过膜。这种载体蛋白具有高度特异性，其上有结合位点，只能与某一种物质进行暂时的、可逆性的结合与分离，将这些物质从质膜的一侧运输到另一侧，不需要 ATP 提供能量。

已知有两类离子载体："通道载体"和"可动载体"。通道载体蛋白在结合某种特定的溶质后，通过其连续的构象变化，将这种物质顺着它的浓度梯度扩散到膜的另一侧（图 3-6A）。可动载体如缬氨霉素，它是一种环形多肽，像一个空心圆饼，可将 K^+ 结合在它的空腔里。由于缬氨霉素周边是疏水的，所以它能溶于脂双层，并顺着离子浓度梯度通过脂双层，在膜的另一侧释放出 K^+。这种移动能往返进行（图 3-6B）。离子载体 A23187 是可动载体的另一个例子，它可运输二价阳离子如 Ca^{2+} 和 Mg^{2+}，并起离子交换作用，携带 1 个二价阳离子进入细胞，就要携带 2 个 H^+ 到细胞外。

2. 主动运输

主动运输（active transport）与上述的被动运输不同，在主动运输过程中，物质是逆着浓度梯度由低浓度向高浓度流动的，在此过程中需要提供能量。已知这种能源是通过 ATPase 水解 ATP 而获得的。人们将这种 ATPase 称为"泵"。在质膜上，作为"泵"的 ATPase 有多种，具有专一性，不同的 ATPase 运输不同的物质或离子。在动物细胞的质膜上存在着起重要作用的 K^+-Na^+-ATPase，它们通过构象变化，行使 K^+ 和 Na^+ 的跨质膜运输。然而在植物细胞的质膜上至今未发现有 K^+-Na^+-ATPase。在植物细胞质膜上行使跨质膜物质运输的 ATPase，主要是 H^+-ATPase 和 Ca^{2+}-ATPase。

（1）质膜质子泵 H^+-ATPase

由于植物细胞没有 K^+-Na^+-ATPase，因此植物质膜 H^+-ATPase 需要承担包括 K^+、Na^+ 在内的多种物质的跨膜运输，还起着调控细胞 pH 等诸多方面的生理生化功能，所以它被认为是植物生命活动中的主宰酶（master enzyme）。它利用催化 ATP 水

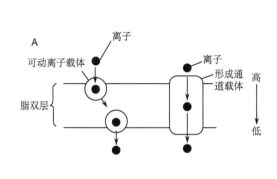
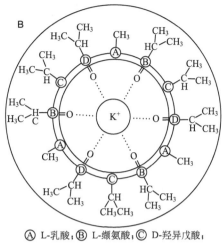

Ⓐ L-乳酸；Ⓑ L-缬氨酸；Ⓒ D-羟异戊酸；
Ⓓ D-缬氨酸

图 3-6　离子载体介导的被动运输（Avers，1986）。A. 可动载体和通道载体协助离子被动运
输示意图；B. 缬氨霉素是一个环形聚合体，把 K^+ 螯合在其中央的空腔里，借助其周边部
分的疏水性通过脂双层

解释放的能量，将 H^+ 泵出到质膜外，建立跨质膜的 H^+ 电化学梯度，驱动溶质，包括
阴阳离子 Na^+、K^+、Cl^- 等、氨基酸和糖类与 H^+ 进行同向或反向运输进入细胞。换言
之，即当 H^+ 泵出到细胞外后，使质膜内侧形成负电位，于是质膜外带正电荷的阳离子
（如 Na^+、K^+ 等）就与 H^+ 进行反向运输进入细胞内；而那些不带电荷的溶质——糖和
氨基酸，也可通过其载体与 H^+ 结合进
行同向共运输，从胞外进入胞内。

　　由于 H^+-ATPase 需要 Mg^{2+} 去活
化，因此也叫 Mg^{2+}-ATPase。通过电
镜细胞化学技术，一个清晰的 H^+-
ATPase（Mg^{2+}-ATPase）活性反应产
物磷酸铅沉淀颗粒图像专一性地分布在
质膜上（图 3-7）。

　　质膜 H^+-ATPase 是一种跨膜 10
次的单链多肽，其 C 端（羧基端）和 N
端（氨基端）都位于细胞质侧。在转运
H^+ 过程中涉及磷酸化和去磷酸化，并
发生两种构象（E1 和 E2）的相互转
变。当此酶蛋白处于 E1 构象时，其离
子运输位点是在膜的内侧——细胞质
侧，在结合 ATP 和 H^+ 后，形成 E1-
ATP-H^+ 复合物，随后酶被磷酸化，

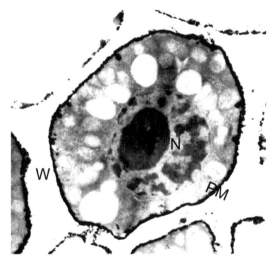

图 3-7　H^+-ATPase（Mg^{2+}-ATPase）活性电镜细胞
化学定位，活性反应产物磷酸铅沉淀物专一性地定位
在质膜上，图为小麦幼叶细胞。PM：质膜；W：细
胞壁；N：细胞核

形成磷酸化中间物，此时，由 E1 构象转变成 E2 构象，随之将 H^+ 释放到细胞外，并脱

去 Pi，于是 E2 又变回到 E1，然后再进行下一次 H^+ 的转运循环。

植物质膜 H^+-ATPase 由多基因编码。例如，编码 H^+-ATPase 的基因，拟南芥有 12 个，烟草有 9 个，水稻有 10 个，番茄、蚕豆和茄子则分别有 7、5 和 2 个，但菜豆的仅有 1 个基因编码。H^+-ATPase 活性可在基因转录、翻译和翻译后修饰几个水平上进行调节，也受膜脂流动性、膜磷脂组成以及膜磷脂/膜蛋白比率等因素的调节，还可被细胞内的 Ca^{2+} 水平调节。

（2）质膜 Ca^{2+} 泵 Ca^{2+}-ATPase

Ca^{2+} 是植物细胞的第二信使。细胞质基质中的 Ca^{2+} 浓度的升降是行使其信使功能的基础。在一般静态情况下，细胞质内 Ca^{2+} 水平是很低的，约为 10^{-7} mol/L，而细胞外的浓度高达 $10^{-4} \sim 10^{-3}$ mol/L，比细胞内高 $1000 \sim 10\,000$ 倍。已知外界环境因子的刺激和细胞内的生理变化都可引起细胞质内 Ca^{2+} 水平的升高，这种增加的 Ca^{2+} 在完成其信使功能后，必须要及时撤退，否则会引起 Ca^{2+} 中毒。这种增加的高浓度 Ca^{2+} 的撤退，也需要"泵"的作用，即 Ca^{2+} 泵。Ca^{2+}-ATPase 也是利用水解 ATP 释放的能量去行使 Ca^{2+} 运输的。生化和电镜细胞化学的研究表明，它的活性部位位于质膜的内侧，这可从电镜细胞化学的照片上清晰地看出（图 3-8）。因此，当细胞质内增加的 Ca^{2+} 达到一定浓度时，就会激活 Ca^{2+}-ATPase，通过酶蛋白的构象变化将增加的 Ca^{2+} 转移到细胞外，并逆向地输入 Mg^{2+}。又由于 Ca^{2+}-ATPase 对 Ca^{2+} 有很强的亲和性，所以，它不仅能将胞内 Ca^{2+} 泵出胞外，而且能使细胞质基质中的 Ca^{2+} 恢复和维持在很低水平的稳态平衡（homeostasis）。

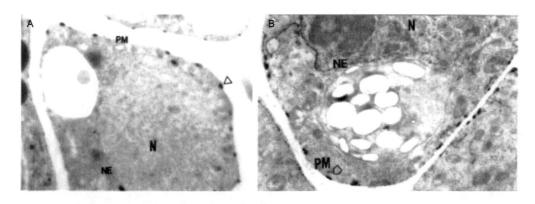

图 3-8　质膜钙泵 Ca^{2+}-ATPase 活性的电镜细胞化学定位，活性反应产物磷酸铈沉淀颗粒分布在质膜内侧（箭头）。A. 杨树顶芽分生组织细胞；B. 玉米幼叶细胞。PM：质膜；N：细胞核；NE：核膜

3. 内吞和外吐

上述的物质运输，无论是被动运输还是主动运输，都只限于离子和小分子物质；大分子物质则不能通过质膜，它们进入和排出细胞，是通过质膜内吞和外吐作用来实现的。

所谓内吞（endocytosis）是指某种大分子物质与质膜上某种蛋白质或糖蛋白有特异性的亲和力，并因此附着在此处的质膜上，这部分质膜也因此内凹，凹陷部分的前端连续伸入细胞质，而基部发生收缩和缢断，结果形成囊泡，将该处质膜表面的大分子物质包入其中（图3-9）。这些被分离下来的小囊泡，按其所包裹的物质性质产生相应的继发过程和结局。按照这种方式进入豆科植物根细胞的根瘤菌，就会在这种质膜囊泡中发育和繁殖，形成类菌体，进行固氮作用。如果包裹的是病原体，则会因植物抗性的不同产生两种不同的结果：具有抗病力的植物，它们会将这种包含病原体的囊泡与其细胞内的溶酶体或液泡（一种大溶酶体）融合，溶酶体中的水解酶可将这种入侵的病原体杀死和分解；如果是不抗病的植物，囊泡中的病原体就会突破质膜的包围进入细胞质中，在其适宜的细胞器（如细胞核和叶绿体）中迅速增殖，导致植物病害。

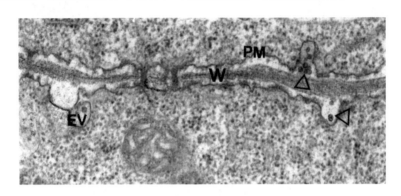

图 3-9　小麦幼叶细胞，显示质膜内吞作用。箭头指示正在被内吞的颗粒物质。
一个吞噬泡（EV）正在被分离下来进入细胞质。PM：质膜；W：细胞壁

外吐作用（exocytosis），与内吞作用相反，是指在细胞质内形成的小泡（vesicle），其内包含着大分子物质，这些小泡移动到质膜，并与质膜融合，将其包含的大分子物质释放到质膜外。植物细胞常见的外吐作用现象，是装载着细胞壁材料的高尔基小泡，它们在细胞生长增大时，或者在细胞壁次生加厚或木质化时，被输送到质膜，与质膜融合，将其内部装载的细胞壁多糖释放到质膜外的细胞壁中。我国北方地区种植的冬小麦，在初冬低温锻炼过程中，分蘖节细胞壁会发生次生加厚，并木质化。在超薄切片中，常可看到高尔基小泡与质膜融合的外吐现象（图3-10）。一些植物细胞分泌蛋白质或大分子芳香酯也是借此胞吐方式进行的；更为常见的普遍外吐现象是植物根尖的根帽细胞分泌黏液物质。

四、质膜与细胞壁的联系

前面谈到细胞壁和质膜是植物细胞的第一和第二层的外围结构，是调控植物细胞与外界环境进行物质交换和信息传递的门户。在结构上，二者平行分布，并有密切的相互联系。显示质膜与细胞壁联系最明显的形象化证据，是当植物细胞处于高渗溶液中时，发生质壁分离（plasmolysis）的"孤立"原生质体仍有许多细胞质带连接在细胞壁上。这种现象早在 1912 年就被 Hecht 观察到，因而被称为"Hechtian strand"（Hechtian

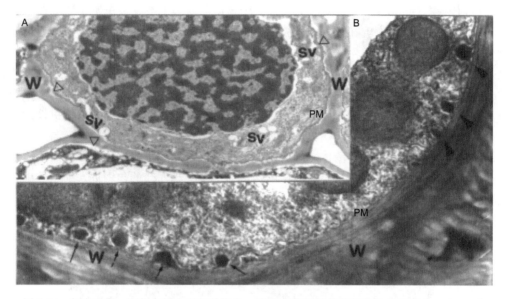

图 3-10 初冬时期，强抗寒性小麦品种新冬一号分蘖节细胞超薄切片的电镜照片。A. 一些
分泌小泡（SV）移动到质膜（PM），并与 PM 融合（箭头所指）。B. 图中可看到许多已与
PM 融合的分泌小泡，将其装载的多糖物质（经高碘酸-六亚甲四胺银染色）向细胞壁（W）
释放（箭头），从而使细胞壁得到次生加厚，并木质化

细丝带）。1994 年，Oparka 等报道了他们用洋葱表皮细胞所做的质壁分离实验，为质
膜与细胞壁在结构上的紧密联系提供了进一步的有力证据。这个著名的实验不仅进一步
清晰地显示出收缩原生质体与细胞壁之间有许多细丝带的连接（图 3-11），而且进一步
揭示，形成这种 Hechtian 细丝带的原因是细丝带末端的质膜与细胞壁之间原本有着紧

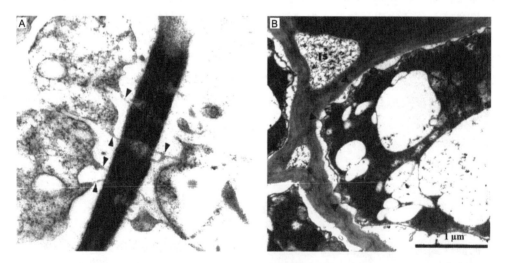

图 3-11 A. 洋葱表皮细胞在高渗溶液中产生的孤立原生质体与细胞壁连接的 Hechtian 细丝带
（箭头）（Oparka et al.，1994）；B. 云杉在天然寒冬中因细胞脱水形成的质壁分离，收缩的
原生质体在许多部位上仍与细胞壁保持连接（箭头）（Jian et al.，2004）

密的联系，原生质体在高渗溶液中发生收缩时，在这个位点上的质膜仍然紧紧地被拉附于细胞壁上，不能与细胞壁发生脱离，从而形成这种质膜细丝带。这种细丝带实质上是一种质膜小管，管末端的质膜黏附在细胞壁上；上端管口周围的质膜仍与收缩的原生质体质膜相连，形成质膜的连续体系。

深入的研究揭示，这种 Hechtian 细丝带——质膜小管中还包含着细胞质内含物，其中有原本与质膜紧密相连的内质网（ER）和肌动蛋白微丝（actin-MF），甚至还有微管骨架（MT）等成分。这种在收缩原生质体和细胞壁之间形成的 Hechtian 细丝带现象，是已被许多研究所揭示的"周质内质网/细胞骨架（MF 与 MT）-质膜-细胞壁三者连续性连接"的一个极好的佐证。这三者以质膜为中心，在质膜内侧的周质 ER 和 MF、MT 通过某种连接蛋白锚于质膜；而质膜外侧则通过某种黏附物质锚于细胞壁。这三者的相互连续性的连接，使它们彼此形成一个相互支持的稳定体系。同时，这三者的连续性连接有可能是植物细胞在对外界刺激的反应和适应中的信息传递起着重要作用。周质细胞骨架-质膜-细胞壁三者连续性在生长中的根毛细胞和花粉管中也被观察到（Miller et al.，1997）。

关于这种 Hechtian 细丝带下锚黏附于细胞壁上的位点，经连续系列切片观察指出，它可以是垂周壁上的胞间连丝，也可以在没有胞间连丝的圆周壁和垂周壁上。在胞间连丝位点上形成 Hechtian 细丝带的机制是较容易阐明的，因为胞间连丝孔道周围的质膜是邻近两个细胞质膜的连续，因此当原生质体脱水发生收缩时，孔道周围的质膜仍有可能牵拉着收缩的原生质体，形成质膜小管（Hechtian 细丝带）。但在严重质壁分离条件下，强烈收缩的原生质体还是会拉断连丝孔口周围的质膜，然而孔道中的质膜和中央桥管（压缩 ER）仍然被保留。有时中央桥管也被拉出，但孔道周围的质膜仍存在。这些情况说明，此处的质膜是强有力地联结在孔道周围的细胞壁上。

关于质膜下锚黏附于细胞壁上的机制，Pont-Lezica（1993）提出一个推测，认为此处质膜上可能有一种跨膜蛋白或蛋白复合体，充当质膜与细胞壁的连接者（linker）。一些研究证据指出，在高等植物细胞质膜表面存在一种类似动物细胞表面上的黏着糖蛋白，以及分布于质膜表面上的阿拉伯半乳糖蛋白，其 β-聚糖（β-glycan）具有很强的黏着能力，它们都有可能充当质膜下锚黏附于细胞壁的黏着物。

Hechtian 细丝带的形成具有重要的生理功能，它是细胞脱水、原生质体收缩时，保存质膜表面积的一种重要方式。当细胞再次获得水分、细胞膨压和原生质体体积恢复过程中（去质壁分离，deplasmolysis），由于有 Hechtian 细丝带质膜的扩展和延伸，原生质体表面积就可以得到顺利的复原，不至于因迅速膨压的冲击，而造成原生质体破裂。这种细胞结构的变化，也是植物适应干旱、土壤盐化和冰冻脱水胁迫的一种重要方式，它充分体现了细胞结构与生理功能密切关系的统一性。同时，周质内质网/细胞骨架（微管与微丝）-质膜-细胞壁三者结构上的连续性连接，可能是植物细胞感受和反应外界刺激的信号传递途径。当一种刺激作用于细胞壁时，即可以通过这种连续性连接途径，使刺激信号从细胞壁传递到质膜再传递到周质内质网和细胞骨架（微管与微丝）；然后通过内质网和细胞骨架与细胞内各细胞器的联系（详见第九章），将信息传递到各细胞器，尤其是通过内质网与细胞核的联系将信息传递到细胞核，引发核基因的反应性应答，并与各有关细胞器进行协调一致的适应性反应。

第四章　细　胞　核

　　细胞核是细胞内最大和最重要的细胞器，是细胞的生命活动和遗传特性的调控中心。细胞核在结构上主要由核被膜、染色质、核仁及核骨架（核基质）构成（图 4-1）。然而低等生物，如细菌和蓝藻等没有核被膜，它们的 DNA 复制、RNA 转录和蛋白质翻译都在同一个没有核被膜分隔的核区内进行，这种核称为原核（prokaryon）。包含原核细胞的有机体叫原核生物（prokaryote）。具有核被膜的细胞核叫真核（eukaryon）。真核细胞生物的 DNA 复制和 RNA 转录在核内进行，而 mRNA 和核糖体的蛋白质翻译则转移到细胞质中进行，这是生物演化过程中的一大进步。

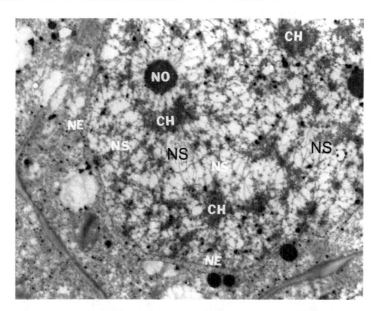

图 4-1　云杉顶芽分生组织细胞戊二醛-锇酸双固定，超薄切片，透射电镜观察（Jian et al.，2004）。显示细胞核的主要成分：核膜（NE）、染色质（CH）、核仁（NO）和核骨架（NS）。核骨架纤维连接于染色质与染色质之间、染色质与核仁之间以及染色质与核膜之间，形成一种三维空间网络结构。这种图像在戊二醛-锇酸双固定的制片中是很少见的

一、核被膜和核膜孔

　　核被膜（nuclear envelope）是细胞核和细胞质之间的界膜，它把细胞分成核与质两大结构与功能区：在核内集中了全部遗传基因组，DNA 基因复制、RNA 转录在核内进行，成为细胞生命活动的"首脑机关"；RNA 的后继活动——蛋白质翻译及其他许多生理生化过程则在细胞质中进行，细胞质中的各种细胞器成为"核中央"指导下的"地方机构"，它们在"核中央"调控下，相互联系和相互制约、井然有序地体现着细胞生

命活动的奥秘。

1. 核被膜的结构

　　核被膜由内外两层单位膜构成，单位膜的厚度约为 7.5 nm，两层膜之间的腔叫核周腔（perinuclear lumen）或核周池（perinuclear cisternae）（图 4-2）。外核膜（outer nuclear membrane）表面附有大量的核糖核蛋白体颗粒，并可观察到它与内质网相连接，其化学成分也与内质网相类似，因此，这二者（核膜与内质网）被视为同一膜系。内核膜（inner nuclear membrane）面向核质，表面上没有核糖体颗粒，但附有一种厚30～200 nm 的核纤层（lamina）。这种核纤层是一种多聚纤维蛋白形成的网络状结构，为内核膜提供了构建支架，有利于内核膜的完整性和稳定性。

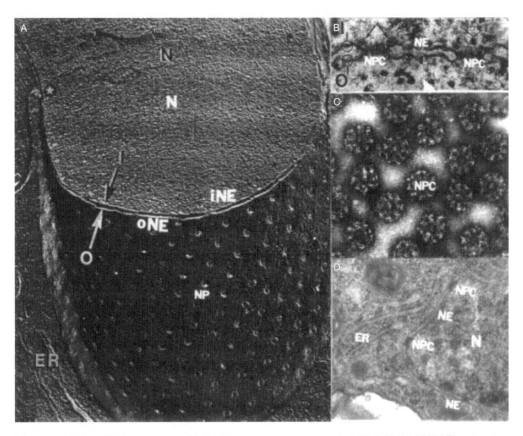

图 4-2　核膜与核膜孔。A、B、C 地柏（*Selaginella kraussiana*）细胞的冰冻蚀刻图像（Gunning and Steer，1996）。A 图的下半部显示核（N）的外表面上的核膜孔（NP）；它的上部是核（N）的斜横断面，显示双层核膜——外核膜（oNE）和内核膜（iNE）。B 图（核膜横断面）和 C 图（核膜内表面）显示核膜上的核孔复合体（NPC）；D. 小麦幼叶细胞的戊二醛-锇酸双固定的制片图像，显示细胞核（N）的双层核膜（NE）和核孔复合体（NPC），以及核膜附近的内质网（ER）

　　核被膜虽然把核与细胞质分隔开来，但其平行的双层核膜并不完全连续，内、外核膜常常在一些部位相互融合形成环状孔道，称为核孔（nuclear pore）（图 4-2），它成为核与质之间的物质与信息交流的通道。在这种核孔上还镶嵌着复杂的结构，故名为核孔复合体（nuclear pore complex，NPC）。

2. 核孔复合体的结构

核膜孔 (nuclear envelop pore) 的直径为 70~100 nm，是一种复杂的环状结构。冰冻蚀刻和负染色技术显示 (图 4-2C)，在孔的周围沿着内、外核膜各自分布着 8 个圆形颗粒。这 8 对颗粒在内、外核膜上的位置是相互对应的，并有细丝相互联系，形成环状结构。这种核孔复合体的进一步细节可分为 4 种结构组分 (图 4-3)：①胞质环 (cytoplasmic ring)，位于核孔边缘的细胞质侧面，又称外环，环上有 8 条短纤维对称分布伸向细胞质；②核质环 (nuclear ring)，分布于核孔边缘的核质侧面，又称内环，内环比外环结构复杂，环上也对称地连有 8 条细长纤维，向核内伸入 50~70 nm，在纤维的末端形成一个直径为 60 nm 的小环，小环由 8 个颗粒构成。这样一个整体的核质环就像一个"捕鱼笼" (fish-trap) 样的结构；③辐 (spoke)，从核孔边缘伸向中心，呈辐射状八重对称，连接内、外环，起支撑作用；④栓，或称中央栓 (central plug)，位于核孔的中心，呈颗粒状或棒状，因此又称为中央颗粒 (central granule)。然而不是在所有的核孔复合体中都能看到这种结构，所以有人认为它不是核孔复合体的一种组分，而是正在通过核孔的一种转运物质。

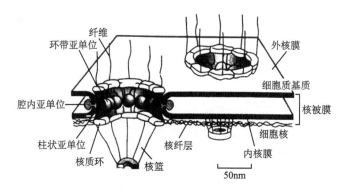

图 4-3　核孔复合体的结构模型 (Alberts et al.，2002)

核孔复合体主要由蛋白质构成，推测可能含有 100 余种不同的多肽，共 1000 多个蛋白质分子，它们被统一命名为"核孔蛋白" (nucleoporin，Nup)。gp210 是第一个被鉴定出来的核孔蛋白，是一种糖基化的糖蛋白，分子质量为 210 kDa，位于孔膜区，被认为在锚定核孔复合体的结构上起重要作用。另一种核孔蛋白 p62，是一种糖基化了的功能性蛋白，它对核孔复合体行使核/质的物质交换起着重要作用。这些糖蛋白可通过酶标 Concanavalin A 电镜细胞化学方法得到显示 (图 4-4)。在植物和动物的核孔复合体中都发现有 H^+-ATPase 和 Ca^{2+}-ATPase (图 4-5)，它们对核孔的主动运输起作用；后者还在调节核内游离 Ca^{2+} 浓度的稳态平衡上起重要作用。

核膜孔在核膜上的分布密度不是一成不变的，与细胞类型、细胞生理活性、转录功能的活跃程度密切相关，细胞生理活性高、转录功能强的核，其核膜孔的数目多；反之，生理活性低，处于休眠状态的细胞，其核膜孔数目少。

3. 核孔复合体的功能

核膜孔的功能是行使核/质间的物质交换，溶质和小分子物质可借助浓度梯度的扩散作用通过核孔通道。由于真核细胞 DNA 的复制和 RNA 的转录是在核内进行的，而

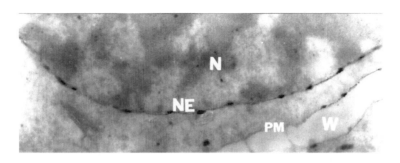

图 4-4　酶标 ConA 的电镜细胞化学方法显示的核膜孔上的糖蛋白。材料为小麦幼叶细胞。
N：细胞核；NE：核被膜；PM：质膜；W：细胞壁

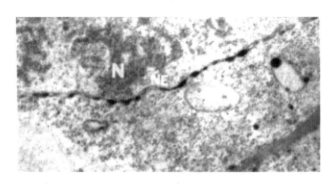

图 4-5　氯化铈沉淀的电镜细胞化学方法显示的核膜孔上的 Ca^{2+}-ATPase 活性反应产物——磷
酸铈沉淀颗粒 (Jian et al., 1999)。材料为小麦幼叶细胞。N：细胞核；NE：核膜

mRNA 的蛋白质翻译则转移到细胞质中进行；同时，DNA 包装成核小体（染色质）时需要的蛋白质则是从细胞质输入到细胞核内的。因此，大分子蛋白质的输入和 RNA 的输出成为核膜孔最重要的两个功能，它是一个主动的运输过程，依赖核孔上 Mg^{2+}-ATPase水解 ATP 提供能量，并需要特异的运输信号识别和载体介导。现已揭示，这一过程主要是由 importin β 家族的蛋白质成员负责完成的。importin β 家族成员是一类真核生物中广泛分布的核质转运受体蛋白，迄今为止，已在人类细胞中发现超过 20 个成员，酵母细胞中大约有 14 个成员。它们利用 C 端结合底物（cargo）或接头蛋白（adaptor），N 端结合 RanGTP，中部结合核孔蛋白（Nup），从而将底物带入或带出细胞核；并且，importin β 还可以利用 4 种接头蛋白来识别不同类型的底物，使得一个受体可以拥有广泛的底物类型，从而协调了少数受体与大量底物之间的矛盾。大多数 importin β 家族成员可以直接识别底物的核定位信号（nuclear location signal，NLS），或出核信号（nuclear export signal，NES），并调节核孔通道的大小。根据运输方向的不同，它们被分为核输入受体（importin）和核输出受体（exportin），也有既能介导底物核输入也可介导底物核输出的双向运输受体（bidirection receptor），如 importin 13。核输入受体首先在细胞质中识别底物的 NLS，并与之结合形成二聚体（核输入受体-底物），然后穿过核孔进入细胞核内，在核内的 RanGTP 的作用下，二聚体发生解聚，底物蛋白质被释放到核内；这种"核输入受体-RanGTP"复合物再通过核孔返回细胞质，

并被水解分离，于是又可重新进行新一轮的入核运输。RNA 和核糖体亚单位的核输出由"核输出受体"来执行，其运输方式和过程与核输入相类似。

二、染 色 质

染色质（chromatin）这一术语是 Flemming 于 1879 年提出来的，用它描述间期细胞核被碱性染料强烈着色的物质。在有丝分裂时期，转变成高度凝集的染色体。它们是遗传物质存在的形式，是细胞核的主体成分。

1. 染色质的化学成分

染色质和染色体都是 DNA、组蛋白、非组蛋白和少量 RNA 组成的复合体。

DNA 是遗传信息的载体，是染色质的主要成分和骨架结构。DNA 的空间构象决定着染色质的功能，而 DNA 的核苷酸序列则决定着遗传信息的本质，生物界物种的多样性取决于 DNA 分子的 4 种核苷酸千变万化的不同排列之中。许多 DNA 序列是重复的，根据 DNA 序列的重复程序，可将 DNA 分为三类：①高度重复的 DNA，在每个基因组中可重复 $10^5 \sim 10^6$ 次；②中度重复的 DNA，每个基因组中重复 $10^2 \sim 10^3$ 次；③单一的 DNA 序列，这些序列在基因组中只出现一次或几次。

组蛋白是与 DNA 结合的基本结构蛋白，属碱性蛋白质，含有较多的组氨酸和赖氨酸。在大多数染色质中，组蛋白量与 DNA 量大约相等。根据赖氨酸和精氨酸比例的不同，将组蛋白分为 5 类：①H1，赖氨酸与精氨酸的比值为 22.0；②H2A，比值为 11.17；③H2B，比值为 2.5；④H3，比值为 0.72，其特点是含有半胱氨酸；⑤H4，比值为 0.79，分子质量最小，只有 102 个氨基酸。

染色质中的非组蛋白主要是酸性蛋白，富含天冬氨酸、谷氨酸等酸性氨基酸，是与特异 DNA 序列相结合的蛋白质（sequence specific DNA binding protein）。染色质非组蛋白具有多样性，不同组织细胞中的种类和数量都不同，因而其种类很多，至少有 450 个以上分子类型。它有两个主要特点：①高度的不恒定性和代谢周转性，其含量随着细胞生理状态和生态条件发生剧烈变化；②具有种属和器官的专一性，从不同属种或器官中分离出来的非组蛋白具有不同的双相电泳图谱和免疫特异性。染色质非组蛋白具有多方面的重要功能，包括基因表达的调控和染色质高级结构的形成，如帮助 DNA 分子折叠，以形成不同的结构域；协助启动 DNA 复制，调控基因转录和基因表达等。

染色质 RNA 是一种与染色质结合的低分子质量的核 RNA（80～300 个碱基），为 DNA 的 1％～3％。染色质的重组实验表明，它的存在与否对染色质的模板特异性有很大影响。Bonner（1968）曾推测，这种 RNA 等价地结合到染色质非组蛋白上，并通过后者以非共价键方式结合到组蛋白上，从而调节基因的表达。

2. 染色质包装的基本结构单位——核小体

Kornberg（1974）根据一系列内切核酸酶降解的分析和染色质铺展于铜网上的电镜观察，正式提出染色质包装的基本结构单位是核小体（nucleosome），并提出染色质结构的"念珠状"模型（图 4-6）。这种核小体是由 200 bp 左右的 DNA 双螺旋和一个组蛋白八聚体以及 1 个分子的组蛋白 H1 组装而成的。染色质是由一系列核小体相互连接形成的念珠状结构。每个小珠，即核小体，直径为 10 nm，它的核心结构是由组蛋白 H2A、

H2B、H3 和 H4 各 2 个分子组成的八聚体。在八聚体外部超螺旋缠绕着 $1\frac{3}{4}$（1.75）圈的 147 个 DNA 分子。组蛋白 H1 在核心结构外结合额外的 20 bp DNA，锁住核小体 DNA 的进出端，起稳定核小体的作用。两个核小体之间通过"连接 DNA"（linker DNA）彼此相连，形成串联的核小体，即染色质包装的念珠状结构（图 4-6）。

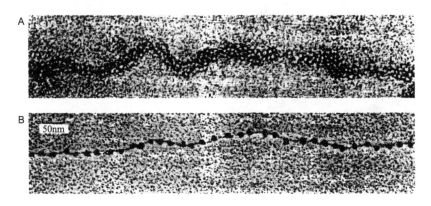

图 4-6　处理前后的染色质丝的电镜照片（Bradbury，1978）。A. 自然结构，30 nm 的纤丝；
B. 解聚的串珠状结构。A、B 放大倍数相同

3. 常染色质和异染色质的特性

　　按照染色质与碱性染料的亲和程度和转录活性及其凝集状态，间期染色质被分成两种类型：常染色质（euchromatin）和异染色质（heterochromatin）。常染色质是指间期核中被碱性染料染色较浅、聚集状态（包装）比较松散、含有单一的或重复序列低的 DNA、有转录活性染色质；而异染色质则是被碱性染料强烈着色、包装结构紧密、没有转录活性或转录活性很低的染色质。这种异染色质多分布于细胞核的周围，靠近核膜。异染色质又被分为结构异染色质（constitutive heterochromatin）及兼性异染色质（facultative heterochromatin）。结构异染色质是指各种类型细胞在整个细胞周期内均处于凝集状态的染色质，不能进行转录。兼性染色质只是在一定的细胞类型或发育阶段上处于凝集状态，而在某些细胞类型或发育阶段上可以从异染色质状态转变为常染色质状态。

三、核　　仁

　　核仁（nucleolus）是间期核中最明显的结构成分，与染色质没有膜的分隔，但由于它包含着稠密的组成物质，在光镜下有很强的折光性，在电镜下产生很强的电子密度，以致与染色质显示出明显的界线（图 4-7）。并且与染色质嗜碱性染料的性质不同，核仁嗜酸性染料，在甲基绿-派洛宁的染色中，染色质被甲基绿染成绿色，核仁被派洛宁染成红色；在孚尔根（Feulgen）反应和亮绿的复染中，染色质中的 DNA 被碱性品红染成紫红色，核仁被酸性亮绿染成绿色。一个核中的核仁数与植物种类和器官组织的类型有关，一般为 1 个或 2 个，也有多个的，如小麦幼叶细胞核中的核仁数有的可达 3 个或 4 个。

1. 核仁的超微结构与化学成分

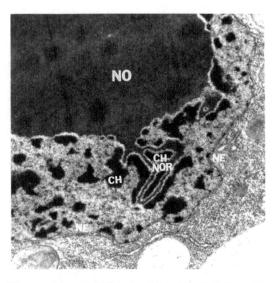

图 4-7　小麦幼叶细胞核仁（NO）的超微结构。CH：染色质；NOR：核仁组织区（者），其中含有染色质；NE：核膜

通过电镜观察和细胞化学分析表明，核仁含有 4 种结构成分（图 4-7）：①RNA 纤维成分，直径 2～3 nm，构成核仁的网络结构；②颗粒成分，直径为 15～20 nm，是正在加工和成熟中的核糖体亚单位的前体颗粒，它们将输出到细胞质；③核仁染色质，其中一部分分布于核仁的周围，主要是不活泼的异染色质；另一部分伸入核仁内，主要是常染色质，是核仁组织者（nucleolus organizer），含有成串重复排列的 rDNA，为 rRNA 合成提供模板；④核仁基质，由蛋白质和无机盐组成的无定形成分。

核仁中包含的酶类有碱性磷酸酶、核苷酸酶、ATPase、葡萄糖-6-磷酸酶、RNA 聚合酶、RNA 酶、DNA 聚合酶和 DNA 酶等。

2. 核仁的功能

核仁的主要功能是行使核糖体的生物发生。这一过程包括核仁纤维区 rDNA 转录和 rRNA 的合成，以及 rRNA 的加工与包装；同时还涉及核与质的物质交换，即在细胞质中合成的核糖体蛋白质（r 蛋白）通过核膜孔输入到核仁，与新合成的 rRNA 进行结合与包装，而当 rRNA 与 r 蛋白完成包装、形成核糖体的亚基后，又通过核膜孔输出到细胞质中。

关于 rRNA 基因（rDNA）转录 rRNA 的形态与过程，最早是 Miller 和 Beatty（1969）在非洲爪蟾卵母细胞的核仁中看到的。这个经典的电镜观察显示，核仁的核心部分是由一条缠绕在一起的长纤维组成的，沿着这条长纤维有一系列重复的箭头状结构（图 4-8）。这种形态学特征正是 rRNA 基因转录合成 rRNA 最直观的证据。

rDNA 基因最初转录合成的 rRNA 分子为 45S，约 13 000 个核苷酸，分子质量为 4.5×10^6 kDa，在合成后很快与细胞质输入的蛋白质结合，形成一种 80S 的 RNP 复合体颗粒。然后在加工过程中，这种 RNP 复合体随着其中的 45S rRNA 分子的甲基化和断裂（剪切），最后形成核糖体的大小亚基，随即通过核膜孔输出到细胞质中。在 45S rRNA 加工裂解过程中，要经过一些较小组分的中间产物，即 45S→41S→32S 和 20S，然后，20S 很快裂解为 18S RNA，并迅速释放到细胞质中，成为核糖核蛋白体的小亚基；而 32S 的中间产物在核仁颗粒组分中还要保留一段时间后才被剪切成 28S 和 5.8S，随后才转移到细胞质中成为核糖核蛋白体大亚基。因此，细胞质中核糖体小亚基的出现先于大亚基。

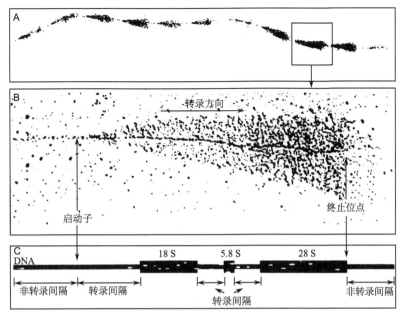

图4-8 rRNA 基因串联重复排列，为非转录间隔所分开（De Robertis et al.，1978）。A. 一个 NOR 铺展的电镜标本，可见 11 个转录单位；B. 一个 rDNA 转录单位的放大图；C. 一个 rDNA 单位的基因图谱示意图

四、核 骨 架

核骨架（nuclear skeleton）最先是由美国学者 R. Berezney 和 O. S. Coffey 于 20 世纪 70 年代初发现的。他们将分离纯化的细胞核经核酸酶消化，以及高盐溶液和非离子洗涤剂处理后，获得一个基本上仍保留原细胞核的外形和大小的残余结构。电镜观察显示，这种残余核内部分布一种由非组蛋白纤维形成的网状结构，残余的核仁也被网架在这种纤维网络中；这种纤维网络结构还与核纤层有着密切的联系，构成整个核内的骨架网络体系（图4-9）。图像中，骨架纤维的粗细有差异，直径为 3～30 nm。单纤维的直径可能是 3～4 nm，较粗的纤维可能是单纤维的聚合体（纤维束）。

从 20 世纪 70 年代以来，不断报道的许多新证据都证实，所有的真核生物，无论是动物或植物，细胞中都存在这种核骨架结构。如前面图 4-1 显示的，云杉（*Picea engelmannii*）顶芽分生组织细胞经戊二醛-锇酸双固定的超薄切片，也偶尔在一些细胞核内看到这种核骨架结构，这种纤维结构将染色质与染色质、染色质与核仁以及染色质与核被膜联系起来（Jian et al.，2004）。尤其令人感兴趣的是，小麦苗端组织经戊二醛固定后，再经液氮超低温快速冰冻断裂，在扫描电镜下观察到的细胞核内的纤维网络结构（Wei and Jian，1995）。这种核骨架纤维普遍存在于小麦苗端分生组织细胞内，与云杉顶芽分生组织细胞核中的纤维网络结构相类似，在染色质与染色质之间、染色质与核仁之间以及染色质与核膜之间形成一个相互连接的三维空间网络结构体系（图4-10）。这种核骨架纤维似乎对染色质、核仁和核膜起着空间定位和支撑的作用，并保证核基因行

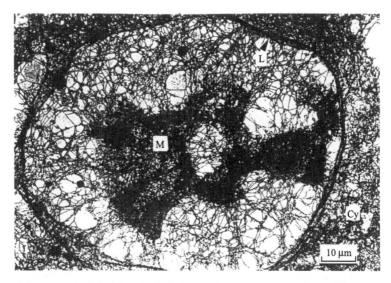

图 4-9　经核酸酶消化及高盐溶液和非离子洗涤剂处理后显示的核骨架
（Berezney and Coffey，1974）。M：核基质；L：核纤层；Cy：细胞质

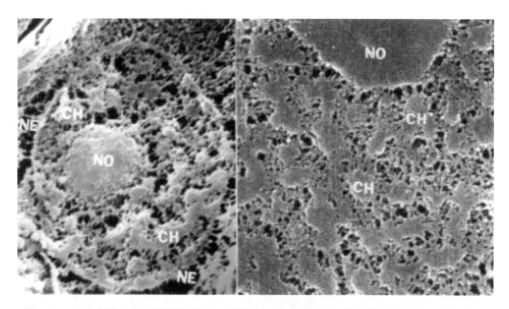

图 4-10　小麦苗端经戊二醛固定-液氮超低温快速冰冻断裂-扫描电镜观察显示：在染色质
（CH）与染色质之间、染色质与核仁（NO）之间以及染色质与核膜（NE）之间连接着一
种核基质纤维（核骨架），形成一个三维空间网络结构（Wei and Jian，1995）

使其功能。一个反面的实验证据有力地证实了这一点，即将这种小麦幼苗置于－4℃冰
冻 24 h 后，这种核骨架纤维被冰冻伤害所中断，成为颗粒状（图 4-11A），随后染色质
和染色质、染色质和核仁发生相互凝聚，形成板块状（图 4-11B）。经这种冰冻处理的
麦苗大多数死亡。

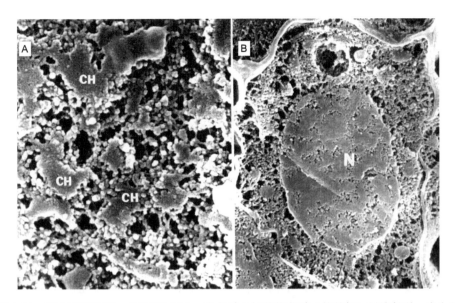

图 4-11　春小麦幼苗在－4℃冰冻 24 h，染色质之间的核基质（核骨架）纤维断裂，成为颗
　　　粒状结构（A），核（N）内全部染色质凝集成团块（B）（Wei and Jian，1995）

日益增多的实验证据已经揭示，核骨架对核内许多生命活动具有重要功能，如
DNA 复制、RNA 转录与加工、染色体装配以及细胞核的各种生理生化过程等。

第五章 质体：叶绿体和造淀粉体

质体的存在是植物细胞区别动物细胞最重要的特性之一，具有多种类型：如叶绿体（chloroplast）、造淀粉体（amyloplast）、有色体（chromoplast）、黄化体（etioplast）、白色体（leucoplast）和原质体（proplastid）等。原质体的结构很简单，存在于分生组织细胞中，随着分生组织细胞的分化与发育，这种原质体可发育成不同类型的质体：当茎尖分生组织分化发育成绿色组织（如叶片和茎皮层）时，它发育成叶绿体；在表皮组织细胞中发育成白色体；在花瓣和果肉细胞中发育成有色体；在储藏组织细胞中发育成造淀粉体；在黄化幼苗细胞中发育成黄化体。同时，这些不同类型的质体彼此可以相互转变。

本章仅就叶绿体和造粉体的结构与功能作一个概要的陈述。一是因为这二者的重要性；另一个是由于它们在逆境条件下表现出极明显的特征性变化。

一、叶 绿 体

叶绿体是植物细胞特有的细胞器，它的主要功能是进行光合作用，给植物本身、也给人类和动物提供有机营养物质，并给所有生命活动提供必需的氧（O_2）环境。叶绿体是植物细胞内除细胞核以外的最大的细胞器，在光镜下即可看到。高等植物细胞的叶绿体一般呈香蕉形，长 $4\sim10~\mu m$，粗径 $2\sim3~\mu m$。叶肉细胞内一般含 $50\sim200$ 个叶绿体，占细胞质体积的 $40\%\sim70\%$，其总的表面积很大，以利于对太阳光能和 CO_2 的吸收。

（一）叶绿体的发育、形成与增殖

叶绿体是由分生组织细胞内的原质体发育形成的。随着绿色细胞的分化与发育，原质体的内被膜内凸（折），并缢断成小囊泡（图 5-1A）。这种小囊泡将进一步发育成叶绿体的片层膜——类囊体。当种子在黑暗中发芽，或播种在土壤中出土之前，原质体发育成叶绿体要经过一个黄化体的过渡阶段：在黑暗中，原质体内的游离小囊泡先转变成小管，这种小管又相互成直角交叉，形成三维晶格结构（图 5-1B），它被称为原片层体，这时的质体叫黄化体。当受到光照后，原片层体中的三维晶格结构再分散开来转变成类囊体结构，最终发育成成熟的叶绿体（图 5-1C）。

叶绿体的增殖一般是通过幼龄叶绿体的横缢分裂，即在叶绿体近中段处的被膜向内收缩，最终横缢成两个子叶绿体（图 5-2）。图 5-2 中有个巧妙的暗示，叶绿体的分裂似乎与细胞核有信息联系：一条与核被膜相连的内质网的末端靠近叶绿体分裂处。叶绿体的增殖似乎还可以像酵母菌细胞一样通过出芽方式进行。

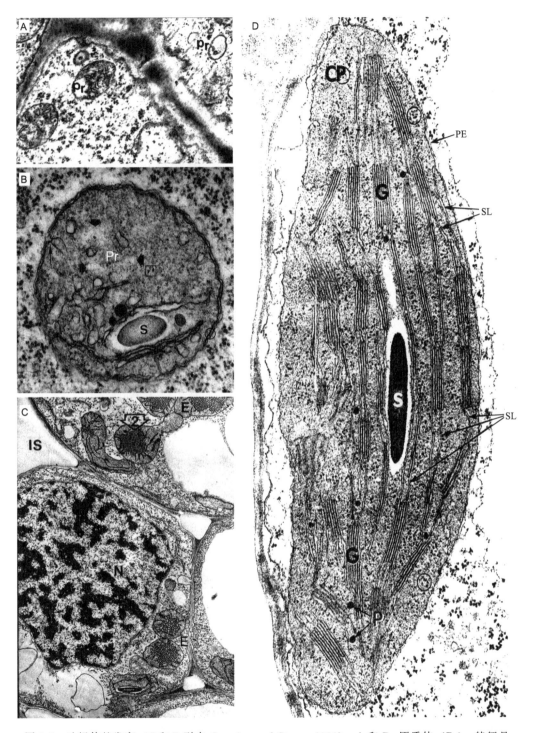

图 5-1　叶绿体的发育（C 和 D 引自 Gunning and Steer，1996）。A 和 B. 原质体（Pr），特征是内被膜向内凸起形成游离小囊泡和小管；C. 黄化质体（E），由游离小管相互直角交叉形成的三维晶格结构；D. 光照下黄化体的三维晶格结构分散开来的小管转变成基粒片层和基质片层，发育成成熟的叶绿体（CP）。PE：叶绿体被膜；SL：基质片层；G：基粒片层；S：淀粉粒；P：质体球蛋白；IS：细胞间隙。

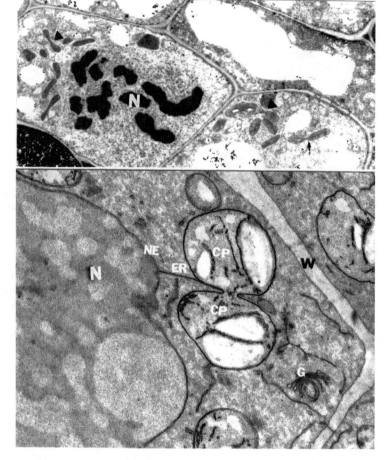

图 5-2　叶绿体的分裂增殖方式：横缢分裂和出芽增殖，箭头所指。CP：叶绿体；
N：细胞核；NE：核膜；ER：内质网；G：高尔基体；W：细胞壁

（二）叶绿体的超微结构和化学成分

通过超薄切片的电镜观察，可以看到叶绿体的超微结构主要是由叶绿体被膜
（chloroplast envelope）、类囊体（thylakoid）和基质（stroma）三部分构成（图 5-1C）。

1. 叶绿体被膜

叶绿体被膜是由双层单位膜——外膜和内膜构成的（图 5-1C）。每层膜的厚度为
6～8 nm，膜间的空隙［膜间隙（intermembrane space）］10～20 nm。这种被膜具有调
控代谢物进出叶绿体的功能。外膜通透性大，许多化合物如核苷、无机磷、磷酸衍生
物、羧酸类化合物和蔗糖等均可透过，因此，细胞质基质中的许多物质可以自由地进入
膜间隙。但内膜对物质的透过具有选择性，是细胞质和叶绿体基质间的功能屏障。有些
化合物如蔗糖、磷酸甘油酸、双磷酸酯等不能直接透过内膜，需要有特殊载体——转运
体（translocator）的协助才能通过。

2. 类囊体

类囊体是叶绿体内部结构上最有特征性的片层膜系统，其基本结构是由双层单位膜

形成的扁平小囊,故称之为类囊体(图 5-3)。它一般沿叶绿体的长轴平行排列,在一些部位,许多形似圆饼状的类囊体叠置成垛,名为基粒(grana)。组成基粒的类囊体称为基粒类囊体(granum thylakoid),其片层称为基粒片层(granum lamella)。贯穿在两个基粒之间没有发生垛叠的类囊体,名为基质类囊体(stroma thylakoid),其片层名为基质片层(stroma lamella)。由于基粒类囊体和基质类囊体彼此相连,它们的囊腔也彼此相通,故一个叶绿体内的全部类囊体实际上是一个连续完整的封闭膜囊,这是光合磷酸化过程中 H^+ 梯度形成所必需的。

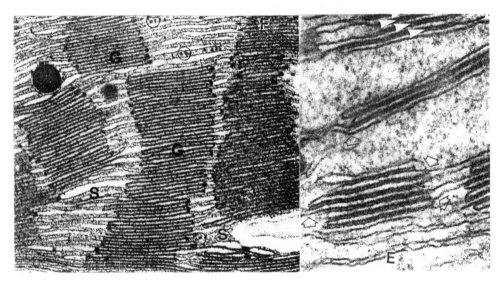

图 5-3 叶绿体的基粒片层(基粒类囊体,G)和基质片层(基质类囊体,S)结构
(Gunning and Steer,1996)

冰冻蚀刻的电镜技术揭示,在类囊体膜中镶嵌着大小和数量不同的蛋白质复合物颗粒(图 5-4A),它们集中了光合作用能量转换功能的全部组分,包括捕光色素、两个光反应中心——光系统Ⅰ(photosystemⅠ,PSⅠ)和光系统Ⅱ(photosystemⅡ,PSⅡ)、各种电子载体,以及 ATP 合成酶等主要的蛋白质复合物。这些复合物在类囊体膜中呈不对称分布:PSⅡ几乎全部分布在基粒与基质非接触区的膜中;PSⅠ主要分布在基粒与基质接触区及基质类囊体的膜中;细胞色素 bf 在类囊体膜上的分布较均匀;ATP 合成酶位于基粒与基质接触区及基质类囊体膜中(图 5-4B)。

类囊体膜的膜脂和膜蛋白的组分比例约为 40:60。脂质中除磷脂和糖脂外,还有色素和醌类化合物等;磷脂中的磷脂酰甘油(PG)和磷脂酰胆碱(PC)占类囊体膜脂总量的 10% 左右;糖脂中的单半乳糖甘油二酯(MGDG)约占 40%,二半乳糖甘油二酯(DGDG)占 20%,硫脂(SQDG)占 10%~15%;色素(叶绿素、类胡萝卜素)占 20%~25%;脂质中的不饱和脂肪酸——亚麻酸约占 87%,因此,类囊体膜脂双分子层的流动性较大。

3. 叶绿体基质

叶绿体被膜与类囊体之间是流动性的基质,其中悬浮着片层膜系统。基质的主要成分是可溶性蛋白质和其他代谢活跃物质,其中核酮糖-1,5-二磷酸羧化酶(ribulose-1,

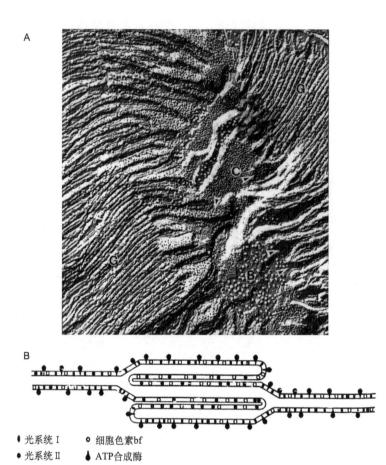

图 5-4 类囊体膜上的功能蛋白复合物颗粒及其分布。A. 类囊体冰冻蚀刻电镜照片上的蛋白质复合
颗粒的分布。G：基粒片层断裂面；B：类囊体腔背面膜断裂面分布着许多较大的蛋白复合物颗粒；
C：类囊体腔里面膜断裂面分布着许多较小的蛋白复合物颗粒（Gunning and Steer, 1996）。B. 光合作
用复合物在类囊体膜上的分布图解（翟中和等，2002）

5-biphosphate carboxylase，RuBPase）是光合作用中一种起重要作用的酶系统，也是
自然界含量最丰富的蛋白质，占叶绿体可溶性蛋白质的 80%，占叶片细胞可溶性蛋白
质的 50%。全酶由 8 个大亚基和 8 个小亚基组成；前者由叶绿体基因组编码，后者由
核基因组编码。酶的活性中心位于大亚基上，小亚基起调节作用。

电镜观察显示，在叶绿体基质中还存在一种环形双链 DNA 分子的核区，称为拟核
（nucleoid，图 5-5），这使得叶绿体在遗传上具有一定的自主性。在这个核区内具有其
自身的 DNA 聚合酶和 RNA 聚合酶，能独立复制和转录其特有的 RNA。叶绿体基质中
也含有核糖体（ribosome），它们呈单个或聚集状分布，其体积比细胞质中的核糖体略
小一些。在基质中还可看到淀粉粒，并含有铁蛋白质颗粒和一些脂质性颗粒，或称嗜锇
颗粒（图 5-5）。

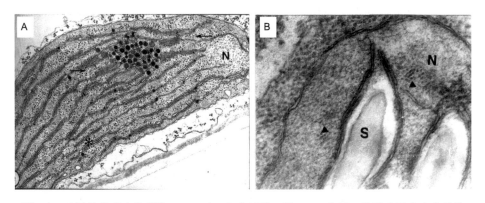

图 5-5　叶绿体基质中的拟核（N）区，包含环形双链 DNA 分子。基质中还含有大量的
核糖体（箭头）。A. 燕麦叶绿体；B. 小麦叶绿体。S：淀粉粒

（三）叶绿体的主要功能——光合作用

植物绿色细胞中的叶绿体吸收光能、把水和二氧化碳合成糖类等有机物质，并同时放出氧的过程称为光合作用。它的化学反应式如下

$$CO_2 + H_2O \xrightarrow[\text{叶绿素}]{\text{光}} [CH_2O] + O_2$$

光合作用是自然界将光能转换为化学能、生产有机物质的最主要途径。光合作用的过程包括许多复杂的反应，其基本过程可分为三大步骤：①原初反应；②电子传递和光合磷酸化；③碳同化。前两步属于光反应，是在类囊体膜上发生的光化学反应，是通过叶绿素分子吸收与传递光能，并将光能转换成化学能、形成 ATP 和 NADPH 的过程；最后一步碳同化属于暗反应，是在叶绿体基质中进行的酶促化学反应，是利用光反应产生的 ATP 和 NADPH，将 CO_2 还原成糖类等有机物质，即将前两步产生的活跃的化学能最后转变为稳定的化学能的过程。

1. 原初反应

原初反应（primary reaction）是指叶绿素分子从被光激发至引起第一个光化学反应为止的过程，包括色素分子吸收光能，并把这种激发能传递到反应中心，在反应中心发生最初的光化学反应，使电荷分离，从而将光能转换为电能的过程。绿色植物的色素分子主要分为两类：一类是叶绿素 a 和叶绿素 b；另一类是胡萝卜素（carotene）和叶黄素（xanthophyll）。这些色素分子按其作用也可分为两类：一类为捕光色素（light harvesting pigment），由叶绿素 b 和大部分的叶绿素 a、胡萝卜素及叶黄素组成，这类色素只具有吸集光能和传递激发能给反应中心的作用，不具光化学活性；另一类为反应中心色素（reaction centre pigment），由一种特殊状态的叶绿素 a 组成，按其最大吸收峰的不同又分为两类：吸收峰为 700 nm 者称为 P700，为 PSⅠ的中心色素；吸收峰为 680 nm 者称为 P680，为 PSⅡ的中心色素。它们既是光能捕获器，又是光能的转换器，具有光化学活性，可将光能转换成电能。

捕光色素和反应中心色素是光合作用的最小结构单位，它们有序地排列在片层膜上，形成一种特殊状态的非均一性系统。反应中心色素的最大特点，是在植物吸收光量子后，产生电荷分离和能量转换。在原初反应过程中，捕光色素分子吸收的光能通过共振机制传递给反应中心的中心色素分子是极其迅速的，仅 10^{-10} s，一旦两个光系统（PSI 和 PSII）的原初电子受体得到电子，就结束了对光的需要，所以光反应中直接利用光能的地方仅在原初反应，NADPH 和 ATP 的形成虽属光反应，但并不直接需要光。

2. 电子传递和光合磷酸化

电子传递是在两个光系统 PSI 和 PSII 中接力与协同完成的。PSII 把电子从低于 H_2O 的能量水平提高到一个中间点（midway point），随即 PSI 又把电子从中间点提高到高于 $NADP^+$ 的水平上。现在公认，电子的传递路线呈"Z"形（图 5-6），故称之为"Z"链或光合链（photosynthetic chain），它通过一些电子传递体将两个原初光化学反应联系起来。这些电子传递体可按氧化还原电位顺序进行排列，负值越大代表还原势越强，正值越大代表氧化势越强，电子定向转移。光合链中的电子传递体是质体醌（PQ）、细胞色素 bf（Cyt. bf）和质体蓝素（PC）等复合体。其中 PQ 的数量最多，它既可以传递电子，又可以传递质子，在光合电子传递链中起着重要的作用。电子传递体在类囊体膜上的空间分布是不对称的，有的接近膜表面，有的深入膜中。PSII 的放氧一端位于类囊体膜内侧，因此水分子被光解放出的 O_2 和 H^+ 进入类囊体腔；PSI 的 $NADP^+$ 还原一端位于类囊体膜的外侧，因此 $NADP^+$ 被还原生成的 NADPH 进入类囊体基质。PQ 是亲脂分子，位于膜的脂双层中，可以在流动的膜中自由地扩散，它在膜的外侧接受电子和 H^+ 被还原，而在膜的内侧放出电子和 H^+ 被氧化，因此随着电子传递，把类囊体膜外的 H^+ 不断地转运到类囊体腔中，使膜的内外两侧形成 H^+ 浓度梯度。

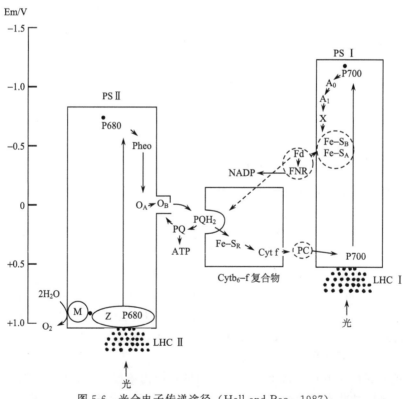

图 5-6 光合电子传递途径（Hall and Rao，1987）

光合磷酸化：由光照引起的电子传递与磷酸化作用相偶联生成 ATP 的过程，称为光合磷酸化（photophosphorylation）。在这个过程中，光合电子传递和光合磷酸化有着相互因果关系：光合电子传递导致偶联 ATP 的形成，磷酸化的存在又促进电子传递。

按照电子传递的方式可将光合磷酸化分为非循环式和循环式两种类型。非循环式光合磷酸化是，PSⅡ接受红光后，激发态 P680 从水光解得到电子，传递给 NADP[+]，电子传递经过两个光系统，在传递过程中产生的 H[+] 梯度驱动 ATP 的形成。由于在这个过程中电子传递是一个开放的通道，故称为非循环式光合磷酸化（noncyclic photophosphorylation）（图 5-6）。

循环式光合磷酸化则是，PSⅠ接受远红光后，产生电子循环流动，形成 H[+] 梯度，从而驱动 ATP 的形成。由于这种电子传递是一个闭合式的回路，故称为循环式光合磷酸化（cyclic photophosphorylation）。在这个过程中，只有 ATP 的产生，不伴随 NADPH 的生成，PSⅡ也不参加，所以不产生氧。当植物缺乏 NADP[+] 时，就会发生循环式光合磷酸化。

叶绿体 ATP 的合成最终是在 ATP 合成酶的催化下完成的。由于 ATP 合成酶（CF_1-CF_0 ATPase）的 CF_0 部分嵌于类囊体膜中，而 CF_1（偶联因子）是从类囊体膜内向外突出于叶绿体基质中的（图 5-7）；所以，通过电子传递在类囊体腔内形成的高 H[+] 浓度的电动势就驱使 H[+] 定向地穿过膜上的 ATP 合成酶向膜外基质中转移，结果是在基质中通过 ATP 酶催化，使 ADP 和 Pi 化合生成

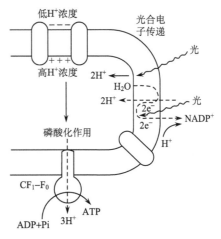

图 5-7　光合磷酸化作用图解（Thorpe, 1984）。高质子电动势驱使 H[+] 定向地穿过类囊体膜上的 ATP 合成酶，使 ADP 与 Pi 化合生成 ATP

ATP。每合成一个 ATP 分子需要从类囊体腔中移出 3 个 H[+] 穿过 CF_1-CF_0 ATPase（图 5-7）。

3. 光合碳同化

光合碳同化是 CO_2 被固定和还原进而产生糖类的过程，即将前两步光反应所生成的 ATP 和 NADPH 中的活跃的化学能转换为储存在糖类中的稳定的化学能。现已查明，高等植物的碳同化有三条途径：卡尔文循环、C_4 途径和景天科酸代谢途径，其中卡尔文循环是碳同化最基本最重要的途径。

（1）卡尔文循环

由于卡尔文循环（Calvin cycle）固定 CO_2 的最初产物是 3-磷酸甘油酸（三碳化合物），故也称 C_3 途径。这是 20 世纪 50 年代卡尔文（Calvin）等应用 [14]CO_2 示踪方法进行的著名的实验研究。由于 Calvin 在这方面的重要贡献，他因此获得了 1961 年诺贝尔化学奖。C_3 途径是一切植物进行光合碳同化所共有的基本途径，它包括一系列复杂的反应，可概要为三个阶段：羧化、还原和 RuBP 再生阶段。

1）羧化阶段：CO_2 在被 NADPH 的 H[+] 还原之前，必须先被固定形成羧基。核酮糖-1,5-二磷酸（RuBP）是 CO_2 的接受体，在 RuBP 羧化酶的催化下，CO_2 与 RuBP 反应形成 2 分子 3-磷酸甘油酸（PGA）。

2) 还原阶段：PGA 在 3-磷酸甘油酸激酶的催化下，被 ATP 磷酸化，形成 1，3-二磷酸甘油酸，然后在甘油醛、磷酸脱氢酶的催化下，被 NADPH 还原形成 3-磷酸甘油醛。这一阶段是一个吸能反应，光反应中形成的 ATP 和 NADPH 主要在这一阶段被利用。所以，还原阶段是光反应和暗反应的连接点。一旦 CO_2 被还原成 3-磷酸甘油醛，光合作用的储能过程便完成。

3) RuBP 再生阶段：利用已形成的 3-磷酸甘油醛经一系列的相互转变，最终产生 5-磷酸核酮糖；然后在磷酸核酮糖激酶的催化下，再消耗 1 分子 ATP 发生磷酸化作用，再生 RuBP。

（2）C_4 途径

20 世纪 60 年代发现某些热带或亚热带起源的植物中，除卡尔文循环外，还存在着一个独特的固定 CO_2 的途径。在这种途径中，CO_2 首先被固定在四碳双羧酸中，因此称之为 C_4 途径。具有这种途径的植物称为 C_4 植物，如玉米、甘蔗等。相应的称卡尔文循环为 C_3 途径，因而也称具 C_3 途径的植物为 C_3 植物。

C_4 植物在叶片组织结构上有一个重要特点，即在其叶脉周围有一圈含叶绿体的维管束鞘细胞，在这圈鞘细胞外面又环列着数层叶肉细胞。在这两类细胞间存在着丰富的胞间连丝（图 5-8）。在 CO_2 固定途径上也有两个特点：①催化 CO_2 固定的酶改变为磷酸烯醇丙酮酸（PEP）羧化酶，这种酶与 CO_2 的亲和力比 RuBP 羧化酶高得多，在 CO_2 浓度很低的条件下，仍能起催化作用；②光合碳同化先是在叶肉细胞中，经 PEP 羧化酶催化对 CO_2 进行初固定，生成四碳苹果酸，这种苹果酸经胞间连丝通道输送到维管束鞘细胞，在这里，经苹果酸氧化酶的脱羧作用，释放出 CO_2，形成 CO_2 的积累，然后进行卡尔文循环光合碳同化。这样就克服了白天气孔关闭时 CO_2 浓度低的矛盾。因此，C_4 植物适应于干旱及半干旱地区的生长，在白天气孔关闭、减少水分丢失的情况下，仍能进行有效的光合碳同化，而且干物质积累速度快、生物产量高。

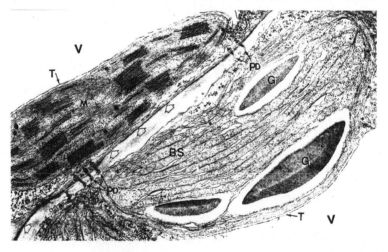

图 5-8 C_4 植物玉米叶片维管束鞘细胞（BS）与其外侧叶肉细胞（M）间的运输通道——胞间连丝（PD），以及两类细胞叶绿体结构的特点：维管束鞘细胞的叶绿体主要由基质片层构成，基本上没有基粒片层，并含有较多的淀粉粒（G）；而叶肉细胞的叶绿体则为大量的基粒片层和基质片层构成，很少有淀粉粒（Gunning and Steer，1996）。V：液泡；T：液泡膜

(3) 景天科酸代谢途径

生长在干旱地区的景天科等肉质植物的叶片，其气孔也是白天关闭，夜间开放。它们的特点是在夜间进行 CO_2 的初固定，在磷酸烯醇丙酮酸羧化酶（PEPC）催化下，生成草酰乙酸，进一步还原为苹果酸，使之储存在液泡内，到白天，经苹果酸氧化酶的脱羧作用，释放出 CO_2，像 C_4 植物一样，然后参与卡尔文循环光合碳同化。由于这类植物在夜间有机酸含量很高，而糖含量下降；白天则相反，有机酸含量下降，而糖含量增加。因而将这种有机酸日夜变动的特殊类型，称为景天科酸代谢（crassulaceae acid metabolism，CAM）。

二、造 淀 粉 体

造淀粉体（amyloplast，造粉体）是一种储存碳水化合物的细胞器，它存在于各种类型的植物细胞中，尤其是根冠细胞和储藏组织，如禾谷类植物的胚乳、双子叶植物的子叶，以及一些植物的块根和块茎。在这些组织细胞中，造粉体是作为淀粉合成和储存的器官。由于这些组织是人类粮食的重要来源，因此，造粉体与人类生活有着直接的重要关系。根冠细胞中淀粉粒的合成与分布和地心引力有关，对根的向地性生长起着引导作用。

（一）造淀粉体的发育及其结构

造淀粉体从原质体发育而成，也可从叶绿体和有色体转变而来，并且可以通过出芽方式进行增殖。在原质体发育到造淀粉体的过程中，在电镜下常可看到发育中的造淀粉体与内质网（ER）之间有一个短暂的联系阶段，内质网环绕或包围发育中的造淀粉体。在这段联系时间内，ER 可从平滑型变成粗糙型。这种现象说明，发育中的造淀粉体可能与内质网形成一种复合体（amyloplast-ER complex），成为碳水化合物代谢和淀粉粒合成的联合体系；并揭示 ER 可能为造淀粉体起着物质运输通道的作用。在植物细胞核分裂之前，常可看到许多造淀粉体和原质体围绕在核的周围，这可能与这些质体将比较均等地分配到两个子细胞中有关。

造淀粉体的形状一般为圆形或椭圆形，也有不规则形态。与叶绿体一样，它的外部为双层膜的被膜所包围，内部的片层膜不发达，只有很少数的片层膜，但也有拟核区。经 DNA 荧光染色反应和 DNA 转录活性的测定，也都证明造淀粉体中有拟核的存在。这种拟核体含有完整的转录基因组，能够保证行使造淀粉体的生物发生。每个造淀粉体中合成和储存淀粉粒的数目有很大差别，根据造淀粉体中淀粉粒数量的多少，将其分为两种类型：单一造淀粉体和复合造淀粉体。单一造淀粉体只有一个淀粉粒；复合造淀粉体则含多个淀粉粒（图 5-9）。许多储藏组织，如小麦、大麦及玉米等的胚乳，以及马铃薯块茎细胞中的造淀粉体，为单一造淀粉体。非储藏组织，如根、茎及顶端分生组织，以及发育中的种子胚，它们细胞内的造淀粉体为复合造淀粉体。各造淀粉体中淀粉粒的大小也有很大不同，有的很大，有的则较小。用碘化钾（KI）染色，各淀粉粒之间有不同的颜色反应，许多染成蓝色，但也有的表现为红色，或蓝紫色等多种颜色，红色是新合成淀粉粒的反映。在电镜下，各淀粉粒之间也表现出不同的超微结构特征，显示淀粉粒之间有着不同的内在结构。

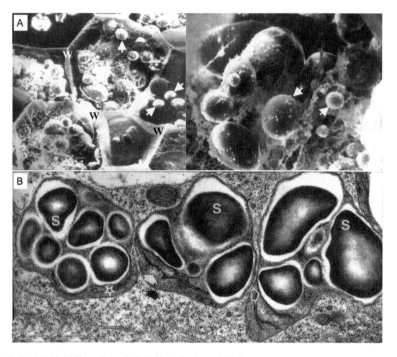

图 5-9 两种类型的淀粉体：单一造淀粉体和复合造淀粉体（Gunning and Steer，1996）。A. 扫描
电镜下的马铃薯块茎细胞内的单一造淀粉体（箭头），一个造淀粉体形成一个淀粉粒；B. 大豆根
冠周围细胞内的造淀粉体，包含多个淀粉粒（S）。W：细胞壁

（二）造淀粉体的淀粉粒合成

关于造淀粉体内淀粉粒的合成途径曾有多种假说，近年来，Keeling 等（1988）根据他们自己的研究结果和文献资料提出一条较为公认的途径：首先，细胞质中的葡萄糖-1-磷酸盐穿过造淀粉体被膜被输入造淀粉体内；然后在造淀粉体中先后在 ADP-葡萄糖焦磷酸酶和淀粉合成酶的催化下合成淀粉粒（图 5-10）。

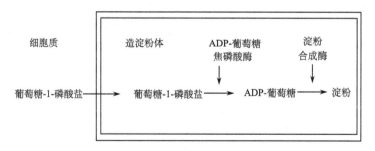

图 5-10 造淀粉体内淀粉粒合成途径的图解

在叶绿体中也常可看到淀粉粒的存在（图 5-1C），这是因为叶绿体光合作用的初级产物三碳糖（C_3）和六碳糖（C_6）的后继发展有两条途径：一条是运输到细胞质中转变为蔗糖；另一条是留在叶绿体基质中转变成暂时储存性的淀粉粒。在这两种转变过程中释放出的磷酸盐离子推动着 CO_2 固定（碳同化）的不断进行。

实际上，造淀粉体既是合成与储藏淀粉的器官，又是水解淀粉的器官，在植物细胞内起着碳水化合物临时"仓库"的作用，当游离的可溶性糖（单糖或双糖）超过细胞代谢利用的程度时，则合成淀粉，储存在造淀粉体内；而当植物体需要可溶性糖时，又将淀粉水解成单糖释放到细胞质中，从而促进细胞的分裂与生长。因此，在那些迅速生长的器官和组织的细胞内，或在分生组织周围或后部区域的细胞内，常可观察到较多的造淀粉体，并且在这些造淀粉体中储存着较多的淀粉粒。在细胞组织培养中，当细胞进入脱分化或再分化时，造淀粉体的数量增加。小麦幼穗中部细胞内的造淀粉体显著多于穗下部和穗上部，这与中部小穗的发育优势是一致的（简令成，1964）。

（三）淀粉粒的超微结构与化学成分

淀粉分子有两种主要类型：直链淀粉（amylose）和支链淀粉（amylopectin）。在天然淀粉粒中，这两种类型的组成比率，不同植物的种间，甚至同种植物的不同器官和组织间都有很大差别：有些淀粉粒中全是支链淀粉，没有直链淀粉，称为蜡质淀粉（waxy）；有的淀粉粒中，直链淀粉含量高达40％以上，称为高含量直链淀粉粒（high amylose）；直链淀粉占20％～30％的淀粉粒，称为普通淀粉粒（normal amylose）。近些年来，对这些不同类型淀粉粒内部的超微结构与化学性质已有不少研究，特别是加拿大爱尔伯特（Alberta）大学食品科学系 J. H. Li 等对大麦（并结合玉米）的许多不同基因型淀粉粒进行了大量系统的测试与分析，他们的研究结果揭示：各种类型的淀粉粒，无论是全支链淀粉粒，或高含量直链淀粉粒以及普通淀粉粒，其内部结构都有两个明显的区域：一个是由一种丝状物构成的网状中央区，另一个是由一种生长环（growth ring）构成的圆周区（图5-11）。这种生长环由一圈半结晶的亮环（semicrystalline lighter ring）和一圈晶间的非结晶暗环（intercrystalline amorphous dark ring）组成。靠近圆周区边缘（淀粉粒表面）的生长环比较窄，从外往内则增宽。圆周区内生长环的层数和它的总厚度在不同类型淀粉粒（全支链淀粉粒、普通淀粉粒和高含量直链淀粉粒）之间表现明显的差别，生长环的总厚度与淀粉粒中直链淀粉的含量成反相关，即无直链淀粉的蜡质淀粉粒的生长环厚度最大，高含量直链淀粉粒最薄，普通淀粉粒居中（图5-11A、B和C）。相反，丝网状中央区的大小与直链淀粉含量呈正相关，高含量直链淀粉粒的中央区最大，普通淀粉粒次之，无直链淀粉的蜡质淀粉粒的中央区最小，网丝的稳定性也较低，在超薄切片制作过程中容易遭到破坏（图5-11B和C）。

细胞化学的银染色证实，在淀粉粒的超微结构中，无论是生长环的圆周区或丝网状的中央区，都分布着蛋白质颗粒（图5-11A、B和C）。从这种超微结构定位上，或者从定量化学分析上也都显示这种蛋白质颗粒的含量在不同基因型——蜡质淀粉粒、普通淀粉粒和高含量直链淀粉粒之间有区别，其定量分别是0.26％、0.33％和0.42％。从超微结构定位上还可明显地看出，高含量直链淀粉粒的中央区不仅分布着许多蛋白质颗粒，而且颗粒较大（图5-11A），这种情况可能与这种基因型的中央区结构有着较高的稳定性有关。

在淀粉粒中还包含着一些束缚的脂类物质，其含量也随着直链淀粉含量的增加而增加，无直链淀粉的蜡质淀粉粒是0.34％，普通淀粉粒是0.93％，高含量直链淀粉粒是1.11％。高含量直链淀粉粒也含有较多的Ca、K、P等灰分物质。

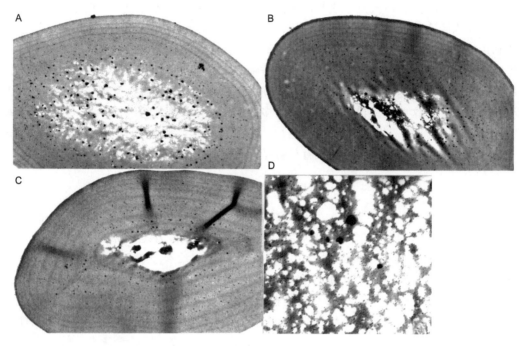

图 5-11　淀粉粒的超微结构高碘酸-六亚钾四胺银（PATAg）染色，裸大麦的三种类型的淀粉
粒：A. 高含量直链淀粉粒（high amylose）；B. 普通淀粉粒（normal amylose）；C. 蜡质淀粉粒
（waxy）；D. 高含量直链淀粉粒的中央区，丝状物网状结构

　　从以上蛋白质、脂类和 Ca、K、P 的分析结果看来，高含量直链淀粉粒的品质是较
好的。

第六章　线　粒　体

线粒体（mitochondria）是一种转换能量的细胞器。所有生物体的生命活动如同工厂中的机器运转一样，需要能量供应。供给生命活动的能量物质是一种含有高能磷酸键的化合物 ATP。前面已谈到，植物叶绿体吸收太阳光能，通过光合磷酸化作用生成ATP，并进一步利用这种光反应产生的 ATP 和 NADPH 进行光合碳同化作用，将活跃的化学能储存在生成的糖类等有机物质中。线粒体是专门生产 ATP 的细胞器，通过其氧化磷酸化作用，将糖类等有机物质转变成 ATP，作为生命活动的能源。因此，可以将线粒体比喻为"能量工厂"。

一、线粒体的形态、数量、分布与增殖

植物线粒体比叶绿体要小一些，但在光学显微镜下仍能清晰地看到，呈现为线条状（棒状）或颗粒状（图 6-1），故因此得名。线条状线粒体一般长 2～3 μm，粗 0.5～1 μm；颗粒状线粒体的直径一般为 1 μm 左右。

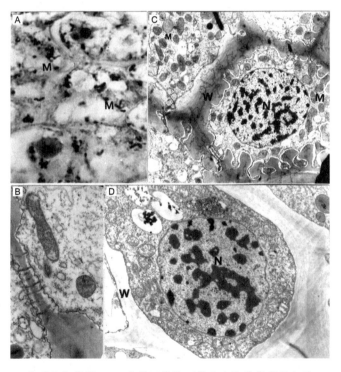

图 6-1　线粒体（M）的形态与数量。A. 光学显微镜下的小麦幼苗分蘖节细胞；B. 电子显微镜下的小麦幼叶细胞，显示线粒体为棒状和颗粒状。C 和 D. 电镜下的小麦幼叶维管束中的薄壁细胞和伴胞修饰成的传递细胞，二者都包含大量的圆形、卵形和棒状的线粒体。N：细胞核；W：细胞壁

线粒体的数量和分布与细胞的生理功能和生理状况有密切关系，在活跃分裂生长的细胞中，以及在运输功能和分泌功能旺盛的细胞中，一个细胞内的线粒体数量可达数百个。例如，茎尖和根尖的分生组织细胞、活跃生长的幼叶细胞，维管束韧皮部中的伴细胞、花药绒毡层细胞，以及传递细胞（transfer cell）等，它们都含有大量的线粒体（图 6-1 C 和图 6-1D）。

当代体细胞中的线粒体是来自上一代双亲精卵细胞的线粒体，它们的增殖方式是横缢分裂和出芽分裂。

二、线粒体的超微结构

电镜观察显示，线粒体是由内外两层单位膜构成的封闭的囊状结构。主要由外膜（outer membrane）、内膜（inner membrane）、膜间隙（inter-membrane space）和基质（或称内室，inner chamber）组成（图 6-2）。

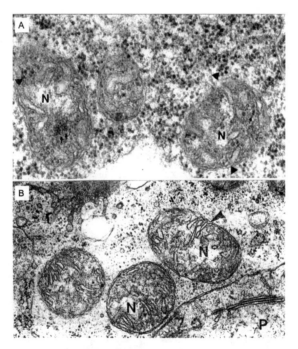

图 6-2　线粒体的超微结构，可看到线粒体的主要结构成分：外膜、内膜-内膜嵴结构（箭头）、膜间隙和基质，基质中含有拟核区（N）和核糖体（箭头）。A. 为单子叶植物小麦幼叶细胞*；B. 为双子叶植物蚕豆叶片蜜腺细胞中的线粒体（Gunning and Steer，1996）

外膜是包围在线粒体外周的一层单位膜，光滑、平整，厚约 6 nm。用磷钨酸负染时，显示此外膜上有排列整齐的贯穿脂双层的筒状圆柱体，其成分为孔蛋白（porin）。圆柱体中央有直径为 2～3 nm 的小孔，可容许分子质量为 10 kDa 以下的分子物质通过进入膜间隙。

内膜与外膜相似，也为单位膜结构，厚约 6 nm。内膜的特点是含有大量的 S 磷脂

---

　　*　简令成等 2000 年研究胞间连丝获得的电镜照片，未发表。

(cardiolipin)，形成通透性屏障，如 H^+、ATP、丙酮酸等不能自由通过，只有在载体或通透酶系统的协助下才能进行跨膜运输。

内膜的特殊结构是向线粒体腔内突出折叠形成嵴（cristae），极大地扩增了内膜的表面积，这在线粒体的功能中起着十分重要的作用。不同类型的细胞，嵴的形状和排列方式有很大差别，一般有两种排列方式：板层状排列和管状排列。多数植物细胞线粒体的内嵴为管状排列。嵴膜上覆盖着许多名为基粒的球形小体，由头（球形）、柄和基部三部分组成，基部嵌入膜内。

膜间隙是指线粒体内外膜之间的腔隙，并延伸到嵴的内腔。腔隙宽 6～8 nm，其中充满无定形液体，内含许多可溶性酶、底物和辅因子。

基质是指线粒体内膜的内侧和嵴与嵴之间的物质。线粒体中催化三羧酸循环、脂肪酸和丙酮酸氧化的有关酶类都存在于基质中；还含有线粒体基因组 DNA 及线粒体特有的核糖体等（图 6-2）；在电镜下还观察到一种电子密度很大的颗粒状物质，内含丰富的 Ca^{2+}，可能是磷酸钙盐。

三、线粒体的化学组成和酶的定位

线粒体的化学成分主要是蛋白质和脂质。蛋白质含量占线粒体干重的 65%～70%，分为可溶性和不溶性两类。可溶性蛋白质大多数是基质中的酶和膜的外周蛋白；不溶性蛋白质是构成膜的镶嵌蛋白、结构蛋白和部分酶蛋白。

线粒体的脂质占其干重的 25%～30%，其中主要成分是磷脂，占脂质的 3/4 以上，它的主要组分是磷脂酰胆碱、磷脂酰乙醇胺、心磷脂和少量肌醇及胆固醇等。磷脂在内外膜上的组成不同，外膜上主要是磷脂酰胆碱，其次是磷脂酰乙醇胺，磷脂酰肌醇和胆固醇的含量较少。内膜主要含心磷脂，高达 20%，比任何其他膜都高，但胆固醇含量极低，这与内膜的高度疏水性有关。

线粒体的内、外膜在化学成分上的根本区别是脂质和蛋白质的比值不同：外膜中的脂质和蛋白质各为 50%；而内膜中的蛋白质比值高，占 80%，脂质仅 20%。

线粒体中含有许多种类的酶，高达 140 余种，它们在各结构组分中的定位与分布概略列于图 6-3 图解中。

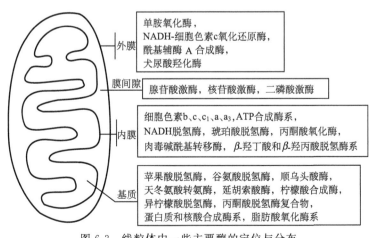

图 6-3　线粒体中一些主要酶的定位与分布

在上列酶类中，有的可作为某一部位特有的标志酶，如外膜的单胺氧化酶、膜间隙的腺苷酸激酶、内膜的细胞色素氧化酶、基质中的苹果酸脱氢酶。

四、线粒体的功能

线粒体的主要功能是进行氧化磷酸化，合成 ATP，为细胞生命活动提供直接的能量。氧化磷酸化全过程的概况是，糖类和脂肪等有机物质在细胞质中经过降解作用产生丙酮酸和脂肪酸，这些物质进入线粒体基质中再经过一系列分解代谢形成乙酰 CoA，随即进入三羧酸循环。三羧酸循环中脱下的氢经线粒体内膜上的电子传递链（呼吸链），最后传递给氧，生成水；在此过程中释放的能量，通过 ADP 的磷酸化，生成高能化合物 ATP（图 6-4）。

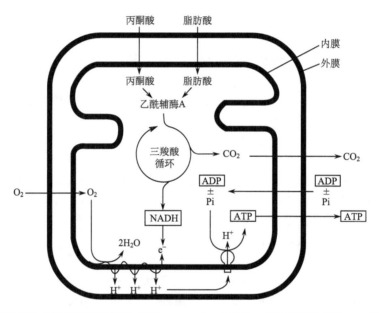

图 6-4　线粒体中主要代谢反应简图（Alberts et al.，1994）。氧化磷酸化底物——脂肪酸、丙酮酸、ADP 和 Pi 等分别通过内膜上有关的酶或载体，从细胞质进入基质，O_2 扩散进入基质。丙酮酸和脂肪酸在基质中再经过一系列分解代谢生成乙酰 CoA，进一步参加三羧酸循环。三羧酸循环中脱下的氢经线粒体内膜上的电子传递系统最后传递给氧，生成水并放出能量形成 ATP。NADH 是介于三羧酸循环和线粒体内膜之间的主要媒介物。代谢产物如 ATP 转运入细胞质。CO_2 扩散进入细胞质，细胞质内经酵解作用产生的 NADH 通过穿梭系统进入基质，参与呼吸链电子传递（图未标出）

氧化（放能）和磷酸化（贮能）是同时进行并密切偶联在一起的，但却是在两个不同的结构体系——电子传递链（呼吸链）和 ATP 合成酶中进行的。

在线粒体内膜上存在着有关氧化磷酸化的脂蛋白复合物，它们是传递电子的酶体系，由一系列能可逆地接受和释放电子或 H^+ 的化学物质所组成，在内膜上相互关联地有序排列，称为电子传递链（electron-transport chain）或呼吸链（respiratory chain）。现已确认有两条典型的呼吸链：NADH 呼吸链和 $FADH_2$ 呼吸链，是一种多酶的氧化还原酶体系，由多个组分组成，其中的氧化还原酶有：①烟酰胺脱氢酶类；②黄素脱氢酶类；③铁硫蛋白类；④辅酶 Q 类；⑤细胞色素类，目前发现的细胞色素有 a、a_3、b、c、c_1 等。在 a 和 a_3 分子中，除含血红素铁外，还含有两个铜原子，依靠其化合价的变化，把电子从 a_3 传递到氧。实验证明，呼吸链各组分有严格的排列顺序和方向，从 NADH 到分子氧之间的电子传递过程中，电子是按氧化还原电位从低往高传递的。

ATP 合成酶是线粒体氧化磷酸化的主体酶。该酶广泛存在于原核和真核生物中，前面已谈到，叶绿体类囊体膜上存在着 ATPase，参与光合磷酸化、合成 ATP；它也分布在异养菌和光合细菌的质膜上，同样起着合成 ATP 的作用。因此，ATP 合成酶是所有生物体能量转换的核心结构体系，在线粒体氧化磷酸化和叶绿体光合磷酸化偶联中起着关键作用，在该酶的催化下，最终合成 ATP。ATP 合成酶是一个多组分的复合物，由多个亚基装配而成。其分子结构由突出于膜外的 F_1 头部和嵌于膜内的 F_0 基部两部分组成，故也称 F_1F_0-ATPase，分子质量为 $480\sim500$ kDa。头部 F_1（偶联因子）为水溶性球蛋白，从内膜突出于基质中，由 5 种多肽（α、β、γ、δ、ε）组成；嵌于内膜脂双层中的基部 F_0 是疏水性的蛋白质复合体，形成一个跨膜质子通道。F_0 的亚基类型和组成在不同物种中差别很大，一般由 4 种多肽和 1 种脂蛋白组成（图 6-5）。F_1 和 F_0 之间有一个"柄"部，包含几种蛋白质，其中有 1 个蛋白质可结合寡霉素，它可调节通过 F_0 的 H^+ 流，如当质子动力势很小时，可防止 ATP 水解；又可起到保护自身和抵抗外界环境变化的作用。

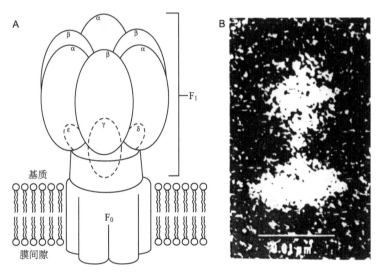

图 6-5　线粒体内膜上 ATP 合成酶的分子结构图解（A）和电镜照片（B）（汪堃仁等，1998）

氧化磷酸化的偶联机制是研究氧化磷酸化的关键问题，曾提出过多种假说，后来得到许多实验证实的是英国生化学家 Mitchell（1961）提出的化学渗透学说，他因此荣获 1978 年诺贝尔化学奖。化学渗透学说的主要内容是：呼吸链的各组分在线粒体内膜中的分布是不对称的，当高能电子在膜中沿呼吸链传递时，所释放的能量将 H^+ 从内膜基质侧泵至膜间隙（图 6-4），由于内膜对 H^+ 是不通透的，致使膜间隙中的 H^+ 浓度高于基质，因而在内膜的两侧形成电化学质子梯度，也称为质子动力势。在这种质子梯度（动力势）的驱动下，质子穿过内膜上的 ATP 合成酶流回基质，其能量促使 ADP 和 Pi 合成 ATP（图 6-4）。每穿过 ATPase 的 2 个 H^+ 可推动 1 个 ATP 分子的合成。根据化学渗透学说，电子及质子通过呼吸链上电子载体和氢载体的交替传递，在线粒体内膜上形成 3 次回路，导致 3 对 H^+ 从基质泵至膜间隙，生成 3 个 ATP 分子。化学渗透学说有两个特点：①要求线粒体膜结构的完整性；②定向的化学反应。

五、线粒体形态结构的新概念

近年来，由于电子体层成像（electron tomography）和电脑技术在生物学中的发展与应用，使得人们对线粒体的形态结构产生新的认识（马泰和朱启星，2006）。在动物细胞的研究中，通过活细胞的荧光标记和三维图像重建技术发现，线粒体在细胞内的上述经典结构并不是孤立和不变的，它们在细胞内彼此相互连接，形成一个动态的管网状结构，并发生着频繁而持续的融合与分裂。线粒体的形态、数量及其分布也随着细胞分裂周期和外界环境的改变发生不断的变化。例如，G 期细胞的线粒体呈现管状网络结构，而 S 期则分裂成短管泡。内膜上的嵴更是一种具有拓扑学的复杂结构。实际上，嵴是一个相对独立的结构，在嵴与内膜之间由一种狭窄的管状结构相连接，这种结构被称为嵴连接（cristae junction）。线粒体的这种管网状结构使之成为更有效的能量供应系统，并有利于信息沟通，包括膜电位的迅速扩散平衡和线粒体内容物的相互交流。线粒体的相互融合还可使线粒体之间进行 mtDNA 交换，从而能够有效地修复衰老和环境因素导致的退变。通过分裂增加的线粒体数目使细胞内的不同区域都有线粒体的分布，这样，更有利于线粒体功能的区域化。

线粒体间的融合和分裂涉及四层膜，较一般两层膜（两个生物膜）的融合与分裂要复杂得多，外膜和内膜必须各自严格地相互融合和分裂才能保证膜结构的完整性，防止内含物的漏出，因此，它必须有一套精密协调的机制来调控这一过程。研究揭示，线粒体的这种融合与分裂是由一系列蛋白质介导的，这些蛋白质多属于发动蛋白（dynamin）超家族成员，含 GTP 酶结构区段，并且在生物进化上相对保守（Pfanner et al.，2004）。线粒体内膜和嵴的形态结构的调控机制与外膜不同。介导外膜融合和分裂的分子不一定具有调控内膜和嵴的作用；而内膜形态的调控蛋白也未必能影响外膜的融合和分裂过程。

在植物细胞方面，线粒体的相互聚集和连接，甚至与叶绿体的连接也已经观察到，但它们的相互融合尚未见报道，相信今后也会被揭示。

第七章　核糖核蛋白体

一、一种专一合成蛋白质的细胞器

核糖核蛋白体（ribosome）是分布于细胞质中的一种颗粒状结构体，是专门合成蛋白质的细胞器。1953 年，Robinsin 和 Brown 首次在植物细胞的超薄切片中发现这种颗粒结构，此后，1955 年，Palade 在动物细胞中也观察到这种结构体，1958 年，Roberts 将这种结构体命名为核糖核蛋白体（ribosome），简称核蛋白体或核糖体。它广泛地存在于一切细胞内，不论是原核细胞或真核细胞都含有大量的核糖体，因为一切有生命的细胞都必须合成蛋白质，所以它是细胞内必不可缺少的基本细胞器之一。叶绿体和线粒体中也具有核糖体，这是它们被认为是原始生物体的依据之一。在生物进化过程中，它们成为原真核细胞的共生体，并逐渐演变成真核细胞中的细胞器。

真核细胞中许多核糖体附着于内质网的表面，称为附着核糖体，与内质网形成一种复合细胞器，即粗面内质网（rER）。在原核细胞中，也有一些核糖体附着于质膜内侧。此外，还有许多核糖体分布在细胞质基质中，呈游离状态，称为游离核糖核。

核糖体在细胞内的数量与细胞内蛋白质合成的旺盛程度密切相关，如在高等植物活跃生长的茎尖和根尖分生组织细胞内含有大量的核糖体；在停止生长和成熟的细胞内核糖体数量减少；在衰老的细胞内，核糖体数目变得很少（图 7-1）。

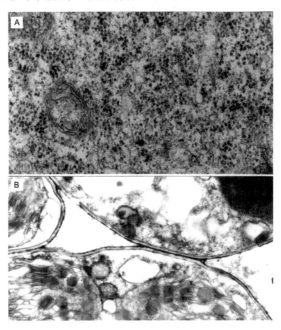

图 7-1　细胞内核糖体数量与蛋白质合成强度。A. 处于旺盛生长中的小麦幼叶细胞；B. 处于衰老中的小麦叶片细胞

二、核糖体的结构与成分

核糖体是一种颗粒结构，没有被膜包裹，其直径为 25 nm，主要成分是蛋白质和RNA。核糖体的 RNA 称为 rRNA，蛋白质称为 r 蛋白。rRNA 含量约占 60%，位于核糖体的内部；r 蛋白约占 40%，主要分布于核糖体的表面。二者主要靠非共价键结合在一起。

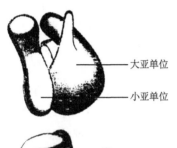
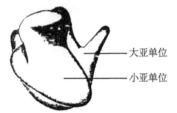

大亚单位
小亚单位

大亚单位
小亚单位

图 7-2　核糖体立体结构模式图，不同侧面观。根据不同负染色图像绘制（Lewin，1997）

核糖体有两种基本类型：70S 和 80S（S 表示Svedberg 沉降系数单位），其分子质量分别为 2500×10^3 kDa 和 4800×10^3 kDa，均由大小两个亚基所组成（图 7-2）。原核细胞以及叶绿体和线粒体的核糖体属于70S 类型，其中小亚基为 30S，大亚基为 50S。真核细胞的核糖体均为 80S 类型，其中小亚基为 40S，大亚基为 60S。体外实验表明，大小亚基的结合及分离与Mg^{2+} 浓度密切相关，当 Mg^{2+} 浓度低于 1 mmol/L 时，核糖体会分离成大小两个亚基；而当 Mg^{2+} 浓度高于 10 mmol/L 时，大小两个亚基则结合为核糖体，此外，还可形成二聚体。

关于核糖体大小亚基中 rRNA 和 r 蛋白组分的分析结果简略列于表 7-1。其中真核细胞 60S，大亚基中的rRNA 分子，动物与植物间有差异，动物细胞核糖体的大亚基中含有一个 28S、一个 5S 和一个 5.8S 的 rRNA分子，而植物细胞核糖体大亚基中的 rRNA 分子不是28S，而是 25S～26S，二者大亚基中所含蛋白质是相同的，都含有 49 种不同的蛋白质分子。

表 7-1　核糖体中 rRNA 和 r 蛋白组分的分析（Lewin，1997）

物种及类型	亚基	rRNA	r 蛋白种类
原核细胞核糖体	30S	16S=1542 碱基	21
70S	50S	23S=2904 碱基 5S=120 碱基	31
真核细胞核糖体	40S	18S=1874 碱基	33
80S	60S	5.8S=160 碱基 5S=120 碱基	49

无论是 70S 核糖体还是 80S 核糖体，其上都有很多的活性反应部位。在小亚基上有容纳 mRNA 的部位；在大亚基上有形成肽链的部位，即转肽酶中心（peptidyl transfer-ase center），在此形成肽链。此外，还有大小亚基共同结合的部位：A 部位和 P 部位。A 部位（aminoacyl site）是氨酰-tRNA 的结合部位——氨酰基位点；P 部位（peptidyl site）是肽链延伸中的肽酰基-tRNA 的结合部位——肽酰基位点（图 7-3）。

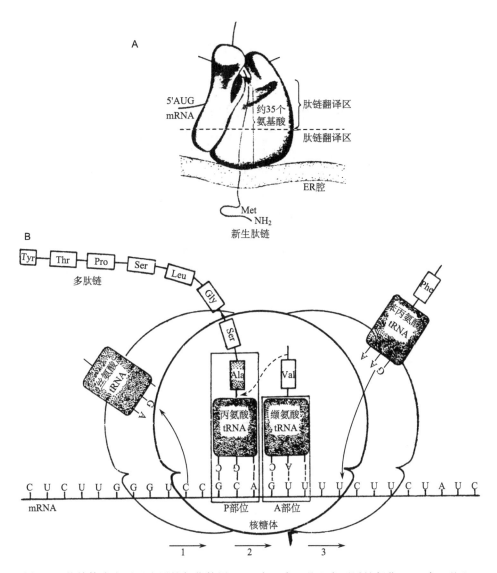

图 7-3　核糖体中主要反应活性部位简图。A. 大、小亚基上主要活性部位；B. 大亚基上
的 A 部位和 P 部位活性示意图

　　分离纯化和免疫标记实验揭示，不同物种的核糖体 r 蛋白，包括叶绿体和线粒体的核糖体 r 蛋白，都有很高的同源性，表明所有生物的核糖体可能来源于一个共同的祖先，并在进化过程中是非常保守的。通过 500 多个物种核糖体的 rRNA 序列的分析，也发现其一级结构是非常保守的，其中一些序列完全一致。

　　近年来的一个重大研究进展是，成功地制备了核糖体 r 蛋白 L11 和 rRNA 的复合物晶体，获得了其空间结构的高分辨率的三维图像（图 7-4）。这一结果不仅证实了前人用各种实验技术所得到的种种推论，而且展示出直观的比人们预料的更为精巧的复杂结构和作用机制，从而为揭开核糖体这个具有 30 多亿年历史的古老而高度复杂的分子机器和奥妙的生命活动迈出了极其重要的一步。

图 7-4　r蛋白 L11-rRNA 复合物的三维结构（Porse et al.，1999）

三、核糖体的合成与组装

前面在核仁的功能中已经谈到，高等植物和所有真核细胞生物的核糖体的 rRNA 是在核仁中合成的；r 蛋白在细胞质中合成，然后输入到核仁中，与 rRNA 结合形成 rRNA-r 蛋白复合体（RNP）。这种 RNP 复合体再经过加工，形成核糖体的大小亚基，然后通过核膜孔输出到细胞质。原核细胞没有核被膜，因而没有这种核与质的物质交换。

在真核细胞中，核糖体的合成起始于核仁纤维组分区，其中 rRNA 基因（rDNA）的转录单位在 RNA 聚合酶Ⅰ的催化下，转录合成核糖体的 rRNA 分子的原初转录物。真核细胞核糖体 rRNA 的原初转录物为 45S，约 13 000 个核苷酸。这个 45S 的 rRNA 前体在转录后不久（10～15 min）就很快与从细胞质输入的 r 蛋白质结合，包装形成 rRNA-r 蛋白复合体（RNP）80S 颗粒。在此后的加工过程中，这种 80S 的 RNP 复合体经内切核酸酶剪切，丢失一些 RNA 和蛋白质，变成一些较小组分的过渡性中间前体，即 45S 先被剪切成 41S，然后 41S 被剪切成 32S 和 20S；20S 很快降解为 18S 的 rRNA，并迅速通过核膜孔输出到细胞质中，成为核糖体的 40S 小亚基。32S 的中间前体在核仁颗粒组分区要停留一段时间，然后才被剪切为 28S 和 5.8S，并与核仁外染色质合成的 5S rRNA 一起通过核膜孔输出到细胞质中，成为真核细胞核糖体的 60S 大亚基。这些游离于细胞质中的大小亚基，当它们行使合成蛋白质肽链功能时，二者即结合组装成完整的核糖体；当肽链合成终止后，大小亚基又解离，重新游离于细胞质中。

在原核细胞中，如大肠杆菌 E. coli 核糖体 rRNA 的原初转录物（前体）不是真核细胞的 45S，而是 30S，它们在加工装配过程中，rRNA-5r 蛋白的结合与包装是有一定程序性的，先是一部分蛋白质与 rRNA 结合形成一个核心，然后，其他蛋白质才能结合上去。先与 rRNA 结合的蛋白质称为初级结合蛋白（primary binding protein）。与 16S rRNA 结合的初级结合蛋白有 6 种；与 5S rRNA 结合的初级结合蛋白为 3 种；与 23S rRNA 结合的初级结合蛋白有 11 种。这些初级结合蛋白先结合到 rRNA 链的一些特定区段后，其他蛋白质才能再结合上去。第二次结合上去的蛋白质称为二级结合蛋白，是形成亚基所必需的结构蛋白；第三次结合上去的蛋白质，不是包装亚基所必需的结构蛋白，而是形成亚基活性所必需的蛋白质，没有这种三级结合蛋白，虽然亚基的包装已经完成，但无活性功能，不能进行蛋白质合成。

四、多聚核糖体与蛋白质合成

核糖体在细胞内合成蛋白质并不是以单个核糖体独立地行使其功能，而是以多个甚至几十个核糖体串联在一条 mRNA 分子上高效地进行肽链的合成。这种具有特殊功能和形态结构的核糖体与 mRNA 的聚合体，称为多聚核糖体（polyribosome 或 polysome）。在细胞的超薄切片中常可以看到，无论是附着于内质网上的核糖体，还是游离于细胞质中的核糖体，多是串联排列成簇状、环状或串珠状（图 7-5）。用温和方法分离出来的核糖体也多呈现出上述串联状态。多聚核糖体所包含的核糖体的数量决定于 mRNA 的长度，即 mRNA 越长，包含核糖体的数目就越多，于是合成的多肽链也就越长，分子质量越大。

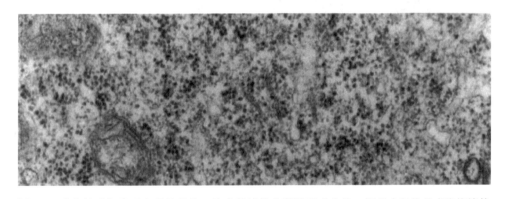

图 7-5　小麦幼叶细胞质中的核糖体，许多核糖体串联排列成串状、簇状或环状的多聚核糖体

蛋白质的合成过程可概要为三个主要关键步骤：

1）首先，mRNA 的起始密码 AUG 上游的 6 个碱基序列与核糖体小亚基中的 rRNA 的 3' 端碱基配对，从而使 mRNA 分子联结到核糖体的小亚基上。接着，甲酰甲硫氨酸 tRNA 的反密码子识别并与 mRNA 的 AUG 配对，形成起始复合物。

2）核糖体大亚基与起始复合物中的小亚基结合，从而形成完整的核糖体。氨酰 tRNA 分子联结到核糖体大亚基上形成 P 活性位点（肽酰基位点），确定可读框。

3）在肽酰转移酶的催化下，肽链延伸。

在真核细胞中，每个核糖体每秒钟能将 2 个氨基酸残基（H_2N—）加到多肽链上；而在原核细胞（如细菌）中，可将 20 个氨基酸加到多肽链上。因此，合成一条完整的多肽链平均需要 20 秒到几分钟。当第一个核糖体结合到 mRNA 分子上开始蛋白质合成，到第二个核糖体随即结合到 mRNA 上，在如此短的时间里，相邻的核糖体之间就大约有 80 个核苷酸的距离。

由于蛋白质的合成是以多聚核糖体的形式进行的，在单位时间内各核糖体合成的多肽分子数量都大致相等，这样，就大大提高了多肽合成的速度，特别是对分子质量较大的多肽。多聚核糖体提高多肽合成速度的倍数与结合到 mRNA 分子链上的核糖体数目呈正相关。在细胞周期的不同阶段，细胞中数以万种的 mRNA 有些在合成，有些在降解，其种类和浓度不断发生变化。以多聚核糖体的形式进行多肽合成，对于 mRNA 的利用也是一种更有效和更经济的方式。

在原核细胞中，在 DNA 转录合成 mRNA 的同时，核糖体就结合到 mRNA 分子链上，因此，DNA 转录 mRNA 和由 mRNA 翻译合成蛋白质几乎在同时，并几乎在同一部位上进行，所以分离的原核细胞多聚核糖体常常与 DNA 结合在一起（图 7-6）。

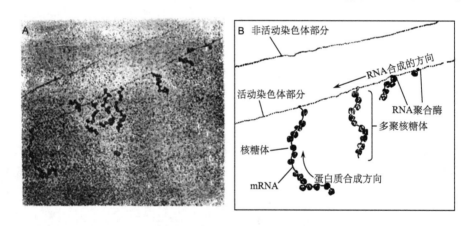

图 7-6　大肠杆菌的多聚核糖体。A. 正在转录和翻译的情况；B. 为 A 图的说明

第八章 细胞质微管骨架

细胞骨架是细胞生物学发展中较晚发现的一种细胞器。1963 年，Ledbetter、Porter 和 Slautherback 几乎同时分别在植物和动物细胞的超薄切片中发现细胞质中存在一种微管结构，此后又相继发现微丝和中等纤维。它们三者构成细胞质中一个三维网络结构的骨架体系，从根本上改变了早先的细胞质结构的观念。由于细胞骨架具有许多重要的生理功能，以致在它发现后的数十年中，一直是细胞生物学中活跃的前沿研究领域，每年都有大量的论文发表，并不断刊登综述和出版专著。在我国，徐是雄和朱澂教授主编的专著（1996），已对植物细胞骨架的研究现状做了较全面的论述。在本书中，我们仅就在逆境植物研究中涉及较多的微管骨架做一个概要的介绍，以便读者在研究逆境植物微管骨架时有一个识别的对比模式。

一、微管的形态结构及化学组成

细胞质微管（cytoplasmic microtubule）是一种刚直的管状结构，横切面直径 24～25 nm，管壁厚 5 nm，中央空腔直径 14～15 nm；其长度变化很大，有些可达数微米。微管在细胞质中的分布存在多种区域化结构形式，如周质微管、核周微管，以及从核周到周质的辐射状胞质微管。这些都已通过各种技术和方法得到很好的显示。

1. 细胞超薄切片在透射电镜下的微管图像

图 8-1 显示小麦幼叶细胞和牛草（*Phleum pratense*）根尖细胞周质微管的横切面和纵行图像，从图中可看出周质微管的分布与质膜很接近，并有"桥"（bridge）与质膜相连接。微管-桥-质膜三者形成一个结构体系，对质膜具有稳定作用。还可观察到周质微管与质膜平行分布的关系，并且可看到微管末端在细胞的边角处与质膜相联结（图 8-1C 和图 8-1D，箭头）。

2. 铜网黏附的分离原生质体在透射电镜下的周质微管图像

黏附于铜网上的原生质体，经低渗溶液破裂后，其中的内含物通过漂洗而被除去，与质膜内表面有联系的周质微管则被保留在黏附的质膜片段上。这种被暴露在质膜内表面上的周质微管，可在透射电镜下清晰地被辨认。图 8-2 是通过小麦分离原生质体铜网黏附技术获得的周质微管图像。与超薄切片一样，许多平行分布的周质微管被观察到，并有少数微管呈交叉状。这个观察中，一个最引人注意的现象是，大量的小囊泡附于微管上（箭头），显示微管在运输囊泡（物质）中的作用。

3. 冰冻断裂和部分抽提在扫描电镜下的胞质骨架图像

图 8-3A 是一张在机遇上十分碰巧和理想的断裂面，这个断裂面恰巧是在细胞核的外部，包围核外周的骨架纤维清晰可见，并可看到从核周到细胞周质的辐射状胞质骨架；在这个胞质骨架网络中还可观察到细胞器的空间联系结构。图 8-2B 和图 8-2C 二图

明显地展现出胞质骨架纤维与细胞器和核糖体颗粒的空间连接关系。用这种方法显示的胞质骨架纤维，可能是微管和微丝的并行结合。

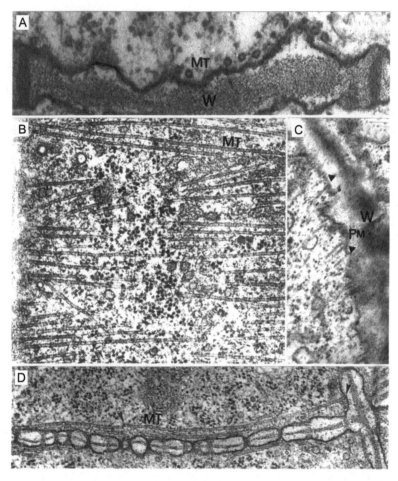

图 8-1　细胞超薄切片的透射电镜观察。显示周质微管，箭头指示周质微管末端在细胞边角处与质膜相连接。A 和 C 为小麦幼叶细胞*。B 和 D 为牛草根尖细胞（Gunning and Steer，1996）。MT：微管；W：细胞壁；PM：质膜

　　微管是由专一性的微管蛋白（tubulin）聚合而成的，它有 α 和 β 两种亚基，这两种亚基通过非共价的相互作用形成稳定的 αβ 异二聚体。这种二聚体是组成微管的基本结构单位，它们螺旋盘绕形成微管的壁。在每根微管中，二聚体头尾相接形成细长的原丝，微管壁是由 13 条原丝纵向排列构成的。在构成微管的这 13 条原丝中，所有的 αβ 二聚体的取向相同，所以，微管的两端是不等价的。微管的这种极性特征是其功能的重要分子基础。

---

　　* 简令成等 2000 年在研究细胞骨架工作中获得的照片，未发表。

图 8-2　原生质体铜网黏附技术显示的小麦幼叶细胞周质微管（简令成等，1984a）。
大量微管呈平行状分布在质膜内侧，少数交叉成网状；许多小囊泡位于微管上

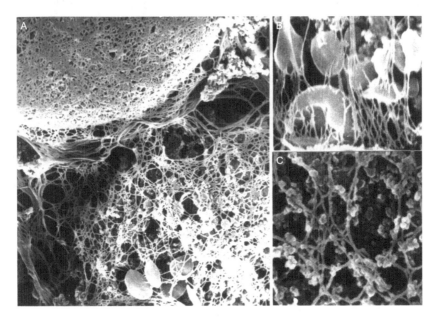

图 8-3　冰冻断裂和部分抽提在扫描电镜下的胞质骨架图像

二、微管在细胞有丝分裂中的动态：微管周期

通过对许多植物种类和多种类型细胞的超薄切片和微管蛋白抗体荧光标记的免疫细胞化学研究揭示和证实，微管在细胞有丝分裂周期中的不同时期发生显著的、有规律的时序性动态变化，Clayton（1985）将这种时序性和周期变化命名为"微管周期"（microtubule cycle）。

在间期，S 期至 G_2 期，表现为周质微管、核周微管和胞质微管。周质微管是植物细胞间期微管的主要形式，分布于质膜内侧，有"桥"与质膜相连接，它们的排列方向一般与细胞长轴相垂直，呈螺旋式地分布在细胞长轴四周的侧面（图 8-4A）。在超薄切片和铜网黏附中，除这种平行分布的周质微管外，也有一些交叉分布的微管。Hardham 和 Gunning（1978）依据 30 个连续切片重建了满江红根尖细胞间期周质微管的立体图像，显示周质微管环是由许多不同长度的微管穿插连接构成的。核周微管在核外周呈网状分布（图 8-3A）。胞质微管从核周向质膜方向呈现辐射状分布，也有少数微管呈交叉状分布，表现为三维空间网络结构（图 8-3）。

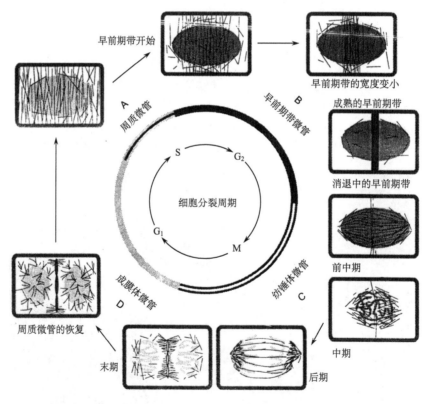

图 8-4　细胞分裂周期（cell cycle phase）与微管周期
(Gunning and Steer，1996)

当间期结束，早前期开始时，出现早前期带微管。早前期带微管形成的最初标志是，均匀分布的周质微管开始向细胞的中腰部位集中。到中-早前期，早前期带微管发展到最成熟的阶段，微管带的宽度变得最小，免疫荧光标记的亮度变得最强。在此发展过程中，微管带两侧的平行分布的原周质微管逐渐消失，最后在细胞的中腰部形成一个极明亮的荧光带（图 8-4B）；在超薄切片中，可观察到这种早前期微管带的高（宽）度约为 3 μm。

从中前期到晚前期，早前期带微管逐渐减少，直至完全消失。与此同时，在细胞长轴的两端产生新的微管，开始纺锤体的形成。这些新生的微管随即逐渐向细胞核延伸，并穿过破裂的核膜进入核内，其中一些微管与染色体的着丝点发生连接。到分裂中期，纺锤丝数量增加，染色体牵引丝形成，姐妹染色单体对通过微管牵引移到赤道板。赤道板中的每个染色体的着丝点连接着众多的微管，它们分别伸展到细胞的两极，从而形成菱形的纺锤体微管（图 8-4C）。

到后期，由于从着丝点处分裂，姐妹染色单体分别向两极移动。到末期，着丝点微管和非着丝点微管消失，在赤道面上形成新的微管，即成膜体微管（图 8-4D）。这种成膜体除微管主体外，还包含着微丝、小泡和许多内质网形成的复合体。

三、微管的组装及其组织中心

如上所述，在细胞有丝分裂周期中，微管的分布形式处于不断的动态变化之中，显示这些变化中的微管在不断地组装和去组装。在细胞内，微管是怎样组装和去组装的呢？实验表明，当游离的微管蛋白聚合组装成微管时，每个微管蛋白的二聚体需要结合 2 个 GTP 分子，其中 1 个 GTP 分子在二聚体整合到微管末端时被水解成 GDP。如果在这个末端的所有二聚体都结合 1 个分子的 GDP，形成 1 个"GDP 帽"，它将阻止二聚体微管蛋白往这个末端整合，并将从这一端迅速解聚。相反，如果在微管的末端是结合着 GTP 的二聚体，那么，这个微管末端不仅是稳定的，而且可以不断聚合生长。因此有两个因素决定微管的组装和去组装：游离的微管蛋白浓度和 GTP 的水解速度。高微管蛋白浓度适于微管聚合生长；低微管蛋白浓度引起"GDP 帽"形成，使微管解聚。GTP 的低速水解适合于微管组装；而快速水解则引起微管解聚。

大量的研究结果揭示，细胞内存在着微管组织中心（MTOC），它行使着微管组装的功能。这种微管组织中心在透射电镜下表现为无结构的电子密度很高的区域特征，它包含着微管蛋白。微管的一个末端与微管组织中心相连，其中的微管蛋白二聚体不断地往这个末端上聚合组装，这个末端叫"正端"；相反，这个微管的另一个末端，即远离 MTOC 的一端，则同时在不断地发生微管解聚，释放出微管蛋白，这一端叫"负端"。细胞内的微管总是处在这样的动态平衡之中。不同的微管有着不同的组装动力，因而随着细胞周期的时序性和细胞生理活动的变化，有些微管消失，有些则新生。

已知动物、真菌和低等植物细胞的微管组织中心位于中心粒。高等植物细胞没有中心粒，它们的微管组织中心可能是随着细胞周期中微管周期类型的变化而变化的：间期的周质微管的组织中心可能是细胞的边角区；胞质微管和早前期带微管的组织中心可能是核周区和核膜；纺锤体微管的组织中心可能是纺锤体极和染色体的着丝点；成膜体的边缘可能是成膜体微管的组织中心。至于微管组织中心与微管组装的细节，目前还知之甚少。

四、微管与其他结构成分的联系及其连接蛋白

微管作为细胞质骨架网络系统的主要成分，不仅在微管与微管之间存在多种形式的连接，而且与其他细胞结构成分也有着密切的连接关系。已知微管与微丝常常并行分布，微管与中等纤维、内质网、运输囊泡（transport vesicle）以及与质膜之间也都有密切的联系。微管与质膜之间有"桥"相连接（图 8-5），对质膜起稳定作用。现已发现，在这些彼此的联系中，存在着一种与微管特异结合并影响其结构和功能的微管连接蛋白（microtubule associated protein，MAP）。这种微管连接蛋白除对微管本身起稳定作用外，还对与微管相连接的其他细胞结构，如质膜、内质网、微丝和中等纤维等，起着交联作用，并能使囊泡和颗粒物质沿着微管进行运输，以及通过与微管成核点的结合促进微管的聚合。

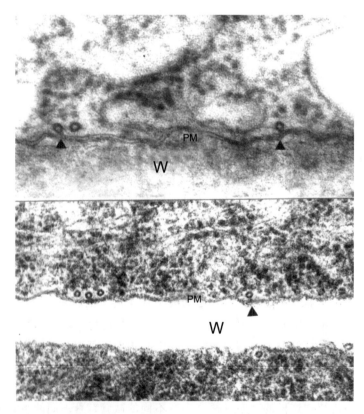

图 8-5　微管与质膜之间有细丝"桥"相连接（箭头所指）。图为小麦幼叶细胞
超薄切片的电镜图像（简令成，1996）。PM：质膜；W：细胞壁

迄今，已经在动植物细胞中发现多种类型的微管连接蛋白，而且，这类发现还在日益增多。然而，这种微管连接蛋白的发现主要是在动物细胞中，有关高等植物微管连接

蛋白的报道却很少。从已经报道的结果看,动、植物细胞有着不同的微管连接蛋白。在动物细胞中,既有低分子质量的微管连接蛋白(<200 kDa),又有高分子质量的微管连接蛋白(>200 kDa);而在植物细胞中,如胡萝卜细胞的微管连接蛋白则为低分子质量的。不过,即使都属于低分子质量类型的,也仍然有多种分子质量类型,如从胡萝卜组织培养细胞中分离出来的微管连接蛋白至少有 6 种分子质量类型,即 114 kDa、102 kDa、98 kDa、76 kDa、58 kDa 和 39 kDa。微管连接蛋白的这种多样性也是微管多种生物学作用的反映。

五、与微管蛋白和微管特异结合的药物

紫杉醇(taxol):它是存在于红豆杉属植物中的一种复杂的次生代谢产物,是迄今已知的唯一一种可以促进微管蛋白聚合和稳定已聚合微管的药物。低浓度(微摩尔水平)的紫杉醇就可以促进新微管的形成,并在细胞周期的所有阶段上稳定已经存在的微管。紫杉醇对微管的这种聚合和稳定作用,已在各种动、植物和原生生物实验中得到证实。用同位素标记的紫杉醇与微管蛋白进行的结合实验表明,紫杉醇只结合到聚合的微管上,不与未聚合的微管蛋白二聚体起反应,可见微管是紫杉醇的唯一靶标。

在体外微管聚合反应中,加入紫杉醇可以降低临界微管蛋白浓度,并且在缺少 GTP 和微管连接蛋白的条件下启动微管聚合。在紫杉醇存在条件下聚合的微管可以抵抗钙离子和低温引起的微管解聚作用。但是,若将 Ca^{2+} 和低温共同处理经紫杉醇稳定的微管,则可导致这种微管的解聚。当用 EGTA 螯合剂除去反应液中的 Ca^{2+},并重新加温时,这种反应体系中的微管蛋白又可以重新聚合成微管。这一发现已被用于分离动、植物微管蛋白。

秋水仙碱:它是另外一种与微管特异结合的药物。与紫杉醇相反,秋水仙碱是结合到未聚合的微管蛋白二聚体上的。每一个微管蛋白二聚体对秋水仙碱有两个结合位点,其中一个是高亲和结合点,另一个是低亲和结合点。后者对低浓度的秋水仙碱可能不起作用。当秋水仙碱与微管蛋白二聚体结合后形成的复合物加到微管的聚合末端时,就阻止了微管蛋白继续向微管上聚合;而解聚的末端仍继续进行,以致原有的微管最终完全解聚。

实验表明,秋水仙碱与动物微管蛋白和植物微管蛋白的敏感性和结合力不同,在不同种类的植物间也有差异。有些植物微管蛋白对秋水仙碱的结合位点的亲和力低,而动物微管蛋白对秋水仙碱的结合亲和力高,以致在动物实验中,只需要微摩尔($\mu mol/L$)浓度的秋水仙碱就可以使微管完全解聚,而植物则需要毫摩尔(mmol/L)水平的浓度。

除草剂:某些除草剂也是植物微管蛋白的特异结合药物。已知具有这种性质的除草剂有两类:二硝基苯胺和磷酸酰胺,其中常用的是 trifluralin、Oryzalin、APM 和 CIPC。这类除草剂破坏微管的机制大致类似于秋水仙碱。

六、微管的功能

植物微管的功能除了与动物微管有许多共同的功能，如作为细胞质三维空间网络的骨架结构、维持细胞形态、牵引染色体运动以及作为细胞内物质运输轨道等以外，还有与植物特性相关的独特功能，即植物微管调控植物细胞壁的构建和形态发生。这两个独特功能对植物的生长发育，以及植物对环境的反应与适应、农林生产的经济效益等都具有十分重要的意义。

1) 微管引导细胞壁纤维素微纤丝的沉淀，并决定微纤丝的沉淀方向。例如，①导管分子壁的纤维素微纤丝沉积部位与周质微管的分布部位是相对应的。若在导管形成早期用秋水仙素处理，破坏微管，结果阻止了导管壁特定加厚类型的形成；若在导管形成后期用秋水仙素处理，则无明显效果。②在气孔保卫细胞形成中也显示微管对保卫细胞腹壁加厚起决定性作用，在腹壁加厚之前，微管集中分布在腹壁中央区域以内的质膜内侧，此后，在此处质膜之下进行细胞壁的加厚。保卫细胞从椭圆形变成长哑铃形也是由于微管排列方向改变引起微纤丝在轴方向上沉积的结果。③绿藻 *Oocystis* 细胞壁和棉花纤维细胞壁都是由许多层不同排列方向的纤维层构成的。在这种细胞壁的次生加厚过程中，周质微管的数量显著地增加，同时其排列方向总是与新形成的纤维层方向是一致的。若用药物破坏微管，则会造成新纤维层的纷乱。由此可见，周质微管动态对棉花纤维质量具有重要作用；若是林木，则与木材质量有密切关系。④周质微管调控细胞的生长方向。这从通过植物激素处理引起周质微管排列方向和细胞壁纤维沉淀方向的相应改变中得到有力的佐证。宏观上早已知道，GA₃ 处理会增加植株的高度，电镜观察表明，这是因为 GA₃ 使周质微管的排列方向从与细胞长轴的平行排列改变成与细胞横向面平行的排列，从而使细胞壁的纤维丝在与细胞长轴成直角的横向方向上沉积起来，结果促使细胞的伸长，增加了植株的高度。其他激素，如激动素、苯肼咪唑及乙烯等则是通过诱导和稳定周质微管在细胞长轴方向上的平行分布，导致细胞壁纤维丝在长轴面上平行沉积的增加，从而促进细胞的增大，结果使茎秆增粗。因此在农业生产中，可以应用这种知识，通过调节周质微管在细胞长轴或横向面上的平行分布，去控制植株的高度或粗度。

2) 早前期带微管在植物形态发生中的调控作用，这是因为早前期带微管对细胞分裂面起着"预先指定性"的作用。早前期带微管虽在中期到达前消失，但它已为细胞分裂面打下了印迹，当新的细胞板形成、并向外生长时，就精确无误地在早先为早前期带微管占据的地方与细胞壁结合，成为分裂末期形成细胞分裂面的物质基础。无论是对称分裂，或不对称分裂，也不论是横向分裂、平周分裂，还是垂周分裂，一个植物细胞总是按照早前期带微管预先确定的地方进行分裂。这种空间上的控制，对于不对称的细胞分裂尤其重要。这种不对称分裂形成的两个子细胞有着不同的发展方向，产生不同类型的细胞和形态发生，如气孔保卫细胞、根毛细胞、花粉粒的生殖细胞等。这类细胞在有丝分裂前，细胞核先迁移到将要进行细胞分裂（细胞分裂面）的地方，然后在此核的周围形成早前期带微管，预示着这个细胞将在此处进行细胞分裂。如图 8-6 所示，一个根表皮细胞通过这种不对称性的分裂方式产生根毛细胞。

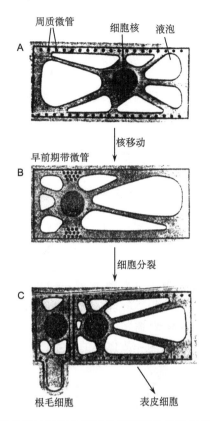

图 8-6　根尖伸长区表皮细胞的不对称性分裂图解（Alberts et al.，1994）。A. 分裂间期的细胞，周质微管沿细胞壁长轴分布；B. 细胞核移动后，进入早前期，并形成早前期带微管，它预示着将要发生的细胞分裂的分裂面；C. 不对称性的细胞分裂：产生一个大的子细胞，它仍然发展成表皮细胞，另一个小的子细胞，它发育成根毛细胞

第九章　内质网-高尔基体系统

内质网和高尔基体均是由单位膜围成的膜囊结构细胞器，它们不仅在结构上有共同性，而且在行使功能上也是互相连续的一个系统。

一、内　质　网

（一）内质网的结构与分布

内质网（endoplasmic reticulum，ER）是一种膜囊结构，包括三种结构成员：管状内质网（tubular ER）、扁囊状内质网（sheet ER）和小囊泡内质网（vesicle ER）。这三种膜囊成员的内腔是相互连通的，并相互连接形成一个网状体系，广泛地分布在细胞质中（图 9-1），并同时与细胞内其他各种细胞器形成广泛的结构与功能上的联系。这些联系包括高尔基体、核被膜、微管、微丝、质膜、胞间连丝、液泡、线粒体、质体和微体等。图 9-2 是杨树顶芽分生组织细胞的一张电镜照片，从中可看出内质网与核膜、质膜、胞间连丝、高尔基体、线粒体和质体等的联系。

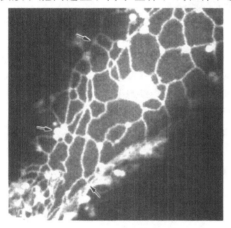

图 9-1　洋葱鳞片表皮细胞经 Dioc6 荧光素染色，激光扫描共聚焦显微镜照相。显示内质网在细胞质中形成的网状结构（Knebel et al.，1990）

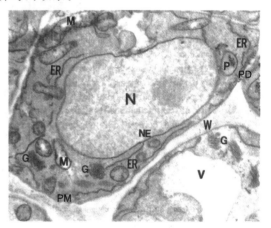

图 9-2　杨树顶芽细胞内质网（ER）与核膜（NE）、质膜（PM）、胞间连丝（PD）、高尔基体（G）、线粒体（M）和质体（P）等的联系（Jian et al.，2000c）。N：细胞核；V：液泡

根据膜的表面上是否附有核糖体颗粒，内质网分为两种类型：一种是膜表面附有核糖体颗粒，称为粗面内质网（rough endoplasmic reticulum，rER）或颗粒型内质网（图 9-3A）；另一种是膜表面上没有核糖体颗粒，膜表面是光滑的，故名光面内质网（smooth endoplasmic reticulum，sER），或无颗粒型内质网。这种内质网膜形成管状结构，小管直径为 50～100 nm。图 9-3B 是小麦幼叶细胞，其细胞质中的管状光面内质网在核的周围几乎形成一个圆圈的包围。这种管状光面内质网多在细胞周质中形成网状结构。

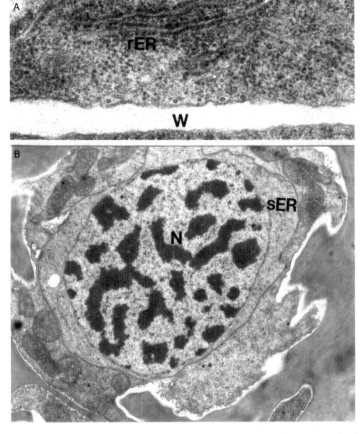

图 9-3　小麦幼叶细胞的电镜照片，示粗面内质网（rER，附有核糖体）和光面内质网（sER，不
附核糖体）*。B图中的光面管状内质网几乎围绕核一周。W：细胞壁；N：细胞核

内质网也是一种多变的细胞器，在不同类型的细胞中，甚至相同类型的细胞在不同生理状态下，其内腔的大小、形态、密度和排列方式，以及三种结构成员（管状 ER、扁囊状 ER 和小囊泡 ER）的组配关系都会发生很大变异。

（二）内质网的化学组成

内质网膜与质膜一样是一种单位膜，也是由脂类和蛋白质组成的，但内质网膜有较高的脂类成分，包括磷脂、中性脂、磷脂酰肌醇、缩醛磷脂等。内质网膜蛋白质的含量也比质膜多。内质网膜还具有大量的酶，如细胞色素 b_5、NADH-细胞色素 b_5 还原酶、NADH-细胞色素 c 还原酶、细胞色素 P450、ATP 酶、$5'$-核苷酸酶、核苷焦磷酸酶、GDP-甘露糖基转移酶、核苷二磷酸酶、葡萄糖-6-磷酸酶、乙酰苯胺水解酯酶、β-葡萄糖苷酸酶。其中葡萄糖-6-磷酸酶被视为内质网膜的标志酶。

此外，内质网膜还包含参与甘油三酯、磷脂、糖脂、缩醛磷脂、脂肪酸、胆固醇等生物合成的酶系。

---

　* 　简令成等 2000 年研究胞间连丝获得的电镜照片，未发表。

（三）内质网的功能

内质网在细胞中具有多种重要功能，其主要功能有：

（1）蛋白质的合成、加工、修饰和转运

细胞中的蛋白质合成都是在核糖体上进行的，粗面内质网膜表面附有核糖体颗粒，因此，粗面内质网在蛋白质合成、加工、修饰和转运上起着重要作用。粗面内质网上的蛋白质合成首先在细胞质基质中的游离核糖体上进行，然后才转移到内质网上。按照Blobel（1975）提出的信号学说，实现这种转移机制的决定因素是蛋白质 N 端的信号肽，即当游离核糖体合成的多肽链达到 80 个左右氨基酸时，其 N 端信号序列（信号肽）即发挥作用：一方面，这种信号序列与信号识别颗粒结合使肽链延伸暂时停止；另一方面，信号识别颗粒与内质网膜上的信号受体结合，于是使这种正在起始合成蛋白质的核糖体转移到内质网上，继续它的蛋白质合成。在这里，合成的蛋白质有两种类型：一种是合成的蛋白质整合到 ER 膜中，成为膜结构蛋白；另一种是合成可溶性蛋白质，通过 ER 膜进入 ER 腔中。这种进入 ER 腔中的多肽会随即进行糖基化，生成糖蛋白。连接到这种蛋白质多肽链上的寡糖主要是由 N-乙酰葡萄糖胺、甘露糖和葡萄糖组成的，它与蛋白质的天冬酰胺残基侧链上氨基基团连接。当初步糖基化完成后，形成的糖蛋白可经过 ER 小泡转移到高尔基体。无论是整合到膜上的蛋白质，还是进入 ER 腔中的可溶性蛋白质，都将通过膜泡的分选和定向运输，输送到细胞所需要的各部位。

（2）脂类的合成

通过放射自显影研究证明，内质网是合成脂类的场所。粗面内质网和光面内质网二者都具有这种功能，但主要场所是光面内质网。内质网膜主要合成的脂类是甘油三酯、磷脂和类固醇。合成的这些脂类常在内质网腔中形成油滴，还可与蛋白质形成复合的脂蛋白小滴（脂蛋白体）。

内质网膜能合成几乎所有细胞膜需要的脂质，包括磷脂和胆固醇。合成磷脂所需要的酶系均存在于内质网膜上，而合成磷脂所需要的底物则存在于细胞质基质中。因此，磷脂的合成是在内质网膜脂双层的外层中进行的。在脂双层外层中合成的磷脂会很快（数分钟内）转移到脂双层的内层。由内质网膜合成的膜磷脂可通过内质网的运输小泡输送到质膜、高尔基体膜和其他的膜系统。

（3）调节细胞质基质中的 Ca^{2+} 浓度

Ca^{2+} 在植物的生长发育以及对环境的反应和适应中起着重要的作用。Ca^{2+} 充当细胞的第二信使，这种作用是基于 Ca^{2+} 在细胞质基质（cytosol）中浓度的升降来实现的。内质网被认为是细胞中的 Ca^{2+} 库之一，当细胞的生理变化和环境因子的刺激导致细胞质基质 Ca^{2+} 浓度升高时，内质网腔中的 Ca^{2+} 会释放出来，成为胞质 Ca^{2+} 浓度升高的来源之一；当升高的 Ca^{2+} 完成信使作用后需要撤退时，ER 膜上的 Ca^{2+} 泵（Ca^{2+}-ATP酶）又会将胞质中增加的 Ca^{2+} 泵入 ER 腔中储存起来。

（4）解毒作用

内质网具有许多与解毒作用有关的酶系，如电子传递体系细胞色素 P450、NADPH-细胞色素 P450 还原酶、细胞色素 b_5 还原酶和 NADPH-细胞色素 c 还原酶等。这些酶系通过电子传递和氧化还原作用，能破坏或钝化进入细胞内或在细胞内产生的一些毒物。例如，当植物处于缺氧环境中，细胞内产生大量的乙醇和醛类物质时，会引起许多同心圆的光面内质网（sER）发生。这似乎在暗示，这些sER正在包围这种毒物，然后予以水解破坏。动物和人体肝细胞内ER的解毒反应尤为明显，当有毒药物进入体内时，sER的面积显著增加。

（5）内质网与其他细胞器的联系和影响

1）内质网与周质微管和微丝：大量观察揭示和证实，周质ER网络与周质微管和微丝有着密切的连接关系（图9-4），周质内质网的外侧常与微管平行，其内侧常与微丝相伴。ER网络成为微管和微丝落锚的地方，对微管和微丝的空间排列结构起着支架与稳定作用。同时如图9-4显示的，ER网络又在许多位点上落锚于质膜，如此又进一步加强了周质微管和微丝与ER空间网络结构的稳定性，使运输小泡有一个稳定的运输轨道，也保证了以肌动蛋白微丝为基础的胞质环流的稳定流向。

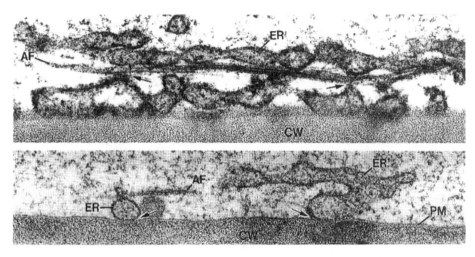

图9-4　通过高压冰冻断裂技术制备的 *Drosera tentacles* 表皮细胞的电镜照片（Lichtsc-heidl et al.，1990）。显示内质网（ER）与肌动蛋白微束丝（AF）的联系，以及ER与质膜（PM）的联系。CW：细胞壁

2）内质网与核被膜：通过普通化学固定（戊二醛-锇酸双固定或高锰酸钾固定）或快速冰冻和冰冻替换，或高压冰冻制备的超薄切片，在电镜下均可看到内质网与核被膜外层膜相联结（图9-5），并且，ER内腔与核周腔也是相通的，ER腔和核周腔的沟通为核与细胞质的物质交流和信息传递提供了有利途径。此外，在核被膜外层上也可观察到与粗面内质网膜上一样的核糖体，显示核外膜和粗面内质网一样参与蛋白质的合成。化学分析还表明，内质网膜和核膜的化学成分有着很大的相似性，如二者的磷脂组成，以及胆固醇含量和非极性脂的含量都十分类似；极性脂和非极性脂的比率，以及RNA和蛋白质的比率也很相似。因此有人认为，核被膜来源于内质网。

3）内质网与线粒体和质体：在生长和生理活动旺盛的细胞里，常可观察到内质网靠近，甚至密切联结线粒体（图9-2）。推测这种联系可能与它们各自的功能需要相关；内质网在合成蛋白质和脂肪等过程中需要线粒体提供能量物质ATP；而线粒体也需要从内质网（粗面内质网）获得蛋白质的来源。显然地，二者的相互靠近和接触有利于这些物

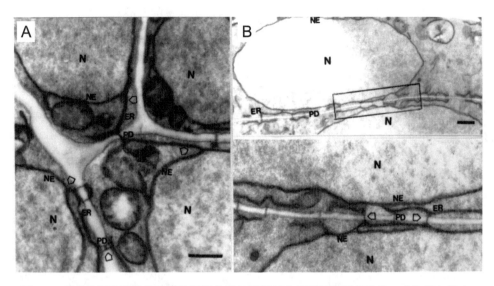

图 9-5　穿越胞间连丝的内质网的两端分别与邻近两个细胞的核膜相连接，成为核与核之
间的联系"桥梁"。N：细胞核；NE：核膜；PD：胞间连丝；ER：内质网

质的交流。在许多情况下也常看到内质网接近和连接质体（图 9-2）；尤其引人兴趣的是，
如前面第五章中描述的，图 5-2 显示出一种引人深思的景象，与核被膜相连接的内质网的
一端紧密地连接着一个正在分裂的质体（箭头）。冬小麦在越冬中，其幼叶细胞内的质体
发生聚集时，也出现与核被膜连接的内质网连接着正在发生相互嵌合的质体（简令成等，
1973）。这些情况似乎在暗示，核通过内质网传递信息指导质体的某些生命活动。

　　4）内质网与胞间连丝：内质网是胞间连丝的重要结构成分，它被经过一定的压缩
和修饰后，成为胞间连丝的中央桥管（desmotubule）（图 9-6）。这种结构是在细胞分裂

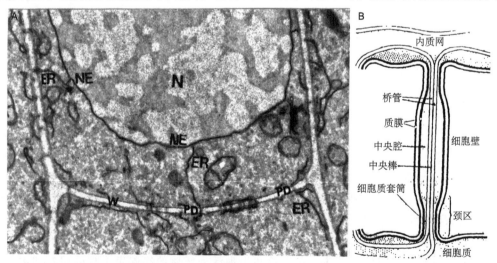

图 9-6　内质网通过胞间连丝，成为胞间连丝的结构成分：中央桥管。A. 小麦幼叶细胞电镜
照片；B. 胞间连丝结构图解。ER：内质网；PD：胞间连丝；W：细胞壁；N：细胞核；NE：
核膜。注意：照片内不少内质网穿过胞间连丝并与核膜连接

末期细胞板形成后期受遗传基因指导布局而形成的。以这种跨细胞内质网为中央桥管的胞间连丝克服了植物体各细胞间的分离格局，使各细胞的原生质经由胞间连丝形成一个连续的体系——共质体（symplast）。显然地，胞间连丝对植物体的生命活动，如细胞间的物质运输和信息传递有着极其重要的作用（详见第十一章）。

简令成等（2001）新近报道，穿越胞间连丝的内质网的两端可连接邻近两个细胞的细胞核的核膜，成为邻近细胞核相互联系和相互沟通的"桥梁"通道（图9-6A和图9-6B）。图像显示，与核膜相连接的内质网穿越胞间连丝的现象是很多的，它们进入到邻近的细胞质后，可能继续延伸与邻近的细胞核的核膜结合；或者也可能与邻近细胞中本来与核膜连接的内质网相遇，然后相互沟通，形成核与核之间的联系"桥梁"。这个新发现揭示，植物体内各细胞间的核基因也存在相互协调的结构上的通道途径。这可能是植物内质网最为重要的功能。

此外，在rER和sER膜上合成的蛋白质和脂类在进入ER腔后，可以形成储存的蛋白体（protein body）、脂质体（lipid body）和脂蛋白体（lipid-protein body）。这种现象在储藏组织器官细胞中常可观察到，尤其是在豆科植物和油料植物种子中，它们的发育与形成有着重要的经济价值。

总之，植物内质网在细胞质中形成一个广泛的网络结构，因而它与各细胞器也就有着广泛的联系和相互作用，它的功能是多方面的，这在近年来日益深入的研究中已经被揭示和证实，Staehelin（1997）基于各方面的研究结果绘制了一个图解（图9-7）。对于我们认识ER网络结构与各细胞器之间的相互联系和相互作用，以及ER的功能似有一定的帮助和参考价值。

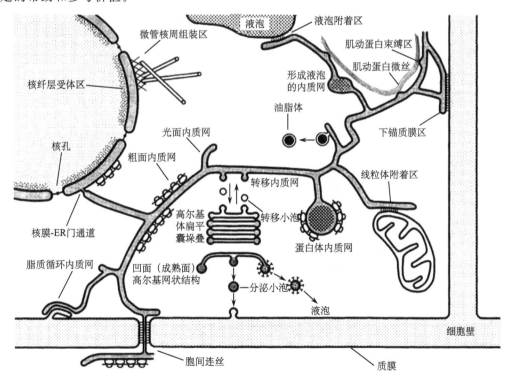

图9-7　植物细胞内质网与各种细胞器联系的图解（Staehelin，1997）

二、高尔基体

（一）高尔基体的形态结构

高尔基体又叫高尔基器（Golgi apparatus）或高尔基复合体（Golgi complex）。在电镜下，典型的高尔基体由扁平膜囊（囊池）、小囊泡和大囊泡三种基本成分组成（图9-8）。扁平膜囊是高尔基体的主体结构，其中部较窄，周边囊腔较宽，常常形成泡状。在高等植物细胞中，一个高尔基体一般由3~8个（某些藻类细胞可多达10余个）扁平膜囊形成一种垛叠盘状结构。其凸面叫形成面，或称为未成熟面，它的最外一层扁平膜囊与其外侧的小囊泡形成一种网状结构，称为形成面网状结构（cis Golgi network，CGN）。它接受来自内质网的运输小泡，其中装载着新合成的蛋白质或脂质。形成面网状结构可将这些物质分类，然后转入内层扁平囊池中。高尔基叠盘的凹面叫成熟面，或称分泌面。其外侧常分布着许多大囊泡，它们是扁平囊池通过出芽方式形成的，与凹面最外层的扁平膜囊也形成一种网状结构，称为成熟面网状结构，或凹面高尔基网状结构（trans Golgi network，TGN）。这种在外侧具有许多大囊泡的凹面网状结构与蛋白质的分类、包装和输出有关，所以它总是面向细胞表面——质膜和细胞壁。这显示高尔基体是一种具有极性的细胞器，物质从凸面进入，从凹面输出；在分布上，总是凹面（分泌面）向着细胞表面。

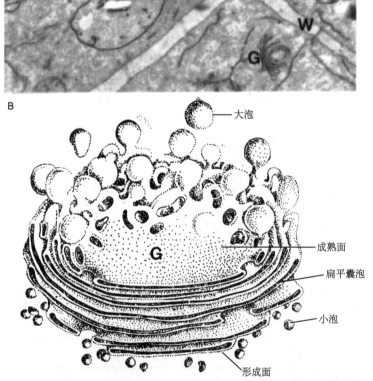

图9-8　高尔基体（G）的形态结构。A. 小麦幼叶细胞电镜照片，其中高尔基体（G）成熟面（凹面）向着细胞壁（W）；B. 高尔基体立体模式图

（二）高尔基体的功能

高尔基体也是一种多功能的细胞器。

（1）糖蛋白的合成、加工和分泌

粗面内质网上核蛋白体中合成的蛋白质在进入 ER 腔内后，经 ER 小泡运输到高尔基体，在这里进行蛋白质的糖基化。连接在这些蛋白质氨基酸侧链上的寡糖有两种：一种是 N-连接的寡糖；另一种是 O-连接的寡糖。前者的糖基化是在 ER 腔中开始的，由 N-乙酰葡萄糖胺、甘露糖和葡萄糖形成的寡糖共价地结合到蛋白质天冬酰胺残基侧链的氨基基团的 N 原子上，形成 N-连接的寡糖糖蛋白。这种糖基化的蛋白质经 ER 小泡输送到高尔基体中进行再加工，除去大部分甘露糖，并加入半乳糖。O-连接的蛋白质的糖基化，其全过程都在高尔基体内完成。这些蛋白质的酪氨酸、丝氨酸和苏氨酸残基侧链的—OH 基团与寡糖共价结合，形成 O-连接的糖基化蛋白质。

这些新合成的糖蛋白可通过高尔基体成熟面扁平囊的出芽方式形成囊泡运输到细胞表面——质膜，并以外吐方式分泌到细胞外。这种现象最常见的部位是植物根冠细胞的黏液分泌。这种黏液（其中包含糖蛋白和多糖）具有许多重要作用：有利于根尖穿过土壤生长，抗御病原体，改良土壤物理性质，并给有益根际微生物提供好的生活环境。在这种根冠细胞中具有大量的高尔基体，每个根冠细胞可能包含几百个高尔基体。据粗略统计，一个玉米根冠中的高尔基体每分钟大约总共可产生 200 万个分泌囊泡，它们运输到质膜，并与质膜融合，释放其内含物。为了保持质膜面积和高尔基体-内质网膜的稳定平衡，又通过质膜的内凸（吞）方式形成的小泡膜流返回到膜流源头 ER。要在一张超薄切片中全面地反映这一过程显然是很困难的，可喜的是，我们在阅读文献中很高兴地看到了 Gunning 和 Steer（1996）引用的牛草（*Phleum pratense*）根冠细胞的一张电镜照片，它较好地包含了这一过程的不少方面（图 9-9）。

（2）复合多糖的合成与运输及其参与植物细胞壁的形成

通过生物化学和免疫细胞化学实验证实，构成植物初生细胞壁的复合多糖，如中性半纤维素和酸性多糖等都是在高尔基体中合成的，并通过高尔基小泡的运输和分泌去参与细胞壁的形成。在细胞有丝分裂末期，包含着果胶多糖的高尔基囊泡趋向于赤道面上的成膜体。在这里，小泡的膜相互融合和连接形成子细胞的质膜，并从小泡中释放出内含物果胶连成一片，形成细胞板——中胶层。随后，装载着细胞壁前体物质（半纤维素和纤维素等多糖）的高尔基小泡连续不断地运输到质膜，并与质膜融合，将其装载的细胞壁前体物质分泌到质膜和中胶层之间。到初生壁形成后期，高尔基小泡还将其合成的糖蛋白输送到细胞壁中，与纤维素、半纤维素和果胶相交联，形成一个多糖复合体交联网状结构的细胞壁。

（3）高尔基体与植物液泡的形成

在高尔基体的功能中，还有一个功能是从高尔基体成熟面的囊泡发育成植物液泡，这已被免疫标记和生物化学实验所证实。

三、内质网-高尔基体系统与囊泡运输

前面谈到，粗面内质网是合成蛋白质的场所，这些新合成的蛋白质在进入内质网腔

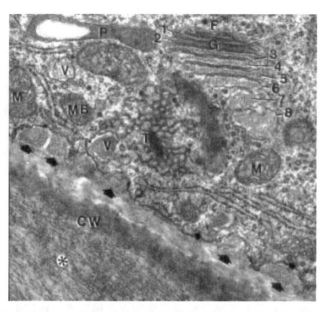

图 9-9　牛草根冠细胞的电镜照片，其细胞质中有着丰富的高尔基体（G），它的成熟面向着质膜（PM）和细胞壁（CW），囊泡（V）中包含着大量的纤维状物质，其中一些囊泡靠近或连接 PM，或已经与 PM 融合，外吐了其内含物。这些分泌物分布在 PM 外（箭头所指）和细胞壁（CW）外（见"＊"标志）P：质体。M：线粒体。MB：微体。G1，2，3，4，5，6，7，8 为高尔基体扁平膜囊垛叠数。F：高尔基体形成面。T：高尔基体成熟面

后，通过内质网出芽形成运输小泡输送到高尔基体；在高尔基体中进行糖基化加工，生成糖蛋白，然后经过高尔基成熟面的网状结构（TGN）的分类、包装形成运输小泡，输送到细胞的特定部位，或分泌到细胞外。此外，在粗面内质网膜上合成的跨膜蛋白（膜结构蛋白），以及由内质网膜合成的膜磷脂，也是通过内质网的运输小泡输送到高尔基体、质膜及其他膜系统的。

构成细胞壁的复合多糖，如果胶质、纤维素和半纤维素、酸性多糖及木质素等也都是由高尔基体合成，然后通过高尔基小泡的运输和分泌，参与细胞壁的形成。

还有一些作为修饰植物体表面细胞壁的具有特殊功能的物质，如角质（一种长链脂肪酸的多聚物）、蜡质（酯化合物）、木栓质（也是一种脂肪酸多聚物）以及离层细胞壁的软木脂等也都是在内质网中合成，然后经内质网小泡运输到特定的部位。

总之，上述情况说明，内质网和高尔基体产物的利用都涉及囊泡运输，这个过程包括内质网和高尔基体以出芽方式产生这些运输囊泡、并通过这些小囊泡的定向运输，以及这些运输囊泡与特定接收部位/受体膜的融合与分泌等几个主要环节。

令人关注的是，在这个运输过程中如何实现定向运输的问题。运输的产物是多种多样的，输送的目的地也是各不相同的，是什么因素调控着这些不同物质有条不紊地各自走到它们的目的地呢？综合已有的研究成果，这里面似乎主要涉及两个因素：一个是产物分类包装的标记，另一个是专一性的运输轨道。研究发现，一种"网格有被小泡"在蛋白质等物质的运输中可能起着重要作用。这种"网格有被小泡"是在高尔基体成熟面 TGN 区形成的，它在结构上包括两个部分：一是网格蛋白形成的蜂窝状外层结构，二

是由接合素蛋白构成的内壳。这种结构一方面起着浓缩被装运物质的作用；另一方面具有识别和介导作用，可能引导有被小泡走上一种特定的运输轨道。这种运输轨道可能就是细胞质中的微管骨架，如第八章中图 8-2 显示的，许多运输小泡附在微管骨架上。可以设想，这种微管的走向对运输物质的目的地是有特定专一性的，输送到质膜的物质沿着走向质膜的微管轨道运行；输送到线粒体或质体的物质则是沿着走向线粒体或质体的微管轨道运行的。如同人类社会铺设火车轨道一样，从北京运往上海的轨道有京沪线，运往广州的轨道有京广线等。

第十章 液　泡

成熟的植物细胞具有一个巨大的中央液泡（图 10-1），它占据细胞总体积的 90％ 以上，是植物细胞区别于动物细胞的显著特征之一。液泡是由一层单位膜包围的细胞器，其内部是一个水溶液体系，包含着大量的离子和代谢物质，与细胞质成分维持着相互交换的稳态平衡（homeostasis）格局，是植物细胞的一个自我调节体系和内部环境，起着类似动物机体内体液的作用。

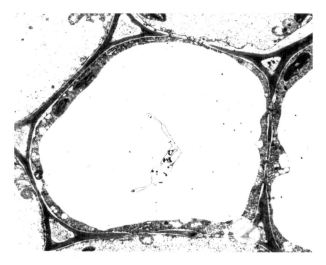

图 10-1　杨树皮层细胞的中央大液泡

一、液泡的发生和它的溶酶体性质

茎尖和根尖的分生组织细胞是液泡发生和形成的场所。在这些细胞中产生许多小型的原液泡，它起源于高尔基体和内质网。由于这种内质网位于高尔基体附近，又由于它产生的原液泡具有溶酶体的性质，因此被称为"高尔基体-内质网-溶酶体系统"（GERL）。在茎尖和根尖后部，随着细胞的分化和生长，原液泡通过吞噬细胞质（图 10-2）和水合作用，使之不断扩大；同时，这些小液泡又相互融合，以致最后形成中央大液泡。

液泡的溶酶体性质是因为它包含着各种酸性水解酶，如酸性磷酸酶、蛋白酶、核酸酶、酯酶、糖苷酶及氧化还原酶等，它们能分解细胞内的蛋白质、核酸、脂类及多糖等物质。因此，原液泡能够将其"自体吞噬"的细胞质进行消化。原液泡的这种"自体吞噬"，并将被吞噬的细胞质进行消化被认为对细胞分化起着促进作用。乳汁管，如橡胶树乳管，可以作为原细胞内的液泡通过自体吞噬作用而形成的一个突出的例证。无节乳管实际上是一个巨大的溶酶体，积累在这种乳管内的乳液是分解代谢和合成代谢两种机

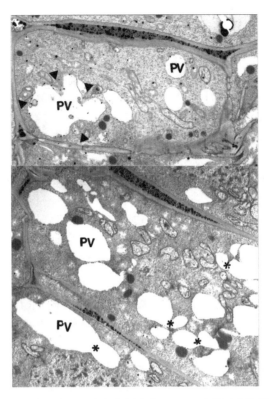

图 10-2　雀麦草苗端幼叶分生细胞中的原液泡（PV）及其吞噬作用（箭头）和相
互融合现象（图中以"＊"指示）

能所产生的复杂的混合物：其中一些乳液成分是液泡通过自体吞噬作用、消化细胞质的
产物；另一些成分，如多萜类，则是生物合成的直接产物。此外，液泡的溶酶体性质在
分解衰老和储藏器官组织细胞的残留物、使之再利用方面，也可能起着一定的作用。植
物液泡作为一个溶酶体还具有"异体吞噬作用"，这方面最引人注意的例证是豆科植物
根细胞的液泡对入侵根瘤菌的吞噬作用。根瘤菌进入豆科植物根细胞时，起初是为内凹
的质膜所包裹，而后又为液泡所吞噬。进入液泡内的根瘤菌，其中一部分被液泡内的水
解酶所分解；另外一些，虽没有被消化，但被围困在液泡内，不能与寄主细胞（质）建
立共生关系，因而成为无效根瘤。有效固氮根瘤的根瘤菌则不为液泡所吞噬。

二、液泡的内含物和它的功能

　　液泡的内含物是一个水溶液体系，包含着大量的离子和代谢中间产物及次生代谢产
物。通过酶法分离原生质体，获得分离液泡及制备液泡膜的成功，对于精确了解液泡的
化学成分及其功能，起到了重要的作用。

　　液泡内的主要物质是水，它是形成和发展巨大中央液泡的根本因素，借此扩大植物
细胞的体积，这可能是中央液泡的一个最重要的功能。植物向着阳光生长，需要发展它
的最大光合作用的表面积，以达到最大光量的吸收。从力能学上看，通过水的吸收去增

大细胞的体积，比动物细胞通过蛋白质、核酸和脂质去进行细胞生长要经济得多。同时，从根源上说，动物是因为掠夺了植物的成果，使之利用蛋白质等有机物质建造身体成为可能；而植物则难以迅速地夺取和创造大量的蛋白质等有机物质，因此，利用自然界最丰富、最廉价的水最为有利。但是，显然地，若将如此大量的水分散在整个细胞质中，必然会使细胞质稀释而发生破坏。因此必须发展一个可以吸收和储藏水分的器官，这可能就是植物在演化进程中形成中央液泡的关键原因。

植物液泡是一种多功能的细胞器，它的主要生理功能有以下几个方面。

1. 膨压

众所周知，液泡充水维持细胞的膨压，是植物体保持挺立状态的根本因素；若液泡失水，植物体就发生萎蔫。

膨压在细胞延伸生长中起重要作用。实验证明，如将丽藻放在渗透惰性的溶液中，使膨压丧失，则细胞的延伸生长明显地减小；细胞的延伸只发生在膨压超过细胞壁所产生的阈值时才发生。棉花纤维细胞（单细胞种皮毛）是在开花后 $15 \sim 20$ 天内，由于液泡膨压的作用使细胞迅速伸长，使这种细胞最后的长：宽（直径）为 $3000 \sim 4000$；如果这时液泡内的水和溶质供应不足，膨压降低，则棉纤维的长度就会受到严重影响。因此，在棉花纤维细胞生长时期，保证充足的水分供应是提高棉花产量与质量的重要措施。

膨压的另一个重要生理功能是调节气孔的开放。当 K^+、Cl^- 或苹果酸盐在保卫细胞液泡内迅速增加积累时，液泡膨压增大，迅速膨胀，致使气孔开放；而当 K^+、Cl^- 或苹果酸盐输出液泡，膨压变小，液泡体积变小时，则气孔关闭。

膨压也是细胞壁构建和增生的一个重要因素。实验揭示，当液泡膨压减小时，装载着纤维素前体物质的囊泡膜流不可能输送到质膜，即使与质膜相连接，囊泡内的物质也不可能释放到细胞壁中；只有当液泡具有高度正常膨压时，这些囊泡膜流才能与质膜连接融合，并才能将其内部物质释放到细胞壁中。

2. 储藏库

液泡是细胞内多种物质的储藏库，起着多种重要的生理功能。大量的各种无机盐离子和代谢的中间产物储存在液泡内，如 K^+、Na^+、Mg^{2+}、Ca^{2+}、Cl^-、磷酸盐、柠檬酸、苹果酸和多种氨基酸等。这些物质的输入和输出，对细胞代谢起着调节和稳定作用。例如，三羧酸循环中的中间产物柠檬酸和苹果酸等往往是过量的，这些过量的物质若积累在原位上就会使细胞质酸化，引起细胞质中的酶失活；将这些物质及时地转移到液泡中储存，就会使细胞质的 pH 保持稳定，从而使代谢活动保持正常的进行。液泡的储藏库还起着保持生物合成原料稳定供应的作用，在这些物质过剩时，则输入液泡中储存；当细胞质缺少这些物质时，又及时地给予供应。例如，当酵母菌培养在缺氮培养基上时，其细胞的分裂与生长，以及蛋白质的合成仍能继续进行，这是因为，液泡中的氨基酸库提供了氮素的来源。同样的例证是，当槭树细胞转移到无磷酸盐培养基上时，其液泡内的磷酸盐输出到细胞质，以维持细胞质中磷酸盐的正常浓度。液泡在调控细胞质 Ca^{2+} 水平上更具有特殊重要的作用。液泡是植物细胞的主要 Ca^{2+} 库。通常，细胞质中的 Ca^{2+} 被严格控制在很低的水平（$10^{-7} \sim 10^{-6}$ mol/L），当细胞的生理状态或环境改变时，液泡中的 Ca^{2+} 释放到细胞质中，引起细胞质基质 Ca^{2+} 水平的升高。当 Ca^{2+} 的信使功能完成后，液泡膜上的钙泵又将输出的 Ca^{2+} 泵回液泡，继续保持细胞质 Ca^{2+} 的低水平，维持细胞质 Ca^{2+} 的稳态平衡（homeostasis）。

液泡也是储存蛋白质、脂肪和糖类物质的场所。免疫细胞化学实验证实，在大豆叶脉附近的叶肉细胞的液泡中储存着一种营养蛋白质，这种蛋白质在粗面内质网合成后，经内质网和高尔基体小泡运输到液泡，通过小泡膜与液泡膜的融合，然后将其中的免疫金标颗粒的蛋白质释放到液泡中。种子储存蛋白质多数储藏在液泡内，形成蛋白体；当种子萌发时，这种蛋白体被酸性水解酶分解，供应胚根和芽的生长。种子胚乳中的糊粉层也是由蛋白质储藏在液泡中形成的。越冬木本植物，如杨树，在进入冬季时，也在其枝条的皮层细胞的液泡内积累着大量的蛋白质。当杨树枝条在人工短日照（无低温）诱导下进入休眠时，也同样在液泡内积累蛋白质，这种储存蛋白起着防止液泡冰冻的作用。在油类植物的种子中，脂肪物质也储藏在液泡内，形成圆球体，常常占据细胞体积的大部分。甜菜块根中的蔗糖 90％ 以上储藏在液泡中；甘蔗茎中的蔗糖也主要是储存于液泡内。

液泡还是次生代谢产物的储藏库。例如，各种生物碱、酚类物质、多聚萜烯化合物，以及花色素苷、甜菜苷等都是储藏在液泡中。储存在液泡内的许多生物碱，如人参皂甙、吗啡、奎宁等是重要的医用药物；酚类物质中的单宁、多萜类中的橡胶等则是重要的工业原料。液泡中的花色素使花瓣、果实和叶片在 pH 的调节下呈现各种美丽的颜色。

3. 收集和隔离毒物

液泡具有吸收细胞质中一些毒物，将其储存隔离起来，避免细胞质中毒的作用。例如，吸收和储藏酚类物质，特别是白屈菜细胞中白屈菜红和血根碱，会使细胞质膜等膜系统的半透性丧失，但这两种生物碱与单宁有很高的亲和力，液泡把它们吸收到液泡内，与其中的单宁相结合，从而使其失去了毒害作用。另一个突出的例证是液泡具有隔离 Na 盐毒害的作用，Na 盐在液泡内区域化是植物抗盐性的一个重要机制；还有盐生植物的盐腺细胞，这些盐腺细胞的液泡能够吸收和积累大量的 NaCl 盐离子，然后通过其液泡的小泡膜流将盐分分泌到体外，使细胞质中的盐浓度稳定在正常的无害状态。

4. 防御作用

许多植物的液泡中包含着几丁质酶（chitinase），它能水解破坏真菌的细胞壁。当植物体遭到真菌病原体的危害时，几丁质酶的生物合成增加，以增强对入侵病原体的杀伤作用。液泡还具有吞噬病原体的作用，并通过其中的水解酶将病原体分解消灭；或者将病原体围困在液泡内，使之不能增殖蔓延、造成病害。不少植物的液泡中常常积累着大量的苦味酚类化合物、生氰糖苷及生物碱等，这些物质可以阻止食草动物以它们为食。

5. 涉及液泡的代谢过程

近年来，发现下列一些代谢过程与液泡有关：①通过分离液泡的研究，发现乙烯生物合成的最后一个步骤，从氨基环丙烷羧酸转变成乙烯发生在液泡中；②在大麦叶细胞和 *Jerusalem artichoke* 的储藏根细胞的液泡中，可能存在果聚糖的生物合成。储藏在甜菜根中的蔗糖和储藏在水苏块茎中的水苏糖合成的第一步也是在液泡内进行的。在苹果子叶的液泡中发现有山梨糖醇的氧化酶；③在液泡中还存在次生代谢产物的转化，如在小萝卜子叶分离的液泡中，发现有从 *O*-芥子葡萄糖酯到 *O*-芥子苹果酸酯的转化。

三、液泡膜的结构和它的运输功能

1. 液泡膜的超微结构和它的化学成分

液泡膜和质膜一样，是一种具三重结构（暗-亮-暗）的单位膜。但其某些性质与质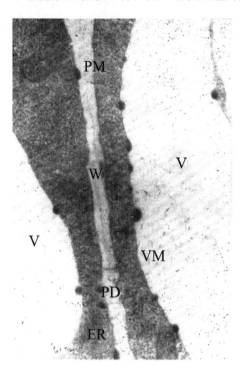膜不同。例如，作为电子密度反应物的磷钨酸能染质膜，而不能染液泡膜。在发面酵母中，与质膜相比，液泡膜相对地缺乏固醇，但富含磷脂，并含有高比值的不饱和脂肪酸。但盐生植物液泡膜的膜脂组分中含有高度饱和化的脂肪酸，主要为十六烷酸和十八烷酸；其固醇中有 30％为胆固醇，这种胆固醇分子使液泡膜组装成紧密的不漏性结构。这种分子结构可能不仅使液泡具有隔离 Na 盐毒害的作用，也可能是液泡隔离其他毒物的分子机制。酵母液泡膜的内侧还附有糖蛋白。在酶标 Con A 电镜细胞化学的研究中也观察到小麦幼叶细胞液泡膜上分布着糖蛋白（图10-3）。甜菜液泡膜的磷脂与蛋白质的比值是0.7，大多数脂类是极性的，磷脂中主要是磷脂酰胆碱（占总磷脂的 54％），并且具有 5 类糖脂。

图 10-3　酶标 Con A 电镜细胞化学显示小麦幼叶细胞液泡膜上分布着糖蛋白（简令成等，1991）。V：液泡；VM：液泡膜；PM：质膜；ER：内质网；W：细胞壁；PD：胞间连丝

液泡膜上具有多种酶，其中有一些氧化还原酶，如过氧化物酶和 NADH-细胞色素 c 还原酶等。这些酶也是内质网上的典型性酶，是液泡来源于内质网的证据。α-甘露糖苷酶也被束缚在液泡膜上，它活性高，很稳定，容易测试，被认为是植物液泡的一种标志酶。

2. 跨液泡膜物质运输的几种关键酶——H^+-ATPase、H^+-PPase 和 Ca^{2+}-ATPase

现已明确，溶质进入液泡是受跨膜（液泡膜）质子（H^+）电化学势（$\Delta\mu H^+$）驱使的。这种质子电化学势是由两种分别位于液泡膜上的致电质子泵产生的。这两种质子泵已被分离和鉴定：一是质子 ATPase（H^+-ATPase），另一种是质子焦磷酸酶（H^+-PPase；Taiz，1992；Rea and Poole，1993）。H^+-ATPase（V-ATPase）也为电镜细胞化学在多种植物液泡膜上所显示（图 10-4）。

植物液泡 H^+-ATPase 的分子结构至少由 11 个不同的亚基组装而成，在液泡膜上呈现出一种"头-连杆-基部"的结构形态（图 10-5）。在这 11 个不同性质的亚基中，至今仅有 3 个亚基（A、B 和 C）在全酶复合体中有明确的装配位置。亚基 A 和 B 的 3 个复制体形成"头部"结构，伸入细胞质中；亚基 C 的 6 个复制体形成"基部"，嵌入液

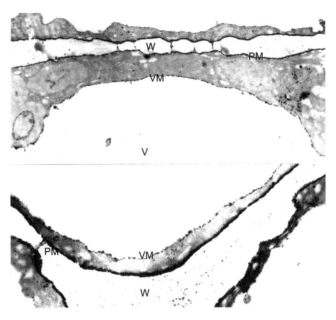

图 10-4 铈沉淀（改良的方法，铈替换铅）的电镜细胞化学显示 H⁺-ATPase 活性反应产物磷酸铈沉淀颗粒定位分布在小麦幼叶细胞的液泡膜和质膜上（简令成等，1983）。V：液泡；VM：液泡膜；PM：质膜；W：细胞壁

泡膜内。其头部起水解 ATP 的作用，基部的亚基 C 是 H⁺ 的束缚位点，对该酶活性的调节起着重要作用。编码 B 亚基的 cDNA 已经被克隆，它们的核苷酸和氨基酸序列也已被鉴定。基因组 DNA 印迹分析，显示出 3 个杂交片段，揭示棉花基因组中至少有 3 个基因编码 H⁺-ATPase B 亚单位。但不同植物种类间有差异：在大麦中，编码 B 亚单位的基因是 2 个；在拟南芥中是 4 个（基因）。

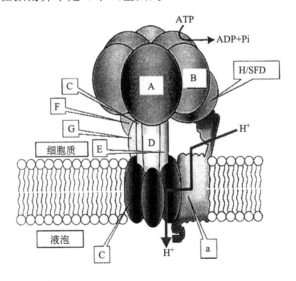

图 10-5　V-ATPase 的分子结构形态模式（Dietz et al.，2001）

电镜细胞化学的研究显示，在番茄根尖分生组织细胞小液泡的液泡膜上没有为 Mg^{2+} 活化的 ATPase（Mg^{2+}-ATPase）活性；在伸长区的根细胞内，随着液泡的扩大，其液泡膜开始产生 Mg^{2+}-ATPase 活性；在根毛区的成熟的根细胞内，其中央液泡膜上普遍显示 Mg^{2+}-ATPase 的高活性（图 10-6）。基于酶活性反应的底物、活化剂、抑制剂、最适 pH，以及在质膜和液泡膜上的特异性定位，说明这种 Mg^{2+}-ATPase 实质上就是 H^+-ATPase（Hall and Hawes，1991）。它随着液泡发育阶段的进程逐步产生它的高活性，说明液泡不同发育阶段上的 H^+-ATPase 活性是通过其基因表达调控的，也显示该酶活性是与液泡的跨膜物质运输功能相适应的密切关系。在小麦幼叶细胞分化发育过程中也观察到液泡不同发育阶段上 H^+-ATPase 活性的不同表现：分生细胞时期和分化初期的小液泡膜上不呈现 H^+-ATPase 活性，到接近成熟时期的大液泡膜上才显示 H^+-ATPase 的高活性（简令成等，1981，1983a；1983b；Jian et al.，1982）。

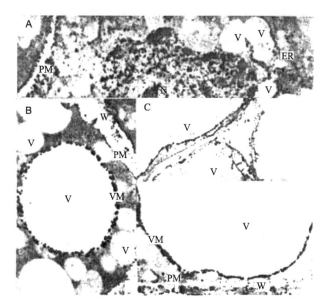

图 10-6　番茄根尖分生区、伸长区和根毛区细胞的液泡膜 ATPase 的形成和发展过程。A. 分生区细胞的小液泡，液泡膜上无 ATPase 活性；B. 伸长区细胞，随着液泡扩大，液泡膜上开始产生 ATPase 活性；C. 根毛区细胞，中央液泡膜上普遍显示 ATPase 高活性。V：液泡；VM：液泡膜；PM：质膜；ER：内质网；N：细胞核；W：细胞壁

H^+-PPase 由一种 73 kDa 的单一多肽所组成，并迄今仅在液泡膜上找到，因此被认为是液泡膜的标志物。编码 H^+-PPase 的 cDNA 也已被分离和鉴定，对 *Beta vulgaris* 的研究结果揭示，至少有 2 个编码基因（Kim et al.，1994），但在 *Arabidopsis* 和 *Hordeum vulgare* 中，仅为单个基因（cDNA）编码（Sarafian et al.，1992；Tanaka et al.，1993）。

近年来的研究确证，液泡膜上还存在着钙泵 Ca^{2+}-ATPase，这也已为电镜细胞化学所证实（图 10-7）。定位在液泡膜上的 Ca^{2+}-ATPase 与定位在质膜（PM）和内质网（ER）上的 Ca^{2+}-ATPase 同属 P 型钙泵家族。它们能被细胞质溶质中的高浓度 Ca^{2+} 的反馈作用所激活，然后与同样被激活的 PM Ca^{2+}-ATPase 一起将细胞质基质中临时增

加的 Ca^{2+} 泵回细胞内钙库（液泡和内质网）中及细胞外，维持细胞质基质中低水平 Ca^{2+} 的稳态平衡（homeostasis）。

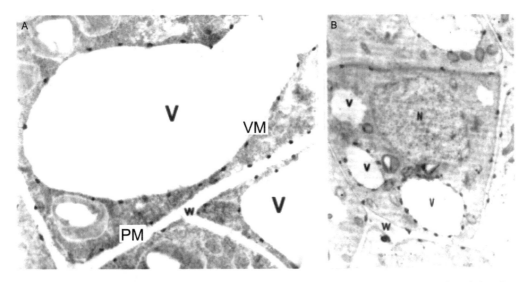

图 10-7　Ca^{2+}-ATPase 在小麦幼叶细胞和杨树枝条顶芽分生组织细胞液泡膜上的活性反应，许多反应
产物磷酸铈沉淀颗粒定位分布在液泡膜上。V：液泡；VM：液泡膜；PM：质膜；W：细胞壁

3. 跨液泡膜物质运输的机制

V-ATPase 和 H^+-PPase 通过其催化水解 ATP 和 PPi 释放的能量，将细胞质中的 H^+ 泵到液泡内，建立跨液泡膜的 H^+ 电化学梯度，即建立液泡膜内侧的 H^+ 正电位差及液泡内的酸性 pH，从而形成溶质进入液泡内的次级运输系统（secondary transport system），亦即通过 H^+ 的输出形成离子和溶质（如 Na^+、Ca^{2+}、糖和氨基酸等）输入的相互交换的反向运输系统，如 Ca^{2+} / H^+ 及 Na^+ / H^+ 等反向运输系统（Taiz，1992；Marty，1999）。新近获得的证据指出，这种交换是电中和性的，即 1 个 Ca^{2+} 与 2 个 H^+ 交换，Na^+ 与 H^+ 则 1 个对 1 个。嗜盐和耐盐植物液泡膜上的 Na^+/H^+ 反向运输系统的活性很高。迄今尚未发现在液泡膜上有 K^+/H^+ 反向运输系统，但最近已有报道揭示，H^+-PPase 可能将 K^+ 与 H^+ 共同泵入液泡内。

关于糖输入液泡内的机制可能有多种途径：①糖/H^+ 的反向运输系统；②在液泡膜上可能存在运输糖类的专一性透性酶（permease），如液泡膜上可能存在蔗糖透性酶，起着运输蔗糖的作用；新近还发现，葡萄糖和蔗糖先与磷酸盐偶联成基团，然后通过液泡膜一并输入液泡内，在液泡内再分解成磷酸根和葡萄糖或蔗糖。

有机酸和氨基酸输入液泡内的机制可能有两种：一种是与 H^+ 交换的反向运输系统；另一种是通过液泡膜上的专一性透性酶的运输。苹果酸盐透性酶已被鉴定。关于酵母菌液泡膜上的精氨酸透性酶对精氨酸、赖氨酸及组氨酸等的运输作用，早就有相当详细的研究；新近也证明，精氨酸和其他氨基酸也存在依赖于 ATP 水解的主动运输机制，即精氨酸/H^+ 反向运输系统。

关于大分子物质进入液泡也可能有两条途径：①装载大分子物质（如蛋白质）的小泡与液泡膜融合，然后将其内的大分子物质释放到液泡内；②通过液泡膜的内陷（凹）

活动：自体吞噬作用，包裹和吞噬细胞质中的大分子物质（甚至包括细胞器）进入液泡。

液泡膜上还存在着离子输入和输出的通道（channel）。驱使和调控离子输入和输出的动力有以下几种。①电压调控的通道，这种通道通常是借助液泡膜内的正电压驱使阴离子经过通道进入液泡；在液泡膜去极化时，形成负电压，则驱使阳离子（如 Ca^{2+}）经过通道进入液泡。②依赖各离子在液泡内外的浓度梯度，被动地经过通道输入和输出液泡。③受三磷酸肌醇（IP_3）调节的通道，它与液泡中的 Ca^{2+} 释放有关。

上述液泡膜上的运输系统概括展示在图 10-8 中。

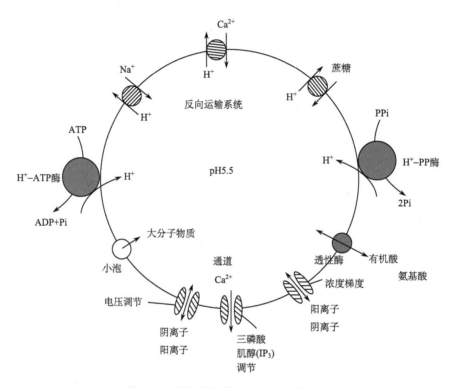

图 10-8　植物液泡膜上的运输系统图解

第十一章　细胞间运输：胞间连丝和传递细胞

植物细胞的外周具有一个坚固的细胞壁，这种细胞壁是以纤维素微纤丝为骨架，以半纤维素、果胶和糖蛋白为基质，相互交叉连接形成的一个高度复合体的网状结构，其中各分子间的空隙平均距离约为 5 nm，它只允许小分子的水溶性物质通过，因而限制了细胞与细胞间的物质交换。胞间连丝是克服这种障碍的专一性结构，它为细胞间的物质交换提供了通道；传递细胞则是通过细胞壁的修饰（cell wall modification）去改善细胞间的运输。

一、胞 间 连 丝

胞间连丝（plasmodesmata）是植物体的一种超细胞结构（supra-cellular struc-ture），它把一个个独立的"细胞王国"转变成相互连接的共质体（symplast），为植物体的物质运输和信息传递提供了一个直接的细胞到细胞的细胞质通道。胞间连丝也是一种高度动态的结构，它可以在细胞分裂末期细胞板形成后期产生，也可以在细胞壁形成后次生形成，还可以通过修饰改变它的结构及其运输功能；尤其重要的是，通过一定部位上的胞间连丝通道的关闭及阻断，形成共质体的分区（symplasmic domain）。这种区域化的共质体被认为是调控植物体生长发育进程的基本单位，它协调基因表达和许多的细胞生理生化过程，对细胞的分裂与分化、形态发生、植物体的生长发育，以及植物对环境的反应与适应等诸多方面都起着十分重要的作用。Lucas 和 Gilbertson（1994）、Van Bel 和 Van Kesteren（1999）、简令成等（2003）对此有过较全面的综述。

（一）胞间连丝的结构

关于高等植物胞间连丝的结构，一种包含压缩内质网（ER）的胞间连丝的结构模式已经被公认。电镜观察显示，各种类型器官和组织的邻近细胞间都有胞间连丝穿过细胞壁。在纵切和横切面上（图 11-1）都可看到胞间连丝通道的周围是相邻两个细胞质膜的延续和连接，其中有一个由压缩 ER 形成的圆筒体，名为连丝桥管（desmotu-bule）。一种约 3 nm 的蛋白质颗粒包埋在连丝周围质膜和中央桥管（ER）膜中；另一种电子稠密的辐射状纤丝连接着这二者中的蛋白质颗粒。包埋在中央桥管-ER 膜上的蛋白质颗粒呈现螺旋式或一系列圆圈式旋转排列，在横切面上，可以见到 7～9 个颗粒。连接中央桥管外侧和质膜内侧二者膜上的蛋白颗粒间的辐射状纤丝可能是一种肌动蛋白（actin）/肌球蛋白（myosin）和（或）激酶（kinase）。这种纤丝的长度约为 2.5 nm，这也就是胞间连丝通道运输的量度和限度。中央桥管的 ER 腔也被认为是胞间连丝的运输途径。这种胞间连丝通道的直径一般为 20～40 nm，但在通道的两端变得小一些，称为"颈区"（neck region）。在这种"颈区"口的周围观察到一种类括约肌（sphincter-like）结构，并被认为是对颈口开关起着调节作用。

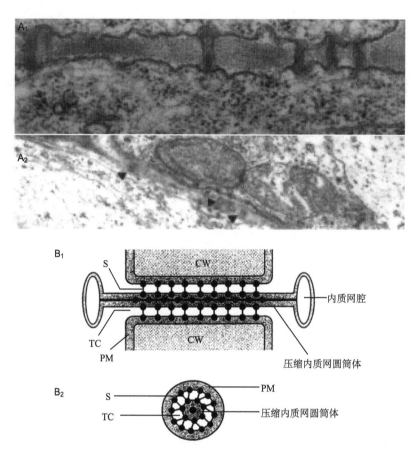

图 11-1　A. 小麦幼叶细胞胞间连丝的电镜照片；A_1. 纵切面；A_2. 横切面（箭头所指）[*]；
B. 胞间连丝结构的模式图解（Ding et al.，1999）；B_1. 胞间连丝的纵切面；B_2. 横切面；
PM：质膜；CW：细胞壁；S：辐射状纤丝，它连接着质膜和 ER 膜上的蛋白质颗粒；
TC：运输通道

　　在低等植物绿藻 *Chara* 不同种类的胞间连丝的研究中，观察到两种结构类型：
Chara zylanica 的胞间连丝像高等植物一样包含压缩的 ER；但 *Chara corallina* 的胞间
连丝中没有压缩 ER，仅为质膜包围的简单通道。这一结果说明，胞间连丝结构存在物
种间的差异，也说明含有 ER 的胞间连丝不是胞间连丝结构的唯一模式。

　　近年来，我们在冬小麦幼叶组织胞间连丝的研究中，发现至少有 4 种类型的胞间连
丝存在于这种幼叶组织的细胞壁中。这 4 种类型（图 11-2）是：①典型的包含压缩的
ER，并显示明显的"颈"结构的胞间连丝，在这种胞间连丝的中部腹区中央可清晰地
看到连丝桥管-压缩的 ER（图 11-2A）；②一种直型通道的胞间连丝，没有明显的"颈
区"，但也包含压缩的 ER（中央桥管），然而这种中央桥管与周围质膜的联系似乎比较
松散，其通道的运输量度可能较大（图 11-2B）；③分枝型的胞间连丝，其中央也含有
压缩的 ER（图 11-2C）；④一种仅为相邻细胞间连续质膜包围的通道，其中没有压缩的
ER（中央桥管），这种简单的胞间连丝通道一般比较大（图 11-2D）。这一结果进一步

---

　　* 简令成等 2000 年研究胞间连丝获得的电镜照片，未发表。

揭示和证实，那种包含压缩 ER、具"颈"结构的胞间连丝不是高等植物胞间连丝的唯一结构模式。这种结构类型的多样性，可能更能适应植物体内物质的胞间运输，特别是"不含 ER、仅为质膜所包围的简单型胞间连丝"可能更有利于大分子的胞间运输，尤其是对原生质、染色质和细胞核的胞间迁移。

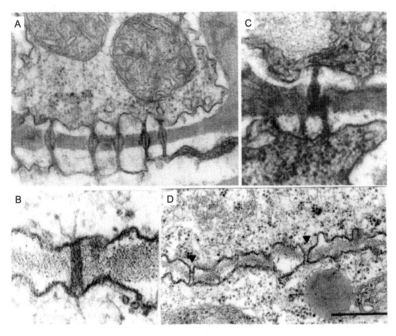

图 11-2　冬小麦幼叶组织细胞壁中 4 种类型的胞间连丝 (Jian et al., 2005)。A. 包含 ER，具"颈"结构的胞间连丝，×58 000；B. 直型通道的胞间连丝，包含 ER，但无"颈"区，×90 000；C. 分枝型胞间连丝，其中央也含有压缩的 ER，×70 000；D. 简单型胞间连丝，这种连丝通道仅为相邻细胞间连续质膜包围，其中没有 ER，×50 000

（二）胞间连丝的初生和次生形成

初生胞间连丝是在细胞有丝分裂末期、细胞板形成后期，按照遗传基因的指令安排产生的。正在生长中的细胞板，其中的高尔基小泡彼此融合，形成逐步扩大的细胞板，这种细胞板两边的膜分别成为两个子细胞的质膜；然而在某些部位，两个高尔基小泡之间有内质网（ER）通过，因而在此处不发生融合，以致形成含有 ER 的孔道，孔道的周围是两个子细胞质膜的延续和连接，孔道中央的 ER 成为中央桥管（desmotubule），这就是初生胞间连丝的发生（图 11-3）。也有的小泡在邻近两端不发生融合，成为没有 ER 的通道——胞间连丝；或者在形成通（孔）道后，再插入 ER，最后发展成有 ER 的胞间连丝。

在细胞壁形成以后，是否还有次生胞间连丝的形成呢？许多观察结果证实，这种情况是存在的。对玉米（*Zea mays*）、萝卜（*Raphanus sativa*）、高粱（*Sorghum vulgare*）和白车轴草（*Trifolium repens*）等植物根尖分生组织的等直径细胞和延长区细胞的径向细胞壁上胞间连丝的分布密度进行比较研究，发现延长区细胞的壁较等直径细胞的壁扩展 4 倍的情况下，胞间连丝的分布密度并不减少；特别是玉米延长区细胞间的

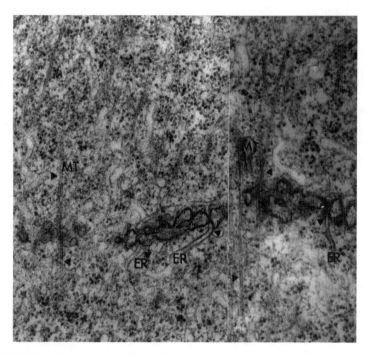

图 11-3　小麦苗端幼叶分生细胞有丝分裂末期——细胞板形成后期。正在形成中的细胞板有许多
　成膜体微管（MT，箭头）通过，在细胞板的某些小泡之间可观察到内质网（ER）穿过（箭头）

胞间连丝由等直径细胞的 3.1 个/μm^2 增加到 12.9 个/μm^2。这说明，在细胞伸长扩大过程中，自然地发生胞间连丝的次生形成。在泥炭藓叶片细胞的发育早期，由于细胞壁扩大，胞间连丝密度下降，但在以后的继续发育中，胞间连丝的密度又重新增加。由此可见，在细胞发育过程中也有胞间连丝的次生形成。尤其引人兴趣的是嫁接的砧木和接穗之间胞间连丝的次生形成。一些研究者，如 Burgess（1972）、Parkinson 和 Yoeman（1982）、Jeffree 和 Yoeman（1983）及 Kollmann 等（1985，1991）在这方面已进行过不少精细的观测。图 11-4 展示 *Vicia faba* 为接穗嫁接在 *Helianthus annuus* 砧木上（V/H）次生胞间连丝形成过程的一些情景，在这个融合细胞壁的两边常可看到半个胞间连丝（half plasmodesmata）（图 11-4A），其中有些是接穗和砧木各边相互对应的发生（图 11-4B 和图 11-4C）。这种嫁接胞间连丝（PD）形成的较详细的全过程可用图 11-5 表示，A 为电镜观察照片，B 为图解。这些图像显示，这种次生 PD 的形成与内质网（ER）动态有着密切的关系。首先是管状 ER 的一端接触质膜（PM，图 11-5A$_1$），随即 ER 接触的 PM 区段向外突（凸）出，伸入细胞壁（图 11-5A$_2$）；继而外凸的 PM 进一步深入细胞壁，进入到交界面融合细胞壁的中部，其中包含的 ER 被压缩成小管（图 11-5A$_3$ 和图 11-5A$_4$）。在交界面相对应的那一边（接穗或砧木）也可发生这种过程（图 11-4B＊），二者在交界面的中部相会，并相互融合（箭头），结果形成一个相互贯通的完整的胞间连丝（图 11-4C）。或者，这种从一边深入的质膜小管（其中包含着压缩的 ER）也可一直穿过交界面到达嫁接联合体另一面的质膜，并与这种质膜融合，从而也实现嫁接联合体次生胞间连丝的形成（图 11-4D）。

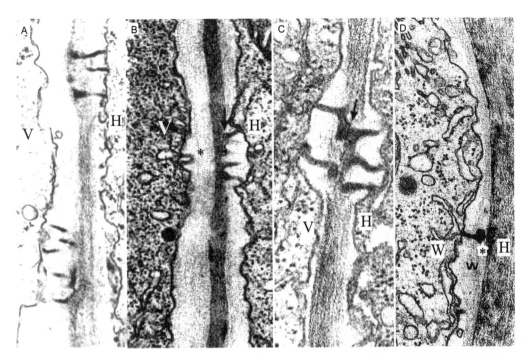

图 11-4　*Vicia*（接穗，V）和 *Helianthus*（砧木，H）嫁接交界面上次生胞间连丝形成的电镜观察照片。A. 在接穗和砧木两边都可相应地看到半个胞间连丝。B. 在砧木半连丝的对应面，接穗细胞的质膜小管也开始进入交界面的细胞壁（＊）。C. 接穗和砧木的半连丝在融合的细胞壁交界面中部相会（箭头），并相互融合形成相互贯通的完整的胞间连丝。D. 接穗细胞的质膜小管一直深入通过融合细胞壁（W）的交界面，到达砧木细胞的质膜（＊），然后相互融合，形成次生胞间连丝

　　图 11-5A$_5$ 和图 11-5A$_6$ 则显示管状 ER 在较大区段上与质膜的平行接触，这也同样驱使这种 PM 向外发生凸起，伸入细胞壁（CW），这是引起分枝型次生胞间连丝的形成过程。

　　图 11-5B$_1$～B$_5$ 的图解则进一步说明嫁接联合体次生 PD 形成过程的某些机制。作者 Kollmann 等指出，在 ER 与 PM 的连接面上存在着一种 5 nm 颗粒物（箭头），它可能是作为一种信号传感器或受体，引发质膜（PM）向细胞壁（W）伸入，但其机制的细节尚知之甚少。此外，Jones（1976）曾对次生 PD 的发生机制提出过一个设想，认为质膜管端所以能够穿过细胞壁，是由于其管端存在分解细胞壁的酶——纤维素酶和果胶酶，经它们的消化作用，在细胞壁中打开一个洞（通道，channel），从而形成次生 PD。嫁接联合体交界面上次生 PD 的形成，似乎为这种"酶打洞"的学说提供了新证据。

　　郑国锠等（1987）曾报道百合花粉母细胞的核染色质穿壁运动前也发生次生胞间连丝的形成。电镜细胞化学揭示，在染色质胞间迁移前，细胞质中产生许多包含纤维素酶的溶酶体，它们能够穿越细胞壁，并形成一种膜管道，两端分别与相邻的两细胞的质膜融合，形成一种没有 ER 的次生胞间连丝，而后即可观察到大量的核染色质的胞间迁移（图 11-6）。

　　当今的研究揭示，PD 不仅能转移小分子的营养物质，而且能运输蛋白质和核酸等

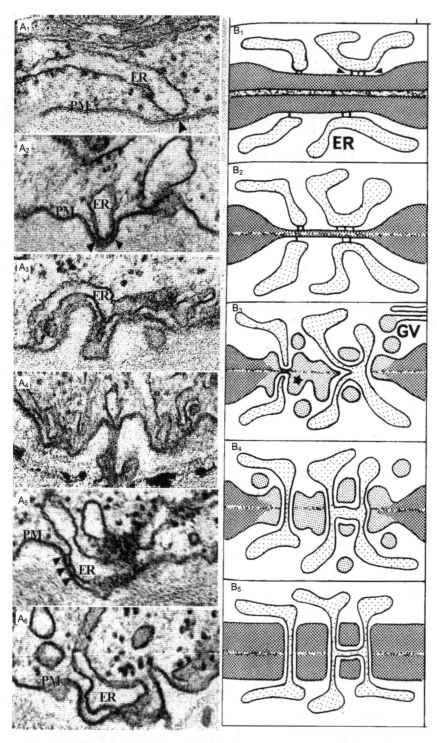

图 11-5　嫁接交界面上胞间连丝的形成过程。A. 电镜观察照片；B. 图解。
ER：内质网；PM：质膜；GV：高尔基小泡

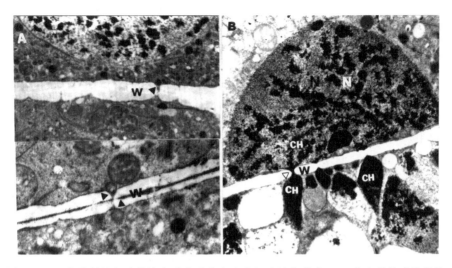

图 11-6　百合花粉母细胞核染色质穿壁前次生胞间连丝的形成。A. 含有纤维素酶的溶酶体正在穿越和打通细胞壁（箭头），产生细胞壁孔道——次生胞间连丝；B. 核染色质通过这种次生胞间连丝迁移到邻近的另一个细胞中。W：细胞壁；N：细胞核；CH：染色质（郑国锠等，1987）

大分子物质，已知这些被转移的大分子中包含着影响苗端形态发生的转录因子（简令成等，2003）。接穗和砧木之间次生 PD 的形成，无疑也会起着运输蛋白质和核酸等大分子物质的作用，这为进一步开展嫁接效应可能提供新的启示，产生新的成果。

（三）胞间连丝通道对运输物质分子大小的限度

荧光染料扩散实验指出，胞间连丝允许通过物质的分子大小限度（排阻分子限度，SEL）一般为 800～1000 Da。然而，这种 SEL 与器官组织细胞的功能有关，*Nicotiana clevelandii* 表皮毛细胞间的胞间连丝 SEL 可达 7000 Da；*Cucurbita maxima* 和 *Vicia faba* 茎的筛管分子和伴胞之间的胞间连丝 SEL 分别为 3000 Da 和 10 000 Da；还有许多研究揭示，胞间连丝通道口径的开放程度受许多因子的调节。

免疫细胞化学研究显示，肌动蛋白（actin）和肌球蛋白（myosin）存在于胞间连丝中，并被认为是连接压缩 ER 膜外侧和质膜内侧二者膜上蛋白颗粒的辐射状纤丝（spoke）的结构成分，起着调节胞间通道径度的作用。用细胞松弛素（C 或 D）以及 profilin（一种小的 actin 束缚蛋白，能解聚微丝）处理烟草叶肉细胞，结果引起胞间连丝口径的增大，使胞间连丝的排阻分子限度（SEL）从 1 kDa 增加到 20 kDa 以上。

已知一种类括约肌结构（sphincter-like structure）存在于胞间连丝颈口的周围，也观察到胼胝质（一种愈伤葡萄糖）在胞间连丝颈口的沉积。用 DDG（2-deoxy-D-glucose）处理完整的洋葱幼苗，去抑制胼胝质的合成与沉积，然后进行样品固定，其结果显示，处理样品的胞间连丝口径比没处理的大 2 倍。

大量实验结果指出，Ca^{2+} 是胞间连丝口径的重要调节者。通过显微技术向细胞内注入 Ca^{2+} 偶联荧光染料（Ca^{2+}-BAPTA），结果显示，在细胞含有高浓度 Ca^{2+} 的条件下抑制了荧光染料经过胞间连丝在细胞间的扩散；而在对照细胞中（只注入荧光染料，没

有结合 Ca^{2+}），荧光染料则可以通过胞间连丝从一个细胞扩散到另一个细胞。巨型轮藻在冬季里，由于细胞内有较高的 Ca^{2+} 水平，胞间交通受阻，生长停止，处于休眠；到春季，细胞内 Ca^{2+} 浓度降低，胞间通道畅通，生长恢复。用含有 Ca^{2+} 载体 A23187 的溶液培育，或通过显微注射技术直接注入 Ca^{2+} 溶液，提高春天轮藻细胞的 Ca^{2+} 浓度，其胞间交通又返回到冬季时期的状态。简令成等（1997，2000）通过细胞超微结构观察，进一步证实 Ca^{2+} 与胞间连丝结构变化的关系。杨树在短日照诱导的休眠和抗寒力提高过程中，当细胞内 Ca^{2+} 含量明显升高时，引起胞间连丝中 ER 收缩，胞间连丝口周围的质膜相互融合，封闭了孔道口；或者，由于高浓度 Ca^{2+} 引起细胞壁加厚，使胞间连丝通道受挤压而缩小，甚至完全封闭。通过冷处理，Ca^{2+} 载体溶液培育及显微注射，提高细胞质 Ca^{2+} 浓度，结果引起胞间连丝孔道迅速关闭。Ca^{2+} 对胞间连丝口径的作用机制，被认为可能是由于 Ca^{2+} 刺激了胞间连丝结构成分的某些激酶活性，并使某些成分磷酸化，从而导致胞间连丝通道的关闭。细胞质的高浓度 Ca^{2+} 也可以刺激胼胝质的合成及其在胞间连丝孔口的沉积，从而封闭胞间连丝孔道。

细胞内 ATP 的含量也起着调节胞间连丝口径的作用。通过叠氮化物（azide）和缺氧胁迫，降低细胞内 ATP 含量，结果使小麦根细胞胞间连丝通道的排阻分子限度（SEL）从小于 800 Da 增加到 7～10 kDa。这进一步揭示了胞间连丝通道受控于 ATP 依赖的磷酸化。

尤其引人注意的是，许多植物病毒能够扩大胞间连丝通道，使之能够通过胞间连丝，从一个细胞扩散到另一个细胞。

（四）胞间连丝对大分子蛋白质和核酸的运输功能

大分子蛋白质和核酸胞间运输的发现是胞间连丝运输功能研究中一个极其重要的突破性进展。这个发现为人们探讨"植物体在跨细胞的整体水平上如何调控其生长发育和生理过程，以及植物与病原体如何相互作用"，提供了有力证据和研究途径。

（1）苗端转录因子的胞间运输与形态发生

一株植物的所有胚胎后器官是由顶端分生组织细胞的有丝分裂活动产生的。图 11-7 显示大多数植物苗端分生组织的模式，它由数层细胞构成。一种器官组织的形成都涉及不同层次细胞的分裂、分化和生长。L1 层细胞的垂周分裂产生表皮组织；L2 层细胞的垂周分裂和平周分裂产生表皮下细胞，如叶肉组织；L3 层细胞通过各平面的分裂产生中部组织，如维管组织。大量的研究结果揭示，苗端的形态发生是通过一层内的细胞与各层细胞间的相互作用去协调基因表达和细胞分化而实现的。经由胞间连丝运输的蛋白质，尤其是转录因子，可能是细胞间相互作用机制的一个重要因素。Sinha 等（1993）在玉米中发现了一种 KN1 转录因子可能是起着维持顶端分生组织处于不分化状态的作用。原位杂交实验显示，在玉米顶端分生组织中，这种 KN1 mRNA 出现在 L2 及其内层细胞中，而不在 L1 层。然而，免疫标记实验指出，这种 KN1 蛋白被定位在 L1 及其内层。这表明，KN1 蛋白是在内层产生，然后运输到 L1 层的。Lucas 等（1995）证实，一种在 *E. coli* 内重组的 KN1 蛋白确实能在烟草和玉米叶肉组织中从一个细胞输送到另一个细胞。

已知花芽的形成需要几种转录因子，它们在花芽分生组织中某一层细胞内的表达可

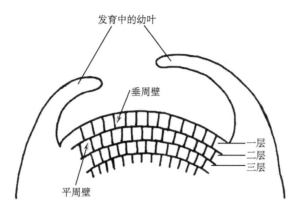

图 11-7 苗端分生组织细胞分裂层次的一种模式结构

以引发邻近细胞中其他基因的表达，从而启动花的发育。这些翻译后的蛋白质包括 FLO、DEF 和 GLO。免疫标记和原位杂交以及显微注射测试显示，DEF 和 GLO 蛋白能够从一个细胞运输到另一个细胞，特别是 DEF 蛋白是按照极性流式从 L2 层输送到 L1 层的。

（2）韧皮部中具有各种功能的蛋白质运输

韧皮部组织由几种类型的细胞组成，包括筛管分子、伴胞和韧皮薄壁细胞。在分化过程中，筛管分子失去了细胞核、核糖体和 mRNA。然而，它们是生活细胞，并形成了一种贯穿整个植物体的长距离的营养物质运输和信息转导的通道。从 *Triticum aestivum*、*Ricinus commumis* 和 *Oryza sativa* 韧皮部筛管排出液的分析中，发现有 200 多种可溶性蛋白质。这些蛋白质的分子质量为 10～200 kDa。这些蛋白质和它们的 mRNA 的定位测试显示，这些蛋白质大多数是在伴胞中合成的，然后经由伴胞和筛管间的胞间连丝通道运输到筛管分子。例如，通过原位杂交显示，由 mRNA 翻译的韧皮凝集素 PP2 和韧皮蛋白 PP1 仅定位于伴胞中；免疫细胞化学则显示，这两种蛋白质定位于伴胞和筛管分子中。在水稻韧皮部筛管排出液中发现的一种硫氧化蛋白 RPP13-1 的 mRNA 也仅在伴胞中表达。

（3）病毒及植物防御蛋白的胞间运输

蛋白质的胞间运输不仅对植物的生长发育，而且对植物和病原体相互作用以及对植物的防御机制都是十分重要的。在一株完整植物的系统感染过程中，植物病毒需要从一个感染细胞转移到邻近的细胞中，然后从一个感染器官转移到另一个器官。由于细胞壁是阻止病毒胞间移动的障碍，所以它必须借助胞间连丝从一个细胞迁移到另一个细胞，并利用韧皮部从一个器官运输到另一个器官。已知最小的植物病毒的直径是 10 nm，比胞间连丝的微型通道 2.5 nm 大 4 倍。现已查明，病毒能编码一种不定型的蛋白质，名为"移动蛋白"（MP），它能帮助病毒颗粒或病毒基因组通过胞间连丝。这种 MP 能够形成一种管状结构，对感染组织中的胞间通道结构进行修饰，并穿过细胞壁，使病毒颗粒在这种管子中进行细胞间移动，或者这种管子包含着病毒颗粒从一个细胞转移到另一个细胞。

实际上，许多植物病毒采取不同的移动机制，其中有些是作为"核糖核蛋白复合体"进行胞间移动的。在这种情况下，MP 不对胞间连丝结构做永久性修饰，而是与胞间连丝发生相互作用去增大胞间连丝的 SEL，并同时修饰病毒基因组，使之适应扩大了的胞间连丝通道。

当植物遭受到病原体入侵或其他伤害时，它们会合成一种防御蛋白及蛋白酶抑制剂，并迅速地聚集在受伤的和未受伤的叶片组织中，对入侵者的代谢起干扰作用。因此，必须有一个感应信号从受伤叶片传递到整个植株，从而启动防御基因的表达。作为这种信号的一种 18 个氨基酸的多肽被发现在受伤害部位的韧皮薄壁细胞或伴胞中产生，然后经过胞间连丝到达筛管，再由此进行长距离运输抵达植物体的其他未受伤部位的细胞中（Jacinto et al.，1997；Ding，1998）。

（4）病毒 RNA 和植物内源 RNA 的细胞间运输

Fujiwara 等（1993）通过显微注射第一次显示了红三叶草枯斑花叶病毒（RCNMV）的移动蛋白（MP）不仅能使病毒颗粒本身，而且能使其 RNA 的体外转录体进行胞间运输。这种病毒 RNA 的胞间运输在尔后的其他病毒研究中得到证实，其中有黄瓜花叶病毒（CMV）RNA（Ding et al.，1995），烟草花叶病毒（TMV）RNA（Nguyen et al.，1996）和莴苣花叶病毒（LMV）RNA（Rojas et al.，1997）等。

Lucas 等（1995）和 Kuhn 等（1997）的研究分别揭示了黄瓜苗端分生组织中的 KN1 蛋白质 mRNA 从 L2 层进入 L1 层的胞间运输，以及烟草叶细胞中蔗糖运输体（SUT1）和它的 mRNA 从伴胞通过其胞间连丝进入筛管分子的胞间运输，这为植物内源 mRNA 的胞间运输提供了例证。这种内源 RNA 的胞间运输可以调节输入细胞中 DNA 的转录作用；或者直接调节 mRNA 的翻译作用；或者去活化一种蛋白激酶，从而协调基因转录、蛋白质合成以及细胞的分化与生长。

（五）共质体分区及其功能

胞间连丝把多细胞的植物体连接成细胞间彼此沟通的共质体网络。然而，这种完整的共质体并不是一成不变的，在植物体的生长发育进程中，通过胞间连丝的次生变化，这种共质体网络不断发生重新构建。偶联染料测试指出，植物胚胎中的所有细胞均通过胞间连丝形成单一完整的共质体网络。然而在胚胎后的生长发育进程中，由于一个细胞群与另一个细胞群之间的胞间连丝被阻断，将原先完整的共质体分开成区域化（symplasmic domain）以适应生长发育中特殊功能的需要。这种区域化的共质体被认为是调控植物体生长发育进程的基本单位。

（1）共质体分区与高等植物苗端分生组织的形态发生

Rinne 和 Van der Schoot（1998）通过偶联染料 LYCH 的研究指出，桦树苗端的分生组织分成两个共质体区域：一个是中央区，另一个是圆周区。圆周共质体区可能是侧生器官（如叶原基）的起源；中央共质体区可能产生茎的中部组织。

（2）花发育过程中共质体网络的重新构建

偶联染料实验证实，长日照处理诱导 *Silene coelirosa* 花的发育过程中，即从营养生长向生殖发育的转变过程中，其苗端分生组织细胞的胞间连丝 SEL 变小，这些共质体运输的降低是与花发育的启动相联系的，当苗端分生组织进一步向花发育的过程中，顶端分生组织细胞形成几个共质体分区。

（3）胞间连丝运输调节蕨类配子体的发育

胞间连丝在蕨类植物形态发生中具有重要作用，早已知道通过暂时性的质壁分离破坏胞间连丝的细胞间联系能够抑制叶原细胞的正常发育；并能诱导共质体中孤立的细胞（即该细胞与周邻细胞中断了胞间连丝）分化和发育出一种新的叶原体。运用剥离手术将叶原体中一个细胞的周边细胞除去，这种非共质体的孤立细胞也能发育成一个新的叶原体；并且，这个细胞若离顶端细胞越远，其再生叶原体所需要的时间也就越短。这说明顶端细胞有一种影响其下部细胞再生的活性因子。顶端细胞每次分裂中产生的胞间连丝的数目随着叶原体的生长而增加，最大可达到 50 倍。并且，从配子体的顶端到基部，细胞间的胞间连丝数目有一个从多到少的梯度变化，细胞越老，与周边细胞联系的胞间连丝数目也越少。这种胞间连丝数量对蕨类配子体发育的影响，可能是通过其他运输形态发生因子起作用，但其中的细节尚不清楚。

（4）拟南芥（*Arabidopsis*）根发育过程中表皮细胞共质体分离

拟南芥根的表皮细胞来自其根尖周围的分生组织细胞。距离根尖越远的表皮细胞在发育上更成熟。在分生区后部有一个延长区，这里的细胞保持同样的类型。再后为成熟区，这里的特异表皮细胞分化成根毛细胞。偶联染料测试显示，分生组织区和延长区的表皮细胞是相互沟通的共质体，而在成熟区的表皮细胞，彼此间的通道被阻断，变成与共质体分离的孤立状态。这说明，这种共质体分离的细胞可能是细胞分化所需要的。

（5）气孔保卫细胞发育过程中共质体分离

电镜观察揭示，在保卫母细胞时期，母细胞与周围的表皮细胞存在着胞间连丝的沟通，然而在保卫细胞的发育和形成过程中，原来母细胞与周边表皮细胞的胞间连丝口道发生收缩，进而导致孔口周围质膜的相互融合，结果使胞间连丝通道完全封闭，成熟的保卫细胞与其周边表皮细胞间的通道完全中断，变成共质体中的孤立状态。这种共质体的分离被认为是有利于保卫细胞行使其气孔开与关的特定功能。保证保卫细胞中 K^+、Ca^{2+} 等离子和其他物质的进出，不是通过胞间连丝通道，而仅是经由保卫细胞质膜上离子通道的严密调控。

（6）胚囊和花粉发育中的共质体分离

被子植物胚囊形成之前，大孢子母细胞与其周围细胞有着胞间连丝的畅通联系；后来，在进入胚囊发育时期，胚囊与周围珠心细胞间的胞间连丝因沉积胼胝质而被堵塞和阻断，使胚囊成为独立的共质体分离区。在花粉粒形成之前，花粉母细胞之间，及其与周围细胞之间都存在胞间连丝的联系，后由于花粉母细胞的分裂、四分孢子的形成，原来细胞间的胞间连丝被中断，形成一个个分离独立的花粉粒。这种共质体的分离可能是为胚囊和花粉粒中性细胞的发育提供一个独立的和稳定的内部环境，减少外部环境的影响，保证遗传的稳定性。

（7）共质体分区与木质部分化中程序性细胞死亡

裸子植物管胞和被子植物导管的形成被认为是植物体生长发育中程序性细胞死亡（programmed cell death，PCD）的一个典型例证。Lachaud 和 Maurousset（1996）揭示，木质部是植物体中一个共质体分区，它与周围组织细胞没有胞间连丝联系；而其中的管胞和导管与周围的薄壁生活细胞之间一直存在胞间连丝的沟通，直到木质部发育的最后阶段。在木质部的发育后期，木质部中的薄壁细胞内的水解酶通过胞间连丝释放到将要发展成管胞和导管的细胞中，指令这些细胞趋向死亡，最终成为管胞和导管。

（8）共质体分区与植物的休眠

休眠是植物适应低温、高温、干旱和盐碱等逆境的一种极其重要的生理特性。通过什么机制和途径达到休眠？近年来，在胞间连丝研究中获得了一些新的认识。Van der schoot（1996）在"休眠与顶端分生组织共质体网络"一文中指出，在马铃薯休眠时期，其苗端分生组织顶部形成一个共质体分区。注入偶联染料只表现在这些中央区细胞内，不能扩散到周围的分生组织细胞中，说明这种中央区细胞与其周边细胞之间的胞间连丝被阻断。在桦树幼苗诱导休眠过程中，苗端分生组织也显示共质体分离，并观察到胞间连丝的阻断是由于胞间连丝颈口处形成了类括约肌结构（Rinne and Van der Schoot，1998）。近年来，简令成等在短日照诱导杨树休眠过程中，也在顶芽分生组织的某些部位上观察到胞间连丝的中断，结果导致植物体休眠（Jian et al.，1997a，2003）。

此外，研究还发现，在叶片表皮细胞壁上和细胞间隙周围的细胞壁上还存在一种外连丝（ectodesmata）（简令成等，1983c；钱迎迎和王冬梅，2003），它是植物体与外环境物质交流的通道，如腺细胞的物质分泌。植物还可以通过这种外连丝吸收人们喷施到叶面上的生长调节剂、肥料、微量元素及其他药剂等。在细胞间隙中，外连丝则是植物体内共质体与质外体相互沟通的桥梁，对于这两个体系间的物质交换和信息传递有着重要作用。然而至今在外连丝的研究上却十分缺乏。

二、传 递 细 胞

前面谈到胞间连丝把一个多细胞的植物体沟通成一个共质体（symplast），使每个细胞中的原生质体相互连接成一个大的连贯的原生质体系，从而使细胞间的物质运输和信息传递也形成一个连续的体系。在这个共质体以外，还有一个体系，名为"质外体"（apoplast），它由细胞壁、细胞间隙和木质部中的导管等组分构成。这种质外体虽然没有代谢的生命活动，但其中的水溶液仍包含着许多矿物质和小分子有机物质，可谓是原生质体的"外环境"。共质体和质外体之间也存在着物质交换（symplast-apoplast exchange），并且在植物体的生命活动过程中始终处于动态平衡之中。在共质体与质外体的物质交换中，质膜是一个关键结构，物质的运输，不论是输入或输出，都要跨质膜运输。动物细胞在吸收或分泌物质时，质膜常发生向内或向外突起，以增加运输面积。植物细胞由于有细胞壁的存在（包围），质膜的延伸受到一定限制。传递细胞（transfer cell）正是通过细胞壁的修饰去改善这种障碍而衍生出来的一种细胞类型。它通过其细胞壁向内生长，质膜也因此相应地延伸，从而扩大了质膜的表面积。研究揭示，这种传递细胞广泛地存在于植物界，从低等的藻类和真菌，直到高等的被子植物（Gunning，1977）。

（一）传递细胞的结构特征

传递细胞结构的主要特征是它的细胞壁向内生长（图 11-8，见箭头所指），还可以产生分支，相互交联，形成一种错综复杂的"迷宫"（labyrinth）状结构。细胞的质膜也因此顺着内生壁相应地延伸，形成一种"壁-膜器"（wall-membrane apparatus）。这种结构极大地扩增了质膜的表面积，从而增加了跨质膜的物质运输。据统计，一种苔藓

植物 *Funaria hygrometrica* 孢子体和配子体连接区的传递细胞产生的"壁-膜器"，使质膜表面积增大了 5 倍。

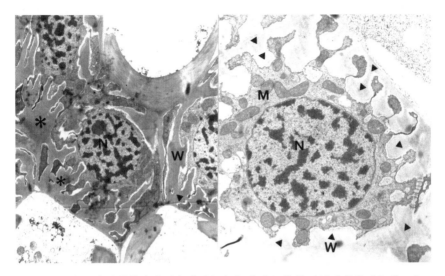

图 11-8　小麦幼叶维管束木质部薄壁组织细胞壁经修饰后形成的传递细胞。细胞壁（W）向内生长，形成许多凸起（箭头），并可产生分支（"﹡"所指）。细胞内含有大量的线粒体（M）。N：细胞核

传递细胞另一个明显的特征是含有丰富的线粒体，而且这种线粒体的内嵴很多，它们常分布在内生壁-质膜附近，以及内生壁之间的细胞质中；同时，该质膜上的运输蛋白，如 ATPase，也显著地扩增。显然地，这二者都是为增强运输功能提供能量，适应提高跨质膜的物质运输。

（二）传递细胞的分布及其功能

传递细胞在发生上不是一种新细胞类型（Gunnig and Steer，1996），它们是植物体某些器官组织中一定部位上的细胞为适应提高跨质膜的物质运输所做的细胞壁修饰。因此有不同类型的传递细胞（Gunning，1997），如表皮传递细胞、木质部和韧皮部薄壁组织传递细胞、中柱鞘传递细胞、吸器传递细胞、腺体中的传递细胞等。这些传递细胞大致可分为 4 大类：①维管系统的传递细胞；②生殖系统的传递细胞；③植物体表面分泌系统的传递细胞；④共生和寄生联合体的传递细胞。所以，虽然所有这些传递细胞的作用是增强跨质膜的物质运输，行使吸收或分泌（输入或输出）两个方面的功能，但其吸收和分泌的形式是多式多样的。

（1）维管系统的传递细胞

已发现维管束中的传递细胞有 4 种类型：在韧皮部中，有由伴胞修饰成的 A 型，由韧皮薄壁细胞修饰成的 B 型；在木质部中，有由木质部薄壁细胞修饰的 C 型，以及由维管束鞘细胞修饰成的 D 型。木质部中传递细胞的功能是从导管汁液中吸取溶质，然后输入其附近的组织细胞，其中还有一部分被吸取的溶质经横向运输进入韧皮部筛管。韧皮部中传递细胞的主要功能是吸收叶肉细胞的光合产物，再通过胞间连丝共质体

的横向运输，装入筛管。

（2）生殖系统的传递细胞

生殖系统是植物世代交替的器官，孢子体与配子体共存于一个植物体上，在孢子体和配子体连接的部位形成传递细胞，对于增加亲代营养物质向新一代的运输，以促进新一代的良好发育，显然具有重要意义。因此，从低等到高等植物的各种类型的生殖系统中，如苔藓和蕨类植物的孢子体与配子体的连接区、裸子植物的原胚基部、被子植物的花药绒毡层、小孢子萌发孔区域、花粉营养细胞、柱头表面和花柱引导（通道）组织、珠被绒毡层、珠心组织、子房壁、胚囊中央细胞、胚柄及胚乳等都发生和形成传递细胞的结构。这些传递细胞的功能是从配子体吸收营养物质，以供孢子体发育之需。

（3）植物体表面分泌系统的传递细胞

植物表面的分泌系统主要包括蜜腺、盐腺、吐水腺以及食虫植物的消化腺等。盐生植物 *Limonium* 盐腺的传递细胞可以作为这个系统中有代表性的典型例证。这种盐腺中的传递细胞，通过其扩增了的细胞壁和质膜表面积，加强了盐分的收集和盐分的分泌作用。

（4）共生和寄生联合体中的传递细胞

豆科植物根瘤是研究共生联合体传递细胞的最好例证。根瘤菌共生在豆科植物根细胞内，它们一方面利用豆科植物的生活物质在根细胞内增殖和发育；另一方面，它们的固氮作用为豆科植物提供了 N 源。分布在根瘤木质部导管周围的传递细胞则起着吸收这种固定的 N 素（氨，即 NH_3），并把它输入（分泌到）导管中的作用。

红萍（满江红，即 *Azolla*）和固氮蓝藻（满江红鱼腥藻，即 *Anabaena*）的共生联合体也存在传递细胞，一种特化的 *Azolla* 毛细胞，即吸收型的传递细胞伸入到包含 *Anabaena* 的叶室中，吸取 *Anabaena* 的固氮产物 NH_3。

寄生的有花植物 *Cuscuta* 的吸器也是经过细胞壁修饰形成的传递细胞，这种吸器传递细胞伸进到寄主 *Vicia faba* 的韧皮部筛管分子中，吸取寄主的营养物质。

在其他一些寄生和共生的联合体中，如有花植物的菌根与共生的真菌联合体，以及寄生于高等植物细胞间的真菌的吸器等也都观察到这种传递细胞。

三、植物体内的共质体运输和质外体运输

植物体内的物质运输，与动物相比较，有两个不同的特点：动物体内的所有营养物质的运输只有一个主要运输体系，即血液系统，同时这个血液系统是连续性循环式的；而植物体内的物质运输则有两个体系：木质部运输和韧皮部运输，这两个体系是分离的，各自运输着不同营养物质。木质部运输是指根毛细胞吸收的水分和矿质营养主要通过木质部的导管向上输送到植物体的各部分，属于质外体运输（apoplast transport）。韧皮部运输是指绿色光合细胞的光合产物（糖）先输入韧皮部筛管，然后经筛管输送到植物体各部位，属共质体运输（symplast transport）。

运输水分和矿质营养的木质部导管是一种长管状结构。成熟的导管是死的细胞，细胞壁被木质素加固，内部的细胞质和细胞核全部被分解，只留下一个空洞的管腔。从根部吸收来的水分和无机离子借助植物体地上部分表面的蒸腾作用所产生的类毛细管吸引力向上移动。

光合产物等有机物质在韧皮部中的运输比木质部导管运输水分和无机离子要来得复杂。韧皮部中主要起运输功能的成分是筛管，它是由一种圆筒状活细胞（称为筛管分子）组成的长管。每个筛管分子彼此相连的末端细胞壁上有许多穿孔，这种具孔的横壁称为筛板，它是筛管分子间的通道及运输功能的调节机构。光合产物的糖被泵入筛管后，在此处形成一个高浓度的糖溶液，渗透压引起水分进入筛管，并在此处建立起一个高的膨压，以致使这种糖溶液从筛管的一端流动到另一端。筛管分子虽然仍是活细胞，但已失去了细胞核，细胞质也变得稀薄，以减小物质运输的阻力；其维持生命和执行功能活动中所需要的营养物质，由与之相连接的伴胞所提供。在筛管分子与伴胞相连接的共同细胞壁上存在大量的胞间连丝，从光合叶肉细胞输入伴胞的各种营养物质可通过胞间连丝通道进入筛管，因此这种运输属于共质体运输。

无论是木质部导管运输水分和矿质营养，还是韧皮部筛管运输糖类等有机物质，在它们的两端，即从根毛吸收细胞到导管，从绿色光合细胞到筛管，以及从筛管或导管到接受物质的组织细胞，都各有一个短距离的横向运输。超微结构研究指出，在叶肉绿色细胞之间，叶肉细胞与维管束鞘细胞之间，以及维管束鞘细胞与伴胞和筛管之间均有一系列胞间连丝的存在。显示胞间连丝为叶肉细胞到韧皮部筛管之间建立了一条横向运输的共质体通道；并且，在这个系列中的胞间连丝附近常分布着许多发育极好、内嵴丰富的线粒体（图 11-9），显示线粒体也通过其能量供应，参与这种横向的物质运输。此外，如上所述，木质部薄壁细胞和韧皮部薄壁细胞（包括伴胞），通过它们细胞壁的内生长，大大扩增了质膜的表面积，成为传递细胞。这种传递细胞也加强了这种横向短距离运输的效果。

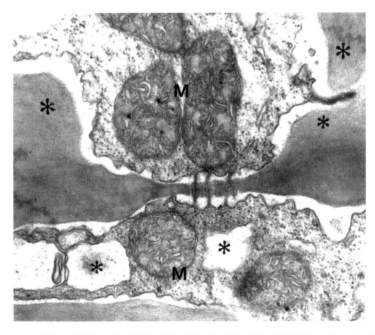

图 11-9　小麦幼叶维管束薄壁组织细胞经修饰后形成的传递细胞，包含许多发育良好的内嵴丰富的线粒体（M），显示线粒体对跨膜物质运输增强的适应，提供更多的能量。"＊"指示向内生长的细胞壁

第二篇
低温、干旱和盐胁迫下植物细胞结构与功能的反应与适应

第十二章 质膜结构与功能对低温、干旱和盐胁迫的反应与适应

质膜（plasma membrane，plasmalemma，PM）是植物细胞生活原生质体与外界环境的界面结构，它行使着细胞与外界环境的物质交换和信息传递的重要功能。当植物遭受低温、干旱和盐渍胁迫时，质膜必然首当其冲，导致它的结构与功能的改变。大量的研究结果揭示和证实，质膜结构与功能的改变在植物细胞对逆境的反应与适应中起着关键作用。

一、质膜透性的变化是逆境伤害最普遍的共同象征

一场早霜或晚霜过后，人们常可看到在受冻植物的叶面上出现一种浸润斑现象，这是由于细胞的质膜透性因冰冻伤害发生了改变，导致细胞内的水和溶质流到细胞外间隙中形成的。在田间干旱和盐渍化的时候，农作物的茎叶发生萎蔫，也是由于这些逆境胁迫损伤了质膜透性，引起细胞内水分丢失、膨压降低造成的。早在 1912 年，俄罗斯著名的植物生理学家马克西莫夫（Maximov）就指出，冰冻伤害是由于细胞外结冰夺走了细胞内的水分；蔗糖的保护作用是使质膜免遭低温冰冻伤害（Levitt，1980）。在植物受到冷/冻害后，细胞的质膜发生离子渗漏，Dexter 等（1932）发明用电导法测定这种离子渗漏的定量方法。迄今，这种方法已广泛用于低温、干旱和盐渍化等逆境胁迫对细胞质膜伤害程度的鉴定（Palta and Li，1978；Levitt，1980）。

图 12-1～图 12-3 分别显示低温、干旱和盐胁迫引起的离子和溶质渗漏率与胁迫强度呈正相关的关系。总之，大量的测试结果揭示和证实，在植物细胞对逆境胁迫的反应中，质膜可能是最敏感的结构部分，质膜的离子和溶质渗漏则是显示这种敏感初始反应的最普遍的共同象征。

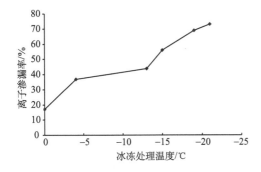

图 12-1　洋葱鳞片组织随着冰冻温度降低，离子渗漏率增加（Palta，1982）

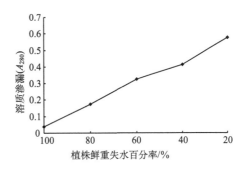

图 12-2　牛豆（cowpea）幼苗在干旱胁迫过程中，随着失水加剧（鲜重百分率降低），溶质渗漏增加（Leopold et al.，1981）

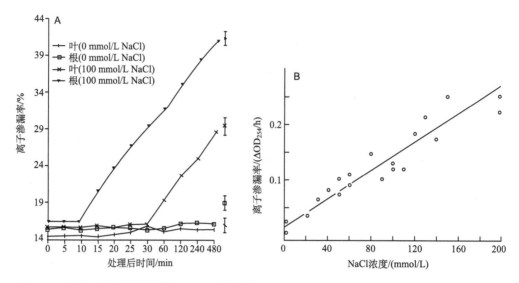

图 12-3　盐胁迫下的离子渗漏。A. 田菁幼苗在 100 mmol/L NaCl 胁迫中，随着盐胁迫时间延长，离子渗漏率增加（赵可夫，2005）；B. 离子渗漏率随着 NaCl 浓度的增加而增加（Leopold and Willing，1984）

二、逆境胁迫改变了质膜的分子结构

前面讲到，低温、干旱和盐渍胁迫引起了质膜的离子和溶质渗漏，反映质膜可能是率先感应逆境胁迫的细胞结构。显然地，水和离子及溶质渗漏是质膜分子结构发生变化的结果，因此，人们必然要从这种渗漏现象进一步追索逆境胁迫究竟首先改变了质膜的何种分子结构及特性，是脂双层、膜蛋白、膜脂和膜蛋白相互作用关系的改变，抑或是膜流动性的变化及质膜结构完整性的破坏等。迄今，虽有多方面的研究实验证据，但尚不能得到一个统一的认识，说明这一问题的复杂性。

1. 质膜的主动运输系统 ATPase 可能是逆境胁迫伤害的最初部位

Palta 和 Li（1978）将洋葱鳞茎分别置于 －4℃（适度冰冻）和 －11℃（严重冰冻）12 天，冰冻后转移到 0～5℃慢速化冻。化冻后，鳞片外观上表现出浸润斑，并经电导仪测试，说明细胞内的水和溶质外渗，质膜透性被改变。但显微镜观察指出，两种处理（适度冰冻和严重冰冻）的细胞基本上还都活着：能够恢复细胞质川流，也能产生质壁分离和解除质壁分离；标记性测试显示，冰冻后的质膜对氚化水和甲尿的渗透性没有明显变化。在解冻后 7～12 天的恢复生长过程中，适度冰冻的鳞茎外表的浸润斑逐渐消失，最终完全恢复正常；而经严重冰冻的鳞茎则显露出日益加重的伤害，最终死亡。Palta 和 Li（1978）因此推论，冰冻损伤了质膜的主动运输系统（质膜 ATPase）。－4℃冰冻对质膜主动运输系统的伤害是可逆性的，当质膜主动运输系统 ATPase 活性恢复后，外渗到细胞间隙中的离子、糖和水可再次输入细胞内，浸润斑也随之消失。然而，－11℃的严重冰冻对质膜主动运输系统的伤害是近乎不可逆的，由于失去了质膜的主动运输活性，外渗的离子和糖不能再返回细胞内，存在于胞外间隙中的高浓度溶质，进一步引起细胞内水的外流，造成细胞进一步的脱水伤害，引起质膜及其他细胞器结构与功能的进一步破坏，结果导致死亡。

简令成等（1981，1982，1983）和王红等（1994a，1999）采用电镜细胞化学方法研究了冷敏感植物番茄和水稻幼苗在 5℃ 冷胁迫下，以及抗冷植物冬小麦幼苗在 −8℃ 冰冻胁迫后细胞内 Mg^{2+}-ATPase 活性的变化，结果揭示，无论是番茄的冷胁迫（简令成等，1981），或小麦的冰冻胁迫，都是首先使质膜质子泵 Mg^{2+}-ATPase 活性降低，直至完全失活，而细胞内其他细胞器上的 Mg^{2+}-ATPase 活性不受影响，甚至被激活；细胞的精细结构也保持正常状态（Jian et al.，1982；简令成等，1983）（图 12-4 和图 12-5）。

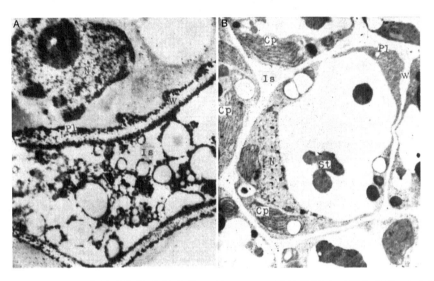

图 12-4　冷胁迫对冷敏感植物番茄质膜 Mg^{2+}-ATPase 活性的影响（简令成等，1981）。
A. 生长在 28℃ 下的番茄子叶细胞质膜、细胞间隙和细胞核等部位显示很高的 Mg^{2+}-ATPase 活性，产生大量反应产物——磷酸铅沉淀颗粒；B. 番茄幼苗经 5℃ 24 h 冷胁迫后，质膜 Mg^{2+}-ATPase 近于完全失活，但核及叶绿体仍保持较高的活性

此外，在黄瓜幼苗的冷胁迫中（戴金平等，1991），以及松树幼苗的冰冻胁迫后（Hellergren et al.，1987）的质膜 Mg^{2+}-ATPase 的研究中也都得到同样的结果。这些实验证据确证了质膜的主动运输系统 ATPase 是低温胁迫最敏感的部位。

干旱和盐胁迫也造成质膜 ATPase 活性的降低。这里仅举两个例证：一是 Erdei 等（1980）的实验结果揭示，盐敏感和耐盐性很低的植物，其质膜 Mg^{2+}-ATPase 活性随着盐胁迫强度（NaCl 浓度的升高）呈直线降低（图 12-6）；二是吕金印等（1996）在干旱方面的研究结果也指出，不抗旱的小麦品种郑引 1 号的根细胞质膜 H^+-ATPase 活性随着干旱强度的增大而显著降低（图 12-7），邱全胜等（1999）也观测到小麦根质膜 H^+-ATPase 受渗透胁迫而降低。

总之，以上例证，无论是低温胁迫还是干旱和盐胁迫都说明，Palta 和 Li（1978）的推论是合理的，由于这些逆境胁迫使质膜功能蛋白 Mg^{2+}-ATPase 活性降低直至完全失活，从而导致质膜功能的变化，使细胞对物质的主动吸收和运输功能降低，而基于浓度梯度的物质扩散和转移增加，造成细胞内的溶质外渗、水分失散、丧失膨压，使细胞

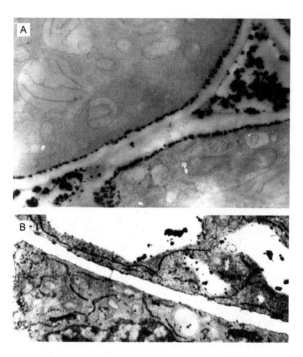

图 12-5　冰冻胁迫对抗冷植物冬小麦质膜 Mg^{2+}-ATPase 活性的影响（简令成等，1983）。
A. 生长在 22℃ 的冬小麦幼叶细胞，质膜、细胞间隙及细胞核中显示高的 Mg^{2+}-ATPase
活性；B. 冬小麦幼苗经 −8℃ 22 h 冰冻处理后，质膜 Mg^{2+}-ATPase 几乎完全失活，核
中的酶活性仍然保持；质体和高尔基体等部位的 ATPase 被激活

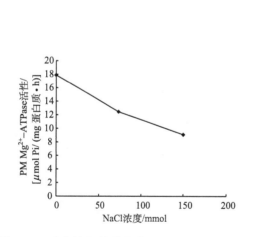

图 12-6　耐盐性很低的植物 *Plantago coronopus*
质膜 Mg^{2+}-ATPase 活性随 NaCl 浓度升高而显著
降低（Erdei et al.，1980）

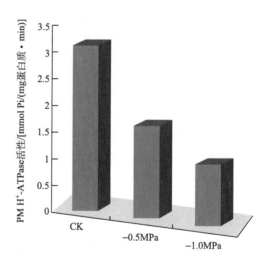

图 12-7　干旱胁迫下不抗旱小麦质膜
H$^+$-ATPase 活性降低
（吕金印和高俊凤，1996a）

与其周围环境的物质交换的平衡关系遭到破坏，进而改变细胞内的代谢过程。其结果是
依据原初的胁迫强度和恢复条件决定这种伤害的可逆性和不可逆性。然而，此问题并未
因此结束，因为已知酶的活性不仅限于酶蛋白分子本身的变化，而且受脂双层的调控，

还受膜周围微环境如 Mg^{2+} 、Ca^{2+} 浓度的影响。因此，再从其他方面进行探讨是必要的。

2. 质膜膜脂的相变

膜脂相变是指膜脂从液晶态变成凝胶态，进而可从脂双层转变成单层的六边形Ⅱ相，这种相变会导致膜功能的变化（Lyons et al.，1979）。干旱、盐渍和胞外结冰引起的细胞脱水都会导致质膜膜脂的相变。P. H. Li 等（1981）报道，一种抗冻的马铃薯野生种 *Solanum acuale* 的叶片愈伤组织（抗-8℃）在致死温度-9℃冰冻-化冻后，冰冻断裂技术制样的电镜观察显示，质膜断裂面上呈现出一种有规则的线条结构模式，它是膜脂结晶状结构的标志，说明这种质膜膜脂由于过度脱水已从流动液态相转变成晶体固态相。这一结果为质膜膜脂在细胞脱水胁迫下从液态流体相→固态晶体相的转变，提供了一个形象化的直观的电镜图像（图 12-8）。Fey 等（1979）采用 2，2，6，6-tetra-methyl-piperidine-1-oxyl

图 12-8　-9℃冰冻脱水引起马铃薯野生种 *Solanum acuale* 叶片愈伤组织质膜从液态流动相转变成固态晶体相（箭头所指）（Li et al.，1981）

（TMPO）标记的电子旋转共振技术，发现小麦叶片细胞质膜膜脂在 0℃ 以下冰冻中发生相变。Crowe 等（1982，1983）及 Gordon-kamn 和 Steponkus（1984）也先后观察到冰冻脱水会引起膜脂的相变，特别是从脂双层转变成非脂双层的六边形Ⅱ晶体相时。Singh 等（1980，1982）也通过电子旋转共振（ESR）技术观测到，黑麦分离原生质体在致死性低温冰冻后，质膜的脂双层产生一种不可逆性的重组结构，转变成一种无序的不定形状态。

在许多情况下，低温的伤害不单独是降低膜脂的流动性，引起膜脂的相变；还决定于膜脂和膜蛋白的相互作用的构型变化。Yoshida 等（1984）对此进行了更精确的验证实验，他们采用桑树和鸭茅草的分离纯化质膜，并通过 DPH 荧光标记的偏振度的测定技术进行研究。DPH 是测定膜脂流动性的荧光探针，其荧光偏振度可反映膜脂流动性的变化，并且还通过质膜微囊（plasmalemma vesicle）和从质膜微囊抽提的磷脂制备的脂质体（liposome）进行对比。这些研究结果揭示，温度影响质膜物理状态流动性的变化，不是单一地决定于膜脂或膜蛋白，而是膜脂和膜蛋白相互作用的结果。例如，10 月初和 12 月初采集的鸭茅草幼苗分离出来的质膜微囊荧光偏振度的阿雷纽斯图（Arrhenius plot），它们的转折温度分别是-8℃和-16℃（图 12-9A）。这些转变温度与幼苗的致死温度相一致。然而，从质膜微囊制备的脂质体的阿雷纽斯图的转折温度比完整的质膜微囊低，分别是-16℃和-18℃（图 12-9B）。当完整质膜微囊经蛋白酶处理后，其原先的转折温度也降低。在而后的黑麦和 *Helianthus tuberosus* 的分离质膜的 DPH 荧光标记研究中也得到同样的证据（Yoshida and Uemura，1984；Ishikawe and Yoshida，1985）。因此 Yoshida 等的结论认为，低温改变了膜脂和膜蛋白相互作用的关系，使膜蛋白产生构型变化，或使膜蛋白在膜上发生侧向迁移，进行重新分布，或从膜上脱离，结果导致原位酶活性的降低及失活。

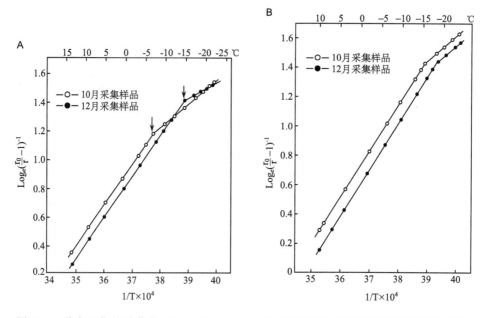

图 12-9　分离纯化的鸭茅草（*Dactylis glomerata*）质膜微囊荧光偏振度的阿雷纽斯图（Yoshida，1984）。A. 完整的质膜微囊，箭头指示膜脂双层的相变温度；B. 从质膜微囊抽提的脂质制备的脂质体

邱全胜等（1999）也利用 DPH 荧光标记测定法研究了渗透胁迫对小麦根分离质膜物理状态的影响，所获结果表明，质膜微囊因失水收缩，使膜脂分子排列更加紧密、黏度加大，膜流动性降低；又由于质膜收缩，脂分子重排，降低了质膜表面的电荷密度，并减弱了质膜的疏水性，降低了质膜 H^+-ATPase 活性。这些结果进一步证明，膜脂流动性的变化是反映逆境胁迫最敏感的标志，并暗示膜脂与膜蛋白相互作用关系的改变，导致膜蛋白的构象变化及分布位置的迁移。

Levitt（1980）曾推测，冰冻脱水引起细胞收缩塌陷时的张力作用可使质膜脂双层之间产生平面滑动，从而导致膜内（嵌入）蛋白脱离，结果造成功能蛋白（如 ATPase）失活。Pearce 和 Willison（1985）利用冰冻蚀刻技术研究了小麦细胞冰冻损伤的机制，发现细胞外结冰会使质膜蚀刻的内表面（质膜的细胞质面）产生无颗粒小区（图12-10）；而处于过冷却状态下的细胞以及未经低温度处理（对照）的细胞，它们的质膜不发生这种变化。这种与冻害相联系的质膜蚀刻内表面无颗粒小区的现象，在桑树皮层细胞的冻害中和雀麦草培养细胞的冰冻中也观察到（Sakai and Larcher，1987），Pearce 和 Willison 通过对冻害程度与质膜内侧无颗粒小区（斑点）定量关系的计算，进一步证实质膜是细胞外结冰伤害的最初部位。这种质膜内表面无颗粒小区斑点的形成，实质上可能是反映质膜膜蛋白定位与分布的变化。综合以上多方面的资料，我们认为，如下的继发性变化是可能的，即由于膜蛋白的脱离，导致脂双层转变成非脂双层六边形 Ⅱ 晶体相，或转变成一种无序的不定形状态。这种相变会导致质膜功能的变化，如 ATPase 失

图 12-10　冰冻蚀刻技术显示的小麦细胞外结冰引起质膜内表
面（PF）产生无颗粒小区（斑点）（Pearce and Willison，1985）

活和渗透性的改变。

3. 膜脂降解

　　大量的研究结果揭示，低温、干旱和盐渍化等逆境胁迫会破坏活性氧（AOS，ROS）的平衡，引起膜脂过氧化，导致膜脂分解，产生丙二醛（MDA）。测定 MDA 含量成为鉴定逆境对膜伤害程度的又一个指标。

　　Yoshida（1978）在研究杨树皮层细胞的冰冻伤害时发现，冰冻-化冻过程会引起膜束缚磷脂 D 酶（phospholipase D）活性的提高，使磷脂酰胆碱分解成磷脂酸。进一步的研究揭示，磷脂 D 酶活性提高的原因是在于：一方面冰冻-化冻过程提高了这种酶对 Ca^{2+} 的敏感性，并完全丧失 Mg^{2+} 对其活性反应的控制（抑制）作用；另一方面，冰冻-化冻提高了细胞质（膜的微环境）中的 Ca^{2+} 浓度，以致强烈地刺激和提高了磷脂 D 酶的活性，导致膜磷脂的降解，破坏了膜结构的完整性，造成质膜的离子渗漏。

　　Sikorska 和 Kacperska（1982）用冬油菜进一步研究了冰冻伤害引起的膜脂降解过程与细胞存活或死亡的命运。他们的研究结果指出，轻度冰冻胁迫与严重冰冻胁迫引起磷脂 D 酶活性的变化及磷脂降解等过程是不相同的。轻度冰冻和严重冰冻虽然都引起磷脂酰胆碱 PC 的显著降低，并且也都发生游离 Ca^{2+} 浓度的增加，但激活的酶活性不同：严重冰冻激活磷脂 D 酶的水解活性，以致在测到 PC 降低的同时，也测到磷脂酸（PA）含量的增加；然而轻度冰冻却没有测试到 PA，而是测试到磷脂酰甘油（PG）含量的增加，并测试到磷脂酰转移酶活性的提高。基于这样的结果，他们认为，植物细胞对冰冻的最初感应部位不是膜的功能蛋白（酶），而是膜脂双层的构象变化，其推论如图 12-11 所示。

　　在干旱和盐胁迫的膜研究中尚未见到这类测试。这种研究途径似乎可在干旱和盐胁迫机制研究时引用。

4. 质膜结构完整性的破坏

　　干旱、高盐和冰冻胁迫都会引起细胞脱水。细胞脱水和再度吸水又都会造成对质膜的机械伤害，导致质膜结构完整性的破坏。近些年来揭示的质膜与细胞壁之间存在黏着位点（Oparka et al.，1994），为这种损伤机制提供了结构上的依据。当细胞脱水时，

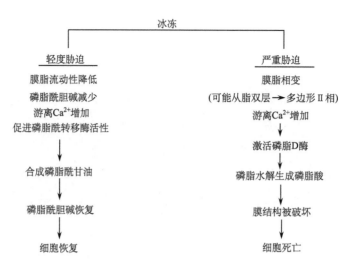

图 12-11　不同程度的冰冻胁迫引发不同的膜磷脂降解途径的
图解（Sikorska and Kacperska，1982）

原生质体随之发生收缩，然而，由于细胞壁的厚度和坚固性较大，它的收缩速度和程度比质膜慢而小，从而形成质壁分离，但因质、壁之间存在黏着物的牵拉，结果造成质膜机械性撕裂，破坏了质膜结构的完整性。当细胞再度吸水时，细胞壁的吸水和膨胀在先，其张力作用又通过黏着位点使质膜再次遭受到牵拉撕裂的损伤。

　　Steponkus 和 Wiest（1978）基于分离原生质体的冰冻实验，认为冰冻脱水过程中的原生质体收缩使质膜面积变小，导致质膜的组成成分和它的分子排列发生变化，如部分膜的删割及脂质和蛋白质的排出，限制了吸水膨胀时质膜的扩张程度，当吸水膨胀度（冲击力）大过质膜膨胀度时，即引起质膜的破裂。因此他们指出，植物的抗冻性是决定于质膜分子间结合力的牢固性和原生质体的膨胀系数。简令成等（1980）通过小麦分离原生质体在冰冻-化冻后的完整性和存活率的测定，证实冰冻和化冻冲击是造成原生质体质膜破裂的动力，并揭示质膜在冰冻-化冻中的稳定性与小麦品种基因型的抗寒性程度呈正相关。

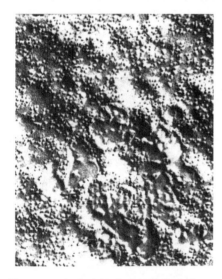

图 12-12　细胞内结冰引起质膜破裂。不抗冻马铃薯愈伤组织在 -3℃ 冰冻-化冻后的冰冻蚀刻及电镜照相，显示质膜断裂面上呈现皱纹状和破裂状（Li et al.，1981）

　　P. H. Li 等（1981）为冰冻-化冻引起的质膜破裂提供了一个电镜图像的证据。他们对一种不具抗冻性的马铃薯（Solanum tuberosum）的愈伤组织在 -3℃ 冰冻-化冻后，进行冰冻断裂的电镜观察，结果发现这种愈伤组织细胞因冰冻致死的质膜断裂面上呈现出粗糙的皱纹状和破裂状（图 12-12）。他们通过抗冻和不抗冻两种马铃薯愈伤组织冰冻断裂图像的对比，认为两种质膜断裂面上不同的表现图像是反映不同抗寒植物冰冻致死的不同内在机制：不抗冻植物遭到冰冻伤害时，因细胞内结冰引起质膜破裂（图 12-12）；而抗冻植物遭到强烈冰冻致死时，则因冰冻脱水导致质膜膜脂的相变（图 12-8）。

三、质膜稳定性在植物抗逆性中的关键作用

大量的研究结果揭示和证实，细胞的各种膜系统，如线粒体、叶绿体、液泡膜和质膜等的稳定性与植物的抗寒、抗旱和抗盐等抗逆性都有着密切的关系，而质膜的稳定性与其他膜系统相比则具有更重要的作用，可以说是关键中的关键，已有多方面的测试结果为证。

1. 依据质膜离子渗漏率鉴别质膜稳定性与植物抗逆性强度

以离子和溶质渗漏率指示的质膜稳定性作为鉴定植物抗寒、抗旱和抗盐性程度的研究更是十分活跃，大量的结果揭示和证实，以这种指标显示的质膜稳定性总是与植物抗寒、抗旱和抗盐性强度呈正相关，有力地说明了质膜稳定性在植物抗逆性中的关键作用。这种质膜稳定性已被作为禾谷类作物抗旱性筛选的主要指标（Mansour and Al-Mutawa，2002）。它是受多基因调控的，水稻中的这种多基因的位点是在 1、3、7、8、9、11 和 12 号染色体上（Tripathy et al.，2000）。有理由推测，质膜的稳定性也一定可以作为筛选植物抗寒和抗盐性的主要指标。

2. 通过分离原生质体的冰冻测定显示质膜稳定性与作物品种抗冻性的关系

Steponkus 和 Wiest（1978）采用酶法分离的原生质体的冰冻-化冻实验指出，冰冻-化冻引起质膜结构的破裂与植物的抗冻性强度有密切关系，抗冻性强的植物原生质体对冰冻-化冻的冲击具有适应性，它们的质膜结构分子间具有较强的结合力，膨胀系数大，在一定的冰冻温度范围内能保持其完整性，不会造成破裂。简令成等（1980）在小麦分离原生质体的冰冻-化冻实验中也观测到，原生质体质膜的冰冻稳定性与小麦品种的抗冻性是一致的，品种抗冻性愈强，质膜的冰冻稳定性也愈高（表 12-1）。

表 12-1　小麦分离原生质体质膜稳定性的冰冻测定——冰冻后的存活率与品种抗寒性的关系[*]

品种	抗寒性	原生质体数/mL		存活率/%
		冰冻前	冰冻后	
农科一号	强	6.2×10^3	6.0×10^3	96.0
郑州 741	中等	9.8×10^3	3.6×10^3	51.8
京红 8 号	不抗冻	6.0×10^3	0.12×10^3	2.0

＊用于原生质体分离的小麦幼苗叶片取自北京地区正常秋播的麦苗（11 月 5 日采取）；分离原生质体悬浮液在 $-5℃$ 冰冻处理 2 h（简令成等，1980）。

分离纯化质膜微囊的测试也指出，质膜的低温稳定性随着植物抗寒力的提高而提高（Yoshida and Vemura，1984）。

3. 质膜功能性蛋白（酶）的稳定性是植物抗逆性的决定因素

（1）质膜 H^+ 泵（H^+-ATPase）的稳定性决定植物的抗逆性强度

前面谈到，质膜 H^+ 泵 H^+-ATPase 是低温、干旱和高盐逆境胁迫中最敏感的部位，

因此，它的稳定性也就很自然地成为维持细胞正常生命活动和适应逆境生存的首要因素。

简令成等（1981，1982，1983）连续报道了不同抗寒性小麦品种在冰冻胁迫和抗寒锻炼过程中，质膜 Mg^{2+}-ATPase 活性的变化。这些研究结果不仅揭示了质膜 Mg^{2+}-ATPase 可能是低温伤害的初始部位，也同时揭示了质膜 Mg^{2+}-ATPase 对低温的适应性变化。小麦幼苗在低温锻炼过程中，随着植株抗寒力的提高，质膜 Mg^{2+}-ATPase 能够获得耐低温的性能。例如，未经低温锻炼的冬小麦幼苗在－8℃冰冻 24 h 处理后，分蘖节细胞质膜 Mg^{2+}-ATPase 在细胞化学测试中失去了活性反应（图 12-13A），而经过 2～5℃低温锻炼的冬小麦幼苗在同样冰冻（－8℃，24 h）胁迫后，其分蘖节细胞质膜 Mg^{2+}-ATPase 仍保持高活性反应，大量的反应产物磷酸铅沉淀颗粒均匀地分布在质膜上（图 12-13B）。尤其有意义的是，经过低温锻炼的冬小麦质膜 Mg^{2+}-ATPase 在 3℃活性培育反应中也能产生与 22℃培育反应一样的高的活性反应（图 12-13C）。这种低温锻炼使质膜 Mg^{2+}-ATPase 获得耐低温性能的适应性变化具有两方面的意义：一方面可以因此避免低温冰冻对它的伤害；另一方面使质膜 Mg^{2+}-ATPase 在锻炼的低温下能行使其活性功能，从而保证锻炼过程中各种生理生化过程的顺利发展。喜温的冷敏感植物番茄、黄瓜和玉米等在适宜的低温（10～12℃或白天 20℃/夜晚 7℃）锻炼后，其质膜 Mg^{2+}-ATPase 也能获得耐低温胁迫的性能（戴金平等，1991；简令成等，2005）。

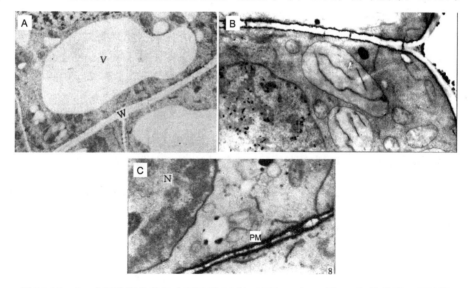

图 12-13　A. 未经冷驯化的冬小麦质膜 Mg^{2+}-ATPase 在－8℃ 24 h 处理后，无活性反应；B. 经过冷驯化的冬小麦质膜 Mg^{2+}-ATPase 在－8℃ 24 h 处理后，保持高活性反应；C. 经过冷驯化的冬小麦质膜 Mg^{2+}-ATPase 在 3℃培育反应中，也显示高活性。
V：液泡；N：细胞核；W：细胞壁；PM：质膜（简令成等，1983）

质膜 H^+-ATPase 与植物的抗旱性和抗盐性也是相适应的。吕金印和高俊凤（1996a）报道，干旱胁迫使不抗旱小麦品种郑引一号根的细胞质膜 H^+-ATPase 活性降低；而抗旱品种陕合六号保持稳定，甚至稍有提高。一定程度的水分胁迫，还能促进质膜 H^+-ATPase 活性提高，借此适应干旱逆境。玉米幼叶细胞质膜 H^+-ATPase，经

—0.4 MPa 处理 24 h 后，其活性显著增强（胡章立等，1993）。

Erdei 等（1980）对比了三种不同抗盐性植物 *Plantago media*（盐敏感）、*P. coronopus*（低抗盐性）、*P. maritima*（高抗盐性）在 50 mmol/L、100 mmol/L、150 mmol/L、200 mmol/L NaCl 盐胁迫下膜囊 Mg^{2+}-ATPase 活性的变化，结果指出，盐敏感植物随着盐浓度升高急剧下降，低抗盐性植物缓慢下降，高抗盐性植物保持不变。Kuiper（1984）还测试到盐生植物膜囊 Mg^{2+}-ATPase 在一定浓度 Na^+ 盐的刺激下可提高其活性。

（2）质膜钙泵 Ca^{2+}-ATPase 的稳定性是维持逆境中细胞内 Ca^{2+} 稳态所必需的

植物细胞内低 Ca^{2+} 水平的稳态平衡（homeostasis）是维持正常细胞生理生化过程的基本条件。外界的环境刺激（如低温、干旱和盐胁迫）或细胞本身的生理变化，会引起胞外 Ca^{2+} 内流，导致细胞内 Ca^{2+} 水平的升高。但由于高浓度 Ca^{2+} 对细胞是毒害性的，所以，当增加的 Ca^{2+} 在完成信使作用后，必须及时撤退。这种撤退需要质膜 Ca^{2+} 泵的调节，当 Ca^{2+} 浓度升高到 1 $\mu mol/L$ 左右时，质膜 Ca^{2+}-ATPase 就会被增加的 Ca^{2+} 所激活，于是将增加的 Ca^{2+} 再泵回细胞外，使细胞内的 Ca^{2+} 再恢复到低水平的稳态平衡。Jian 等（1999，2000）在研究冷敏感植物和抗冷植物在低温胁迫下细胞内的 Ca^{2+} 动态中，证实了质膜 Ca^{2+} 泵稳定性的重要作用。2～4℃低温处理都会迅速引起这两类植物细胞内的 Ca^{2+} 流入，导致细胞内 Ca^{2+} 浓度的增加，1～3 h 达到高峰。但在此后，两类植物的 Ca^{2+} 动态表现出明显的区别，抗冷植物细胞内的 Ca^{2+} 浓度在 12 h 即显著降低，24 h 后回复到低温处理前的低水平；然而冷敏感植物细胞内的 Ca^{2+} 增加却一直不见撤退，到 2 天后，可明显看到其细胞内精细结构遭到了破坏。电镜细胞化学观察显示，这种 Ca^{2+} 动态差异，是由于这两类植物的质膜钙泵 Ca^{2+}-ATPase 在冷胁迫下的稳定性不同，抗冷植物质膜 Ca^{2+} 泵在 2～4℃低温下仍保持高活性（图 12-14A），而且在低温锻炼中会得到增强（王红等，1998），因而它能把增加的 Ca^{2+} 泵回细胞外，使这种低温诱导的 Ca^{2+} 增加是短暂性的；但冷敏感植物的质膜 Ca^{2+} 泵却不同，2～4℃的冷胁迫使它受到伤害，以致不能被增加的 Ca^{2+} 激活（图 12-14B），结果增加的 Ca^{2+} 不能被排出，持久的高浓度 Ca^{2+} 造成 Ca^{2+} 毒害。

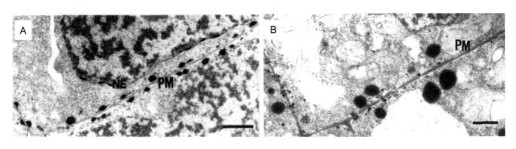

图 12-14　不同抗冷性植物质膜 Ca^{2+}-ATPase 对冷胁迫反应的电镜细胞化学检测（Jian et al.，1999）。A. 在 2℃冷胁迫处理后，抗冷的冬小麦质膜 Ca^{2+}-ATPase 仍保持高活性；B. 不抗冷（冷敏感）玉米质膜 Ca^{2+}-ATPase 完全失活

质膜 Ca^{2+}-ATPase 在干旱和盐胁迫中的反应与适应也有许多这样的例证，如小麦在渗透胁迫中，抗旱品种质膜 Ca^{2+}-ATPase 活性增强，其动力学值也提高，而不抗旱

品种则明显下降（吕金印等，1997）。不同抗盐性植物的 Ca^{2+}-ATPase 对盐胁迫的反应也是如此：抗盐植物质膜 Ca^{2+}-ATPase 具有很高的耐盐性，在 50 mmol/L、100 mmol/L、150 mmol/L、200 mmol/L NaCl 胁迫中，其活性一直保持稳定不变；低抗盐植物的 Ca^{2+}-ATPase 活性则随着 NaCl 浓度的增加缓慢降低；而盐敏感植物的质膜 Ca^{2+}-ATPase 在 50 mmol/L NaCl 胁迫下，其活性急剧降低（Erdei et al.，1980）。基因分析的结果揭示，抗盐植物在盐胁迫下，Ca^{2+}-ATPase 基因表达程度增加，其转录体 mRNA 和 Ca^{2+}-ATPase 蛋白含量水平提高。

（3）质膜 $5'$-核苷酸酶的稳定性与品种的抗逆性呈正相关

$5'$-核苷酸酶被认为是质膜的标志酶，可能与跨质膜的物质运输有关。潘杰等（1992）对不同抗冷性水稻品种质膜的这种标志酶 $5'$-核苷酸酶活性进行了生化和电镜细胞化学的测试，所获结果指出，该酶的冷稳定性也是与其品种的抗冷性呈正相关。在 2～4℃的冷胁迫中，不抗冷品种（冷敏感品种"秋光"）的质膜 $5'$-核苷酸酶活性显著降低，直至完全失活；而抗冷品种"吉粳"的该酶活性在同样低温（2～4℃）胁迫下，不仅没有降低，且有一定程度的升高。生化测定和电镜细胞化学观察的结果都一致（表12-2 和图 12-15）。

表 12-2　不同抗冷性水稻幼苗在 2～4℃ 低温胁迫后质膜 $5'$-核苷酸酶活性的生化测定

品种抗冷性	处理	酶活性值[*] / [μgPi/(mg 蛋白・min)]	活性变化/%
秋光-不抗冷	未经冷处理	7.50	−61.0
	2～4℃，48 h	2.93	
吉粳-抗冷	未经冷处理	4.33	+53.6
	2～4℃，48 h	6.66	

＊三个重复平均值。

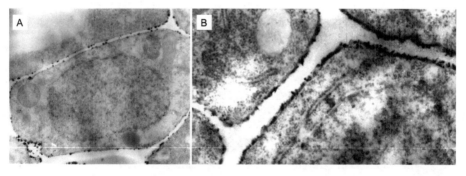

图 12-15　不同抗冷性水稻质膜标志酶 $5'$-核苷酸酶冷稳定性的电镜细胞化学观察。A. 不抗冷品种"秋光"在 2～4℃冷胁迫 48 h 后，酶活性显著降低，只有很少量的反应产物磷酸铅沉淀颗粒分布在质膜上；B. 抗冷品种"吉粳"在 2～4℃冷胁迫下质膜 $5'$-核苷酸酶仍表现高活性，大量的反应产物沉淀颗粒分布在质膜上

四、质膜稳定性的分子机制

上面谈到质膜结构和主动运输系统对逆境胁迫的适应性，其结构和功能的稳定性随着植物抗逆性的提高而提高。进一步的问题是，什么样的因子变化引起了这种稳定性的提高？是膜脂，还是膜蛋白，或者是二者的相互作用？

1. 膜磷脂的变化与质膜稳定性

Siminovitch 等（1968）首先观测到膜磷脂与低温锻炼中抗寒力的发展密切相关。Yoshida（1974）揭示杨树皮层组织的膜磷脂，特别是磷脂酰胆碱和磷脂酰乙醇胺与越冬过程中抗冻性的发展成明显的平行关系。在柑橘的测试中也获得类似的结果，并发现抗冻性强的品种的膜磷脂含量比不抗冻品种的高（Levitt，1980）。在许多草本植物（如冬小麦、苜蓿、冬油菜等）的越冬中，膜磷脂的含量也是随着抗寒力的增强而增加。Willemot（1975）利用^{32}P培养冬小麦幼苗的实验表明，低温锻炼能促进细胞膜磷脂的生物合成，且抗寒性强的品种增加更显著；但磷脂生物合成的增加是在抗寒力开始提高以后出现的。这说明，膜磷脂的合成与抗寒力的发展有密切关系，但不是抗寒力发展的前提条件，可能是对发展高水平的抗寒力起作用。在冬油菜的研究中证实，磷脂合成的增加发生在低温锻炼的第二阶段，直接受亚冰冻温度的影响。这个锻炼的第二阶段恰好是油菜幼苗抗寒力向高水平发展的时期（Kacperska-Palacz，1978；Orska and Kacperska-Palacz，1979）。Yoshida 等（1984）通过分离纯化质膜的 DPH 荧光偏振的测试指出，在仲冬时期，桑树、刺槐和鸭茅草等植物质膜的膜磷脂/膜蛋白的比率达到最高值，这时的膜相变（膜相分离）的温度也相应地极低，膜稳定性最高。

2. 膜脂脂肪酸的不饱和度与质膜的稳定性

20 世纪七八十年代，许多研究者发现，生长在低温中的植物，其膜脂中的不饱和脂肪酸的含量高，膜相变温度也随之降低，且与植物的种类和品种的抗寒性呈正相关。这种膜脂的不饱和度曾一度被认为对植物抗寒力的发展起着决定性作用（Lyons and Raison，1970，1973；Grenier et al.，1975；王洪春等，1980）。然而也有不少研究获得相反的结果，如不同抗寒性小麦品种在低温锻炼过程中，膜脂脂肪酸的不饱和度的增加相似（Roche et al.，1975）。油菜幼苗在低温锻炼中，不饱和的亚油酸不仅在抗寒力提高的叶细胞中增加，也同时在抗寒力不提高的根细胞中增加（Smolenska and Kuiper，1977）。白杨和刺槐的皮层组织细胞经秋季低温锻炼后获得很高的抗冻性，但脂肪酸的不饱和度却没有增加（Sminovitch et al.，1975；Yoshida and Sakai，1973）。Vigh 等（1979）利用电子旋转共振（ESR）技术测试了小麦幼苗在低温锻炼过程中叶细胞分离原生质体质膜流动性的变化，也揭示质膜流动性的显著增加与膜脂的不饱和度没有任何联系。然而在某些植物中膜脂脂肪酸的不饱和度对膜相变和膜稳定性的作用，通过遗传学方法的分析和转基因工程的研究结果仍然得到了证实。这些研究揭示，膜磷脂组分中的磷脂酰甘油（PG）的不饱和度与已知的植物抗冷性之间存在极好的相关性（Murata，1983）。此后，用抗冷植物拟南芥的 PG 基因 cDNA 转化冷敏感的烟草，结果提高了烟草的抗冷性（Murata et al.，1992）。继而又将拟南芥叶绿体膜脂脂肪酸的去饱和酶基因（ω-3 脂肪酸去饱和酶基因）导入烟草中，提高了烟草的抗寒性（Kodama et al.，

1994)。不过这种 PG 的不饱和度及其基因工程只适用于某些植物种群，这也说明生物在遗传上的多样性。

关于干旱与膜脂脂肪酸饱和度的关系，许长成等（1996）测试了两个小麦品种根细胞膜磷脂在干旱胁迫下的变化均指出，干旱引起饱和脂肪酸含量升高，不饱和脂肪酸含量降低（表 12-3）。薛刚等（1997）的研究也揭示，棉花根和下胚轴的质膜膜脂在干旱胁迫下，也是饱和脂肪酸含量增加，不饱和脂肪酸含量降低。这种与低温下的不同结果仍然是合理的，因为干旱往往是与高温相联系的。

表 12-3　干旱影响小麦根膜磷脂脂肪酸的变化

品种	处理	磷脂酰胆碱（PC）				磷脂酰乙醇胺（PE）			
		16：0	18：0	18：2	18：3	16：0	18：0	18：2	18：3
秦麦 3 号	正常水分	21.8	5.7	33.6	30.5	25.4	7.8	35.4	23.3
	干旱胁迫	23.4	7.4	35.5	23.2	28.6	8.2	34.3	18.9
济南 13 号	正常水分	23.1	6.2	32.7	29.1	24.4	7.6	36.3	21.6
	干旱胁迫	25.8	7.7	33.5	21.8	27.3	8.4	34.1	19.7

关于膜脂在盐胁迫中的变化，已有的研究结果基本上与干旱胁迫有类似的趋向，即在盐胁迫下，磷脂中的饱和脂肪酸含量增加，不饱和脂肪酸含量降低；但也有其特异性：盐敏感植物种类在盐胁迫下，磷脂和糖脂显著降低；耐盐的种类降低较小，甚至能保持稳定。固醇（sterol）与质膜的稳定性和离子运输有密切关系，高水平的固醇能提高植物的耐盐性，因此固醇/磷脂的比率，抗盐植物比不抗盐植物高；在盐渍化生境中，抗盐植物根细胞中的固醇水平保持稳定不变，且固醇酯（sterol ester）含量增加，而盐敏感植物则降低（Staples and Toemniessen，1984）。Kuiper（1984）发现质膜膜脂组分 MGDG（单半乳糖甘油二酯）与盐离子进入根细胞有关，MGDG 含量高的葡萄根细胞吸收矿质离子少，抗盐。赵可夫（2005）在对盐生植物海蓬子（*Salicornia euro-paea*）质膜膜脂与其抗盐性关系的研究中也获得类似的结果。并指出，在 NaCl 盐胁迫中，不饱和度高的亚麻酸（18：3）含量随盐浓度的增大而减少；而一些饱和的脂肪酸如肉豆蔻酸（14：0）、棕榈酸（16：0）和硬脂酸（18：0）的含量则随着盐度的增大而升高。

3. 膜蛋白的增加及其与膜脂的相互作用与膜稳定性的关系

关于低温锻炼中膜蛋白的增加及其与膜脂的相互作用，近十多年来也有许多的研究。在低温诱导蛋白质合成的研究中，发现许多新合成的蛋白质是掺入膜结构中。例如，Mohapatra（1988）通过[35]S-蛋氨酸的标记指出，在苜蓿低温锻炼的第 2、3 天，膜蛋白的含量即增加；随着锻炼进程的发展，掺入的速度增加，最终约有 10 种新多肽在膜上出现。潘杰等（1994）通过膜组分的电泳图谱分析揭示，小麦幼苗经 2℃ 低温锻炼20 天后，进入膜中的新多肽的种类数量与其品种的抗冻性及其在低温锻炼后抗冻性的发展呈正相关：抗寒性较低（-8℃ 冰冻后的存活率为 52%）的"郑州 741"新合成的膜多肽为 2 种：30 kDa 和 68 kDa；抗寒性中等（-8℃ 冰冻后的存活率为 64%）的"济南 13"新合成的膜多肽有 4 种：30 kDa、58 kDa、68 kDa 和 81 kDa；抗寒性强

（−8℃冰冻后存活率 100%）的"农大 139"新合成的膜多肽有 5 种：18 kDa、21 kDa、27 kDa、32 kDa 和 56 kDa。显然地，这些新合成的蛋白质组入膜结构中，起着提高膜稳定性的作用，增强了植株的抗寒性。

简令成等（1991，1993）采用酶标 ConA 显示糖蛋白的电镜细胞化学方法，不仅观察到冬小麦在自然田间低温条件下，细胞内糖蛋白合成的增加及其向质膜掺入的情景，即装载糖蛋白的内质网运输小泡与质膜融合；而且还观察到质膜上糖蛋白的定位迁移及重新布局的变化，为低温条件下质膜糖蛋白的定位分布及其与膜脂相互作用关系的改变，提供了极好的形象化图像证据（图 12-16）。这些电镜图像表明，生长在暖和条件下的冬小麦，其质膜上的糖蛋白呈颗粒状分布在某些部位上（图 12-16A）；而经秋末初冬低温锻炼后，质膜上糖蛋白的数量显著增加，丰富的糖蛋白分散地布局在整个质膜上（图 12-16B 和图 12-16C）；当麦苗回到暖和条件脱锻炼后，质膜上的糖蛋白又恢复到仅在一些部位上的颗粒状分布（图 12-16D）。低抗寒性小麦品种"郑州 741"，其质膜上的糖蛋白在低温锻炼前和锻炼后都呈颗粒状分布在某些部位上；在低温锻炼中，没有明显的量的增加，也没有定位迁移和均匀分布的变化。这些对比结果更有力地说明，低温锻炼中，质膜糖蛋白的增加及其定位分布的变化与质膜的稳定性和植物的抗冻性存在密切的内在联系。

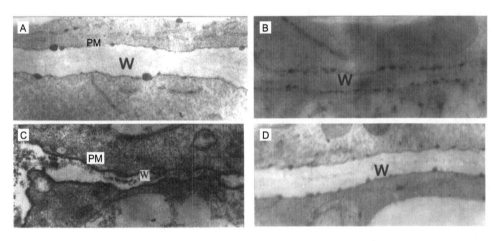

图 12-16　酶标 ConA 电镜细胞化学显示冬小麦（燕大 1817，抗寒性强）抗寒锻炼过程中细胞质膜糖蛋白分布状态的变化（简令成和孙龙华，1993）。田间自然低温锻炼，幼叶制片。A. 抗寒锻炼前（10 月 10 日取样），质膜上的糖蛋白呈现颗粒状分布；B 和 C. 抗寒锻炼后（12 月 29 日取样），质膜上的糖蛋白数量显著增加，许多呈分散状分布在整个质膜上；D. 脱锻炼后（将田间 12 月 26 日的麦苗取回放于 25℃生长箱中脱锻炼 3 天），质膜上的糖蛋白又恢复到锻炼前的颗粒状分布。PM：质膜；W：细胞壁

吕金印和高俊凤（1996b）也报道，抗旱小麦品种根细胞质膜蛋白质含量比不抗旱品种高。在干旱胁迫中，抗旱品种质膜蛋白质含量增加，而不抗旱品种则显著降低（表 12-4）。这也证实，质膜结构蛋白的增加有利于膜的稳定性和抗逆性的增强。

表 12-4　水分胁迫对小麦根细胞质膜蛋白含量的影响

品种及其抗旱性	质膜蛋白含量/(mg/g DW)		
	对照（正常水分条件）	−0.5 MPa	−1.0 MPa
陕合 6 号-抗旱	1.267	1.654	1.504
郑引 1 号-不抗旱	0.823	0.498	0.402

不少研究也指出，在对盐胁迫的反应和适应中，有多种蛋白质的合成增加，这些盐反应蛋白质是高度亲水性的，对膜结构起着稳定和保护作用（Ingram and Bartels，1996）。

五、原生质体脱水收缩中的质膜行为

1. 原生质体脱水收缩形成的质壁分离是反映质膜对低温、干旱和盐渍化等逆境反应和适应的共同象征

综合分析表明，生长在低温冰冻或干旱和土壤盐渍化逆境条件下的植物细胞都存在一个脱水胁迫问题。现已查明，在自然界，当温度降到冰点以下时，由于细胞外的溶质浓度低于细胞内原生质的浓度，所以，一般地，冰晶首先在细胞外形成，由此产生的低气压吸引着细胞内的水不断流到细胞外产生细胞外结冰（extracellular freezing）。这种细胞外结冰，一般是在慢速降温条件下发生的。由于自然界的降温相对地总是慢速的，所以，植物在自然界所遭受的低温冰冻，一般是产生细胞外冰冻。细胞外结冰导致原生质体脱水收缩，质膜脱离细胞壁，这种状态被称为"质壁分离"（plasmolysis）。Asahina（1978）在人工控制的实验条件下，活体观察到 *Tradescantia* 雄蕊毛细胞在慢速降温条件下细胞外结冰的发生及质壁分离的形成，在这个实验中还可以观察到，质膜及细胞壁在某些部位上的粘连现象（图 12-17）；同时，这种胞外结冰没有造成细胞的致死性伤害，当温度转暖，冰冻融化和质壁分离解除（deplasmolysis）后，即可看到活跃的原生质的川流现象。这个实验不仅进一步证明了慢速降温可以引起"细胞外结冰"，而

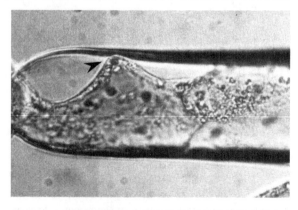

图 12-17　雄蕊毛细胞在慢速降温下的胞外结冰产生的质壁分离，收缩的原生质体仍有一些部位与细胞壁相连接（箭头）（Asahina，1978）

且也说明，这种"冰冻质壁分离"不是冰冻致死的象征，而是活细胞对冰冻的适应性反应。

生长在土壤干旱和土壤盐渍化条件下的植物，地下根细胞不能吸收到足够的水分，地上的茎叶蒸腾强烈，细胞严重失水，宏观上表现出植株萎蔫，微观上植物体内的细胞表现出两种情况：一些细胞因失水，膨压丧失，发生塌陷；另外许多细胞也产生质壁分离，原生质体呈现收缩状态。

植物细胞在高渗溶液中发生的人工质壁分离曾有过许多经典的工作。著名的细胞生理学家 E. J. Stadelmann 对此进行过长期而大量的细胞生理学研究（Stadelmann，1964，1966）。因为在这种高渗溶液中，特别是不同溶质的高渗溶液，不同生理状态的植物细胞会产生不同的质壁分离状态，表现出不同的质膜行为，是反映原生质体内部生理状态的重要指标，它曾成为普通细胞生理学研究中一个普遍采用的简便而易行的有效方法（Stadelmann，1966）。这种方法对研究显示不同抗逆性细胞的生理状态也是十分有益的（Steponkus，1984；Oparka et al.，1994；Oparka，1994；Mansour and AI-Mutawa，2000）。

植物细胞在高渗溶液中发生的质壁分离，或者在自然条件下因细胞脱水形成的质壁分离，一般表现出两种类型的形态学，即凸形质壁分离（convex plasmolysis）和凹形质壁分离（concave plasmolysis）。这两种不同的质壁分离状态反映着质膜的不同行为及质膜分子结构的不同变化，也反映细胞原生质体内部不同的生理状态，以及质膜与细胞壁相互联系的不同形态学象征。

2. 原生质体脱水收缩形成的质壁分离是植物安全越冬的一种适应机制

现已查明，生长在温带寒冷地区的植物，无论是木本或草本植物在秋冬低温锻炼过程中都会发生细胞脱水，导致原生质体因失水而收缩，形成质壁分离状态。Genkeli（金杰里，1948）首先报道了越冬植物（如冬小麦）在寒冬过程中发生质壁分离现象。此后，在 20 世纪 50～60 年代，不少俄罗斯学者在许多木本和草本植物的越冬过程中都相继观察到这种质壁分离现象的存在，它被认为是植物抗寒锻炼和休眠的象征。简令成和吴素萱（1965a）、Chien 和 Wu（1966）通过多种不同抗寒性小麦品种的对比，进一步揭示和证实，北京地区种植的冬小麦在越冬过程中确实发生细胞的质壁分离现象，它在初冬时期（11 月下旬至 12 月上旬）出现，仲冬严寒时期（1 月）表现得最强烈，2 月中旬以后逐渐消失；并揭示这种质壁分离现象与小麦品种的抗寒性有着密切的关系：抗寒性强的品种在寒冬到来时已发生强烈的质壁分离，麦苗的越冬存活率达 100%；抗寒中等的品种只有部分细胞发生质壁分离，越冬存活率约 50%；不抗寒品种的细胞则不发生质壁分离（图12-18），这种麦苗在寒冬到来时立即受冻死亡。Genkeli（1948）曾指出，通过春化处理的冬小麦种子在秋季播种后，由于该麦苗已不需要再接受秋冬的低温锻炼，相应地也不产生细胞的质壁分离，与不抗寒品种一样，这种麦苗在寒冬中全部死亡。这种质壁分离与抗冻性的关系在桃树花芽越冬过程中也得到极明显的证实，抗冻性强的品种在进入冬季时，其细胞的质壁分离开始早，严冬时质壁分离强烈，早春时解除质壁分离晚，致使花芽能在整个越冬过程中保持稳定的抗寒力，安全越冬；抗冻性弱的品种在进入冬季时，开始质壁分离晚，寒冬时质壁分离程度较弱，特别是早春解除质壁分离早，致使其花芽容易遭受早春冻害（姚胜蕊等，1991）。Ristic 和 Ashworth（1994，1995，1997）在一种山茱萸（*Cornus sericea*）的越冬过程中也观察到维管束细胞发生原生质体收缩和质壁分离，并被认为是越冬木本植物抗冻机制研究中的一个重要进展。桑树和云杉的顶芽细胞在寒冬中也呈现质壁分离的特征（Jian et al.，2000；2004）。总之，上述这些研究结果清楚地证实，越冬植物在秋冬抗寒锻炼过程中所发生的原生质体脱水和质壁分离，是保证它们自身安全越冬的一种适应机制。

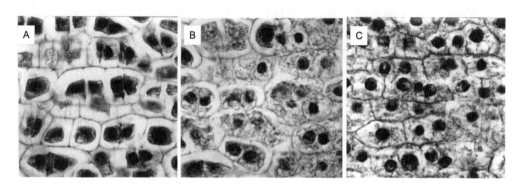

图 12-18 质壁分离程度与小麦品种抗冻性的关系（1961 年 12 月 20 日采集的样品，分蘖节细胞）。A. 农大 183，抗冻性强，几乎全部细胞都发生严重质壁分离；B. 碧蚂一号，抗冻性中等，一部分细胞发生质壁分离，分离程度较轻；C. 南大 2419，抗冻性很弱，所有的细胞都没有发生质壁分离（简令成和吴素萱，1965a；Chien and Wu，1966）

3. 维持质壁分离中的质膜面积是质壁复原的结构基础

上文谈到原生质体脱水收缩形成的质壁分离是越冬植物安全越冬的一种适应机制。然而，在原生质体收缩中，质膜表面积会缩小。据测试，在高渗溶液中形成的凸形质壁分离，质膜表面积会减小 15％；而在细胞再次吸水及质壁复原（解除质壁分离，deplasmolysis）过程中，质膜的弹性膨胀最大只有 2％。因此，当细胞再次吸水、原生质体重新膨胀及解除质壁分离时，需要有新的质膜组分加入；不然，在没有达到质壁复原前就会因渗透冲击引起质膜破裂。因此，植物抗冻性还需要有一种保证质壁分离的细胞在复水过程中能够顺利恢复质壁原状的机制。

前面谈到质壁分离有两种主要类型：凸形质壁分离和凹形质壁分离。凹形质壁分离的细胞显示它的收缩原生质体与细胞壁之间仍保持着局部位点的连接。早在 1912 年，Hecht 就曾报道，收缩的原生质体与细胞壁之间有许多细丝相连。此后，许多研究者也都观察到这种结构，并将这种细丝命名为"Hecht's thread"或"Hechtian strand"（Oparka et al.，1994；Drake and Carr，1978）。Oparka 等（1994）在洋葱表皮细胞质壁分离的研究中，进一步清晰地显示出收缩原生质体的细丝与细胞壁的联系（图12-19），并通过电镜观察和 DIOC₆ 膜探剂深入揭示了这种 Hechtian strand 的精细结构。这种 Hechtian strand 实质上是一种质膜小管，管末端的质膜黏附在细胞壁上，上端管口周围仍与收缩的原生质体质膜相连，形成质膜的连续体系。这种质膜管中还保留着原本与质膜紧密连接的内质网、微丝和微管等成分。其中一些质膜小管与胞间连丝相连接，在没有连丝的地方（位点）有一种黏着糖蛋白（如阿拉伯半乳糖蛋白）充当质膜与细胞壁之间的黏着物（图 12-20）。Scarth（1941，见 Levitt，1980）早就发现，低温锻炼过的和未经锻炼的细胞对质壁分离和解除质壁分离反应的区别。未经锻炼的细胞在高渗溶液中很快产生凸形质壁分离，在低渗溶液中解除质壁分离时，原生质体很快发生裂解；而经过锻炼的细胞在发生质壁分离时，在收缩的原生质体与细胞壁之间形成许多细丝带（Hechtian strand），在解除质壁分离时，原生质体仍保持完整。Johnson-Flanagan 和 Singh（1986）进一步观察到，未经锻炼的细胞在高渗溶液中发生质壁分离过程中，质膜细丝带急剧地被拉断，并由此形成许多小泡（vesicle）；在解除质壁分离过程中，这种质膜小泡仍保持游离状态，不再参与原生质体的膨胀，致使膨胀中的质膜表面积因无膜材料的补充而破裂。而经过锻炼的细胞在质壁分离时能形成许多质膜细丝带（Hechtian strand），在解除质壁分离过程中，这些质膜细丝带就随着原生质体的膨胀而伸展，从而使质壁复原顺利完成。简令成等（1991，2000，2004）所做的大量超微结构观察证实，无论是木本植物（如桑树、云杉、杨树等）或越冬的草本植物（如冬小麦等）在寒冬中发生的细胞质壁分离，在其收缩的原生质体与细胞壁之间确实存在着许多细胞质带，它们呈"扇形"或"锥形"状态（图 12-21），显示原质膜表面积仍被保留着。

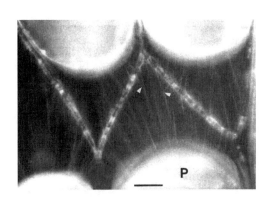

图 12-19　洋葱表皮细胞质壁分离中的
Hechtian 细丝带（Oparke et al.，1994）

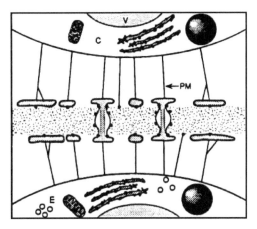

图 12-20　洋葱表皮细胞质壁分离中的
Hechtian 细丝带（质膜小管）与胞间连丝连
接和下锚细胞壁（通过黏附蛋白）的图解
（Oparke et al.，1994）。C：细胞质；PM：
质膜；V：液泡；E：内吞小泡

以上研究结果说明，越冬植物在秋冬抗寒锻炼过程中，不仅产生了有利于休眠和抗寒力发展的原生质体收缩和质壁分离，而且又同时形成了一种在解除质壁分离过程中避免质膜破裂的适应机制，即在原生质体脱水收缩过程中形成了一种"Hechtian 质膜细丝带"，这种 Hechtian 细丝带是收缩原生质体保留其原有的质膜表面积的一种适应方式，当细胞再次获得水分，细胞膨压和原生质体积恢复过程中，由于有 Hechtian 细丝带质膜的扩展和延伸，原生质体表面积就可以得到顺利的复原，不至于因迅速的膨压冲击而造成原生质体破裂。这种对质壁分离和解除质壁分离（plasmolysis/ deplasmolysis）的结构上的适应机制也是植物抗旱和抗盐性的共同特征。当抗旱和抗盐植物受到水分胁迫时，其细胞原生质黏度以及质膜与细胞壁的黏着性都提高，因而表现出凹形质壁分离（Lee-stadelmann et al.，1981；Mansour and Al-Mutawa，2000）。Lee-stadel-

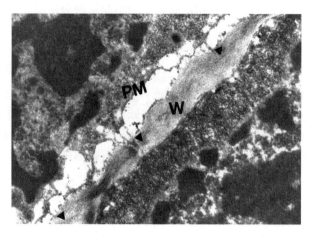

图 12-21　云杉枝条顶芽细胞在寒冬中的质壁分离。收缩的原生质体的质膜
与细胞壁之间存在细丝带连接（箭头所示）。PM：质膜；W：细胞壁

mann 等（1984）还报道，*Hordeum vulgare* 的表皮组织在生物胁迫（病害）逆境中，其细胞原生质黏度以及质膜与细胞壁的黏着力也提高，从而在高渗溶液中形成凹形质壁分离，而未受病原菌感染的表皮细胞则产生凸形质壁分离。这可能暗示该植物对这种病原菌具有一定的抗性。

4. 气孔开关运动中也涉及保卫细胞质膜表面积的变化

　　气孔的特异功能是调节气体交换和保持水分之间的合适的动态平衡。我们在许多问题上都提到，水分是关系到低温、干旱和盐渍化胁迫的中心环节，因此气孔的开关运动与植物对逆境的反应和适应有着极密切的联系。在第十九章中，我们将专题论述"气孔开关运动的调节与植物的逆境适应"，这里仅介绍气孔开关运动中质膜和液泡膜表面积动态的一些研究结果。一些报道指出，在气孔开关运动过程中，保卫细胞的体积发生很大的变化，其膨胀和收缩的变化幅度达 40％以上（Shope et al.，2003）。这也相应地要涉及质膜和液泡膜表面积的变化，测试结果显示，在气孔张开过程中，质膜和液泡膜表面积的增加达 1.5 倍（Blatt，2002）。如上所述，如此巨大的膜膨胀，从膜的弹性上是不可能适应的，因为膜的弹性最大只能使其表面积增加 5％；因此它只有依靠其他膜源的补充。一些研究者观察到，在气孔开关运动过程中，保卫细胞中的液泡显示巨大变化：当气孔处于关闭状态时，保卫细胞中包含着许多小液泡，其中许多是很小的泡（vesicle）；而当气孔处于张开状态时，则变成了很少数的大液泡（Couot-Gastelier et al.，1984；Gao et al.，2005）。这两种液泡状态实质上是反映在气孔开关运动过程中，随着保卫细胞体积的膨胀与收缩，质膜和液泡膜表面积相应地增加和缩小的一种适应性变化，如同以上所述的原生质体在脱水收缩和复水膨胀中质膜表面积动态的适应机制一样，即在气孔关闭过程中，随着保卫细胞体积的收缩，质膜向细胞质中产生内凸小泡，并栅割到细胞质的周质中，成为小液泡，以相应地缩小质膜的表面积；同时，大液泡也分割成较小的液泡，以缩小大液泡膜的表面积。因而在气孔关闭时，保卫细胞中呈现许多小液泡。在气孔张开和保卫细胞体积膨胀过程中，为适应质膜表面积的增加，早先关闭过程中栅割下来的质膜小泡（"小液泡"）此时就迅速地与质膜融合，使质膜顺利达到其膨胀的需要；同时，在关闭过程中从大液泡分割形成的小液泡又彼此融合形成大液泡。因而在气孔张开状态时，保卫细胞中呈现出大液泡特征，以致形成在气孔开关的周期性运动中，出现了从大液泡→许多小液泡→大液泡……的节律性循环式变化。

六、质膜是防止细胞内结冰的屏障

众所周知，细胞内结冰会破坏细胞结构，引起细胞死亡。然而在自然界，只有骤然降温到 0℃ 以下，才会产生细胞内结冰；而一般的寒流到来，通常是引起细胞外结冰。因为细胞外汁液的溶质浓度比细胞内的低，其冰点温度高，所以冰核首先在细胞外形成。冰核的形成，又降低了细胞外溶液的水势，并形成低的蒸汽压，致使细胞内的水不断流到细胞外结冰。这种细胞外结冰的部位，除细胞间隙外，还可以在原生质体因脱水收缩后，在质膜与细胞壁之间的间隙中。曾普遍认为，细胞外结冰具有两种对立的作用和效果：一方面，它被认为是抗寒植物避免细胞内结冰的一种适应方式；另一方面，认为细胞外结冰也会从三个方面引起细胞的伤害：①脱水引起的高浓度盐分的毒害和蛋白质变性；②细胞壁塌陷的机械性伤害；③质膜结构的破坏，包括原生质体脱水收缩中质膜面积的缩小及复水渗透冲击中的质膜破裂。

然而经过深入和精细的研究，尤其是冰冻显微镜和冰冻断裂的电镜观察揭示，不抗寒植物的冰冻致死，并非是"胞外结冰引起的三种伤害"，而是它们的细胞质膜不能阻止胞外冰晶增生的侵入，结果还是在细胞内发生结冰而致死；而抗寒植物细胞的质膜对胞外冰晶能起到屏障作用，它能阻止胞外冰晶增生的入侵，不会进一步发生细胞内结冰，因而能在冰冻胁迫中存活。Yamada 等（2002）的实验观察对此提供了令人信服的证据，他们通过冰冻扫描电镜和冰冻断裂的电镜观察指出，在 $-2℃$ 10 min，无论是抗冷植物，或中等冷敏感植物，还是极度冷敏感植物，它们的细胞都处于过冷（supercooling）状态，但极度冷敏感植物的细胞质膜受到了破坏，质膜的冰冻断裂面出现无蛋白质颗粒的斑点，反映质膜已经受到了冷伤害，而中度冷敏感植物和抗冷植物的质膜则无损伤迹象。在 $-2℃$ 15 min 或 1 h 后，冷敏感植物在有细胞外结冰存在时，也发生细胞内结冰，但抗冷植物只发生细胞外结冰，没有细胞内结冰。这是因为冷敏感植物细胞质膜在冷胁迫中首先受到了损伤，失去了阻止胞外冰晶增生入侵的屏障，致使增生的冰晶进入细胞内，引起细胞内结冰；而抗冷植物质膜保持完整，能够阻止胞外冰晶向细胞内增生，结果只限于在细胞外结冰。

以上两类植物质膜作用的区别，可能是由于它们对秋冬自然降温的不同反应与适应的结果：当温度降到接近 0℃ 低温时，冷敏感植物即会遭到细胞结构与生理生化上的损害，如前面所谈到的，质膜会发生膜脂相变和膜蛋白的丢失，破坏了质膜的完整性，失去了对冰晶入侵的屏障作用；而抗冷/冻植物则在这种低温下诱发其抗寒锻炼，发生一系列生理生化的适应性改变，提高膜结构的稳定性，如在这种低温锻炼过程中，质膜膜脂和膜蛋白的含量会增加，二者相互作用的关系也会发生变化，简令成等（1991，1993）通过细胞化学揭示，冬小麦幼苗在低温锻炼中，其质膜不仅有新蛋白质的加入，而且发生膜蛋白的横向迁移，从在一定位点上的颗粒状分布到在质膜上的全面性分布。

这些变化都有可能提高质膜结构的稳定性，以便适应当温度降到 0℃ 以下细胞外发生结冰时，由于其结构的完整性和稳定性，能起到防止胞外冰晶侵入的屏障作用，并与细胞壁的屏障作用相结合，使细胞外冰晶的增生不能进入细胞内，从而避免了细胞内结冰，保证植物安全地渡过寒冬。

七、质膜对 K^+ 的选择性吸收和对 Na^+ 的外排作用

植物界对于盐生境的适应存在两种截然不同的机制：一种是如嗜盐细菌，它们的原生质对盐具有高度的抗性，它的酶和膜系统能在高浓度的 Na^+ 环境中行使功能；而真核植物则没有这种特性，无论是生长在海水中或陆地盐渍化环境中的植物，高浓度 Na^+ 盐会破坏它们细胞的膜结构和生理生化过程，它们的酶和膜系统必须在一个维持稳定的低浓度 Na^+ 的细胞质内环境中才能行使其功能。这种细胞内低 Na^+ 环境的建立首先是决定于细胞外围的门户结构——细胞质膜的功能，它起着调控物质进与出的门户作用。植物在长期的对盐生境的适应过程中，它们的细胞质膜形成了一种特殊的适应机制：对外环境中的 K^+/Na^+ 进行选择性地吸收，并通过对 Na^+ 的外排作用，实现细胞质内的低 Na^+ 含量和高钾含量的稳态平衡（表 12-5）。这样，不仅避免了 Na^+ 的毒害，又使具有重要生理功能的 K^+ 得到了满足。

表 12-5　通过质膜对 K^+ 的选择性吸收和对 Na^+ 的外排作用形成细胞质内低 Na^+ 含量和高 K^+ 含量的稳态平衡（一些例证）

植物种类	外界溶液中的含量/(mmol/L)		根皮层细胞质中含量/(mmol/L)	
	Na^+	K^+	Na^+	K^+
大麦（淡土植物）	1.0	0.2	2.1	83
Atriplex hortensis（淡土植物）	10.0	1.0	4.0	81
玉米（淡土植物）	30.0	1.0	5.8	118
Triglochin maritime（盐土植物）	500	8.0	14.8	71

资料来源：Staples and Toenniessen，1984。

高等陆生植物的这种适应机制还需要通过自下而上从根部到茎叶多层次的 K^+ 选择性吸收和 Na^+ 外排来实现（图 12-22）。首先，根皮层细胞的质膜是 K^+ 和 Na^+ 进入植物体的最初门户，由于外环境中的 Na^+ 浓度很高，所以 Na^+ 可以依靠细胞内外的浓度梯度顺利地通过质膜进入细胞内；而 K^+ 则不然，它的细胞内浓度高于细胞外环境中的浓度，因此 K^+ 进入根细胞需要依靠质膜的主动吸收。植物在对盐生境的长期适应中，根皮层细胞质膜对 K^+/Na^+ 的跨膜运输形成了两个重要机制：一是在质膜的一些特殊位点上对 K^+ 具有高度亲和性，而对 Na^+ 的亲和性低，因而能从外界低浓度 K^+ 溶液中吸收 K^+，而不受 Na^+ 的抑制，而且，高浓度 Na^+ 还会强烈刺激质膜对低浓度 K^+ 的吸收；二是质膜上存在着 K^+/Na^+ 交换以及 K^+ 促 Na^+ 外排的机制：植物在高浓度 Na^+ 盐的生境中，质膜的 Na^+ 外排（分泌）十分活跃，并且，K^+ 的输入会促进 Na^+ 的外排，从而维持细胞质中 Na^+ 的低浓度，降低 Na^+ 进入木质部的运输。这一机制是植物适应盐生境的一个普遍性的重要特征（表 12-6）。研究表明，Na^+ 的外排是与 H^+ 的输入（反向

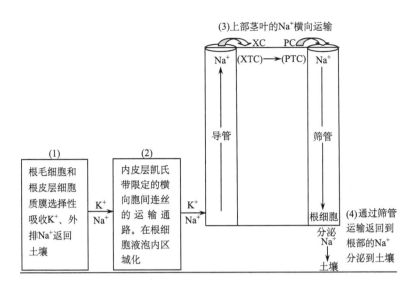

图 12-22 通过质膜的多级选择性吸收 K^+、外排 Na^+，维持细胞质高 K^+ 低 Na^+ 稳态平衡的图解。XC：木质部薄壁细胞；XTC：木质部传递细胞；PC：韧皮部薄壁细胞；PTC：韧皮部传递细胞

运输）相联系的，质膜 H^+-ATPase 为 H^+/Na^+ 反向运输提供了驱动力。

表 12-6 Na^+ 的外排和 K^+ 促 Na^+ 外排在一些植物中的例证

植物种类	正常条件下（约 1 mmol/L Na^+）		1 mmol/L Na^+ +0.2 mmol/L K^+	
	Na^+ 输出[①]	胞质中的 Na^+ 含量[②]	Na^+ 外排量	胞质中的 Na^+ 含量
洋葱	0.21	0.34	0.03	0.08
小麦	2.0	2.2	7.0	3.2
大麦	2.1	3.6	8.2	2.3
黑麦	1.2	1.3	1.9	1.5
向日葵	1.1	1.08	0.3	0.23

资料来源：Staples and Toenniessen，1984。

[①]Na^+ 的外流量：$\mu mol/(g$ 鲜重根 · h)；[②]细胞质中 Na^+ 含量：$\mu mol/(g$ 鲜重根 · h)。

此外，许多盐生植物的根皮层细胞在结构上还有一个重要的特征，它们许多被修饰成传递细胞（transfer cell）。如前面（第十一章）所谈到的，这种传递细胞具有大量的内生壁，质膜的表面积也相应地得到了极大地增加，因而也就大大增强了根皮层细胞对 K^+ 的吸收和对 Na^+ 外排的功能。

在根皮层细胞吸收的 Na^+、K^+ →木质部导管的横向运输中，还有第二个重要的结构特征，亦即内皮层细胞具有一种特殊的凯氏带结构，所以在这条横向运输途径中，主要是通过胞间连丝的共质体运输，这里又成为植物对盐适应的第二道关口，有选择性地将 K^+ 释放到木质部导管中，并将大量的 Na^+ 留在根细胞中，储存于液泡内。这是一种很有益的适应，一方面避免了 Na^+ 向上进入茎叶的毒害；另一方面，Na^+ 储存于液泡中会提高膨压，降低水势，有利于从土壤中吸收水分，抵抗渗透胁迫。

质膜第三个层次的选择性作用发生在 Na^+ 从木质部导管向叶片韧皮部运输过程中：木质部薄壁细胞可将导管汁液中的 Na^+ 重新吸收，并横向输送到韧皮部，然后向下运回到根部，再通过根皮层细胞质膜上的 K^+/Na^+ 交换，吸收 K^+，将 Na^+ 再排回（分泌）到土壤中。木质部的薄壁细胞为了提高对 Na^+ 的吸收和转运功能，也被修饰成传递细胞，增加质膜的吸收面积。

以上这些选择性吸收或外排作用都是逆浓度梯度进行的，都是一种耗能过程，所以它需要依赖质膜 H^+-ATPase 活性去驱动 Na^+/H^+ 的反向运输及 K^+-H^+ 的同向运输。因此，盐生植物和抗盐植物在对盐生境的适应过程中，其质膜 H^+-ATPase 的基因表达增加，mRNA 的积累和酶活性水平提高。例如，向日葵在 75 mmol/L 和 150 mmol/L NaCl 处理 3 天后，其根细胞质膜 H^+-ATPase 活性显著增强（Ballasteros et al.，1998）；NaCl 也诱发绿豆（*Phaseolus radiatus*）和大米草（*Spartina patens*，一种可在海水中生活的 C_4 植物）根细胞质膜 H^+-ATPase 活性的显著提高（Nakamura et al.，1992；Wu and Seliskar，1998）。不同抗盐性小麦品种在 100 mmol/L NaCl 处理 3 天后，盐敏感品种 Y-J24 根细胞质膜 H^+-ATPase 的蛋白质量和酶活性降低；而耐盐品种 L-Ch20 的根细胞质膜 H^+-ATPase 的蛋白质量和酶活性提高（Yang et al.，2004）。黄瓜经 NaCl 处理后，也使根细胞质膜 H^+-ATPase 活性及 ABA 含量显著增加，并显示其活性的提高是由于 ABA 引发了 H^+-ATPase 基因表达的结果（Janicka-Russak and Klobus，2007）。拟南芥质膜 H^+-ATPase 的同型突变体 *aha4-1*，由于其质膜 H^+ 泵 H^+-ATPase 基因表达被破坏，对盐胁迫变得很敏感，在 75 mmol/L NaCl 的处理中，其细胞内的离子稳态平衡就被破坏，Na^+ 大量积累，K^+/Na^+ 比率显著降低，苗生长受到严重抑制；而野生型则能很好地保持着其细胞内离子的稳态平衡和苗的良好生长。这一结果进一步有力地证明，质膜 H^+-ATPase 在盐胁迫中维持细胞内正常生理过程的重要作用（Vitart et al.，2001）。大多数研究指出，根细胞质膜 H^+-ATPase 对盐生境的适应主要是通过其基因表达中转录水平上的调节（Ballesteros et al.，1998；Niu et al.，1996；Janicka-Russak and Klobus，2007）。

八、杜氏盐藻质膜对渗透冲击的特异性反应与适应

杜氏盐藻（*Dunaliella salina*）是一种没有细胞壁的单细胞绿藻，具有极强的抗盐性，生长于海洋及盐湖中，并能适应一个很大幅度的盐分浓度，即 0.1～5.5 mol/L NaCl。它有一个很独特的渗透调节因子——通过甘油的迅速合成和大量积累去抵抗和平衡环境中的高渗冲击。其甘油的合成与积累量是惊人的，在饱和的 NaCl 盐浓度条件下，积累的甘油量可达其细胞重量的 60%。由于杜氏盐藻没有坚固的细胞壁，它对渗透冲击的反应是通过细胞体积/质膜表面积的迅速改变来实现的。当它受到高渗冲击时，细胞就发生收缩；但在 30～120 min 内，这种细胞可通过甘油的合成使它恢复到原来的体积。这种细胞体积的收缩和复原实质上主要是涉及质膜表面积的收缩与复原，必然要引起质膜结构与功能的巨大改变。

通过脂质旋转探针的测试揭示，当杜氏盐藻从等渗培养液转移到低渗溶液发生膨胀时，或转移到高渗溶液发生收缩时，其质膜的脂质分子发生相应的进入或脱出，并重新

进行顺序性排列（Curtain et al.，1983）。

　　电镜观察指出，杜氏盐藻在高渗冲击下，伴随着细胞体积的收缩，其质膜发生折叠，没有丢失其原有的表面积，显然，这是对细胞体积再次复原的一种适应性变化；然而，核膜以及叶绿体和线粒体的被膜在高渗收缩过程中，会发生膜的表面积栅割，栅割下来的小泡与内质网（ER）融合，这种与小泡融合的 ER 就成为临时性的膜储存器，当细胞内新合成的甘油引起细胞再次膨胀时，这种 ER 再分裂出小泡，给核膜、叶绿体和线粒体被膜的恢复提供膜源（Einspahr et al.，1988）。质膜也可能存在这种循环过程（Maeda and Thompson，1986）。

　　甘油的迅速合成是杜氏盐藻适应渗透冲击的独特的调节机制。是什么原因引起甘油的迅速合成呢？至今尚未得到统一的认识。陈志和焦新之（1991）的研究认为，可能是由于高浓度 Na^+ 的刺激，提高了质膜 H^+-ATPase 活性，从而使细胞内 ATP 含量降低，无机磷（Pi）含量增加，结果启动了细胞内甘油的合成。Zelazny 等（1995）的实验结果指出，通过质膜固醇（sterol）生物合成的专一性抑制剂（tridemorph）的处理，抑制了杜氏盐藻在高渗冲击中的甘油合成，也抑制了细胞体积的恢复；相反，加入外源固醇则能促使细胞内甘油含量的增加和细胞体积的复原。这说明，质膜固醇的生物合成与甘油生物合成之间存在着密切的联系。因此 Zelazny 等提出了一个如下的设想过程：高渗冲击引起杜氏盐藻细胞体积（质膜）的收缩→由于这种收缩刺激活化了质膜固醇的生物合成→固醇含量的增加诱发甘油的合成和积累→细胞体积得到恢复。

　　总之，迄今的研究结果说明，杜氏盐藻的质膜对其高度的抗盐性有着极其重要的作用：一方面，通过其膜脂分子序列的重组和超微结构的改变（折叠或小泡的栅割和再融合）去适应细胞体积的收缩和再恢复；另一方面，通过质膜 H^+-ATPase 活性或质膜固醇的合成去引发甘油的合成和积累，调控渗透平衡和细胞体积的恢复。

第十三章 低温、干旱和盐渍化逆境中细胞核结构与功能的变化

细胞核是基因 DNA 复制和 DNA 转录的特区，是动、植物有机体生长发育的控制中心，因而它必然也是植物对逆境反应和适应的调控中心。Weiser 1970 年就提出，越冬植物抗冻性的提高是由于基因表达改变的结果。而后的大量研究结果证实，植物对逆境适应的蛋白质代谢要归因于抗性基因的表达（Guy，1990；Thomashow，1999；Shinozaki et al.，2003）。简令成等（1997；1999；2000；2003）揭示，当短日照和低温引起细胞内 Ca^{2+} 浓度增加时，核内的 Ca^{2+} 增加先于细胞质。这种 Ca^{2+} 信使动态不仅说明细胞核对外界刺激的反应十分迅速，也进一步证实细胞核作为调控中心的优先地位。

一、核膜孔——核/质间交通的改变

核膜孔（图 13-1，详见第四章）是细胞核与细胞质之间物质交换的通道，尤其是大分子物质亲核蛋白质的核输入及 RNA 分子和核糖核蛋白颗粒（核糖体亚单位）的核输出。核与质之间的这种物质运输活性与细胞类型和细胞的生理状况存在密切的相关性，调控着这些细胞的核膜孔的数量（核孔密度）和大小的动态。这在动物和人体细胞学方面已有许多精确的观测和统计数据（Thorpe，1984），如血红细胞和淋巴细胞，它们是高度分化和特化的细胞，代谢活性低，每单位面积（μm^2）上的核孔数平均仅 3 个；那些虽已分化但仍有较高生理活性的细胞，如肝、肾和脑细胞等，其核孔密度平均为 15～20 个/μm^2；有着高度生理活性的唾腺细胞和非洲爪蟾卵母细胞，它们的核孔密度分别高达 40 个/μm^2 和 50 个/μm^2；用血细胞植物凝集素（phytohaemagglutinin）处

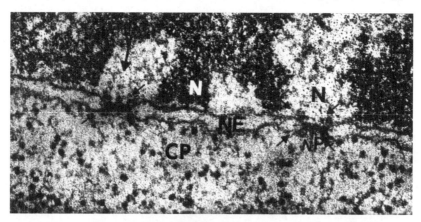

图 13-1 洋葱根尖分生组织细胞的核膜孔（NPC，箭头）。N：细胞核；
CP：细胞质；NE：核膜

理淋巴细胞，引起 RNA 和蛋白质合成显著增加，同时观察到核孔密度比对照增加 1 倍，从平均 3.4 个/μm² 增加到 6.3 个/μm²（图 13-2）。老鼠肾在局部缺血过程中，核孔密度降低一半；红细胞在成熟过程中，每个核上的总核孔数从 2000 个降到 200 个；淋巴细胞受到冷胁迫时（从 37℃ 降到 22℃ 以下），不仅核孔数量显著减少，而且核膜表面颗粒大量丢失，形成光滑区；当 Tetrahymena 细胞的培养温度降到 18℃ 以下时，也产生类似的结果。

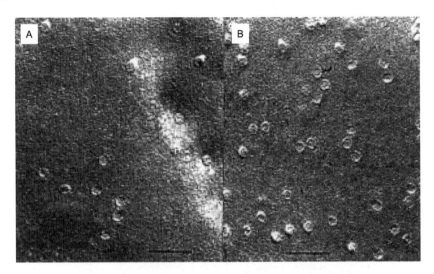

图 13-2　人淋巴细胞核膜的冰冻蚀刻。A. 未经血细胞植物凝集素处理；
B. 经血细胞植物凝集素处理 48 h，核膜孔数量显著增加

　　在植物细胞方面，如上所述的精确数据尚缺乏研究，但它们的核孔密度与细胞生理状态及外界环境变化（包括低温、干旱和盐渍化）的密切关系也已明显地观察到。植物核膜孔受温度和细胞休眠的影响是十分明显的，北方地区越冬植物的核膜孔随着季节性转变发生显著变化，如杨树顶芽分生组织细胞在夏季活跃生长时期，核膜上有较多的核膜孔分布（图 13-3A）；在寒冷的冬季，就很少能观察到核膜孔的存在（图 13-3B）。当杨树顶芽在短日照光周期诱导下进入深度休眠时期，核膜孔的密度也显著地减少而难以观察到（图 13-3C）。在北京地区种植的冬小麦，在冬前麦苗处于活跃生长时期，核膜上也存在较多的核膜孔，有一些孔还开得比较大，还很巧地观察到一些核仁物质正在其中通过（图 13-4A）；到寒冬时期，麦苗处于强制性休眠状态时，核膜上几乎见不到或很少见到核膜孔的存在，一种无孔道的核膜似乎很严密地将核封闭起来（图 13-4B）。冬小麦在室内人工控制的低温（2℃）锻炼中，核膜孔的数量也减少（图 13-5A 和图 13-5B）。这说明，核膜孔的这种动态对于抗寒锻炼可能具有重要意义。核膜孔的减少和关闭，使核与细胞质之间的物质交换活动降低和中断，进而停止细胞的分裂和生长活动，使细胞代谢转变到抗寒锻炼的途径，抗寒基因得到启动与表达，增强抗寒力。

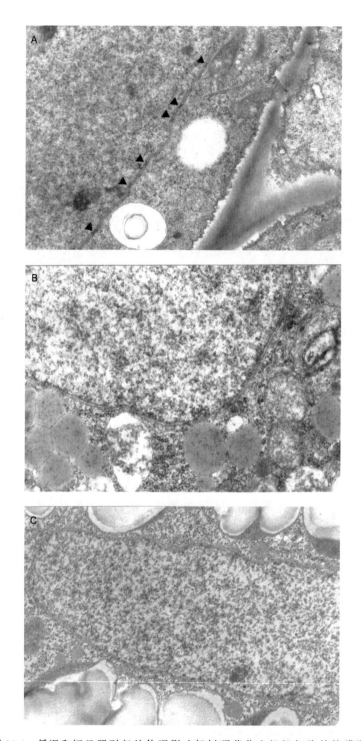

图 13-3　低温和短日照引起的休眠影响杨树顶芽分生组织细胞的核膜孔。
A. 杨树顶芽在夏季活跃生长时期，在超薄切片的核膜上可以看到较多的核
膜孔（箭头）；B. 在严寒的冬季中，很少能看到核膜孔的存在；C. 在短日
　　　照诱导的深度休眠中也难以观察到核膜孔的存在

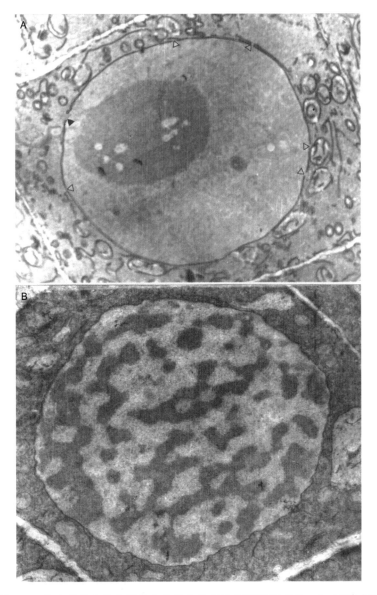

图 13-4　冬小麦幼苗进入寒冬中幼叶分生细胞核膜孔的变化。A. 麦苗在秋季活跃生长时期，核膜上存在较多的核膜孔（箭头），有些孔的开放还较大，其中有些核仁物质正在通过（黑箭头）；B. 在寒冬中停止生长和休眠时期，核膜上很少能见到核膜孔的存在

二、低温、干旱和盐胁迫对核仁的影响

核仁是细胞核中最明显的一个结构体，它的主要功能是涉及核糖体（ribosome）的生物发生，最终关系到细胞内蛋白质的合成。核仁功能活性的高低会在核仁的大小上得到反映，因此，不同生理活性的细胞，以及外界环境变化下的细胞，其核仁的大小常常

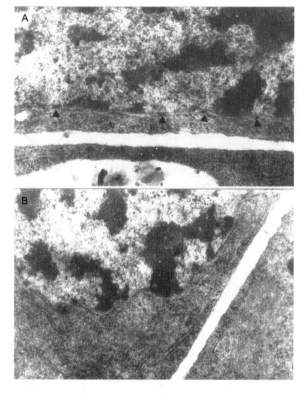

图 13-5　冬小麦在低温（2℃）抗寒锻炼中核膜孔数目的变化。
A. 低温处理前，生长在 25℃下的幼苗，核膜上有较多的核膜孔（箭
头）；B. 低温处理 21 天的幼苗，其核膜上的核膜孔显著减少

表现出明显的变化。例如，植物在生理休眠或强制性休眠中，核仁的体积显著地变小。

在越冬过程中由于低温的影响，植物细胞的生理活性有一个从高到低，再复苏变高的过程，核仁也随之发生一个明显的动态。例如，北京地区种植的冬小麦，在秋季生长和秋末低温抗寒锻炼时期，核仁的体积相对地显得最大（图 13-6A）。它似乎与核仁的生理活性有着明显的正相关；细胞化学同时显示，这时细胞质中的 RNA 含量显著增加（简令成和吴素萱，1965b）。到寒冬冰冻时期，细胞生理活动受到严重抑制，核仁体积变得最小（图 13-6B）。翌年春天，当麦苗生长复苏时，核仁体积又增大（图 13-6C）。越冬木本植物，如杨树、桑树和云杉等，在越冬过程中，以及在短日照诱导的休眠过程中，其核仁也表现出类似的动态。

电镜观察指出，豌豆幼苗在轻度盐渍化（0.3% NaCl）营养液中生长时，其根尖分生组织细胞中的核仁也有一个动态的变化过程：当幼苗在这种盐渍化条件下生长 10 天后，核仁体积增大，并产生出芽现象（图 13-7A）；继续生长 20 天后，许多细胞中包含着两个核仁，其中的电子透明区相对地增大（图 13-7B）；到 30 天，大多数细胞中的核仁又恢复到盐胁迫前——非盐化营养液中生长时的结构状态：一个核仁，其中包含着较小的电子透明区（图 13-7C，Strogonov，1975）。这种动态过程似乎说明，低的盐浓度对核仁活性可能有一段时间的刺激作用，使植物体适应这种逆境生存。

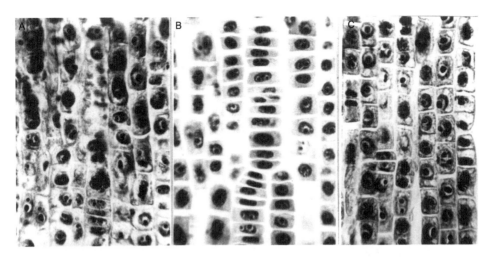

图 13-6　冬小麦农大 183 越冬过程中核仁大小的变化（简令成和吴素萱，1965a）。A. 秋
季麦苗生长时（10 月中旬）核仁体积大；B. 寒冬时期（1 月中旬）核仁体积变小；
C. 春天复苏时期（3 月中旬）核仁体积重新增大

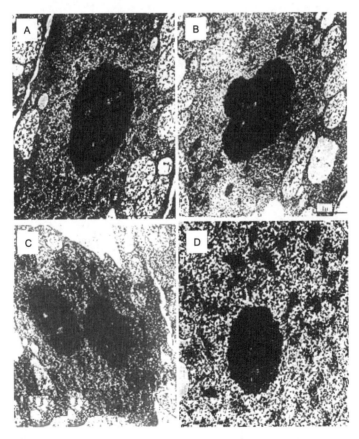

图 13-7　在 NaCl 胁迫下的豌豆根尖细胞核仁动态。A. 盐胁迫
前，生长在正常培养液中；B. 盐胁迫 10 天，核仁增大，出芽；
C. 盐胁迫 20 天，两个核仁；D. 盐胁迫 30 天，恢复正常播种在干旱和土壤盐渍化田间的小麦，幼苗生长势弱、叶色变黄，成为"黄弱苗"。对这种黄弱苗进行的细胞化学观察表明，黄弱苗细胞核中的核仁与壮苗相比，体积显著变小（图 13-8A 和图 13-8B），核仁内的颗粒状和丝状结构的希夫（Schiff）试剂反应比壮苗明显降低，仅显示很微弱的染色。这说明在干旱和盐渍化胁迫下，黄弱苗核仁的生理活性显著降低，蛋白质合成减少，以致生长受抑制，变成黄弱苗（简令成，1962）。

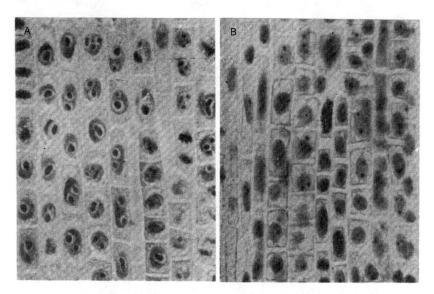

图 13-8 土壤盐渍化和干旱造成小麦黄弱苗与适宜条件下壮苗的核仁比较（简令成，1962）。A. 壮苗细胞核内的核仁体积大；B. 黄弱苗的核仁显著变小

三、低温、干旱和盐胁迫中染色质状态的变化

电镜观察显示，越冬木本植物，如生长在美国明尼苏达州圣保罗城（St. Paul）地区的云杉（spruce）在自然越冬过程中，细胞核内染色质的分布状态发生明显的变化：在夏季活跃生长时期，核内染色质呈现散状分布（图 13-9A）；在寒冬中，12 月中旬和1 月下旬的制样中，染色质聚集成块状（图 13-9B）；到翌年 5 月上旬，生长复苏时，染色质又恢复到分散状态。然而越冬草本植物如雀麦草（Brome grass）和冬小麦（winter wheat）在越冬过程中，它们的核染色质分布状态却没有发生如上所述的越冬木本植物的这种动态性的变化，在寒冬的季节里，仍然一直维持着分散状分布（图 13-10A 和图 13-10B）。已有测试指出，越冬木本植物的芽在寒冬季节里处于休眠状态，当走出休眠转移到适宜生长条件下时，芽的萌发过程也需要 7～10 天时间；而越冬草本植物冬小麦和雀麦草，在寒冬时期没有生理休眠，将其幼苗从寒冬田野转移到温室中时，其细胞的生理活动立即复苏，幼苗会立即生长（Jian et al.，2003）。由此看来，越冬木本植物核染色质在寒冬时期的聚集，可能与其休眠的调控有关。

干旱胁迫也同样引起染色质的凝聚（图 13-11），其凝聚程度也随胁迫强度（干旱

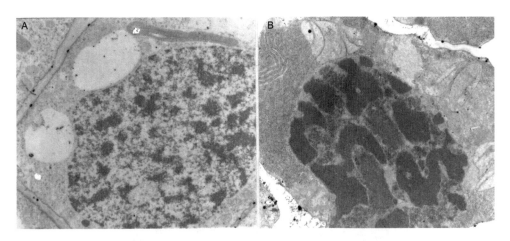

图 13-9　木本植物云杉顶芽分生组织细胞核染色质在进入寒冬时期发生凝集。A. 夏季活跃
生长时期（7 月 15 日）染色质处于分散状分布状态；B. 寒冬时期（1 月 20 日）染色质变成
凝集状态

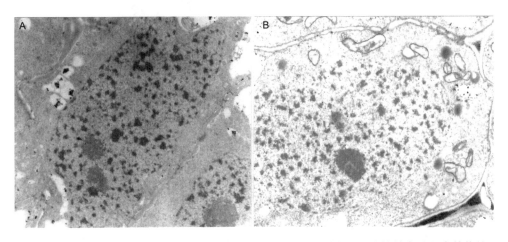

图 13-10　草本植物雀麦草苗端分生组织细胞核染色质在年周期的季节性转变过程中始终处
于分散状分布状态，不发生凝集性变化。A. 夏季（7 月 15 日）的制样；B. 寒冬时期
（1 月 20 日）的制样，染色质都呈现分散状分布

程度）的加重而加重；在未到致死性干旱之前，复水后，这种染色质凝聚也是可以逆转
的。Paleg 和 Aspinall（1981）指出，干旱（也包括盐胁迫）引起核内染色质凝聚是一
种普遍的易于观察到的明显象征，它可以作为干旱和盐胁迫伤害的一个指标。他们推
测，染色质的凝聚可能会阻遏 DNA 的转录和 mRNA 的新合成，从而抑制细胞质中多
聚核糖体（polyribosome）的新形成和蛋白质的新合成，结果导致植株生长速率降低，
严重时则引起死亡。

　　这种干旱和盐胁迫引起的染色质凝集的动态，与木本植物云杉等在越冬过程中染色
质凝集的转变并不矛盾，它恰好从反面说明，云杉等染色质在寒冬中暂时性凝集是作为
阻遏 DNA 转录和 mRNA 新合成、诱导生理休眠的一种内在机制。

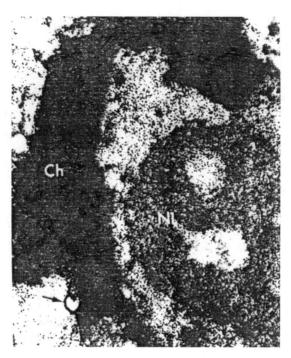

图 13-11 玉米幼苗在干旱脱水（鲜重失水达 75%）中根尖分生组织细胞核
染色质变成凝集状态（Paleg and Aspinall，1981）。Ch：染色质；Nl：核仁

四、核骨架在低温、干旱和盐胁迫下的变化

20世纪70年代中期，Coffey 和 Berezney 等用核酸酶和高盐溶液对大鼠肝细胞核进行处理，将染色质DNA、组蛋白及RNA抽提后，发现核内仍然残留着纤维蛋白的网架结构，他们称之为核基质（nuclear matrix）。此后，Capco、Fey 和 Penman 等（1984）采用温和的抽提方法以及 DGD 包埋和去包埋技术，更清晰地显示了这种核基质纤维结构——核骨架；并发现这种核骨架与 DNA 复制、基因表达、细胞分化和细胞癌变等生理生化过程有密切关系。卫翔云和简令成（1992）根据植物体组织细胞的特性对显示核骨架的制样技术进行了适当的改良和实验设计，这个改良的主要特点是，先将细胞充分固定，然后才断裂，这就避免了各种操作程序中可能引起的改变，使核内结构能够保持接近固定前的生活状态，并在断裂前先用 DMSO 进行浸透，以减少冰晶的可能伤害，结果在小麦幼苗核骨架的研究中获得很好的效果。图 13-12A 是在适宜温度（25℃）培养下的小麦幼苗幼叶细胞核的扫描电镜图像，从此可以清晰地看到，在染色质和染色质之间、染色质与核仁之间，以及染色质与核纤层（nuclear lamina）及核膜之间存在着一种丝状（纤维）网架结构，即这种纤丝状网络结构把染色质与染色质、染色质与核仁、染色质与核纤层及核膜连接起来，形成一种空间上支撑的三维网络的骨架结构。图像还显示，这种核骨架还可能与核膜外的辐射状胞质骨架相联系。无论是抗冻的冬小麦还是不抗冻的春小麦，在常温（25℃）条件下，它们的核骨架

都显示这种结构状态。

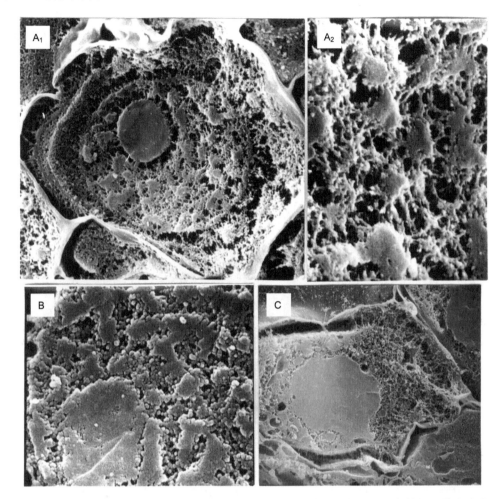

图 13-12　冰冻断裂和部分抽提在扫描电镜下的小麦幼叶分生细胞的核骨架结构及其在冰冻
胁迫下的变化。A_1 和 A_2.25℃培养的小麦幼叶细胞的核骨架，显示染色质与染色质之间、
染色质与核仁之间以及染色质与核膜之间由核骨架纤维所连接，形成一种三维空间网络结
构。这种核骨架还与核膜外的胞质骨架相联系；B 和 C. 不抗冻的春小麦 9-179 经－4℃冰冻
胁迫 24 h，骨架纤维发生中断，转变成颗粒状（B），染色质与核仁相互凝结成板块状（C）

　　核骨架的稳定性与植物种类和作物品种的抗寒性紧密相关。实验指出，冬小麦燕大
1817，一种强抗冻性品种，其核骨架对冰冻胁迫具有很高的稳定性，幼苗经－4℃冰冻
24 h，核骨架几乎没有明显变化；而不抗冻的春小麦 9-179 品种的幼苗在－4℃冰冻
24 h 后，它的核骨架纤维发生中断，转变成颗粒状（图 13-12B），从而使染色质与染色
质之间、染色质与核仁之间失去了空间的支撑结构，结果导致染色质之间以及染色质与
核仁之间相互凝集、形成板块状（图 13-12C）。这种凝集当幼苗返回暖和条件后，大部
分还是可逆性的；但在冰冻 48 h 后，绝大部分就成为不可逆的，80% 以上的幼苗死亡。
这说明，核骨架是植株生命存亡的调控者。

简令成等（1998）也对干旱胁迫下核骨架的变化进行了探讨，也是以小麦幼苗为实验材料，进行盆栽，当幼苗生长到3～4叶期时，停止灌水，到第3天，叶片开始出现轻度萎蔫；到第6天时，叶片严重萎蔫，麦苗（除去根系）失水分别为停止灌水时鲜重的±35％和±65％。采取这两个胁迫时期（干旱了3天和6天）以及未经干旱（对照）的样品，按照上述冰冻胁迫下核骨架的制样方法进行扫描电镜观察，所获结果与冰冻胁迫下的核骨架动态十分类似。在正常水分条件下的核骨架结构与适宜温度下核骨架（图13-12A）基本一致；在3天干旱胁迫下，许多核骨架纤丝中断，变成颗粒状结构，染色质已相互凝集成较大的质团（块）（图13-13A和图13-13B）；在连续6天干旱胁迫下，大部分核骨架纤维断裂，变成颗粒状（图13-13C），在不少样品中观察到核内的整个染色质相互凝集成团（图13-13D）。复水结果指出，干旱3天和6天的麦苗都可以缓慢地恢复。

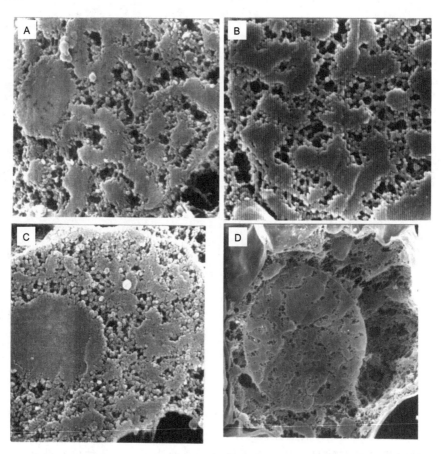

图13-13　干旱胁迫下小麦苗端分生细胞的核骨架动态。A和B. 干旱3天，麦苗鲜重失水±35％，许多核骨架纤维中断，变成颗粒状结构，染色质已凝集成较大的质块（团）；C和D. 干旱6天，麦苗鲜重失水±65％，大多数核骨架纤维断裂、变成颗粒状（C），在不少样品中观察到核内整个染色质相互凝集成团（D）

五、核基因 DNA 复制与转录活动对低温、干旱和盐渍化胁迫的反应与适应

当所有的生物，无论是植物、动物还是微生物，遭遇到逆境胁迫时，它们的一切图谋都是集中在如何让自己的生命存活下去，即如何对逆境做出适当的应对性反应，使其生命活动和结构功能改变到适应逆境生存的途径上来。作为生命活动调控中心的细胞核，在这"生死存亡"的关键问题上，必然要做出迅速的反应和适应性改变。早在1970 年 Weiser 就提出一个设想，越冬植物抗冻性的增强是由于核基因表达的改变，近30 余年来的分子生物学研究的结果，证实了 Weiser 设想的正确性。现已知道，在低温、干旱或盐渍化胁迫诱导下，核内的抗性基因被表达，而另外的一些生长基因受抑制（Guy，1990）。尤其有意义的揭示是，低温刺激下的细胞内 Ca^{2+} 浓度瞬时性的提高，即可首先在核内发生反映（Jian et al.，1999；2000d；2000e），并迅速地引发核基因的表达。

一般说来，盐胁迫会很迅速地严重抑制 DNA 的复制和 RNA 的合成；但是很早就有人注意到，盐胁迫不仅引起核遗传中心信息库的量变，而且会引起基因型-表型系统（genotype-phenotype system）的质变。Shanks（1965）的观察指出，许多二倍体植物的体细胞包含着多倍细胞核。这种"内多倍性"不仅因个体发育而变化，而且受外界环境因素如低温、干旱和盐胁迫的影响。用 NaCl 盐处理植物幼苗，根、茎、叶器官组织中的许多细胞核体积扩大，DNA 含量增加，多倍性细胞的数量显著增多（Strogonov，1975）；在自然界盐渍化土壤的生境中也有类似的情况。*Juncus buffonius* L. 的盐生品种有 108 个和 120 个染色体，而其非盐生品种仅 20 个染色体。染色体多倍性的发生被认为是植物的发育过程中对环境变化适应的一种最普遍和最简单的途径（Strogonov，1975）。

多倍体植物具有生长势高、抗逆性强等特性。据统计，禾本科植物中有 70% 为多倍体（Lewis，1980）。多倍体可以通过两条途径发生：一是体细胞在有丝分裂过程中受某种因素的影响偶尔使染色体加倍，突变成多倍体，如通常所说的"芽突变"；二是大、小孢子母细胞发育过程中，受某种因子影响抑制了减数分裂，形成 2n 配子，后经精卵结合而产生多倍体，在自然界，未经减数分裂而发育成的 2n 花粉是时有发生的。在自然界，引发多倍体发生的因子，除低温、干旱和盐胁迫外，还有太阳光中的紫外线及雷电冲击等，因此，高山植物中有较多的多倍体。根据我们长期研究中积累的实验结果，进一步揭示和启示，通过 NaCl 盐高浓度处理或许是诱导抗盐和抗旱多倍体新品系的一条简便可行的途径。

六、核在"程序性细胞死亡"中的先导作用

近年来的研究发现，在植物的生长发育和对环境的反应与适应中，与动物一样，也存在着"程序性细胞死亡"（programmed cell death，PCD）。这种程序性的细胞死亡是完成多细胞有机体正常的生长发育所必需的和有益的。它是一种由特定基因控制的程序性细胞死亡过程，可由自身发育阶段时序性遗传信息所引发，也可由邻近细胞或环境信

号所引发。许多研究已经揭示，木质部导管的形成、根在缺氧条件下通气组织的发育、根帽细胞的脱落、花瓣的凋谢、珠心和花柱引导组织的死亡、胚囊中助细胞和反足细胞的退化，以及禾谷类种子在萌发过程中糊粉层细胞的消亡等，都是属于程序自控性细胞死亡。同时也有一些研究指出，植物在受到低温、干旱和盐渍化等逆境胁迫时，下部老叶提前衰老死亡，一部分花和幼果脱落（即自然疏花和疏果现象），以及禾谷类花序上一部分小穗和小花的败育等，也都是植物体程序性自我调节的反应与适应，试图通过一部分器官、组织和细胞的死亡，去保全植株整体的生存。在这种程序性细胞死亡过程中，细胞核中的染色质首先发生凝集和 DNA 降解等变化，它们是程序性细胞死亡过程中两个重要的特征性标志。早在 20 世纪 50 年代，一些研究者（Kurnick，1950；Konarev，1953；1958）就曾指出，当豌豆幼苗处于饥饿（除去其子叶）或土壤中 N、P、K 肥源缺乏时，较老的薄壁组织细胞核中的 DNA 分子发生降解，由高聚合状态变成低聚合状态，结果在甲基绿和派洛宁（methylgreen-pyronine）的染色中，原本被甲基绿染成绿色的核变成了嗜派洛宁性，被派洛宁染成了红色。这种因营养物质亏缺引起的 DNA 降解已为现今的新技术测试——DNA 在凝胶电泳图谱上的梯状条带（DNA ladder）所证实。简令成（1962）在小麦壮苗和黄弱苗的细胞化学比较研究中，通过多方面的严格对比实验证实，在甲基绿-派洛宁染色中，核的"嗜派洛宁性"（染成红色）是鉴别植物在逆境胁迫下 DNA 分子发生降解的一个简便易行的好方法。在这个研究中，作者清晰地显示了壮苗细胞核的 DNA 分子是处于高聚合状态，它既能与 Schiff 试剂起反应，染成紫红色，又在甲基绿-派洛宁染色方法中被甲基绿染成绿色；而那些因干旱、土壤盐渍化和缺肥造成的黄弱苗，其叶片组织切片在甲基绿-派洛宁的染色中，其中有不少细胞核不被甲基绿染色，而被派洛宁染成红色，或者被这两种染料染成中间混合型的颜色——蓝紫色和灰褐色等。这种核仍能与 Schiff 试剂发生反应染成紫红色。这说明，因干旱和土壤盐渍化等逆境造成的黄弱苗，其中一些细胞核的 DNA 分子发生了降解，变成了 DNA 片段（fragment），但不同组织和细胞间有差异，有的细胞核中的 DNA 分子全部从高聚合降解到低聚合的 DNA 片段，以致整个核被派洛宁染成红色；有的细胞核中的 DNA，其中一部分降解到低聚合分子，而其余部分仍保持高聚合状态，还是被甲基绿染色，所以使这种核显示出混合型染色——蓝紫色或灰褐色等。

内蒙古呼和浩特地区栽培的苹果树在早春倒春寒中常引起部分花芽脱落，赵紫芬等（1984）也应用这种甲基绿-派洛宁染色法显示，在苹果树花芽的冻害中，也发生细胞核 DNA 分子的降解。他们发现，花芽最先受到伤害的部位是它的基部维管束和髓细胞，这些细胞的细胞核最先显示出嗜派洛宁性。此处细胞核 DNA 的降解可能最终导致花芽和花的凋亡与脱落。

现今，观测程序性细胞死亡过程中核变化的主要方法是：电子显微镜术的核形态学观察、DNA 的琼脂糖凝胶电泳图谱分析，以及 DNA 断裂的 TUNEL 原位标记反应。通过这些特征性测试已查明，烟草细胞在低温胁迫下（Koukalova et al.，1997），大麦和玉米根在 NaCl 盐胁迫下（Katsuhara，1997；Ning et al.，2002），以及拟南芥幼苗和玉米培养细胞在渗透胁迫下（Stein and Hanesn，1999）都可引起细胞核的 DNA 断裂，在凝胶电泳图谱上显示出 DNA 梯状条带（DNA ladders）（图 13-14）。这说明，这些逆境胁迫引起的细胞死亡，是属于植物体主动自控性反应的死亡。还有观测揭示，

DNA 断裂先于核的形态学变化（核收缩和变形）。并发现，带有荧光标记的 FITC 原位反应，显示出细胞分裂中染色体的不同部位对 NaCl 盐胁迫有不同的敏感性，染色体的末端区最敏感，最先呈现出 FITC 和 TUNEL 正反应，然后才是着丝点区域发生变化（呈现正反应）；同时还显示，间期细胞核的染色质比中期染色体敏感（Ning et al.，2002）。

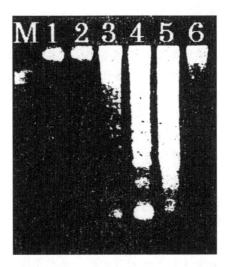

图 13-14　玉米在高盐（400 mmol/L NaCl）胁迫下产生的
DNA 条带。M. 100 bp 分子质量标记；1. 盐胁迫前分离的
DNA；2. 盐胁迫 4 h；3. 盐胁迫 8 h；4. 盐胁迫 12 h；
5. 盐胁迫 24 h；6. 未经盐处理的根（对照）

应该指出的是，在这种程序性细胞死亡（PCD）过程中的核变化，与其他许多生物学现象一样，也存在着多样性，这将在以后的章节中谈到。

第十四章　细胞骨架对低温、干旱和盐胁迫的反应与适应

一、细胞骨架是反应外界刺激最好的信息传递结构

Aon 等（1999）对"逆境影响植物细胞的整体结构和代谢"的评述中指出，"植物对环境刺激的反应和适应是通过细胞结构和代谢相互制约的改变来实现的。细胞骨架在细胞的结构中起着极其重要的作用，它是细胞质基质的关键性成分，通过它的分布格局形成了一个从中央细胞核到细胞外周（表面），甚至到细胞外基质以及其他细胞间的结构与功能的桥梁"；并提出，"细胞骨架成分微管和微丝的组装与去组装能够充当低温、干旱和盐渍化等逆境胁迫的传感器的作用"。Gundersen 和 Cook（1999）专门论述了微管在信号传递中的作用（microtubule and signal transduction），他们指出，微管是唯一合理的信息传递的结构，没有其他细胞结构成分能像它这样充当这一角色。它们布局在整个细胞质中，并在各细胞器之间，特别是在质膜到细胞核、质膜到细胞壁之间，形成一个从内到外和从外到内的"桥梁"网络。例如，细胞骨架与跨质膜的细胞外基质受体是相互联结的，一种外界刺激（如机械刺激和高、低温刺激等）首先是作用于这种跨膜的胞外受体，然后将这种刺激信号传递给细胞骨架（Wang et al.，1993），并经由细胞骨架这种"桥梁"网络把这种细胞外刺激信号传递给生命活动的控制中心——核基因组，以及其他细胞器；并将基因表达的反应返回到细胞表面及有关的细胞器，形成一个统一协调的反应过程。微管的负（"—"）端靠近核膜，正（"+"）端向着细胞外周、靠近质膜。微管的这种极性指引着信息流动（传递）的方向。微管的表面连接着许多功能蛋白。作为信号传递的微管实际上是与许多相关蛋白质结合形成的一个复合体系。例如，微管表面的"移动因子"（moving factor）和微管连接蛋白（MAP）在微管信号传递机制中可能起着重要的作用。

由于周质微管的分布常常是与微丝骨架相伴。因此，微管的这种"桥梁"通路实际上也是微丝骨架与微管骨架共同结合形成的结构，这已在洋葱鳞片表皮细胞的质壁分离中形成的质膜细丝带（Hechtian strand）得到确证（Oparka et al.，1994）。它们共同通过质膜下锚到细胞壁上的一些特定位点，形成从细胞壁-质膜-胞质细胞骨架网络-细胞核及其他细胞器的往返的信号传递通路，使植物体对外界刺激发生相应的反应与适应。

二、胞质骨架作为反应外界刺激信息传递结构的再证实

已有一些研究结果揭示，胞质骨架的主要成分微管和微丝与细胞核、质膜和细胞壁，以及细胞质中的各种细胞器——内质网（ER）、高尔基体和液泡等有着广泛的联系（简令成等，1984a；Lancelle et al.，1987；Hepler et al.，1990；Lichtscheidl et al.，1990；Wei and Jian，1993；Oparka et al.，1994；Miller et al.，1997）。尤其引人注意

的是，Wei 和 Jian（1993）通过冰冻断裂-CSK 抽提和扫描电镜观察技术，观察到胞质骨架纤丝（filament）从细胞核外周通过细胞质下锚到细胞壁上的现象。这种新发现为胞质骨架从中央的细胞核到细胞外周的细胞壁的信息传递通路提供了新证据。值得重视的是，这种新现象似乎不是偶然的发现。我们再次清理了过去所拍的大量照片，使我们更进一步发现，这种从核外周的胞质骨架网络辐射状通过内质和周质，然后下锚到细胞壁的现象似乎是相当普遍的。我们选择几张有代表性的照片排列在图 14-1 中，这些照片显示的图像与其他作者研究和分析的细胞骨架作为从细胞外周细胞壁到细胞中央的细胞核的信号传递通路结构是有区别的。部分文献（Hepler et al.，1990；Lichtscheidl et al.，1990；Oparka et al.，1994）告诉读者，胞质细胞骨架与其他细胞结构——内质网、质膜和细胞壁的连接是通过多层次连续性进行的，首先是周质细胞骨架微丝和微管连接到内质网上，然后，这种内质网-细胞骨架复合体在质膜的一些位点上与质膜相连接；同时，质膜上一些位点的粘连糖蛋白与细胞壁发生粘连，从而形成一种连续性连接体系，质膜在这种连续性连接体系中起着中心作用（Lichts cheidl et al.，1990），即周质内质网/细胞骨架-质膜-细胞壁。Oparka 等（1994）在洋葱鳞片表皮细胞通过高渗溶液引起的质壁分离形成的"Hechtian 细丝带"的研究结果中也指出，这种 Hechtian 细丝带的质膜小管包含着内质网和细胞骨架的微管和微丝成分，进一步证明了内质网和细胞骨架与质膜的连接，也同时证实质膜小管末端在细胞壁的一些位点上与细胞壁发生连接。因而也就进一步证明了质膜在这三者（周质内质网/细胞骨架-质膜-细胞壁）连续性连接体系中的中心作用。Oparka 等的研究结果还指出，作为胞间连丝结构的中央桥管内质网，在严重质壁分离情况下，仍然能保留质膜在胞间连丝位点上与细胞壁的连接，显示周质内质网在这个位点上的质膜与细胞壁的连接中起着主干作用。

而 Wei 和 Jian（1993）的研究结果则显示，胞质骨架的分布格局直接构建了反应外界刺激的信息传递通路（图 14-1）。他们的研究结果还揭示，胞质骨架和核骨架是相互连接的（图 14-2A 和图 14-2B），并且还能穿过细胞壁，形成细胞间胞质骨架联络（intercellular connection，图 14-2C 和图 14-2D）（Wei and Jian，1993，1995）。这就显示了胞质骨架的分布格局在信息传递中的更大作用，当植物体受到外界胁迫刺激时，位于细胞壁上的胞质骨架纤丝末端，不仅能把这种刺激从细胞壁传递到细胞内，而且能直接传递到细胞生命活动的调控中心——核基因组，引发核基因的适应性表达，并能将这种刺激信号及核基因反应的信息传递到邻近细胞，协调植物体各细胞间，以及各器官组织间的整体反应与适应。这就是这种新证据的重要价值。

现在的问题是，这种胞质骨架纤丝末端如何通过质膜到达细胞壁，而不破坏质膜半透性的完整性？经分析后的推测，大致有三种可能。①这种下锚到细胞壁上的"鸡爪"状图像（图 14-1，箭头）是样品在冰冻断裂后，经 CSK 溶液抽提，质膜等结构被除去而获得的，因此以下可能性是存在的，即这种"鸡爪"状末端原本是下锚到质膜上，由于质膜被抽提，以致它下落到细胞壁上。由此看来，它是一种技术上的人工赝像。②这种胞质骨架纤丝（末端）是作为跨质膜蛋白穿过质膜的。对于这种设想，可能有人会说是一种"天方夜谭"。然而设想也是一种动力，它可推动人们去探索，或许对后来的研究有所启发。③这种胞质骨架纤丝的末端先下锚到质膜，然后再通过这个位点上的跨质膜粘连糖蛋白黏附于细胞壁上。这种跨膜糖蛋白不仅可以起黏附作用，或许还可以作为

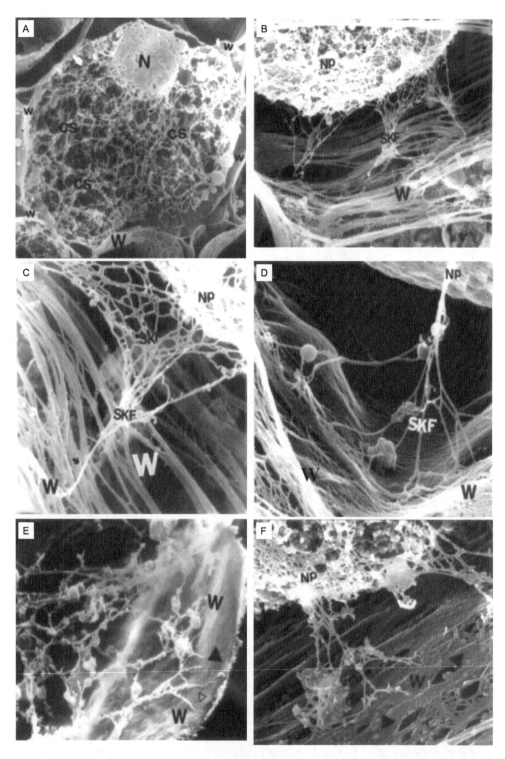

图 14-1　冰冻断裂-CSK 抽提-扫描电镜观察显示的胞质骨架与细胞壁的连接。注意核外周
（nuclear periphery，NP）胞质骨架（CS）网络辐射状通过细胞质的内质和周质下锚到细胞
壁（cell wall，W）上，骨架纤丝（cytoskeleton filament，SKF）末端形成"鸡爪"状连在细
胞壁上，很像船舶停靠的锚（箭头）

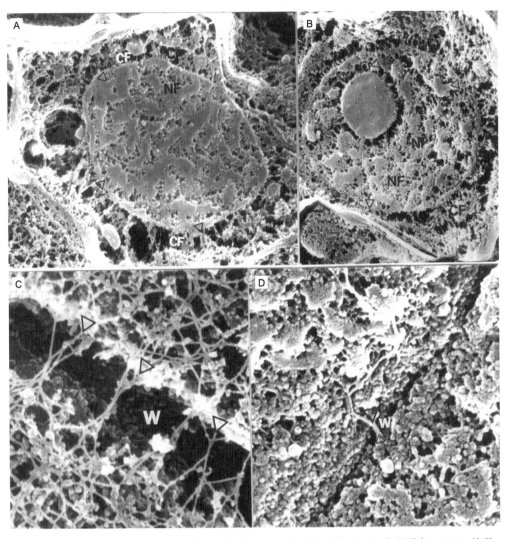

图 14-2　冰冻断裂-CSK 抽提-扫描电镜观察技术显示的胞质骨架（CF）与核骨架（NF）的联系（A 和 B，箭头），以及胞质骨架穿过细胞壁（W）形成胞质骨架的细胞间联络（C 和 D，箭头。样品经果胶酶和纤维素酶处理）

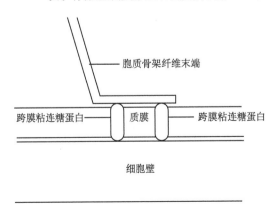

图 14-3　胞质骨架纤丝末端与质膜和细胞壁连接的图解

骨架纤丝末端的感应分子或受体，对外界刺激进行接收与传递（图 14-3）。这种推测或许比较合理，符合实际情况。这样，当刺激作用到细胞壁上时，通过跨质膜粘连糖蛋白的感应，直接将信号作用于细胞骨架纤丝的末端，然后通过骨架纤丝直接将刺激信号传递到细胞生命活动的调控中心——核基因组。

总之，不管是通过哪种方式连接到细胞壁上，这一研究结果所获得的图像，说明胞质骨架作为反应外界刺激信息的传递结构是十分清楚的，值得进一步深入探讨。

三、渗透胁迫下细胞骨架网络结构的重新布局及其作用

由于干旱、盐渍化和低温都涉及水分胁迫和渗透胁迫（osmotic stress）。因此，对渗透胁迫进行调节也就成为植物适应这些逆境生存的共同的中心问题，细胞骨架也必然要对这一中心问题做出相应的反应与适应。研究揭示，在渗透胁迫下，细胞骨架成分微管和微丝会发生去组装（解聚）和再组装（再聚合）及其排列布局的变化，如 *Chlorophytun comosum* 的叶片细胞在高渗溶液处理中发生凸形和凹形质壁分离（plasmolysis），从而导致微丝骨架结构和布局的巨大变化；细小的周质微丝消失，粗的聚集成束的微丝分布在周质、亚周质和内质中。与对照（未经高渗处理）相比，质壁分离细胞中的微丝含量显著增加。在凹形质壁分离的细胞中，微丝束主要分布在收缩原生质体凹面部分质膜内侧的周质中，以及核膜周围的细胞质中和液泡膜的表面上。这种质壁分离的细胞若再经细胞松弛素 B（CB）的处理，原高渗收缩的原生质体中的微丝骨架迅速解聚，原生质体的体积随之显著变小，其中许多变成"类阿米巴"（amoeboid）形，并有许多分裂出亚原生质体。在除去 CB 和高渗溶液后，质壁分离被解除，微丝骨架又逐渐恢复其原有的正常结构和布局。微丝骨架的上述动态，说明它是原生质体形态和体积变化的一个重要的调节因素（Komis et al.，2002）。高渗引发质壁分离细胞微丝骨架的聚合和加富，也发生在其他许多生物体系对高渗冲击的反应中（Hoffmann and Pederson，1998；Pederson et al.，1999；Zischka et al.，1999）。可以说，微丝的这种聚合和加富是动物、真菌和植物细胞对高渗冲击的一种共同的反应特性（Komis et al.，2002）。

微管骨架对高渗胁迫的反应也显示与微丝骨架相类似的变化（Komis et al.，2001），主要的首先是部分微管迅速解聚，然后再重新组装，并按照与渗透调节相适应的方式重新进行排列布局，形成新的网络结构。Dhonukshe 等（2003）利用绿色荧光蛋白（GFP，微管蛋白指示剂）转基因烟草细胞和激光扫描共聚焦显微镜观察与照相，十分清晰地形象化地证实了周质微管在 150 mmol/L NaCl 渗透胁迫下，排列布局方向性和结构的显著变化（图 14-4）。由于周质微管与质膜的稳定性有着密切的关系，并调控着细胞壁纤维素微纤丝的沉积方向，所以，周质微管结构和分布格局的改变必然会因此影响植株的生长和形态发生。微管和微丝骨架结构对渗透胁迫的这种反应性改变，至少可以发挥以下三种适应性作用。

1）最初的微管和微丝的解聚物微管蛋白（tubulin）和肌动蛋白（actin）可能起着活化质膜离子通道的作用，使胞外离子进入细胞，以调节细胞膨压。

2）重新形成的粗大的微管束和微丝束的周质骨架，可以加强质膜的牢固性和稳定性，保护质膜在质壁分离和解除质壁分离过程中不受损伤（Aizawa et al.，1999；

Komis et al.，2002）。

3）维持细胞在失水和膨压降低过程中，细胞形态和体积的稳定性（Aon et al.，1999）。

此外，作为信号传递的细胞骨架网络还可能激发多糖（淀粉）水解酶活性及渗透调节剂合成酶的活性，增加诸如可溶性糖和脯氨酸的积累。例如，在渗透调节剂合成和积累过程中，伴随着微管蛋白（tubulin）mRNA水平的提高，产生微管蛋白单体合成的高水平（Haussinger et al.，1994）。细胞骨架结构的重新布局会影响酶的反应动态，因为许多酶是束缚在细胞骨架上的。在植物对逆境的生化反应中，至少有一些酶促过程受细胞骨架重新布局所介导，如微管的组装与去组装可以引发与碳代谢有关的酶反应；水分胁迫中微丝网络结构的改变会引发多糖水解酶活性的增强（Aon et al.，1999）。

还有一个更为重要的可能作用，渗透胁迫引起的部分微管和微丝解聚的游离微管

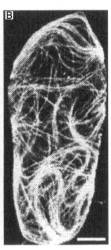

图 14-4　通过绿色荧光蛋白（GFP，微管蛋白指示剂）转基因烟草 BY-2 细胞和激光扫描共聚焦显微镜观察与照相，显示 BY-2 细胞在 150 mmol/L NaCl 渗透胁迫下微管结构布局的变化。A. 在正常培养条件下（对照，control）周质微管沿着细胞纵轴呈横向螺旋状排列；B. 在150 mmol/L NaCl 渗透胁迫 15 min 后，周质微管结构和排列布局显著改变

白和肌动蛋白，可能通过活化质膜 Ca^{2+} 通道，引起 Ca^{2+} 内流。已知作为细胞内第二信使的 Ca^{2+}，可以通过依赖 Ca^{2+} 活化的一系列蛋白质激酶的连锁反应，启动抗性基因表达，提高植物抗逆性（Sheen，1996；Mazars et al.，1997；Sangwan et al.，2002a）。

四、微管骨架存在冷敏感性和冷稳定性的差异

微管是细胞骨架中的重要组分，也是最活跃的成分。它的两端不对称性的装配平衡使微管在细胞周期中表现出多种结构：早前期带微管、纺锤体微管、成膜体微管和胞质微管；并对环境条件表现出十分敏感的反应。温度是微管动力学中最敏感的因子之一。早已知道，0～4℃低温可引起微管的解聚，而 25℃以上温度则有利于微管的聚合组装。正是由于这种原因，致使在早期电镜的低温固定样品中未能观察到微管结构，使微管骨架结构的发现几乎延后了 10 年，直到 20 世纪 60 年代，Ledbetter 和 Porter（1963）以及 Slautherback（1963）用室温固定材料时，才分别在植物和动物细胞超薄切片中发现了微管结构。当人们认识到微管的这种温度动态之后，曾将它概括成以下公式：二聚体亚单位微管蛋白 $\xrightarrow[0\sim4℃]{25\sim37℃}$ 多聚体微管。这一公式成为分离纯化微管蛋白及研究微管结构与功能及其调节的重要理论指导与技术措施。然而后来的许多研究结果指出，这一公式并不适合所有的微管动态。不同种类的植物或动物、不同的器官和组织，甚至同一细胞中的不同微管对低温的反应也有差异。有些微管对低温是敏感的，但有些微管在低温

（0～4℃，甚至零度以下）的作用下并不解聚，表现出冷稳定的性质。例如，Webb 和 Wilson（1980）在分离提取小鼠微管蛋白时，发现在 0℃ 离心的沉淀中尚存在大量的微管碎段。此后，在多种哺乳动物的脑细胞和培养细胞中都证实有冷稳定微管的存在（Job et al.，1981；Job and Margolis，1984；Piroller et al.，1983）。在高等植物方面，Nelmes 等（1973）也曾报道苹果茎组织在 4℃ 低温固定后，仍然在超薄切片中观察到大量的微管。简令成等从 20 世纪 80～90 年代期间对植物微管骨架的低温敏感性和稳定性与植物抗寒性的关系进行了长期和大量的系统研究，结果表明，微管的低温敏感性仅是微管低温动态反应的一个方面；抗寒植物经低温锻炼后，其微管不但能获得冷稳定性，而且能获得抗冻的性能。

1. 不抗寒（冷敏感）植物的微管是冷敏感的

一种喜温绿藻 *Closterium ehrenbergii* 在 0℃ 5 min，其所有的微管即解聚（Hogetsu，1986）。Hardham 和 Gunning（1978）通过连续超薄切片的电镜观察指出，经 0～2℃ 低温处理 15 min 或 2～4 h 后，满江红、*Impatiens balsamina* 和玉米根尖分生组织细胞内的微管密度与长度显著降低。IlKer 等（1979）报道，番茄幼苗在 5℃ 处理 8 h，子叶细胞中的微管全部被破坏。棉花幼苗遭到冷害时，叶片细胞中的微管也发生解聚（Rikin et al.，1983）。玉米悬浮培养细胞在 4℃ 冷处理 3 天，约有 90% 的细胞中微管几乎全部被破坏（Chu et al.，1992）。简令成等（1989）通过对多种不同抗寒性植物微管的免疫细胞化学的研究指出，微管在低温下的动态——解聚或重新再组装，是与植物的抗寒性密切相关的，喜温的冷敏感植物的微管是冷敏感性的，在 0～5℃ 低温下发生解聚。他们的实验结果显示，番茄、黄瓜、水稻和玉米等冷敏感植物的幼苗经 0～1℃ 低温处理 3 h 后，其叶片气孔的保卫细胞和根尖分生组织细胞中的微管被破坏；而抗寒性植物的微管则显示冷稳定。

2. 抗寒植物的微管骨架具有冷稳定性

研究揭示，生活在低温条件下（0℃ 以上低温，甚至 0℃ 以下低温）的植物和动物，它们的微管骨架能很好地行使其正常功能，细胞的有丝分裂能正常进行，未表现出任何纷乱。例如，一种海胆 *Strongylocentrotus droebchiensis* 的卵能在冻水中发育到长腕幼体阶段，在其细胞的有丝分裂中，微管蛋白能正常地组装到纺锤体中（Stephens，1972，1973）。又如生活在南极地方高浓度盐湖中的一种无细胞壁的单细胞藻（*Pyramimonas gelidicola*），它是借助其细胞的周质微管骨架使之具有独特的梨形。在 −14℃ 低温下，这种单细胞藻仍能保持它的梨形状态，同时其鞭毛也能继续摆动，因为它们的微管在这种低温下仍然是完整的。当这种藻经秋水仙碱处理，微管被破坏后，其细胞即变成圆形，鞭毛也停止了运动（Burch and Marchant，1983）。

简令成等（1989）测试了一些不同程度的抗寒性植物（如菠菜、甜菜、大蒜和冬小麦等）的微管在系列低温处理后的动态，所获结果指出，抗寒植物的微管骨架也具有抗寒性（冷稳定性）；尤其引人注意的是，揭示微管的冷稳定性与植物的抗寒程度有一定的正相关，如引起菠菜和甜菜微管解聚的临界低温是 −4～−5℃；而抗寒性较强的大蒜和冬小麦微管的临界低温为 −8～−11℃。

微管骨架的冷稳定性程度与植物发育的生理阶段有关。例如，黑麦草的幼年细胞中的周质微管是冷敏感的，而成年细胞的微管是抗寒的（Juniper and Lawton，1979）。与初生壁纤维素沉淀有关的微管冷稳定性程度低，而参与次生壁形成的微管则有较高的冷稳定性（Nelmes et al.，1973）。矮豌豆上胚轴细胞经赤霉素（GA₃）处理后，其周质微管的冷稳定程度降低（Akashi and Shiboaka，1987）。相反，GA₃ 却能促进洋葱叶鞘细胞微管的冷稳定性（Mita and Shiboaka，1984）。微管的冷稳定性在植物体内和体外也有巨大的变化，在体内有较高冷稳定性的微管，而当这种微管蛋白在体外组装成的微管，则变成高度的冷敏感性（Mizuno，1985）。

五、抗寒锻炼过程中微管从冷敏感性转变成冷稳定性

既然微管骨架的冷稳定性与植物抗寒性有密切关系，那么微管的冷稳定性是否也与植物的抗寒性一样有一个在低温下诱导提高的过程？实验结果做出了肯定性的回答。生长在暖和条件下的植物，无论是抗寒的或不抗寒的，它们的微管骨架也与植株整体或细

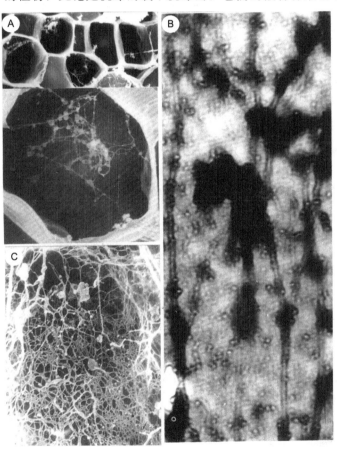

图 14-5　低温锻炼过程中微管从解聚到组装/从冷敏感转变成冷稳定性。A. 冬小麦幼苗从 25℃转移到 2℃ 3 h，在冰冻断裂-CSK 抽提-扫描电镜观察中，大多数细胞内很少见到微管的存在；B. 当 2℃低温锻炼进行 36 h 后，经分离原生质体铜网黏附制样，透射电镜观察，显示幼苗细胞内又出现大量的周质微管，并可看到组装中的微管片段；C. 采取寒冬中田间的麦苗，经冰冻断裂-CSK 抽提-扫描电镜观察，幼苗细胞内具有极其稠密的胞质微管骨架网络结构，有很强的抗冻性，在－15℃冰冻处理不受破坏

胞一样都是不耐寒的，都需要有一个在低温锻炼下从不抗寒到抗寒的转变过程。Jian 等（1992）在冬小麦"农大 139"的抗寒锻炼过程中的研究揭示，当冬小麦幼苗从 25℃ 转移到 2～3℃ 3 h，细胞内的微管发生解聚，在原生质体铜网黏附的样品中很少见到微管；在冰冻断裂-CSK 抽提-扫描电镜观察中，大多数细胞内见不到微管，只有少数细胞内包含着少量的微管（图 14-5A）。当这种低温锻炼进行到 36 h，在幼苗细胞内又观察到大量完整微管的出现，并可同时看到正在组装中的许多微管片段（图 14-5B）。他们还观察了寒冬时期田间冬小麦幼苗细胞内微管的状态，并与 25℃ 生长的幼苗做对比。寒冬中的微管具有极其稠密的网络结构，有很强的抗冻性，在 -15℃ 低温处理中也不受破坏（图 14-5C）。Carter 和 Wick（1984）在洋葱的研究中也曾报道类似的结果，生长在 23℃ 下的洋葱幼苗经 0℃ 冷处理 3 h 后，几乎所有的微管被破坏；但当其幼苗经 4℃ 低温锻炼 3 天后，在根尖细胞中又出现丰富的周质微管和有丝分裂微管，并且在 -4℃ 的冰冻中不发生解聚。这些实验结果表明，在冷锻炼初期，冷敏感的老微管发生解聚；然后在冷锻炼进程中，重新形成的新微管变成了冷稳定性，不仅能抗冷，而且能抗冻。这种冷稳定微管（抗冻微管）的新形成在冬黑麦的冷锻炼中也被观察到（Kerr and Carter，1990）。Abdrakhamanova 等（2003）报道，强抗寒性冬小麦"Albidum 114"在 4℃ 低温锻炼开始的短时期内微管发生解聚，但在 1 天后重新形成的微管则具有抗冻性，在 -7℃ 下不再发生解聚。

六、微管的短暂性解聚起着引发和增强抗寒锻炼的作用

如以上所述，无论是抗寒植物或不抗寒植物，在温度降到 2～4℃ 低温下时，它们的微管骨架都会发生解聚，但二者的后果却不同：对抗寒植物来说，这是它重新组装冷稳定微管/抗冻微管所必需的；而对不抗寒植物（冷敏感植物）来说，则是损伤性的、不能逆转，因为在这种冷胁迫下，钙泵 Ca^{2+}-ATPase 也受到了伤害，增加的 Ca^{2+} 不能被撤退，以致其微管骨架不能再聚合（Jian et al.，1999，2000d）。

进一步的问题是，引起微管解聚的 2～4℃ 冷低温，恰好是抗寒植物冷锻炼（冷驯化，cold acclimation）的适宜温度。在这种冷锻炼初期，微管发生解聚，除了是适应微管冷稳定性的转变外，是否还有其他作用？

已有一些很有意义的例证：用微管稳定剂紫杉醇（taxol）处理植株或细胞，抑制微管在低温下的解聚，则会降低冷锻炼效应（Bartolo and Carter，1991）；相反，若用破坏微管的药物［如秋水仙碱（colchicine）和维生素 B_1（oryzalin）等］处理细胞或植株，则会加强冷锻炼效应（Sangwan et al.，2002a）。这说明，微管的去组装（解聚）对于有效的冷锻炼是必要的。

Thion 等（1996）和 Mazars 等（1997）的实验结果指出，微管的解聚会活化质膜 Ca^{2+} 透性通道，增加冷冲击中的 Ca^{2+} 流入。Sangwan 等（2002a）的研究揭示，苜蓿培养细胞在非致死性低温或高温的刺激下，发生如下一系列连锁反应：冷或热刺激→质膜结构（膜流动性）改变→细胞骨架微管和微丝解聚→Ca^{2+} 流入→依赖 Ca^{2+} 的蛋白质激酶（CDPK）活化→分裂原蛋白激酶（MAPK）活化→蛋白质磷酸化和去磷酸化→抗性基因表达→植物和细胞的抗逆性（抗冷和抗热性）提高。Sangwan 等（2002a）特别注

重质膜和周质细胞骨架在感应和传递外界刺激信号中的初始作用，因为它们二者是细胞的外围结构，并具有紧密连接（Dhonukshe et al.，2003）。

Abdrakhamanova 等（2003）研究了三个不同抗寒性冬小麦品种在 4℃冷处理中，微管解聚和重组与冷锻炼效应的动态关系，揭示部分微管的短暂性解聚是引发抗寒锻炼的一个重要因素。他们的实验结果显示，强抗冻性冬小麦品种"Albidum114"在 4℃ 低温处理 12 h，微管已经发生明显的解聚（荧光强度明显降低）；此后，微管又重新组装，一天后又恢复到甚至超过原先的高密度（显示更强的荧光强度）。新组装的微管具有抗冻性，在 −7℃ 下不发生解聚，幼苗也获得了有效的低温锻炼。抗寒性中等品种"Micronovska 808"在 4℃ 低温处理过程中，表现出与强抗冻品种"A-114"相类似的趋势，但其微管的解聚速度较迟缓，微管的解聚数量也较少一些，重新组装的进度也较缓慢，直到 2 天冷处理才接近恢复冷处理前的微管密度。冰冻敏感性品种"Bezostaya l"在 4℃ 冷处理初期，不发生微管短暂性解聚，但在 12 h 冷处理后，其微管发生解聚，但不见新微管的组装，保存的老微管没有获得抗冻性。这些结果有力地揭示和证明，微管的短暂性解聚在引发和加强抗寒锻炼中具有重要作用。

Abdrakhamanova 等（2003）的测试分析还指出，在冷锻炼初期，微管的酪氨酸化发生变化，酪氨酸化的微管蛋白（α-tubulin）含量水平在强抗冻品种 A-114 中最高，中抗品种 M-808 较低，冰冻敏感品种 B-1 最低，以致这三个品种的微管对冷诱导的解聚作用表现出不同的敏感性：A-114 品种的微管由于酪氨酸化程度高，遇冷时即迅速解聚；M-808 品种的微管酪氨酸化水平较低，冷诱导的解聚速度就较缓慢；B-1 品种由于其微管的酪氨酸化水平极低，以致在冷锻炼初期不发生微管解聚。他们的测试还证实，冷稳定微管的新形成与微管蛋白异形和微管连接蛋白（MAP）的变化有关。

七、微管的解聚与重建及其冷稳定性的调节因素

1. Ca²⁺ 调节

研究揭示，在 2～4℃ 冷锻炼开始时，发生两方面的明显变化：一方面如上所述，冷锻炼开始时，微管发生短暂性解聚，随着冷锻炼的继续，微管又重新聚合和组装，重新聚合的微管变成了冷稳定型，与植株的抗冻性相适应，具有抗冻性。另一方面的变化是，当冷锻炼开始时，细胞质基质中的 Ca^{2+} 水平即发生瞬时性的迅速升高。这种 Ca^{2+} 水平的升高起着信使作用，启动抗寒锻炼，引发抗寒基因表达（Monroy et al.，1993；Monroy and Dhindsa，1995；Jian et al.，1999；2000d；Knight，2000）。已有实验指出，微管对 Ca^{2+} 很敏感，高浓度 Ca^{2+} 会促使微管解聚（Job et al.，1981）。根据这两个过程的时间进程，胞质 Ca^{2+} 水平的升高在先，微管的解聚在后，因此有理由确定，微管的解聚是受控于 Ca^{2+} 增加的引发。那么是什么因素促使微管重新组装呢？研究指出，也是由于 Ca^{2+} 的调节。因为当细胞质 Ca^{2+} 浓度升高到微摩尔（1 μmol/L）水平时，增加的 Ca^{2+} 对质膜和液泡膜的 Ca^{2+} 泵（Ca^{2+}-ATPase）会发生反馈作用，促使 Ca^{2+}-ATPase 活化，从而使增加的 Ca^{2+} 被撤退到细胞外和细胞内的 Ca^{2+} 库中，导致细胞质基质中的 Ca^{2+} 浓度又恢复到低水平，其结果是微管骨架又得以重新组装。这种 Ca^{2+} 水平的升降与微管的解聚和再聚合现象在低温锻炼进程中，不仅在时序上，而且

在功能上都表现出十分协调的关系。当被锻炼的植株或细胞转移到 2～4℃ 低温 30～60 min，作为感应低温信号的细胞质 Ca^{2+} 浓度即显著升高，2～3 h 内达到高峰，这种高浓度 Ca^{2+} 一方面行使低温信号传递的信使作用，另一方面又促使细胞质中原来冷敏感微管的解聚；随后，这种高浓度 Ca^{2+} 被激活了的 Ca^{2+} 泵 Ca^{2+}-ATPase 撤回到细胞外和细胞内的 Ca^{2+} 库中，1 天以后，当细胞质基质中的 Ca^{2+} 浓度恢复到低水平时，新的微管得到重新形成。新组装的微管变成了具有抗冻能力的冷稳定性微管，保证微管在低温锻炼中能行使其正常的生理功能。

2. 脱落酸（ABA）和脯氨酸（proline）调节

Rikin 等（1983）的研究指出，预先用 ABA 处理棉花幼苗或叶圆片，不仅能防止低温伤害，还能防止低温所引起的微管解聚。Sakiyama 和 Shibaoka（1990）报道，ABA 和 GA_3 能影响矮豌豆上胚轴表皮细胞中周质微管的排列方向及冷稳定性，ABA 的作用与 GA_3 相反，经 ABA 处理形成的纵向排列的周质微管是冷稳定性的；相反，经 GA_3 处理形成的横向分布的周质微管是冷敏感的。

简令成等（1983～1987）在分离原生质体铜网黏附的电镜观察中，也研究了 ABA 和脯氨酸对小麦、玉米及水稻等幼叶细胞分离原生质体微管骨架的冷稳定作用，所获结果不仅进一步证实 ABA 对微管的冷稳定性效应，而且揭示了脯氨酸对微管的冷稳定性具有很好的作用。例如，冬小麦幼苗经 10^{-6} mol/L ABA 预处理 5 天后，用酶法分离出幼叶原生质体，将其置于 -4℃ 冰冻 2 h，然后通过原生质体的铜网黏附及负染色的电子显微镜观察，显示许多周质微管仍保持完整；而未经 ABA 处理的对照制片微管已消失。将分离原生质体悬浮于含 200 mg/L 脯氨酸的培养液中，也防止了周质微管的冰冻（-3℃，2 h）破坏。Akashi 等（1990）也报道，多聚赖氨酸（poly-L-lysine）和富含羟脯氨酸的伸展蛋白（extensin，细胞壁的重要组成成分）能很好地促进烟草分离原生质体周质微管的冷稳定性。关于 ABA 提高微管骨架冷稳定性的机制尚知之甚少，但脯氨酸、多聚赖氨酸及伸展蛋白对微管冷稳定的效应，似乎可以启示人们推测，ABA 或许也是通过这种途径提高微管的冷稳定性，即 ABA 在诱导抗寒基因表达中，包含着诸如脯氨酸、多聚赖氨酸及伸展蛋白的扩增或新合成，它们不仅能增强植物的抗寒力，也能对提高微管的冷稳定性起作用。

八、微管冷稳定性的机制

关于微管冷稳定性的机制，动物细胞方面已有不少研究，但植物细胞方面的研究尚不多，其中涉及较多的是微管连接（结合）蛋白（microtubule-associated protein，MAP）的作用。Sloboda 和 Rosenbaum（1979）的研究显示，离体微管在 4℃ 下的冷稳定性与 MAP 的存在有着密切关系，MAP/微管蛋白的比率增加，微管的冷稳定性就提高。Margolis 和 Rauch（1981）从小鼠脑微管的提取物中分离出一种与微管结合的 64 kDa 蛋白质，被称为"开关蛋白"（switch protein）。这种蛋白质与冷敏感微管和冷稳定微管都发生结合，二者的数量无区别，但磷酸化的情况不同，与冷敏感微管结合时是磷酸化的，而与冷稳定微管结合时是非磷酸化的。这种蛋白质的去磷酸化可能有助于在微管末端形成"封帽"（cap），从而加强微管的稳定性。

Job 等（1982）从微管蛋白纯化的制备样品中分离出一组蛋白质（几种多肽），它们的分子质量为 56 kDa、70～82 kDa、135 kDa。这些蛋白质只结合在冷稳定微管蛋白的样品中，因而被认为与抗冷性有关，称为 STOP 蛋白。STOP 的作用方式被认为是在微管组装时随机插入微管中，起着夹段效应的作用，在两个插入蛋白质之间的微管表现出冷稳定性。在微管重新组装时，STOP 可发生随机重排，因而可以使冷敏感微管变成冷稳定微管。关于 STOP 与微管的结合方式还有另一种看法，Margolis 等（1990）认为 STOP 随机附着在微管表面，可沿着微管滑动，但不会脱落，即所谓"滑动模型"。凡有 STOP 结合的微管即成为冷稳定性微管。

无论是"开关蛋白"还是 STOP 蛋白，对微管稳定性的调控都与其磷酸化和去磷酸化有关，因此诱发磷酸化的 Ca^{2+} 和钙调蛋白（CaM）对微管的稳定性必然有着重要的作用（Schleicher，1982）。较低浓度的 Ca^{2+}，直接或通过 CaM 促进微管的组装（Margolis，1981）；但较高水平的 Ca^{2+}，会使 CaM-磷酸激酶活化，活化了的磷酸激酶可使"开关蛋白"在微管末端形成的"封帽"磷酸化，除去"封帽"，从而使微管解聚（Job et al.，1981；1983）。CaM-磷酸激酶也能以同样方式使 STOP 蛋白，主要是 56 kDa 和 72 kDa 蛋白磷酸化。这些蛋白质经磷酸化后就从微管上脱落下来，从而使这种微管失去冷稳定性。Margolis 和 Rauch（1981）发现冷稳定性微管对 Ca^{2+} 的忍耐水平大大高于冷敏感微管，可从正常微管的微摩尔水平提高到毫摩尔水平。这可能是微管冷稳定性的一个重要机制，以保证它在低温引起的高浓度 Ca^{2+} 环境中不受破坏。

曾长青和何大澄等（1986）发现仓鼠培养细胞 V79-8 的胞质微管是冷稳定性的，并发现其中有一种冷稳定因子，分子质量为 140 kDa，这种蛋白质不仅能使本细胞的微管形成冷稳定性，而且这种蛋白质能分泌到细胞外的培养液中，用这种培养液去培养冷敏感微管的细胞时，能使这种冷敏感微管变成冷稳定微管（曾长青和何大澄，1986；何大澄等，1986）。

Brady 等（1984）及 Black 等（1984）认为，微管的冷稳定性主要决定于微管蛋白本身的改变，主要是 α-微管蛋白在转录后的修饰。在许多哺乳动物的培养细胞、神经细胞及基体的冷稳定微管中发现有乙酰化的 α-微管蛋白（Bulinski et al.，1988；Cambray-Deakin and Burgoyne，1987；Piperno et al.，1987）。Cambray-Deakin 和 Burgoyne（1987）以及 Bulinski 等（1988）还在小鼠等冷稳定微管中检测到去酪氨酸的 α-微管蛋白。一些研究揭示微管蛋白的同型性（tubulin isotype）可能与微管的冷稳定性有密切关系（Kerr and Carter，1990b）。南极鱼的冷稳定微管中含有多种独特的同型微管蛋白，这些同型微管蛋白能在低温下组装成微管（Derich et al.，1987；Williams et al.，1985）。

上述资料表明，调控和决定微管冷稳定性的因素主要有两个方面：一方面是微管结合蛋白；另一方面是微管蛋白本身，它们的许多细节尚有待进一步研究。

九、周质细胞骨架对质膜冷稳定性的作用

周质细胞骨架在冷锻炼中转变成冷稳定性，这对冷锻炼中细胞和植株抗冻性的发展有着多方面的生理功能，包括维持细胞在低温下的正常的形态结构，调控在冷锻炼过程

中细胞结构和物质代谢的一系列适应性的变化，尤其是对保证质膜稳定性的作用。如前面已经谈到的，质膜是细胞的外围结构，是低温、干旱和盐渍化胁迫伤害的最初部位。这些逆境胁迫改变和破坏了质膜的结构，导致细胞内离子和溶质外渗。周质细胞骨架，与质膜有着紧密的联系，在电镜下可以看到，在微管与质膜之间有"桥"的直接连接，"周质微管骨架-桥-质膜"形成一个稳定的复合体系（Hardham and Gunning，1978；简令成等，1984a；Sonobe and Takahashi，1994；Sonobe et al.，2001）。新近还鉴定出在微管骨架与质膜之间存在着磷脂酶 D（phospholipase D，PLD）的分子联结，它通过与多聚磷酸肌醇的共价结合，介导微管骨架下锚到质膜上（Dhonukshe et al.，2003）。这种磷脂酶 D（PLD）可以被许多外界刺激所激活，其中包括冷胁迫（Ruelland et al.，2002；Weiti et al.，2002）、干旱胁迫（Frank et al.，2000；Katagiri et al.，2001；Sang et al.，2001）、盐胁迫（Dhonukshe et al.，2003）以及高渗胁迫（Munnik et al.，2000）。PLD 的活化会引起微管的部分解聚和排列上的重新布局，这必然会导致质膜结构与功能的变化，并提高信息的传递作用对逆境胁迫做出相应的反应与适应。例如，通过 ABA 处理使 PLD 活化，导致气孔保卫细胞微管解聚，引起质膜离子通道活性

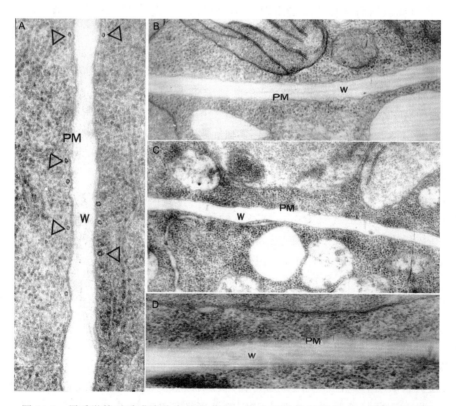

图 14-6　周质微管对质膜冷稳定性的作用。冬小麦幼叶组织经戊二醛-锇酸双固定，超薄切片，透射电镜观察。A. 生长在 25℃ 下的幼苗，未经任何处理，存在大量周质微管（箭头），质膜完整；B. 幼苗经 0.2% 秋水仙碱处理 2 h，微管消失，质膜保持完整；C. 幼苗经 -4℃ 冰冻处理 12 h，微管罕见，质膜轻度损伤；D. 幼苗经 0.2% 秋水仙碱处理 12 h 后，再经 -4℃ 冰冻 12 h，微管消失，质膜严重被破坏，许多已难以区分其界线，但质体膜保持完整

的改变，促使质膜阴离子通道及 K^+ 外流通道活化，K^+ 和一些阴离子外流，结果使气孔关闭（Jacob et al.，1999；Sang et al.，2001）。

Jian 等（1992）对周质微管骨架在质膜冷稳定性上的重要作用，提供了强有力的实验证据。他们将冬小麦种子在 25℃ 下萌发形成的幼苗，分别进行以下 4 种处理：①幼苗经 0.2% 秋水仙碱处理 2 h 后，再置于 -4℃ 冰冻 12 h；②幼苗在 -4℃ 冰冻 12 h；③幼苗经 0.2% 秋水仙碱处理 2 h；④25℃ 下萌发的幼苗未经任何处理。从以上各种处理的材料中切取幼叶组织片，按常规制作超薄切片，在透射电镜下观察及照相，所获结果如下：

在未经任何处理（对照）样品的切片中，观察到大量的周质微管及清晰完整的质膜（图 14-6A）。幼苗经过秋水仙碱处理后，微管消失，但质膜保持完整（图 14-6B）。幼苗在 -4℃ 冰冻 12 h 后，许多微管被破坏，但在某些切片中仍可看到少数微管的存在；质膜则普遍受到轻度的损伤（图 14-6C）。当幼苗经秋水仙碱处理、周质微管被破坏后，再受到 -4℃ 12 h 冰冻处理的切片中，质膜表现出严重的破坏，许多细胞已见不到质膜的界线（图 14-6D）；但这些细胞内的质体膜结构仍保持完整。这些结果明显地证明，周质微管是维持低温逆境中质膜稳定性的一个重要因素，并再次证明质膜是低温伤害最敏感的部位。

十、微丝和微管骨架参与气孔开关运动的调节

气孔开关运动涉及逆境植物的水分丢失和有效利用问题，它的调控机制也是逆境研究中的重要课题之一。已有不少研究揭示，微丝和微管骨架的聚合与解聚调控着气孔的张开和关闭。例如，用细胞松弛素 B（CB）处理豌豆叶片，使气孔保卫细胞中的微丝解聚，则导致气孔关闭；用鬼笔环肽（phalloidin）促进微丝聚合，则引起气孔开放（Huang et al.，1997）。并有日益增多的研究结果指示，光、湿度、温度和 CO_2 等环境因子，以及逆境引起的 ABA 积累，都会影响气孔保卫细胞中微丝和微管的聚合与解聚及其分布的重新布局，从而调节气孔的开关运动。

在白天的光照下，气孔保卫细胞中的微丝和微管都从气孔腹壁部位呈辐射状伸向背壁内侧的周质中，这时气孔呈张开状态；到黑夜，或者在水胁迫诱导的 ABA 作用下，微管和微丝结构的完整性受到破坏，它们的碎段呈弥散状不规则性地分布在保卫细胞的周质中，这时的气孔呈关闭状态（Eun and Lee，1997；Fukuda et al.，1998）。

Jian 等（1992）的实验指出，番茄叶片气孔在白天光照下呈张开状态时，保卫细胞中的微管显示强烈的辐射状的荧光染色；将这种叶片转移到 5℃ 低温处理 2 h 后，微管受到解聚破坏，荧光染色减弱成弥散状分布，这时气孔变成关闭状态。豌豆气孔保卫细胞中微管的结构和布局在昼夜周期中也显示类似的变化：在白天，大多数周质微管呈辐射状向着气孔排列，气孔呈张开状；到黑夜，大多数微管被解聚，气孔关闭（Joshi，1998）。同样，在冷胁迫下，或经微管破坏药物 oryzalin 处理，引起微管解聚，也导致气孔关闭；相反，用微管稳定剂 taxol 处理，维持微管稳定，则在黑暗中也能保持气孔开放（Sangwan et al.，2002a）。

第十五章　低温、干旱和盐渍化逆境中叶绿体结构与功能的变化

叶绿体是行使光合作用、最初合成（生产）有机物质（糖类）的器官，是植物体生长、发育的物质源泉，也是整个生物界赖以生存的有机物质的最初源泉。大量的研究揭示和证实，叶绿体的结构与功能对低温、干旱和盐胁迫很敏感，它对这些逆境的适应性变化，对植物本身的逆境生存和延续，以及保证农业生产的丰收都起着重要作用。

一、叶绿体结构和功能对低温的反应与适应

1. 在冷胁迫条件下叶绿体结构的变化

关于叶绿体在正常条件下的超微结构模式在第五章有较详细的描述，它的外部由双层被膜（envelope）所包裹，内部包含着基粒片层和基质片层，即类囊体，基质中通常存在一些淀粉粒。当冷敏感植物（如玉米、水稻、番茄和黄瓜等）受到冷胁迫时，叶绿体结构变化的最初症状是，叶绿体发生膨胀（图 15-1A），它是冷伤害表现的最普遍性的早期症状，从而引起叶绿体变形，并改变内部片层的排列方向，形成弯曲状；同时淀

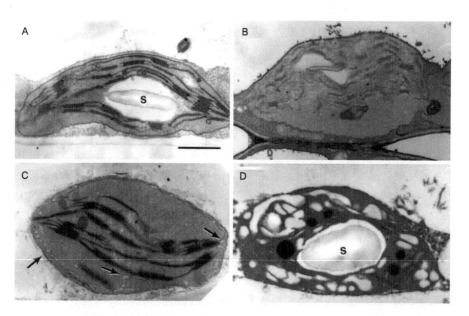

图 15-1　叶绿体超微结构在冷胁迫（5℃）中的变化（Kratsch and Wise, 2000）。
A. 菠菜正常生长条件下的叶绿体结构，显示清晰排列的片层结构和大的淀粉粒
（S）；B. 黄瓜在 5℃冷胁迫 9 h，叶绿体膨胀，片层排列方向改变，一些类囊体腔扩大，淀粉粒变小；C. 棉花在 5℃冷胁迫 72 h，叶绿体膨胀，被膜严重泡化；D. 菜豆在 5℃冷胁迫 144 h，类囊体膨胀，基质变暗

粉粒体积变小，数量减少。这种淀粉粒的降解可能是导致叶绿体膨胀的一个重要原因（Kratsch and Wise，2000）。随着冷胁迫的延续，叶绿体被膜发生变化，转变成许多串联状的小囊泡（图 15-1B）。在进一步的冷胁迫中，叶绿体内产生拟脂颗粒的积累，基粒垛叠片层减少，甚至消失。当受到更严重的冷伤害时，被膜破裂，其中的内含物与细胞质相混合，这是死亡的象征。Slack 等（1974）曾观察到叶肉细胞的叶绿体比其邻近维管束鞘细胞中的叶绿体对冷害更敏感。

许多研究指出，叶绿体结构的冷伤害变化随植物种类的抗冷性及相伴条件的不同而产生差异。例如，冷敏感的 *Gossypium hirsutum* L. cv Stoneville 213 经 5℃ 24 h 处理，其叶绿体即发生膨胀，被膜变成串联的小泡状结构；冷敏感性较低的 *Phaseolus vulgaris* L. cv. Blue-Bean 的叶绿体在 5℃ 24 h 后尚未出现明显的伤害症状，即伤害的发生延迟，到 72 h 后才显示明显的结构改变：叶绿体膨胀、类囊体腔增大、基粒片层减少等症状；抗冷的 *Brassica oleracea* L. var. *acephala* 在 5℃ 6 天冷处理后，也未引起其叶绿体结构的改变（Wise et al.，1983；Yun et al.，1996）。

在冷胁迫过程中有光照和没有光照对叶绿体的影响也有很大的不同，如 *Selaginella* spp. 的幼苗在黑暗下的冷胁迫中，虽然叶绿体中的淀粉粒被耗尽，但叶绿体仍保持绿色、结构正常；而在光照下的冷胁迫中，叶绿体中的叶绿素被破坏，类囊体退变，拟脂颗粒积累（Jagels，1970）。在低温和强光照相结合的作用下，还会促使叶绿体向有色体的转变（Jagels，1970）。

在冷胁迫中，高度的空气湿度（如 90%～100% RH）可对叶绿体的冷伤害起保护作用（Wise et al.，1983）；然而对那些热带的高度冷敏感的植物种类，即使在饱和的大气湿度中，也不能防止其叶绿体的冷伤害（Murphy and Wilson，1981）。

低温对于抗冷植物叶绿体的影响还与叶片的生长发育阶段存在密切联系，如若在叶片生长的启动阶段受到零上低温的作用，可增加叶绿体中类囊体和淀粉粒的数量；在叶片伸长时期受到低温处理，则会使叶绿体中的拟脂颗粒发生积累；在叶片生长停止时期受到冷胁迫，则会使叶绿体的基粒片层结构得到更好的发育（Karpilova et al.，1980）。

2. 越冬植物在秋冬自然降温过程中叶绿体结构与功能的改变

生长在秋冬自然低温条件下的冬小麦幼苗，其叶绿体的基粒片层和基质片层得到很好的发育，基质中有淀粉粒的积累；并且在类囊体膜中形成蛋白质平行排列的晶格结构。在经过低温锻炼的菠菜叶绿体中也观察到这种结构（Garber and Steponkus，1976）。冬油菜在低温抗寒锻炼中，叶绿体基粒片层和基质片层也保持良好的发育状态，并在基质中产生球朊颗粒（globulin）和淀粉粒的积累（Stefanowska et al.，2002）。Rochat 等（1974）报道，抗寒性强的冬小麦在低温锻炼过程中，叶绿体内的淀粉粒消失，拟脂颗粒增加，叶绿体被膜变成波浪状；而抗寒性不强的品种在同样条件下不产生这些变化。不同抗寒性的马铃薯品种和柑橘品种在抗寒锻炼和秋冬自然降温过程中也表现类似的变化（Chen et al.，1977；简令成等，1984b）。Steponkus 等（1977）通过冰冻蚀刻的电镜观察指出，在抗寒锻炼后，菠菜叶绿体的类囊体的内断裂面上的颗粒密度比未经锻炼的减少一半；并从两种大小的颗粒（100Å 和 165Å）转变成一种大小的颗粒（140Å）。他们还揭示，锻炼加强了偶联因子颗粒在膜上的稳定性，使之不易遭到冰冻解离。抗寒锻炼也使云杉叶绿体膜的稳定性得到提高，但光合效率降低（Senser and

Beck，1977）。冬小麦在秋季低温抗寒锻炼期间，叶绿体的光合效率与其品种的抗寒性程度呈正相关。

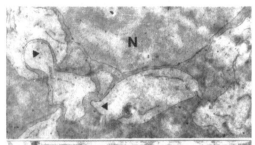
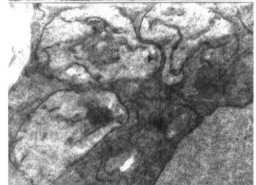

一些研究揭示，许多针叶植物和一些禾谷类植物（埋藏在表土中的苗端幼叶）的叶绿体在冬季里发生聚集，并形成嵌合状态，如白皮松针叶细胞中的叶绿体在冬季里成群地聚集在细胞质中一个部位上，彼此间形成轻度的嵌合（Parker et al.，1963）。北京地区的冬小麦幼叶细胞中的叶绿体在寒冬里呈现紧密的聚集状态，围绕在细胞核的周围，这些叶绿体发生变形，形成一种相互嵌合、形同拉链的结构（图 15-2），不抗寒品种的叶绿体不产生此种现象（简令成等，1973），这说明，叶绿体的这种相互聚集嵌合、形同拉链的变化与植物的抗冻性存在一定的内在联系，它可能有助于加强细胞内结构的支撑力量。

图 15-2　寒冬中，北京地区冬小麦幼叶细胞内叶绿体出现相互聚集和嵌合的现象（箭头）。这些相互嵌合、形同拉链的叶绿体围绕在细胞核（N）的周围

在北方地区越冬的针叶植物，如松树（pine）和云杉（spruce）等，在越冬期间，其叶绿体的结构和功能都产生巨大的改变。在夏季，叶绿体中的基粒片层和基质片层都发育良好，形成紧密的平行排列，基质中的淀粉粒发生昼夜变动，白天产生，夜间消失。在秋季，片层膜数量开始减少，产生拟脂颗粒；到冬季，叶绿体被膜发生很大程度的扩增，导致叶绿体呈现膨胀状态，垛叠的基粒类囊体片层消失，片层的总数量减少，保存下来的片层之间有较大的距离，呈疏松状并行分布；片层间有大量拟脂颗粒的积累，不见淀粉粒的存在。这种变化是越冬针叶植物普遍发生的共同现象（图 15-3，Hodasevich et al.，1978；Senser and Beck，1984）。

在寒冬中，这些越冬的针叶植物，不仅其叶绿体的超微结构发生很大的改变，而且其叶绿体膜的结构成分也发生很大变化，其中最明显的是叶绿素含量的降低和叶黄素含量的增加，因而使叶色变成绿黄色（Hodasevich et al.，1978；Sutinen et al.，1990）。测试指出，生长地愈北的寒冷地区，其叶绿素含量的降低幅度越大，可达50％以上。

针叶植物叶绿体在寒冬中的上述种种变化已被揭示和解释为对寒冬自然条件（主要是温度和光照）的一种适应机制。叶绿素是吸收光能的物质，叶绿体的光合作用即是将光能转变成化学能，生产糖类等有机物质；然而当吸收的光能超过光合作用的用量时，

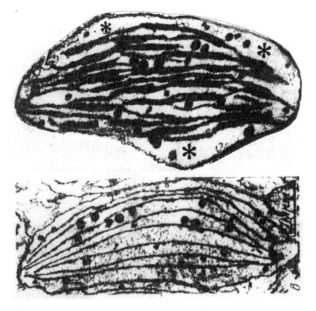

图 15-3　针叶植物松树（*Pinus silvestris*）叶绿体在寒冬中的变化。叶绿体被膜（envelope）扩增，导致叶绿体呈现膨胀状态（"＊"所指）；垛叠的基粒片层（类囊体）消失，保留下来的基质片层间的距离加大，其中有大量拟脂颗粒积累（Hodasevich et al.，1978）

过剩的光能会引起光氧化作用，又反馈到对叶绿体自身结构与功能的破坏。绿色植物在长期适应生存的演变进化过程中，形成了防止这种过剩光能破坏的机制，如使过剩光能猝灭或热耗散，以及形成一系列抗氧化机制——抗氧化剂和抗氧化酶等（Melis，1999）。在冬天，越冬植物既要遭受低温的胁迫，又要承受强光照的胁迫。一方面，万里晴空的阳光照射在叶面上，叶绿体吸收大量的光能；而另一方面，低温又使光合作用效率降低，消耗在光合作用上的光能减少，因而造成更多的光能过剩，引起的危害性更大。所以许多阔叶越冬植物在进入冬季过程中（寒冬前），将自身的叶片脱落，以防止叶片吸收光能过剩（及水分胁迫）的伤害。而不发生落叶的常绿植物，如针叶植物，在进入寒冬过程中，一方面使叶绿体中的叶绿素含量降低，叶绿体相互聚集，以及片层膜数量减少等变化，减少对光能的吸收量，以降低或消除过剩光能的危害；另一方面使叶黄素和胡萝卜素含量增加，Horton 等（2000）的光谱学研究表明，叶黄素和胡萝卜素的聚集态对过剩光能起着猝灭和热耗散作用。

　　在早春低温下田野中的农作物幼苗叶色常变成紫色或紫红色，尤其是春玉米，究其原因和机制，除了因低温引起植物液泡（vacuole）的酸化外，或许也包含着如以所述的防御光能过剩危害的机制。

　　在我国内蒙古、宁夏及甘肃等地区生长着一种极少见的常绿阔叶植物沙冬青（*Ammopiptanthus mongolicus*）。这里的生境真是夏季酷暑、冬季严寒，夏天的温度可高达 50～60℃，且极度干旱和土壤盐渍化；在冬季，低温可降低到 −30～−40℃。生长在这里的沙冬青全年都是处在极其恶劣的环境中，它必须具备特殊的适应性才能得以生存。

孙龙华和简令成（1995）对它的叶绿体超微结构的研究指出，在夏季，其叶绿体的结构特征是，缺少基粒片层，基质片层囊泡化（图15-4A）；在冬季中，其叶绿体位移并聚集到细胞核的周围，结构上的特征是许多类囊体解体，从而形成大量的拟脂颗粒的积累（图15-4B）。从这种夏与冬的结构对比看来，叶绿体内部片层囊泡化似乎是对干旱和高温的适应；而类囊体的解体和拟脂颗粒的形成与积累，似乎是对冰冻严寒的一种适应性变化。这两方面的适应性变化都如以上所述的，也许同样可能与减少光能吸收、防止光氧化的危害有关。通过冷诱导沙冬青 cDNA 克隆基因表达产物的功能分析揭示，其中至少有两种低分子质量蛋白质，对其生境中的逆境胁迫具有重要的防御作用：一种是提高细胞质的保水能力，另一种是参与防御光合作用中光抑制的伤害（Liu Meiqin et al.，2005）。

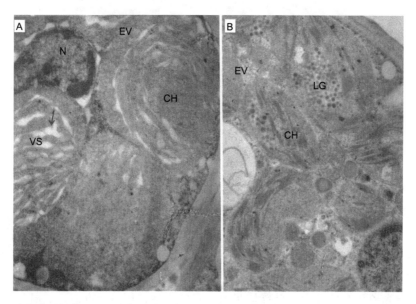

图 15-4　沙冬青叶绿体（CH）在夏季和冬季中的适应性变化。A. 在夏季的高温和干旱生境中，叶绿体的主要特征是缺少基粒片层，基质片层囊泡化（VS，箭头），叶绿体被膜也空泡化（EV）；B. 在寒冬中，许多类囊体解体，从而产生大量的拟脂颗粒（LG）。N：细胞核

3. 叶绿体的冰冻伤害

　　著名的德国植物生理学家 Heber（1968）用分离的菠菜叶绿体进行冰冻实验的结果改变了此前一些学者们关于低温等逆境对细胞结构与功能伤害的因果关系问题的看法。曾经一些学者们总认为，低温冰冻等逆境首先是改变植物体内的生理生化过程，然后才导致细胞结构上的变化。Heber 用分离的叶绿体进行了如下周密的重组对比实验：

　　1）完整的叶绿体在 $-25^\circ\mathrm{C}$ 冰冻-化冻后，其光合磷酸化活性完全丧失。

　　2）用 EDTA 解离下来的 CF_1 因子经 $-25^\circ\mathrm{C}$ 冰冻-化冻后与已脱掉 CF_1 因子，但未经冰冻的叶绿体膜系统进行重组，这种重组后的叶绿体的光合磷酸化活性与未经冰冻的完整的叶绿体活性一样高。

　　3）从经过 $-25^\circ\mathrm{C}$ 冰冻处理的叶绿体膜上解离下来的 CF_1 因子与未经冰冻，但已脱去 CF_1 因子的叶绿体膜系统进行重组，这种重组后的体系也与未经冰冻、完整的叶绿

体一样表现出磷酸化高活性。

4）用脱去 CF_1 因子的膜体系统经冰冻后与未经冰冻的 CF_1 因子重组，不产生任何磷酸化活性。

这些实验结果精确而严谨地说明，冰冻没有损伤酶蛋白（CF_1）的活性，而是首先破坏叶绿体的膜结构，然后才导致光合磷酸化（ATPase）的失活。

继 Heber 的工作之后，Steponkus 等（1977）对菠菜叶绿体的冻害做了进一步的研究，结果观测到，冻害使叶绿体膜发生三种破坏：①使偶联因子（CF_1）从类囊体膜的外表面解离下来，从而破坏了光诱发质子的吸收；②使叶绿素从膜上解离；③破坏膜的半透性。

叶绿体在冰冻中的变化是与植物种类的抗冻性密切相关的，在 $-5℃$ 的冰冻中，不抗寒植物 *Paspalum notatum*（热带植物）和 *Cynodon dactylon*（亚热带植物）的叶绿体膜遭到严重破坏，叶绿体膨胀变圆，片层膜弯曲并囊泡化；而温带的抗寒植物 *Secale cereale* 和 *Festuca arundinacca* 的叶绿体仅发生轻度膨胀（Kimball and Saliobury，1973）。抗寒性强的冬小麦品种"农科一号"幼苗在 $-9℃$ 冰冻 2 天后，其叶片细胞中的叶绿体仍保持冰冻前正常的超微结构，未显露任何破坏迹象（图 15-5A）；抗寒性中等品种"郑州741"麦苗在同样冰冻处理后，其叶绿体结构显示出明显的伤害：体积膨胀，从梭形向椭圆形方向变化，片层排列方向改变，有些基粒片层与原纵行的片层形成垂直分布，或构成某种角度；有些类囊体空泡化，并在基质中产生小泡（图 15-5B）；不抗寒的春小麦品种"京红 8 号"幼苗经 $-9℃$ 冰冻 2 天后，其叶绿体的膜结构表现出

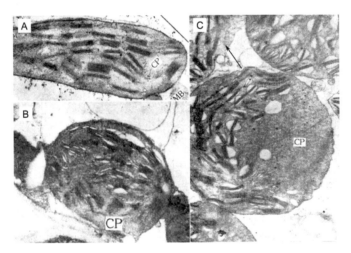

图 15-5　叶绿体在冰冻中的变化与小麦品种抗冻性的关系（董合铸等，1980）。A. 强抗寒性冬小麦品种"农科一号"在 $-9℃$ 冰冻 2 天后，其叶绿体仍保持冰冻处理前的正常状态；B. 抗寒性中等品种"郑州741"在同样低温处理后，其叶绿体发生膨胀，趋向椭圆形，片层弯曲，还有一些类囊体泡化，但这些变化是可逆性的；C. 不抗冻的春小麦品种"京红 8 号"在 $-9℃$ 冰冻 2 天后，其叶绿体结构受到严重破坏，许多叶绿体变成圆形，类囊体严重空泡化，还有些叶绿体被膜裂解（箭头），片层膜分散到细胞质基质中。这些变化是不可逆的，化冻后的幼苗不能复活

严重的破坏：许多叶绿体变成圆形，片层膜结构趋向叶绿体的一边，变成弯曲状，类囊体严重空泡化；还有些叶绿体受到更严重的破坏，被膜发生裂解，片层结构分散到细胞质中（图 15-5C）。恢复性的检测结果显示，中等抗寒品种"郑州 741"的叶绿体在 $-9℃$ 2 天的伤害性改变是可逆的；而不抗冻的"京红 8 号"叶绿体在 $-9℃$ 2 天的冻害性变化是不可逆的，即叶绿体被膜破裂、导致整个叶绿体解体的变化是不可逆转的（董合铸等，1980）。这些结果说明，叶绿体膜结构的冻（也包括冷）害性变化，可作为农作物品种抗冻（冷）性强度的选择指标之一。

4. 低温下叶绿体光合功能的变化

低温会从两个方面影响叶绿体的光合功能：①低温会提高光合作用中各种酶的活化能，降低酶活性；②低温降低根细胞的吸水活力，减少水的来源，特别是细胞外结冰引起的原生质脱水，这两种水分胁迫都会严重降低光合效率（Ranney et al.，1990）；此外，叶绿素的光氧化造成的叶绿素含量的降低，也会进一步降低光合效率（Kudoh and Sonoike，2002）。

水稻幼苗在 $2\sim4℃$ 冷胁迫下，其叶绿体的光系统 Ⅱ（PSⅡ）原初光能转换率及潜在的光合活力均受到抑制（许春辉等，1996）。其他冷敏感植物（如黄瓜等）在低温和光照条件下，PSⅠ 也会受到显著抑制，其活性下降 $70\%\sim80\%$（李功蕃等，1987；Kudoh and Sonoike，2002）。当番茄幼苗在光照下受到 $4℃$ 6 h 冷胁迫时，经由类囊体膜的两个位点硫氧还蛋白/铁氧还蛋白的还原作用（thioredoxin/ferredoxin reduction）干扰了光合碳同化的代谢作用，限制了双磷酸酶活性，并降低了核酮糖二磷酸羧化酶的活性状态（Byrd et al.，1995）。经过冷锻炼的黑麦幼苗叶绿体核酮糖二磷酸羧化酶（RuBPcase）在低温（$2\sim5℃$）下对 CO_2 的固定活性比未经锻炼的高。这表明，抗冷和抗冻植物叶绿体的光合作用对低温具有适应性（Huner and McDowall，1979；Huner et al.，1982）。按照 Levitt（1962）的"硫氢基（—SH）学说"，这其中的一个可能的原因是，低温锻炼可能使 RuBPcase 发生了构象变化，其分子内的—SH 基变得更隐蔽（藏入更深入），使之在低温（冷或冰冻）条件下，不容易形成分子间的二硫键（—S—S—）的变性，即低温锻炼使 RuBPcase 获得了耐低温的稳定性。

二、叶绿体结构和功能对干旱的反应与适应

1. 干旱对叶绿体结构的损伤

大量的实验结果指出，水分胁迫会引起叶绿体基质片层发生弯曲和膨胀，但基粒片层较稳定，只发生轻度膨胀。Giles 等（1974）对玉米叶片的叶肉细胞和维管束鞘细胞的水胁迫反应的超微结构研究揭示，叶肉细胞的叶绿体对水胁迫的反应比维管束鞘更敏感，在水势 -1.35 MPa 时，叶肉细胞的叶绿体被膜即发生膨胀，基质中形成小泡；水势到达 -1.90 MPa 时，25% 的叶肉细胞的叶绿体发生了不可逆性的破坏，在其余 75% 的叶肉细胞中，叶绿体发生膨胀，并在其中产生大量嗜锇颗粒；然而维管束鞘细胞中的叶绿体却很少显露出明显的变化。小麦植株在水势降到 -0.9 MPa 以下时，叶绿体出现膨胀，其基质中形成小泡（Freeman and Duysen，1975）。对水胁迫具有很高抗性的 Mitchell grass，当水势降到 -1.2 MPa 时，不仅维管束鞘细胞的叶绿体没有变化，叶

肉细胞的叶绿体也只发生轻度的可逆性的改变（Poljakoff and Mayber，1981）。抗旱性强的高粱，只有当水势降到-3.4 MPa 时，才出现叶绿体的可逆性膨胀（Giles et al.，1976）。大气干旱会影响前质体的原片层膜的发育，当生长在黑暗中的植株转移到空气相对湿度为25％的光照下时，原片层的发育进程延迟，比对照（80％～90％ RH）至少延后 24 h。

唐连顺和李广敏（1994）比较研究了三叶一心的玉米杂交种幼苗和亲本自交系幼苗在-1.25 MPa 的水分胁迫下叶绿体超微结构的变化：亲本自交系幼苗胁迫 6 h，叶绿体基质空间略有增大；胁迫 12 h，基粒片层开始扭曲，类囊体膨胀；24 h 胁迫，基粒类囊体垛叠消失，整个片层扭曲。而杂交种幼苗胁迫 12 h，叶绿体还无明显变化；到胁迫 24 h，基粒片层才略有扭曲，类囊体腔略有增大。从此也显示了杂交种的优势及其增产的一个机制。王凤茹等（2001）研究了二叶一心小麦幼苗在-1.0 MPa 水分胁迫下，叶绿体内 Ca^{2+} 含量和超微结构的并行变化，其结果指出：胁迫 24 h，叶绿体超微结构无明显变化；但叶绿体被膜上的 Ca^{2+} 沉淀明显增多，叶绿体内部的 Ca^{2+} 沉淀也有增加的趋势。胁迫 48 h，叶绿体基粒片层间的距离增大，变得疏松，被膜呈波浪状起伏；叶绿体内的 Ca^{2+} 沉淀显著增加，且沉淀颗粒较大。胁迫 148 h（6 天多），叶绿体基粒片层方向改变，形状扭曲，类囊体泡化，叶绿体膨胀，其被膜与基质间出现空隙；叶绿体内呈现更多的 Ca^{2+} 沉淀。由于在水分胁迫和复水恢复过程中，都是 Ca^{2+} 的变化在先，超微结构变化在后，因此他们认为，水分胁迫引起叶绿体内 Ca^{2+} 浓度的超常升高，可能从而导致叶绿体超微结构的改变。

2. 干旱对叶绿体光合功能的影响

光合速率降低是对干旱胁迫一个最普遍的反应，它涉及气孔关闭、电子传递和光合酶活性的降低，以及 CO_2 固定和基因表达改变等一系列程序性过程。

大量的测试指出，水分胁迫首先伤害了光系统Ⅱ（PSⅡ）的电子供应，抑制了 PSⅡ的活性，降低了光合膜的能量化作用（王可玢和许春辉，1997）。水分胁迫也导致气孔导度、气体交换、光合速率及光合 CO_2 净同化效率的降低（Shangguan et al.，2000；Mena-Petite et al.，2000；Nogues and Backer，2000）；并使叶绿素生物合成及光合系统Ⅱ的捕光色素蛋白复合物（LHCH）含量降低（Le-Lay et al.，2000；韦振泉等，2000）。另一方面，干旱破坏了叶绿体内活性氧的稳态平衡，加重了光氧化伤害，大量的高分子质量的氧化蛋白在叶绿体中积累，它损伤光合电子传递链和 PSⅡ的效率（Tambussi et al.，2000）。

水分胁迫使光合碳同化效率受到抑制的原因是干旱引起的 ABA 水平的升高阻遏了对 CO_2 起固定作用的核酮糖-1，5-二磷酸（RuBP）羧化酶（Rubisco）的核基因表达（Rubisco 的小亚单位是由核基因编码的），影响到 Rubisco 的 mRNA 的转录，从而降低了 Rubisco 的合成，使碳同化（CO_2 固定）的能力和速率降低，并抑制了 PSⅡ的光化学，降低光合速率和最终的光合产物（Tabaeizadeh，1998；Nogues，2000）。干旱也抑制叶绿体 a/b 蛋白编码基因 *cab* 的表达，在干旱胁迫下的番茄，其 *cab* 的 mRNA 水平降低到对照的 70％；果糖 1，6-二磷酸酶活性也受到抑制（Tabaeizadeh，1998）。

3. 光合碳同化途径的演变——C$_4$ 途径和景天酸代谢的适应

已知光合碳同化（CO$_2$ 固定）有三条途径：卡尔文循环（C$_3$）、C$_4$ 和景天酸代谢途径。卡尔文循环是一切植物进行光合碳同化所共有的基本途径；C$_4$ 途径和景天酸代谢途径被认为是对干旱逆境适应的一种修饰和演变的生理生化过程。

生长在干旱逆境中的 C$_4$ 植物为适应干旱胁迫，减少水分蒸腾的丢失，其叶面气孔常常是处于关闭状态或开得很小，这样，却使 CO$_2$ 的进入受到限制，降低光合碳同化的来源。C$_4$ 植物对此演变出来的两种适应性特性，使这种限制得到了克服。第一，C$_4$ 途径固定 CO$_2$ 不像 C$_3$ 途径那样是由核酮糖-1，5-二磷酸（RuBP）羧化酶（Rubisco）催化的，而是由磷酸烯醇丙酮酸（PEP）羧化酶催化完成的。这种酶与 CO$_2$ 的亲和力很高，在 CO$_2$ 浓度很低的条件下仍能起催化作用；并且没有加氧活性，对 CO$_2$ 固定的催化效率高于 RuBP 羧化酶。所以它能适应气孔关闭或开得很小的限制。第二，C$_4$ 途径的光合碳同化是先后在叶肉细胞和维管束鞘细胞两处连续性协作配合下完成的。CO$_2$ 的初固定先是在叶肉细胞中经 PEP 羧化酶的催化产生四碳酸化合物——苹果酸或天冬氨酸。然后，这类四碳酸化合物通过胞间连丝转移到维管束鞘细胞，在这里，经苹果酸酶的脱羧作用，释放出 CO$_2$（Gunning and Steer，1996）。这种由叶肉细胞进行 CO$_2$ 的初固定到维管束鞘细胞进行 CO$_2$ 的释放，对光合 CO$_2$ 浓度起到了很重要的改善作用，它使得叶片外部组织中有限的 CO$_2$ 转移集中到内部的维管束鞘细胞中，保证了维管束鞘细胞叶绿体的羧化酶（Rubisco）有着较高的 CO$_2$ 浓度，从而使此后进行卡尔文循环的碳同化作用具有高效率。

景天酸代谢（CAM）途径也是适应干旱逆境的一种演变。生长在干旱地区的景天科（Crassulaceae）植物，其中绝大部分为肉质化植物，其叶面气孔是白天关闭，夜间开放，这样也可以减少水分蒸腾的丢失。CO$_2$ 在夜间气孔开放时进入叶肉细胞，与 C$_4$ 植物一样，在 PEP 羧化酶的催化下生成四碳化合物（草酰乙酸→苹果酸），它最重要的特点是将这种四碳化合物储存在叶肉细胞的液泡中；到白天气孔关闭时，储存的苹果酸经苹果酸氧化酶的脱羧作用，释放出 CO$_2$，然后，这种被释放出来的 CO$_2$ 随即参与卡尔文循环的光合碳同化，最终合成糖类物质（Gunning and Steer，1996）。显然地，景天酸代谢（CAM）的作用，是让 CO$_2$ 在夜间进入，储存到白天关闭气孔时使用，这样，不仅减少了水分的蒸腾，而且保证了 CO$_2$ 的供应。

三、叶绿体的结构与功能对盐渍化的反应与适应

1. 盐胁迫对叶绿体超微结构的影响

叶绿体超微结构对盐（NaCl）胁迫很敏感，低的盐浓度即会改变基粒片层间的联结，使其垛叠的类囊体片层数量减少，并使囊腔扩大，呈现电子透明的"空泡"（vesicle）；在基质中发生淀粉粒的积累。随着盐浓度的增加，淀粉粒的积累变得更多，基粒垛叠片层进一步减少，甚至消失，余下的片层出现严重的空泡化，片层与片层间排列松散，并发生弯曲，整个叶绿体呈现膨胀状态，普遍由椭圆形趋向圆形，也可看到叶绿体相互聚集的现象，但其被膜未见明显破裂（Strogonov，1975；刘吉祥等，2004）。

实验指出，盐胁迫引起叶绿体超微结构的变化，不仅受盐分浓度的影响，而且与盐

的种类有关。NaCl 引起基质分解，电子透明度增加，使叶绿体膨胀，淀粉粒积累多；而 Na_2SO_4 对叶绿体的伤害小，几乎不改变叶绿体的超微结构，在低浓度下，几乎不造成明显伤害；在高浓度下也不发生淀粉粒积累，只是轻微地提高了基质的电子稠密度，在电镜下变得比较暗。这可能是由于 Na_2SO_4 促进了硫蛋白合成，它能提高叶绿体膜结构的稳定性（Strogonov，1975）。

刘吉祥等（2004）在盐湖芦苇的超微结构研究中观察到，许多线粒体紧密靠近叶绿体，并有线粒体与叶绿体形成嵌合状态。这种结构对于叶绿体和线粒体在 O_2 和 CO_2 的相互利用上可能很有益，并有可能通过线粒体的呼吸作用减轻叶绿体的过氧化伤害。

盐胁迫也抑制叶绿体的叶绿素合成，并破坏已合成的叶绿素，使叶色变黄，但这也与植物种类的抗盐性密切相关。盐敏感的植物，轻度盐化即抑制叶绿素的新合成，甚至破坏已合成的色素，使叶色很快变黄。抗盐性强的植物如盐生植物，在高浓度盐的生境中，叶绿素的合成仍能继续进行。中间型抗盐植物，如甜菜、大麦、高粱和棉花等，对盐胁迫具有自我调节作用，它们在盐化和非盐化的生境中，叶绿素和类胡萝卜素的合成及其含量没有明显区别（Strogonov，1975）。这类抗盐植物在盐生境中之所以能保持叶绿素含量的恒定，其原因可能是叶绿素与蛋白质及拟脂结成了一种稳定的复合体（chlorophyll-protein-lipid complex）。这是植物抗盐性的一种重要的适应机制（Strogonov，1975）。

2. 盐胁迫对光合效率的影响

叶绿体的光合功能对盐胁迫的反应很敏感，在受到胁迫后，光合速率很快降低，无论是盐敏感植物还是盐生及抗盐植物都如此。这是因为盐渍化会从两个方面造成伤害：一是盐离子本身的毒害，破坏叶绿体膜结构的完整性，从而导致光合功能的降低；二是盐渍化造成的环境低水势的水分胁迫，导致光合速率的降低，这就是为什么盐生和抗盐植物在盐生境中，其光合效率也会降低的缘故。虽然一定的盐浓度不会引起盐生和抗盐植物的离子伤害，但渗透胁迫始终是存在的。无论是抗盐植物或盐敏感植物，其光合效率的降低都会随着盐浓度的增加而增加（图 15-6）。

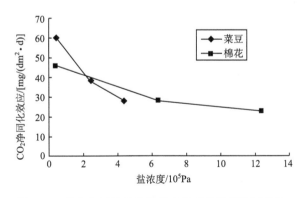

图 15-6　抗盐与不抗盐植物光合效率的降低均随盐浓度的增加而增加（Hoffman and Phene，1971）

一些研究者发现，叶绿体的光合功能与其他细胞器的生理功能（如线粒体的呼吸速率）一样，有一个反应进程的变化，尤其是那些中间型抗盐植物（如高粱）在受到盐胁迫时，开始是迅速降低，然后有一段适应性的提高，最后再次下降的波浪式起伏过程（图 15-7）。从这个图的曲线中可以得出如下的一些分析：这种反应进程的曲线变化与盐浓度密切相关；对于较低的盐浓度（如 0.3 MPa）在适应性提高中超过了非盐化生境的水平，在再次降低过程中也能停留在与非盐化生境一样的水平，这说明该植物完全能适应这种盐浓度；对于较高的盐浓度 0.6 MPa，经过适应性提高也达到与非盐化生境一样的高水平，虽再次发生降低，但仍能稳定在较高的水平上，说明该植物在遗传上具有较高的抗盐性，有可能在这种盐浓度下生存下来；在高浓度 1.2 MPa 盐胁迫下，开始降低的幅度很大，并下降到很低的水平，适应性提高的程度却很小，最后下降到更低的水平，这说明该植物在遗传基因上已不能抵抗这种高盐浓度的胁迫，最终可能导致死亡。总之，从这种不同盐浓度的反应曲线中，似乎可以看到一个很有意义的判断指标，即适应性提高的"峰高水平"在植物对盐逆境的生存适应上起着关键性作用：若适应性的峰高达到了超过或接近非盐化生境中的水平，说明该植物能够在这种盐浓度的逆境中生存；如果适应性的峰高远远低于非盐化生境中的水平，则显示该植物对这种盐浓度是无力抵抗的，不能适应和生存下去。

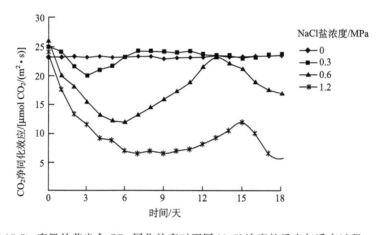

图 15-7　高粱幼苗光合 CO_2 同化效率对不同 NaCl 浓度的反应与适应过程

关于第三阶段再次下降的原因，Larcher（1994）认为，是由于第一阶段的损伤修复和第二阶段的适应都是一个耗能过程，对于那些能够适应的植物，虽然在第二阶段的适应过程中，能够使最初（第一阶段）的损伤得到较好的修复，并能恢复到较高的水平，但在延续的进程中，总的光合效率还是降低的，能量的积累还是减少了，以致在恢复到一定的程度后，由于供能（如 NADPH）不足，导致 CO_2 固定效率第二次降低，下降极限和终止的最低点决定于植物种类的遗传抗性。以上显示的是中间型抗盐植物，关于盐敏感植物，虽然我们尚未阅读到有关的实验证据，但似乎可以推理，盐敏感植物在受到盐胁迫时，其叶绿体的光合效率在迅速降低后，不可能再有一个适应性的提高过程，因为这类植物不存在对盐胁迫适应的机制。关于盐生植物，这要看生境中的盐浓度，对于盐生植物能够适应的盐浓度，当它们从非盐化生境转移到这种盐生境中时，由于前面谈到的渗透胁迫的影响，其光合效率也会降低，随后也会有一个适应性的提高过程，但不会出现再次的降低，而是稳定在一定的水平上；只有当生境中的盐浓度过高时，造成了盐胁迫，它们的光合效率才会发生如上所述的中间型抗盐植物所表现的反应进程的曲线（图15-7）。

3. 适应盐胁迫的光合碳同化途径的改变

前面谈到的干旱胁迫下，发生光合碳同化途径从 C_3 到 C_4 及景天酸代谢（CAM）的适应性演变。在对盐胁迫的适应中，也存在这种碳同化途径的转变，因为盐胁迫就包含着低水势的渗透胁迫。已有证据揭示，一些盐生植物在其发育过程中，在盐胁迫的作用下，产生光合碳同化途径的转变，如一种獐毛（*Aeluropus litoralis*）盐生植物，在低盐浓度的生境中是 C_3 途径，而当它生长在高浓度盐渍化环境中时，其叶肉细胞中 PEP 羧化酶含量及其活性就显著提高，转变为 C_4 途径。又如另一种盐生植物冰叶日中花（*Mesembryanthemum crystallinum*），在一般盐渍化土壤中生长时也是 C_3 的碳同化途径，但若生长在更高浓度的盐渍化环境中时，它就转变成 CAM 途径。这种转变已得到基因研究的证实和支持，当这类植物受到高浓度盐胁迫时，编码 PEP 羧化酶（PEP-case）的基因就进行转录，合成 mRNA，并翻译合成 PEPcase（Tabaeizadeh，1998）。

四、叶绿体结构与功能对低温、干旱和盐胁迫反应与适应的共同特征

如上所述，低温、干旱和盐胁迫引起叶绿体超微结构的变化，表现出许多类似的共同特征。例如，这三种胁迫都引起叶绿体膨胀，类囊体腔扩大，呈现电子透明的"空泡化"，片层排列方向改变，形成弯曲状，并发生叶绿体的相互聚集。在严重胁迫条件下，基粒类囊体解体，垛叠片层数量减少，甚至消失，在基质中产生大量拟脂颗粒，余下的片层排列松散、弯曲，并"空泡化"。

由于低温、干旱和盐渍化都引起叶绿体光合功能效率的降低，从而降低了叶绿体吸收光能的利用率。光能过剩导致的光抑制伤害，是逆境植物谋求生存所必须克服的重要因素。上述三种逆境胁迫所引起的叶绿体聚集、基粒片层数量减少，甚至消失等变化，虽是一种胁迫破坏，但却有利于减少和消除光能过剩的危害。因此，叶绿体的上述变化可以被认为是对逆境适应的一种重要机制，即通过这些改变调整叶绿体对光能的适当吸收量，以避免吸收光能过剩的危害。这种"破坏与适应"的辩证统一的关系，可以从前面谈到的北方地区罕见的常绿植物沙冬青的叶绿体结构特征得到极好的验证，这种常绿植物在夏季的生长时期，其叶绿体也没有基粒片层，并有一些类囊体囊泡化（孙龙华和简令成，1995）。如果这纯属逆境破坏，那么，这种北方罕见的常绿植物绝不可能在那种残酷的逆境中生存下来，只有那些有利于生存的适应性变化方能在长期演化的进程中被选择下来。

叶绿体还是产生活性氧（ROS）的主要场所，但在平时正常条件下，它能处在一种稳态平衡的状态中。低温、干旱和盐胁迫等逆境会破坏这种稳态平衡，导致 ROS 积累，引起光氧化的破坏。叶绿体类囊体腔的扩大与空泡化被认为是光氧化的结果（Kratsch and Wise，2000）。然而这种破坏又反过来调整光能吸收和光能利用的平衡，防止和减轻光氧化。此外，植物为了克服活性氧的危害，在其适应和演变进化过程中，还形成了一系列抗氧化的机制——抗氧化剂和抗氧化酶系统。这些我们将在第二十三章中专题论述。

第十六章 低温、干旱和盐渍化逆境中线粒体
结构与功能的变化

线粒体（mitochondria）也是一种行使能量转换的细胞器，它通过氧化磷酸化作用把有机物质转变成 ATP，为细胞的各种生命活动提供能量。在低温、干旱和盐渍化逆境中，线粒体的结构与功能也会发生明显的改变。

一、低温胁迫下线粒体结构与功能的变化

1. 形态结构的改变

电镜观察显示，遭受寒害后的线粒体呈现膨胀状态，外形体积变大；内嵴腔增大，变得粗短，严重寒害则导致内嵴破裂（董合铸等，1980；杨福愉等，1981，1986；Il-ker et al.，1979；Ishikawa，1996）。这种变化与植物种类和品种的抗冷和抗冻性存在密切关系，如抗冻性强的冬小麦品种"农科一号"，在－9℃冰冻2天后，线粒体和其他细胞器均保持与冰冻前一样的正常状态；抗冻性中等的"郑州741"在同样处理后，线粒体也未显露明显的变化；然而不抗冻的"京红8号"品种在－9℃冰冻2天后，线粒体膨胀变圆，内嵴遭破坏（董合铸等，1980）；冷敏感的玉米和水稻品种在4℃2天冷处理后，线粒体显著膨胀，内嵴腔增大变短；而抗冷品种在同样处理后无明显改变（杨福愉等，1981，1986）。IlKer等（1979）对番茄幼苗的超微结构的研究指出，线粒体对低温伤害开始很敏感，但在寒害继续发展过程中，却表现相对稳定，而其他细胞器则继续变化。偃伏梾木（*Cornus stolonifere*）的愈伤组织遭受寒害时，线粒体明显地表现出相对稳定，在0℃处理24h后，在前质体、高尔基体、内质网及液泡膜等都发生严重破坏时，大多数线粒体仍保持正常状态（Niki et al.，1978）。在雀麦草、狗牙根草以及小麦的寒害中，线粒体也比叶绿体表现出明显的相对稳定，当叶绿体的片层排列方向已强烈改变、类囊体产生空泡化时，线粒体尚保持正常，或只表现轻度膨胀；当叶绿体解体时，线粒体内嵴虽遭破坏，但仍维持其个体性（Kimball and Salisbury，1973；Kratsch and Wise，2000）。Singh等（1977）甚至观测到，当黑麦幼苗细胞冻害致死时，其线粒体仍保持很强的呼吸活性。简令成等（1965a，1973）报道，冬小麦在秋末冬初的抗寒锻炼过程中，幼叶及分蘖节细胞内线粒体的数量增加，体积增大，内嵴增多。Hochlova等（1974）也在冬小麦抗寒锻炼中观察到线粒体数量的增加，但低温降低了 ATPase 活性。因而被认为，线粒体数量的增加是对单位线粒体活性功能降低的补偿，以保证抗寒锻炼过程中能量的供应（简令成，1987）。越冬木本植物刺槐在秋季低温锻炼期间，枝条的次生韧皮薄壁细胞中的线粒体数量也增加（Pomeroy and Simino-vitch，1971）。松树茎形成层细胞内的线粒体在寒冬时期变得很丰富（Barnett，1975）。低温锻炼期间线粒体数量的增加与植物种类和品种的抗寒性也有密切关系，如抗寒性较强的柑橘品种温州蜜柑在抗寒力发展到最高峰的寒冬时期，叶片细胞内的线粒体数量显

著增加，而抗寒性较弱的品种冰糖橙不表现这种变化（简令成等，1984b）。

2. 氧化磷酸化的变化

低温胁迫初期常常促使物质的水解活性增强，释放能量，以抵御寒冷，表现为呼吸作用升高，线粒体的耗氧量增加，但随着低温时间的延长，呼吸作用也随之降低。低温会引起线粒体氧化磷酸化解偶联，降低氧化磷酸化活性和 ATP 的生成量。Uritani 等（1971）报道，甘薯在 7.5℃储藏过程中，线粒体的氧化磷酸化活性在第 5 个星期开始下降，到第 10 个星期完全丧失。进一步研究表明，甘薯储藏过程中线粒体氧化磷酸化活性的降低和丧失，是由于细胞色素 c 从线粒体膜上解离下来。Yamaki 和 Uritani（1974）还观测到苹果酸脱氢酶活性受到损害，以及磷脂从线粒体膜上释放出来。但在不同抗冷性和抗冻性种类和品种之间有差异，如杨福愉等（1986，1996）的测试指出，冷敏感的不抗冷玉米和水稻品种的幼苗在 4℃冷处理 24 h 后，其线粒体的耗氧量显著增加，呼吸控制率和氧化磷酸化效率明显下降（表 16-1）；而抗冷的玉米和水稻品种的幼苗在同样低温条件处理后，其线粒体的耗氧量、呼吸控制率和氧化磷酸化效率都没有发生明显的变化（表 16-1）。

表 16-1　抗冷和不抗冷玉米及水稻品种幼苗在低温处理（4℃，24 h）后线粒体氧化磷酸化的不同变化

材料	品种	处理	耗氧量 微克分子 O_2/毫克蛋白质/h	呼吸控制	ADP/O
玉米	张单九号 （不抗冷）	对照	11.60±0.80*	3.30±0.16	2.60±0.12
		低温	17.10±1.02	2.00±0.23	1.10±0.13
	HD103X 弗罗 玛斯（抗冷）	对照	9.20±0.39	1.81±0.06	2.40±0.27
		低温	8.60±0.48	2.20±0.08	2.37±0.10
水稻	秋光 （不抗冷）	对照	6.60±0.41	2.40±0.47	2.86±0.14
		低温	10.40±0.92	1.27±0.20	0.48±0.10
	吉粳 44 （抗冷）	对照	15.80±0.58	1.88±0.09	2.48±0.90
		低温	14.90±0.52	1.78±0.09	2.60±0.39

资料来源：杨福愉等，1996。

3. 抗氰化物氧化途径的变化

植物线粒体具有抗氰化物的氧化途径，但它对氰化物的敏感性与氧化底物有关（杨福愉等，1980）。在 1 mmol/L KCN 存在的条件下，琥珀酸的氧化全部被抑制，而 α-酮戊二酸的氧化却基本上未受抑制；只有当 1 mmol/L KCN 与 1 mmol/L KSCN 同时存在的条件下，其氧化才全部受到抑制。低温胁迫也会使线粒体的抗氰化物的氧化途径失活，但也与植物种类和品种的抗冷性或抗冻性有关，不抗冷或不抗冻的植物种类或品种，在低温胁迫下，抗氰的 α-酮戊二酸的氧化途径失活，而抗冷和抗冻的种类或品种仍然保持着这种抗性。杨福愉等（1982，1996）的研究为此提供了很好的例证。在正常条件下，无论是抗冷还是不抗冷的水稻品种，其线粒体在含有 1 mmol/L KCN 的反应液中，琥珀酸的氧化活性全部受到抑制，而 α-酮戊二酸的氧化基本上不受影响。当不抗冷品种的幼苗在 4℃冷处理 48 h 后，其线粒体的 α-酮戊二酸的氧化对氰化物的敏感性

明显增加，呼吸控制率降低 70% 左右，KCN 与 KSCN 产生的协同效应也不再呈现（图 16-1）；而抗冷的水稻品种幼苗在同样低温处理后，其线粒体的 α-酮戊二酸的氧化对 KCN 的敏感性仅稍有增加，KCN 与 KSCN 的协同效应仍然存在（图 16-2）。抗冷与不抗冷的玉米品种在 4℃ 冷处理 48 h 后，它们间线粒体的抗氰化物的氧化途径的变化差异也显示类似的结果（杨福愉等，1982，1996）。这种低温引起线粒体抗氰氧化途径的变化被认为与低温引起线粒体超微结构的变化有着密切的关系，低温胁迫使不抗冷品种线粒体的内膜结构发生了破坏，致使对氰化物的敏感性发生改变，抗氰氧化途径失活；而低温对抗冷品种线粒体的膜结构没有造成损伤性改变，故对氰化物的敏感性基本保持不变。这表明，抗氰氧化支路的运行需要完整的线粒体膜结构。

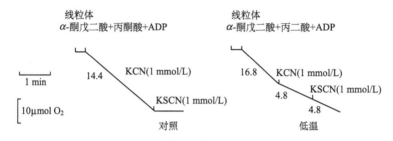

图 16-1　不抗冷水稻品种（秋光）黄化幼苗经低温（4℃，48 h）
处理后线粒体抗氰化物氧化途径的变化（杨福愉等，1982）

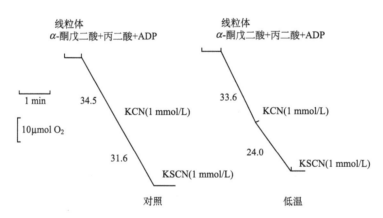

图 16-2　抗冷水稻品种（吉粳 44）黄化幼苗经低温（4℃，48 h）
处理后线粒体抗氰化物氧化途径的变化（杨福愉等，1982）

4. 琥珀酸氧化活性的变化

Lyons 和 Raison（1970）报道了一个著名实验，他们测试了几种不同抗寒性植物的分离线粒体在 0～30℃ 温度下琥珀酸氧化活性（呼吸速率）的变化，并依据这些变化做出一个阿雷纽斯（Arrhenius）图（图 16-3）。图中的曲线显示，抗冷植物的呼吸速率从 30～0℃ 随着温度的降低呈平稳式的下降，而冷敏感植物在 9～12℃ 低温下出现一个急剧下降的"折点"。他们认为，这种"折点"反映线粒体膜脂发生了相变，即从液晶态转变成凝胶态，从而导致植物的寒害。1973 年，Lyons 基于以上实验结果，并综合其他有关研究，对植物的冷害应答机制提出了一个假设，认为每种植物都有它自己一定的膜相变温度，这种膜相变温度即是造成植物低温伤害直至死亡的温度；并提出这种膜脂的相变取决于膜脂脂肪酸的不饱和度，不饱和度愈高，相变温度就愈低，植物就愈抗寒。此后一个时期，这方面的研究成为一个热点，被不少研究结果所证实（Grenier and Willemot，1974；Timothy et al.，1978；王洪春等，1980）。然而相反的研究结果也不断被揭示，如 De la Roche 等（1975）报道，4 个不同抗寒性小麦品种幼苗在低温锻炼过程中，线粒体膜脂的不饱和度增加相似。油菜幼苗在低温锻炼过程中，亚油酸不仅在抗寒力提高的叶细胞中增加，也同时在抗寒力不提高的根细胞中增加（Smolenska and Kuiper，1977）。因此，一些作者认为，膜脂脂肪酸的不饱和度不一定决定植物的抗冷性或抗冻性，而是对环境低温的一种生理反应（Willemot et al.，1977）。

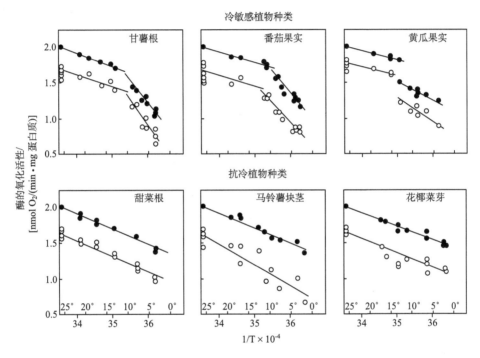

图 16-3　不同抗寒性植物线粒体琥珀酸氧化活性在 Arrhenius 图中的不同表现

（Lyons and Raison，1970）

关于线粒体琥珀酸氧化活性在 Arrhenius 图中的曲线动态，冷敏感植物在 9～12℃出现一个急剧降低的"转折点"，这是一个正确的反映，是合乎实际规律的。早已知道，9～12℃是冷敏感植物的"临界生长温度"，在这种"临界生长温度"的胁迫下，线粒体的生理活性发生一个急剧降低的转折是必然的结果。所以，作为反映这种结果之一的 Arrhenius 图，在检测低温对线粒体功能的影响方面，还是一个较好的有用指标。至于它是反映膜的何种物理性质的变化，随着日益广泛而深入的研究，揭示出它的多种可能性：膜脂的相变是其中的一个方面；另一个方面是反映膜流动性的变化。决定膜流动性的因素很多，脂肪酸侧链的不饱和程度仅是其中的一个因素，其他还有诸如固醇含量、磷脂分子种类，尤其是膜蛋白的作用。膜的流动性实质上是膜脂和膜蛋白相互作用的综合体现。如前面所谈到的，Yoshida（1984）通过 DPH 荧光探针测定分离纯化质膜微囊和从质膜微囊抽提的脂质体的流动性的对比实验,清晰地揭示,膜流动性是膜脂和膜蛋白相互作用的结果。按照质膜微囊的 DPH 荧光偏振度作出的 Arrhenius 图曲线,其"折点"温度与实验材料幼苗的致死温度是一致的。

5. 膜脂流动性的变化

如前面所谈到,生物膜与植物的抗逆性(抗寒、抗旱和抗盐)的关系极为密切,低温影响膜脂流动性的变化是反映植物抗寒性的一个重要方面。由于线粒体和叶绿体的制样技术比其他膜系统,如质膜、液泡膜和内质网膜等,相对地要来得比较容易和可靠,因此,线粒体膜流动性在低温下的动态与植物抗寒性的关系有过许多的研究。我国学者杨福愉等针对玉米和水稻品种抗冷性的鉴定,在这方面做了大量的工作,他们采用三种荧光探剂分别测试了多个不同抗冷性品种线粒体膜流动性的差异,结果都指出,抗冷品种的膜流动性比不抗冷(冷敏感)品种的大。

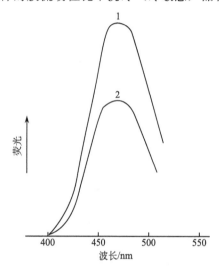

图 16-4 抗冷与不抗冷水稻品种线粒体膜 ANS 荧光强度的差异。1. 不抗冷品种秋光;2. 抗冷品种吉粳 44;激发波长 390 nm。荧光强度与品种抗冷性(膜流动性)呈负相关(杨福愉等,1982)

1) ANS(1-苯胺-8-萘磺酸)荧光探剂显示的不同抗冷性水稻品种线粒体膜流动性的差异:ANS 荧光探剂与膜结合后主要有两种因素可引起 ANS 的荧光变化,一是它所处环境的极性变化,二是与 ANS 结合的膜流动性的变化。如果前者保持不变,则与膜结合的 ANS 荧光强度即是膜脂流动性的反映,荧光强度愈大,膜流动性愈小。图 16-4 是冷敏感水稻品种秋光与抗冷品种吉粳线粒体膜经 ANS 分子渗入后荧光强度的比较,图中曲线明显地显示,冷敏感品种秋光线粒体的荧光强度显著大于抗冷品种吉粳 44,即抗冷品种线粒体的膜流动性大于冷敏感品种。

2) 自旋标记硬脂酸衍生物 5NS、12NS、16NS(5,12,16-氮氧基硬脂酸)显示的不同抗冷性水稻品种线粒体膜流动性的差异:自旋标记硬脂酸可结合于膜脂肪酸链上氮氧基的不同位置,因此可用它测试膜脂双层分子不同深度的流动性。5NS 与膜结合的部位是脂双层中脂与水的界面处,所以,它所反映的是线粒体膜表层部位的膜脂流动性;12NS 与膜结合的部位是在脂质分子表层与深层之间,因此用它所测得的信号反映介于脂质分子表层与深层之间的膜脂流动性;16NS 则是反映膜脂分子脂肪酸侧链接近"尾端"区域的流动性。由此所测得的脂双层分子各层次上的电子顺磁共振波谱,也反映抗冷品种线粒体的膜流动性大于不抗冷品种(图 16-5)。

3) DPH(1,6-二苯基-1,3,5-己三烯)荧光探剂显示的不同抗冷性水稻品种线粒体膜流动性的差异:DPH 是研究膜脂流动性比较敏感的一种常用探剂,稳态荧光偏振度(P)能反映膜脂双分子层整个脂肪酸链上各个层次流动性的平均值。DPH 荧光探剂的测试不仅进一步证实了如上所述的抗冷品种吉粳 44 线粒体膜流动性大于不抗冷品种秋光(二者的荧光偏振度分别为 0.251 和 0.267),而且为一个不同抗冷级别的系列

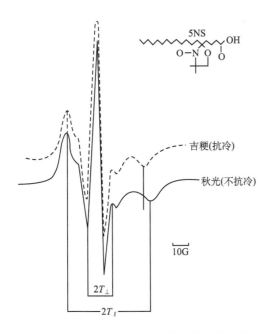

图 16-5 抗冷与不抗冷水稻黄化幼苗线粒体
5NS 标记后 ERS 波谱的比较（杨福愉等，
1986）

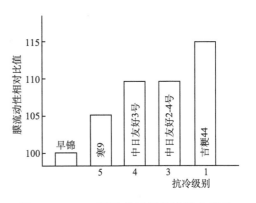

图 16-6 DPH 测试的不同抗冷性水稻品
种线粒体的膜流动性。膜流动性随着抗冷
级别的降低而降低（杨福愉等，1996）

品种提供了其线粒体膜流动性呈正相关的证据（图 16-6）。

简令成等（1994，1996）为了进一步验证"水稻育秧抗寒剂"对提高水稻幼苗抗寒力的可靠性及其机制，也利用 DPH 荧光探剂测试了"抗寒剂 CR-4"对线粒体膜流动性的作用。《植物学通报》1994 年第 11 卷特刊——"植物抗寒剂研究与应用专集"曾对这种抗寒剂有一个较详细的报道，它是一种多化合物成分的混合物，通过在全国 20 多个省市连续 3～5 年的大田应用试验，大量的结果确证，应用抗寒剂 CR-4 对早稻进行浸种育秧，能显著提高秧苗的抗寒能力，减轻和防止早春低温烂秧，显著提高成秧率；在玉米和冬小麦的初步应用试验中，也显露出良好的效果。发明人在美国明尼苏达大学农学院任客座教授期间，通过严格控制条件下的生长箱试验，进一步证实，经"抗寒剂CR-4"浸种的水稻和玉米幼苗比水浸种的对照，至少能增强抗寒力 3～4℃。

表 16-2 显示一个冷敏感的水稻品种 87-249 经抗寒剂浸种的幼苗线粒体膜流动性与水浸种的比较。表内数据指出，经抗寒剂浸种的线粒体膜的 DPH 荧光偏振度 P 值，无论是在正常温度 20℃还是低温 8℃下测试，比水浸种的对照都显著的低，P 值与膜流动性呈负相关，P 值越小，膜的流动性越大。这表明，抗寒剂浸种处理显著地提高了线粒体膜的流动性，无论是在正常温度或低温条件下。

表 16-2　冷敏感水稻品种 87-249 经抗寒剂浸种后线粒体膜流动性的提高（DPH 荧光偏振度 P 值）

测试温度/℃	抗寒剂浸种	水浸种
20	0.286 ± 0.007	0.305 ± 0.009
8	0.285 ± 0.008	0.321 ± 0.011

资料来源：简令成等，1996。

表 16-3 显示冷敏感水稻品种 87-249 和冷敏感黄瓜品种津研 4 号经抗寒剂浸种和水浸种的幼苗在遭受低温胁迫后（水稻 4℃ 48 h；黄瓜 4℃ 24 h）线粒体膜 DPH 荧光偏振度 P 值的动态。表内数据显示，水浸种的对照幼苗，无论是水稻还是黄瓜，在低温胁迫后，荧光偏振度 P 值都增加，表示其膜的流动性都降低，而经抗寒剂浸种的幼苗，无论是水稻还是黄瓜，在低温胁迫后，荧光偏振度 P 值保持不变，表示其膜的流动性维持稳定。

表 16-3　抗寒剂浸种和水浸种的水稻和黄瓜幼苗在低温胁迫后线粒体膜
DPH 荧光偏振度 P 值的动态（在 20℃ 测试）

浸种处理	低温胁迫前后	试验材料	
		水稻 87-249	黄瓜津研 4 号
水浸种	低温处理前	0.3081±0.009	0.2898±0.0018
	低温处理后	0.3206±0.008	0.2937±0.0018
抗寒剂浸种	低温处理前	0.2893±0.006	0.2845±0.0017
	低温处理后	0.2894±0.007	0.2853±0.0017

资料来源：简令成等，1994。

上述这些结果说明，"抗寒剂 CR-4" 不仅提高了秧苗的抗寒力，也提高了其生物膜的流动性，使之在低温逆境下保持稳定，从而维持膜的正常生理功能，避免逆境伤害。

抗冻植物能接受低温锻炼，引发抗冻基因表达及提高抗冻能力是早已熟知的事实。起源于热带和亚热带的冷敏感植物曾被认为不能接受低温锻炼（Levitt，1980），然而近年来有一些实验揭示，这类冷敏感植物也能进行低温锻炼，只是它们的锻炼低温要比抗冻植物高，接近它们的临界生长温度（简令成等，2005）。测试线粒体膜流动性是进一步检验它们能否接受低温锻炼的一个较好的证据，表 16-4 列举了一个标准的能接受低温锻炼的冬小麦与两种冷敏感植物水稻和黄瓜幼苗在低温锻炼后线粒体膜流动性的测试结果，表内数据表明，冬小麦幼苗经低温锻炼后，其线粒体膜 DPH 荧光偏振度 P 值明显降低，显示其膜的流动性显著提高；冷敏感的水稻和黄瓜幼苗在低温锻炼后，它们的线粒体膜 DPH 荧光偏振度 P 值也降低，显示其膜的流动性也有一定程度的提高。这进一步证实，喜温的冷敏感植物也能接受适宜的低温锻炼，提高植株的抗寒力和膜的流动性。由于膜流动性的提高，生物膜在低温逆境中能够维持正常生理功能，避免逆境伤害。

表 16-4　抗冻植物冬小麦和冷敏感植物水稻与黄瓜幼苗在低温锻炼后
线粒体膜流动性的提高（DPH 荧光偏振度 P 值[3]）

植物种类	未经低温锻炼	经过低温锻炼
冬小麦丰抗 2 号[1]	0.2860±0.003	0.2560±0.006
水稻 85-33[2]	0.2950±0.007	0.2800±0.005
黄瓜农大 14 号[2]	0.2960±0.004	0.2761±0.006

[1]萌发籽苗在 2~3℃ 黑暗冰箱内低温锻炼 14 天。[2]幼苗在 8~9℃，14 h 光照生长箱中低温锻炼 7 天。[3]20℃ 下测试（引自简令成等，1996）。

二、盐渍化胁迫下线粒体结构与功能的变化

线粒体对盐胁迫的反应与细胞核及其他细胞器（如叶绿体、内质网等）比较相对地显得稳定，如豌豆幼苗在含有 0.6% NaCl 盐化的 Knops 培养液中生长 12 天后，叶绿体和细胞核已显露出明显的变化，而线粒体的形态结构仍呈现正常状态，看不出明显的改变（Strogonov，1975）。盐生植物线粒体的生化活性，NaCl 对其有轻度的刺激作用，它的氧化磷酸化活性在盐渍化条件下增强，但 P/O 值仍保持不变（Strogonov，1975）。一些研究揭示，在盐渍化生境中，线粒体的数量增加（郑文菊等，1999；刘吉祥等，2004）；但盐敏感的植物在盐胁迫下，线粒体发生膨胀，内嵴减少（Smith and Hodson，1982）。生长在盐湖中的芦苇，线粒体的内嵴减少，个体数量增多，并有许多线粒体出现在叶绿体的周围，甚至有些线粒体与叶粒体发生镶嵌现象（刘吉祥等，2004）。这种线粒体群体数量的增加被认为是对个体结构上内嵴的减少和功能降低的一种补偿。线粒体与叶绿体分布上的靠近，可能更有利于二者在代谢物质（CO_2、H_2O 和 O_2）上的相互利用（郑文菊等，1999；刘吉祥等，2004）。

线粒体对盐胁迫的反应和适应与盐渍化程度（盐浓度）、作用时间及植物种类的抗盐性有密切关系。Lesszni 和 Andreopoulos-Renaud（1989）指出，一般情况是，低浓度盐分促进呼吸作用，高浓度盐渍化则抑制呼吸作用，如苜蓿生长在 0～5 g/L NaCl 溶液中，其呼吸作用被促进，并在这种 0～5 g/L 范围内随着盐浓度的增大而增强，到 5 g/L 盐浓度时，呼吸强度较对照增加 40%；如果生长在 10 g/L NaCl 中，则其呼吸作用受到抑制，低于对照 10%。Hoffman 和 Phene（1971）用不同浓度 NaCl 盐培养菜豆和棉花幼苗，其结果是菜豆在低盐浓度下增强呼吸作用，在高盐浓度下呼吸作用受到抑制；而棉花在整个实验浓度下都是被促进，因为棉花具有较强的抗盐性能，实验的盐浓度对它的呼吸作用来说，还没有达到起抑制作用的程度。玉米根经 100 mmol/L NaCl 处理时，根尖分生组织细胞内的线粒体发生严重破坏，膨胀、变圆，且许多内嵴消失；但在 25 mmol/L NaCl 处理过程中，线粒体结构不仅没有受到伤害，而且发育出良好的内嵴，单个细胞内的线粒体数量也增加。将 *Phaseolus vulgaris* 的叶圆片飘浮在 200 mmol/L NaCl 溶液上，也引起单个细胞内线粒体数量的显著增加，并提高了呼吸速率（Smith et al.，1982）。小麦和豆类的根在 150 mmol/L NaCl 处理 24 h 内，线粒体发生明显膨胀，但当这种处理持续到 5～10 天时，正常的线粒体结构又被恢复，这说明线粒体在盐渍化生境中也有一个适应性过程（Poljakoff-Mayber and Gale，1975）。

三、干旱胁迫下线粒体结构与功能的变化

像低温和盐渍化胁迫一样，干旱胁迫也引起线粒体膨胀、变圆及内嵴腔扩大。值得一提的是，Nir 等（1970）曾经报道了一个新现象，将玉米根尖置于干燥条件下，当失水达到鲜重的 11% 时，根尖细胞中的线粒体膨胀、变圆，内嵴难以见到，似乎已经消失（图 16-7）；然而通过线粒体细胞色素氧化酶的细胞化学反应，在电镜下却清楚地观察到内嵴的存在（图 16-8）。产生这种区别的原因是由于：前者的电镜形态学制样仅经

过普通的戊二醛-锇酸双固定，干旱使线粒体内膜和内嵴膜的膜脂和膜蛋白的物理化学性质发生了变化，导致它不能被戊二醛和锇酸双化学固定所染色，以致在电镜下不能显示其结构形态。但是，结合于内膜和内嵴上的细胞色素氧化酶没有因这种失水 11% 的干旱胁迫而失活，在酶活性的培育反应中，它仍能对反应底物起催化作用，结果在酶结合的内膜和内嵴上产生了它的活性反应产物——电子稠密沉淀物，以致在形态学制样中见不到的线粒体内嵴（图 16-7），通过细胞化学反应又明显地看到了（图 16-8）。这一结果告诉人们，在分析某种变化的机制时，要考虑多方面的因素。

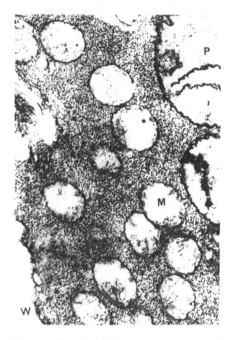

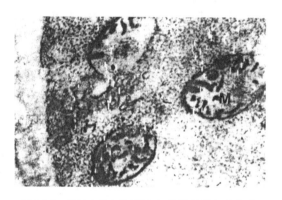

图 16-7　戊二醛和锇酸双固定显示的玉米根尖在干旱胁迫下（失水达鲜重的 11%）线粒体的形态学变化：线粒体（M）膨胀变圆、内嵴消失（Paleg and Aspinall, 1981）

图 16-8　图 16-7 中的干旱实验样品经细胞色素氧化酶活性反应，因反应产物在内膜和内嵴上的沉淀，使线粒体内嵴又得到了显示（Paleg and Aspinall, 1981）

前面谈到的盐胁迫对线粒体的影响机制，是 Na^+ 的毒害作用，或是盐渍化引起的渗透胁迫，有不同的看法。玉米根不仅在 100 mmol/L NaCl 处理中，引起线粒体结构与功能的变化，也在干燥的空气中和 PEG 的渗透胁迫下，发生线粒体结构与功能的伤害（Poljakoff-Mayber, 1981）。飘浮在 NaCl 盐渍化溶液上的棉花叶圆片，抗旱性强的种类 *Gossypium anomalum* 线粒体的伤害症状比抗旱性较弱的种类 *G. hirsutum* 延迟发生。然而也有实验指出，从 5 种植物组织分离出来的线粒体的呼吸速率被 125 mmol/L NaCl 盐浓度所抑制，而用 PEG 或 mannitol（甘露醇）配制的同样（甚至更高）的渗透胁迫，却不起抑制作用。*Agrostis stolonifera* 的盐敏感生态型 INS 在 100 mmol/L NaCl 盐生境中，其线粒体结构即受到严重伤害，而抗盐生态型 SM 在同样盐渍化条件下，其线粒体却能维持正常的结构与功能。基于这些结果，这些作者们认为，这类植物在盐胁迫下引起的线粒体结构与功能的变化，不是人们一般认为的"渗透胁迫"，而是

"Na$^+$（盐离子）的毒害"（Smith et al.，1982）。

在陈述了低温、干旱和盐渍化胁迫引起线粒体的种种变化之后，似乎还应该谈到近年来由于电子体层成像和电脑等新技术的应用，在动物和人体细胞方面已经揭示的线粒体结构形态的新观点。这种新的观点指出，从线粒体的三维图像上看，它已不是如经典细胞学所描述的，由双层膜包裹的、内膜上有嵴的单个圆形或椭圆形的细胞器，而是在它们之间有着高度相互连接、形成一个管网状的结构，并且不断持续地发生分裂和相互融合的动态变化（马泰和朱启星，2006）。在植物方面，虽尚未见到这种新观点的报道，但在逆境胁迫过程中，研究者所观察到的线粒体膨胀、嵴腔扩大和空泡化，以及数量增加等动态性变化，是否也就是还包含了在三维图像结构上的相互融合和分裂的变化：它们的相互融合使线粒体呈现膨胀状态，也导致嵴腔的扩大等变化；它的分裂活动引起线粒体数量的增加。

四、线粒体释放细胞色素 c 介导程序性细胞死亡（PCD）

前面我们已经读到，在 PCD 发生过程中，细胞核表现出许多先导性变化，如核体积缩小、染色质固缩、DNA 分子在寡糖核小体处断裂等。近些年来，对哺乳动物线粒体的研究显示，线粒体对诱导细胞凋亡（APO）起着中枢介导作用。线粒体是细胞凋亡早期阶段受损伤的细胞器，它的外膜透性最先发生变化，释放膜间隙基质中的蛋白质，其中主要是细胞色素 c（cytochrome c，Cyt c）和黄素蛋白。Cyt c 能对 Caspase 起激活作用，活化了的 Caspase 进而活化内切核酸酶，从而使 DNA 发生降解。释放的黄素蛋白随即转移到细胞核中，引发染色质边缘性凝聚，并使大分子 DNA 片段化（Kroemer and Reed，2000；Crompton，1999）。后来在植物细胞的程序性细胞死亡的研究中，也证实线粒体释放 Cyt c 到细胞质基质中，确能引发 PCD 发生（Jones，2000；Arpagaus et al.，2002）。在近年来的研究中，以下的几项工作明显地说明线粒体与植物程序性细胞死亡的密切关系。

1. D-甘露醇和甲萘醌引发线粒体释放 Cyt c 导致 PCD 发生

D-甘露糖（D-mannose）是一种细胞毒性物质，Stein 和 Hansen（1999）报道了他们用 D-甘露糖，并用它的非对称性异构体——L-甘露糖（L-mannose）、D-葡萄糖（D-glucose）和 D-半乳糖（D-galactose）进行对比，处理拟南芥幼苗和玉米悬浮培养细胞，通过多种检测方法（细胞活性的荧光素 FDA 和 FDPI 染色的显微镜观察、琼脂糖凝胶电泳图谱分析、Cyt c 的免疫印迹法分析以及内切核酸酶活性的离体测试）所获结果指出，1% D-甘露糖完全抑制了拟南芥幼苗和玉米悬浮细胞的生长，并诱导出细胞死亡和 DNA 电泳图谱中的梯状条带；明确证明，D-甘露糖的这种作用（其他非对称性异构体、L-甘露糖、D-葡萄糖和 D-半乳糖没有这种作用）——引发 PCD 的发生，是由于线粒体释放了 Cyt c，并因此活化了内切核酸酶。

在甲萘醌（menadione，维生素 K3）引发的植物（拟南芥和玉米）发生程序性细胞死亡过程中，也观察到线粒体释放 Cyt c 和 Caspase 的活化（Sun et al.，1999）。

2. 不育花药中绒毡层细胞的早熟性死亡也是由于线粒体释放了 Cyt c

植物遗传上的细胞质雄性不育（CMS）是由于线粒体的基因组突变，花药的正常发育被破坏，绒毡层细胞过早解体死亡，并造成药室内壁和表皮细胞的死亡，从而阻碍了花药室的裂开和花粉的释放。Papini 等（1999）研究揭示，这种花药绒毡层细胞的死亡属于程序性细胞死亡（PCD），具有 DNA 裂解的特征。Balk 和 Leaver（2001）研究证实，在花药绒毡层细胞程序性死亡过程中，也有线粒体的 Cyt c 释放。在细胞核形态学变化的早期，如核体积变小、染色质固缩过程中，线粒体形态没有明显的改变，但其外膜的完整性和呼吸控制速率已经降低，Cyt c 已部分地从线粒体释放到细胞质基质中；从雄性不育的小花组织中分离出来的线粒体，其 Cyt c 含量降低，显示线粒体中的 Cyt c 已经外渗，这与免疫细胞化学反应的测试结果相一致。

总之，无论是动物细胞还是植物细胞的程序性细胞死亡（PCD），都存在线粒体释放 Cyt c，对 PCD 的发生起着中枢介导作用，从而发生了如下系列反应过程：Cyt c→Caspase 活化→内切核酸酶活化→DNA 降解→细胞死亡。

第十七章 液泡对逆境的反应与适应

成熟的植物细胞具有大的中央细胞，占驻细胞总体积的90%以上，它是一种多功能的细胞器，参与植物对逆境的反应与适应，其主要生理功能有：①与细胞壁相结合形成细胞膨压（turgor）。这种细胞膨压是细胞延伸生长的驱动力，也是植物机体维持正常形态结构的决定因素，当膨压降低时，植株就发生萎蔫，细胞生长就停止。②液泡是无机盐离子和代谢产物的储存库，对细胞代谢过程的动态平衡起着重要的调节作用。③液泡内含有多种水解酶，类似动物细胞的溶酶体，它可以通过吞噬和消化细胞质组分调控细胞质比率，影响细胞分化；又可在器官和组织，如叶片和花瓣衰老过程中，参与细胞质成分的破坏，促进物质的再循环和再利用。④吸收和隔离毒物（如生物碱、Na^+和重金属等），防止细胞毒害。⑤调节植物茎叶表面的色泽。液泡中积累着一种水溶性的类黄酮色素（花色素苷），它可随着液泡液 pH 的变化而改变颜色，当液泡液 pH 为5.5～6.0时，会使叶面从绿色变成橙红色或红紫色，从而使逆境植物降低光合器官对光能的吸收，防止光氧化的危害，还可过滤紫外线的照射。由此可见，液泡的这些生理功能都与植物对低温、干旱和盐渍化等逆境的反应和适应存在极密切的内在联系。

一、液泡与渗透调节：液泡内离子和溶质的积累

不仅是干旱会造成渗透胁迫，土壤盐渍化也会首先引起渗透胁迫（Munns，1993，2002）。因为外界盐分的高浓度会使土壤溶液的水势降低，导致根细胞不能从土壤中吸取水分；同时，盐离子从根部进入植物体后，先在质外体（导管、细胞间隙和细胞壁）中积累，从而引起原生质体脱水，膨压降低（Tester and Davenport，2003）。在这种渗透胁迫下，植物体为了能继续获得水分，维持细胞膨压，必须增加自身细胞汁液的物质浓度，主要是增加液泡的内含物，以提高细胞渗透压，降低细胞内水势，使外界的水能够进入细胞，这一过程被称为"渗透调节"。

进行渗透调节的物质有两种来源：一种是从外界吸收和积累无机盐；另一种是通过细胞内代谢合成有机物质。一般说来，在细胞内积累的这些物质（无机的和有机的溶质）的总浓度和渗透压，要比外界土壤溶液的渗透压高出2～3倍，才能使根细胞从土壤中顺利吸取水分（Glenn and Brown，1999）。至于各种植物细胞内积累什么样的渗透调节剂，则决定于植物种类的特性，尤其是与植物的抗盐性密切相关。

盐生植物主要是依靠从外界吸收和积累无机盐离子。这是一种"一举两得"的措施：一方面，吸收的无机盐离子如 Na^+、Cl^- 等提高了细胞的渗透压，降低了细胞内水势；另一方面，进入根细胞内的盐离子又相对地降低了根表面外界土壤溶液中局部的盐浓度，改善了外界土壤的水胁迫，更有利于根细胞吸水。大量的测试结果显示，盐生植物的抗盐性程度与其吸收 Na^+ 能力呈正相关，而与 K^+ 的吸收呈负相关（图 17-1A 和图 17-1B，Glenn and Brown，1999）。

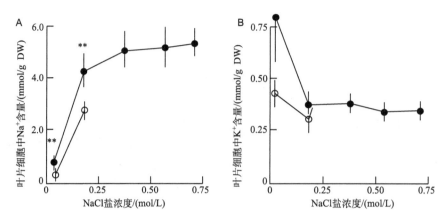

图 17-1　盐生植物（●）和非盐生（淡土）植物（○）的抗盐性程度与叶片细胞内 Na^+、K^+ 含量（吸收）的相关性：A. 盐生植物的抗盐性程度与叶片细胞内的 Na^+ 含量呈现正相关，B. 与叶片细胞中的 K^+ 含量呈现负相关。而淡土（非盐生）植物无论是 Na^+ 或 K^+ 的相关性都只在 0.18 mol/L 以下（Glenn and Brown，1999）

　　旱生植物在对干旱和盐胁迫的适应过程中也表现出同样的趋势。Na^+ 盐的绝大部分（90%～95%）必须进入和积累在液泡中（Leigh et al.，1981），以防止 Na^+ 对细胞质的毒害。为了平衡细胞质与液泡间的渗透势，还需要在细胞质中合成和积累无毒的相容性溶质（compatible solute），如脯氨酸、甜菜碱和可溶性糖等。这些有机溶质既分布在细胞质中，也进入液泡内，但在液泡中的浓度一般低于细胞质。它们不仅起着提高细胞质渗透压的作用，还能保护膜结构的稳定性。Maggio 等（2000）为这种渗透调节提供了一个极好的模式证据，他们选用 *Salvadora persica* 为实验材料，这种植物既是盐生植物，又是旱生植物，能生长在极度干旱和高度盐渍化土壤环境中，能抗 630 mmol/L NaCl，200 mmol/L NaCl 盐渍化是它生长的适宜盐浓度。在这种盐渍化生境中，其光合 CO_2 净固定率和生物产量与生长在非盐渍化土壤中相等同，不受盐抑制，甚至还有某些程度的提高。测试结果指出，它能从盐渍化环境中吸取高于对照（非盐化生境）40 倍的 Na^+ 积累于叶片细胞的液泡内（图 17-2A），借此提高细胞的渗透压和维持细胞膨压。图中也显示在叶片细胞内随着 Na^+ 积累的增加，K^+、Mg^{2+} 和 Ca^{2+} 含量显著降低。此外，在细胞质中积累一定量的脯氨酸，以平衡细胞质与液泡间的渗透压差（图 17-2B）。

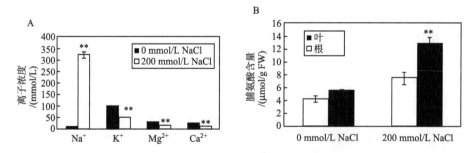

图 17-2　盐生植物渗透调节的一个模式。A. 显示既抗盐又抗旱的 *Salvadora persica* 在 200 mmol/L NaCl 盐渍化生境中液泡内积累大量的 Na^+，K^+、Mg^{2+}、Ca^{2+} 含量降低；B. 显示细胞质中脯氨酸含量也有一定的增加，以平衡细胞质与液泡间的渗透压差（Maggio et al.，2000）

淡土植物由于遗传上不具备抗盐特性，它们对 Na^+ 是敏感性的，所以其渗透调节不能借助盐离子，而是主要地依靠自身合成的有机溶质，如番茄（*Lycopersicon esculentum*）在 NaCl 盐胁迫中，引起蔗糖、葡萄糖、果糖和肌醇等有机溶质在叶/根细胞的液泡内大量积累，约占总溶质的 95%（Sacher and Staples, 1985）。在小麦幼苗的渗透调节中，60%～100% 是依靠游离脯氨酸和可溶性糖的积累（Munns et al., 1979）。

然而，不少农作物在通过人工长期的诱变和选育后，对干旱和盐胁迫形成了有一定适应能力的新品种或细胞株系，这些新品种和细胞株系也能部分地利用无机盐作为它们的渗透调节剂。例如，番茄的培养细胞在水分胁迫条件下，细胞内的还原糖、总游离氨基酸、脯氨酸、Na^+、K^+、NO_3^-、Cl^- 以及苹果酸和柠檬酸等溶质的含量，都随着外界水分胁迫强度的增加而增加，且适应能力强的细胞株系增加得更多。从对渗透调节作用贡献的比率上看，糖和氨基酸等有机溶质占 55%～66%；无机离子 Na^+、K^+、NO_3^-、Cl^- 等占 34%～45%；其中贡献作用最大的是还原糖，其次是 K^+（表 17-1）。脯氨酸浓度的增加量高达 506 倍，但对液泡渗透压提高的作用却不大，它的主要作用可能是平衡细胞质的水势及对膜结构的保护（Handa et al., 1983）。具有一定抗旱性的高粱，其成熟叶片细胞的渗透调节与上述番茄细胞有类似情况，除依靠可溶性糖、游离氨基酸和羧酸的贡献外，也有 K^+、Cl^- 浓度增加的作用（Jones et al., 1980）。在许多植物中，K^+ 是重要的渗透调节物质，积累 K^+ 是细胞维持内外渗透平衡的主要方式。细胞质膜对 K^+ 的吸收具有优先的选择作用。在大肠杆菌中，为吸收 K^+，具有一个 K^+ 的高亲和力系统 kdp，它由三个协同诱导基因操纵子 kdp ABC 所编码。

表 17-1　番茄培养细胞在水分胁迫下，各溶质在渗透调节中的相对贡献（%）

细胞系	培养基的平均水势/bar	细胞内平均水势/bar	蔗糖	还原糖	总游离氨基酸	脯氨酸	苹果酸	柠檬酸	Na^+	K^+	NO_3^-	Cl^-
P_0	−4.0	−10.0	3.4	27.1	6.8	0.16	0.31	1.25	3.0	20.4	6.6	3.1
P_{20}	−16.0	−22.0	7.6	22.5	6.1	0.62	1.40	1.56	1.4	21.5	5.0	2.7
P_{25}	−22.0	−31.0	3.3	41.0	12.6	3.3	2.0	2.3	3.7	19.5	7.0	4.2
P_{30}	−28.0	−48.0	3.1	32.8	8.4	4.7	2.0	2.0	3.7	19.0	5.8	3.4

资料来源：Handa et al., 1983。

注：1bar＝10^5Pa。

如果单从干旱因子来概括大量的研究结果，其渗透调节的总趋势是：生长在干旱土壤中的旱生植物，必须使其细胞的低水势达到 −5 MPa 或更低，为此，其液泡内需要积累 1000 mmol/L 无机盐离子，或 2000 mmol/L 有机糖。通常，盐离子在渗透调节中占 60%～70%，糖占 30%～40%；K^+ 在植物的抗旱性中起着较重要的作用（Flowers and Yeo, 1986）。

中生植物在对干旱的渗透调节中，无机盐离子的作用较小，因为土壤干旱限制了离子的扩散，同时也降低了无机盐离子渗入根细胞的速率，所以，它们主要是依靠自身合成的有机溶质（Flowers and Yeo, 1986）。

二、液泡在避免盐毒害中的作用

1. 液泡是盐生植物避免盐毒害、实行盐分区域化的"器官"

除了嗜盐细菌外，所有高等植物的细胞质对盐，尤其是对 NaCl 盐是极其敏感的，Na^+ 抑制细胞质中各种合成酶的活性，并干扰和抵抗 K^+ 和 Ca^{2+} 的吸收，破坏细胞的生理生化过程，造成细胞的伤害和死亡。盐生植物适应盐渍化生境的一个关键性的重要机制，是它们能够及时地将进入细胞质中的 Na^+ 输入并积累于液泡中。Balsamo 和 Thomson（1984）采用结构立体学的定量分析法指出，生长在盐渍化生境中的植物液泡体积显著大于非盐化生境中的液泡体积，这显然是与液泡作为盐生植物盐离子的隔离储存库的功能相适应的。液泡膜能起着隔离 Na^+ 的作用，不会再让 Na^+ 渗出液泡外，保证 Na^+ 盐在液泡内的区域化，维持细胞质中低 Na^+ 和高 K^+ 的离子稳态平衡（homeostasis），是液泡对植物抗盐性的一个最重要和最特殊的功能（Tester and Davenport，2003）。

2. Na^+ 的跨液泡膜输入是一个逆浓度梯度的泵入过程

生长在盐渍化生境中的植物，由于外界盐分的高浓度，盐离子的跨质膜输入是从高浓度到低浓度的自由扩散过程；而当这些 Na^+ 盐等离子从细胞质跨液泡膜输入液泡时，则是逆浓度梯度进行的，它们必须要借助质子泵或载体的作用。业已查明，Na^+ 的输入是由液泡膜上的 H^+-ATPase（V-ATPase）利用水解 ATP 释放的能量建立的膜电位势（H^+ 驱动力），通过 Na^+/H^+ 反向运输体（Na^+/H^+ antiporter）实现的（Niu et al.，1995；Yamaguchi et al.，2003）。因此，在适应盐胁迫过程中，V-ATPase 的基因转录及酶活性水平会显著提高。这种情况在许多盐生植物如 *Atriplex nummularia*、*A. gmelinii*、*Plantago*、*Mesembryanthemum crystallinum* 和非盐生植物，如大麦、棉花、向日葵、水稻和黄瓜等的研究中，都得到揭示和证实（Niu et al.，1995；Tsiantis et al.，1996；Zhao et al.，2006；Janicka-Russak and Klobus，2006）。编码液泡膜 Na^+/H^+ 反向运输体（AtNHX1）基因的超表达，改善了转基因植物拟南芥的抗盐性，进一步证实了这种 Na^+/H^+ 反向运输体在植物抗盐性中的重要作用（Apse et al.，1999；Shi et al.，2003）。

此外，有研究揭示，有些盐生植物（如 *Petrosimonia triandra*）可通过根细胞质膜的胞饮作用（pinocytosis）吞噬盐离子，然后，胞饮小泡（pinocytic vesicle）移向液泡，与液泡膜融合，将盐离子直接释放到液泡中（Kurkova and Bolnokin，1994；Glenn and Brown，1999）。这种报道至今尚属少见，或许也是表现植物吸收盐离子方式的多样性，只存在于某些盐生植物中。然而这种方式却有它独特的优越性，第一，它吸收的量大，且速度快；第二，不扩散于细胞质中，以致可完全避免 Na^+ 对细胞质的各种不良影响。因而值得进一步探讨，查明它是否有普遍性。

3. Na^+ 在液泡内区域化（不渗漏性）的分子机制

Na^+ 输入液泡后，在液泡内形成高浓度，为什么如此高浓度的 Na^+ 不会再渗回到细胞质呢？这当然要归因于液泡膜的特性。然而有关这方面的研究尚不多，初步的分析揭示，可能有两种分子机制：①盐生植物液泡膜的膜脂组分中含有高度饱和化的脂肪酸，其主要组分为十六烷酸（n-hexadecanoic acid）和十八烷酸（n-octadecanoic acid）；其固醇（sterol）中有30％是胆固醇（cholesterol），这种胆固醇分子使液泡膜组装成紧密的不漏性结构。同时，液泡膜的蛋白质组分含量比非盐生植物液泡膜的低；它的高水平的糖脂使膜脂和膜蛋白的相互作用保持十分稳定的关系（Leach et al.，1990）。②生长在盐渍化环境中的盐生植物，其液泡膜总是有一个较低的、但却是很稳定的V-AT-Pase活性，这也可能是维持Na^+在液泡中的区域化，不会外渗的一个重要机制（Maathius et al.，1992）。③有测试发现，盐生植物（如 *Suaeda maritima*）液泡膜上的离子外输通道，在Na^+盐的生理浓度下，即处于关闭状态（Maathius et al.，1992 Glenn and Brown，1999）。

4. 液泡在盐腺分泌中的动态与作用

　　盐生植物发育中形成的盐腺结构是它们对高度盐渍化生境的又一种适应方式。如上所述，将吸收的盐分积累和隔离在液泡中，是盐生植物适应盐生境的一个重要方式；然而，这种积累浓度仍然是有限的，老叶的加速死亡是这种超限度积累的表现。将这种超限度积累的盐分分泌出去，达到生存上可容耐的浓度平衡，无疑是避免超额死亡的又一个更好途径（Tester and Devenport，2003）。所以，许多盐生植物在叶片上衍生出泌盐的盐腺结构。这种盐腺结构也是多种多样的，有的仅由两个细胞构成，如滨藜；有的则为多个细胞构成，如 *Frankenia grandifolia*，其盐腺由2个收集细胞和6个分泌细胞构成；补血草盐腺的细胞更多，共16个，即4个分泌细胞、4个杯状细胞、4个毗邻细胞、4个

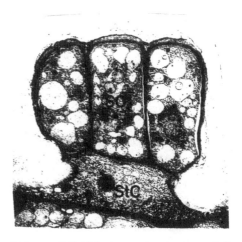

图 17-3　盐生植物 *Avicennia germinans* 的盐腺分泌细胞，细胞内包含着大量的小液泡，其中一些正在靠近质膜，并与质膜融合，将其中的盐分分泌到细胞外（Balsamo and Thomson，1993）

收集细胞。这种盐腺是如何行使其分泌功能的呢？许多研究表明，处于分泌中的分泌细胞，包含着大量的小液泡，并有许多小液泡位于细胞周围，靠近质膜（图17-3）；还可观察到其中一些正与质膜融合。这显示，盐腺的分泌作用是通过小液泡的外吐（exocytosis）方式进行的。换言之，是通过小液泡的装运方式进行的。同时，大量的小液泡比一个中央大液泡具有更大的液泡膜表面积，从而增加了吸收盐分的表面积，并提高了泌盐效率。分泌细胞中还有两个重要特征：具有丰富的线粒体和内质网。这种丰富的线粒体是为小液泡的盐分吸收及其位移和外吐提供能量上的保证；而丰富的内质网则是为小液泡的新形成提供来源（Balsamo and Thomson，1993）。

三、液泡在低温逆境中的自卫反应与适应

　　液泡是一种水相体系，因而它是低温冰冻最敏感的部位，植物为了避免冰冻伤害、适应低温冰冻下的生存，在长期演变进化过程中，也形成了多种避免液泡冰冻的自卫和

适应特性。

1. 增加液泡中的溶质、降低冰点

大量的测试结果表明，越冬植物，无论是草本还是木本植物，在进入寒冬前的秋季低温（零上低温）抗寒锻炼过程中，细胞内的可溶性糖和游离氨基酸含量增加。在木本植物中，可溶性糖增加常常与淀粉粒水解相平行；在草本植物中，如冬小麦，在秋季低温锻炼初期，可溶性糖和淀粉粒同时并行积累，当温度进一步降低时，早期积累的淀粉逐步被水解，严冬时完全消失。这表明，在低温锻炼初期，多糖也有一个暂时性积累，为寒冬中可溶性糖的增加提供储备（简令成和吴素萱，1965b）。一些测试结果也指出，在天然或人工低温锻炼过程中，游离氨基酸的含量也增加，其中主要是精氨酸、脯氨酸和丙氨酸。然而，大量的测试结果揭示和证实，通过细胞液溶质浓度的增加来降低冰点的作用是有限的，一般只能达到−5℃，避免−5℃以下的冰冻需要借助其他方式。

2. 水排到细胞外结冰

当温度降到0℃以下时，液泡内的水为什么不就地结冰，而流到细胞外结冰？这是因为细胞外的水溶液浓度低，冰点较高，因而最先结冰，于是吸引着细胞内的水不断流到细胞外结冰。越冬植物在寒冬中，其细胞内的水流到细胞间隙、收缩原生质体质膜与细胞壁之间，以及器官外结冰。种子和冬芽细胞内的水可以迁移到芽的外部鳞片及基部薄壁组织的细胞间隙内结冰。木本植物茎中形成层细胞内的水可以迁移到邻近的皮层薄壁组织细胞间隙内结冰（Sakai and Larcher，1987）。

Levitt 和 Scath 早在20世纪30年代（1936，见 Levitt，1980）的研究结果中就指出，经过抗寒锻炼的植物细胞能够将细胞内的水更快地排到细胞外结冰；Kacperska-Palacz（1978）也指出许多草本植物（如冬油菜等）经冷锻炼后也出现此种情况，质膜的透水性提高。然而，有关抗寒锻炼后的细胞为什么能够将细胞内的水更快地排到细胞外结冰的机制，长期以来却一直缺乏深入的研究。Pomeroy 和 Siminovitch（1971）曾发现刺槐枝条皮层细胞的质膜在秋冬低温的抗寒锻炼中发生内陷，呈现波浪状。他们认为，质膜这种变化的一个作用是增加细胞的透水面积，可以用于说明抗寒锻炼后细胞排水速度的增快。然而 Niki 和 Sakai（1981）在桑树枝条皮层细胞的超微结构研究中，虽然也在秋季低温锻炼时期观察到质膜的内陷弯曲现象，但在寒冬时期却没有见到。因此他们认为，质膜的内陷弯曲活动与植物抗寒力的发展无关。简令成等（1991）在两个强抗寒性冬小麦的抗寒锻炼过程中，不仅清晰地观察到大液泡转变成小液泡以及质膜的内陷弯曲活动，而且观察到内陷质膜与液泡膜相连接的现象（图17-4A、图17-4B和图17-4C）。简令成等认为，质膜在抗寒锻炼中产生的这种变化可能是使细胞内的水迅速流到细胞外结冰的重要机制，它为液泡内水的外排开辟了一种渠道。如图17-4D和图17-4E图解所示，在一般情况下，液泡内的水流向细胞外时，要经过细胞质，水通过细胞质时，遇到的阻力较大，如果温度降低速度过快，水在流经细胞质的途中即有结冰的可能；而当内陷的质膜与液泡膜相互接近和连接后，水就可以通过这种"排水渠道"直接流到细胞外，从而避免了水在细胞内结冰的危险。

3. 细胞液的过冷却

过冷却（supercooling）是指植物细胞液在其冰点以下仍保持非冰冻状态。植物组织及细胞液的过冷却状态是植物，特别是木本植物避免细胞内结冰的一种重要方式。

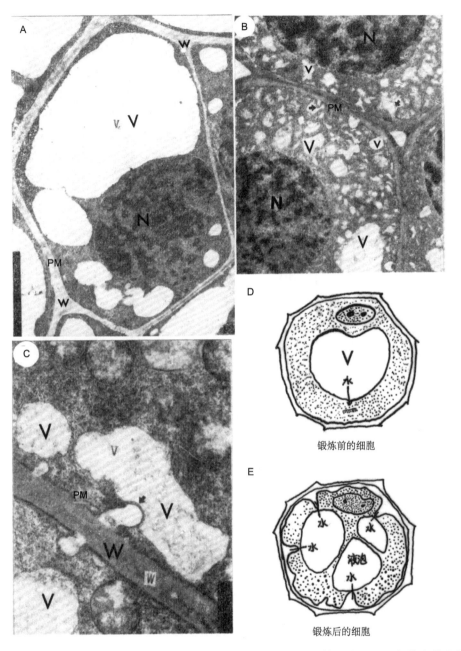

图 17-4 冬小麦越冬过程中液泡排水的适应性变化（A、B、C 为电镜照片）。A. 冬前麦苗生长期，细胞内包含着大液泡（V）；B 和 C. 经秋末冬初低温锻炼后，进入寒冬中（1 月 15 日），大液泡转变成许多小液泡，其中一些与质膜（PM）靠近，一些与内陷的质膜相互连接（箭头），因而液泡内的水可以不经过细胞质直接排到细胞外；D 和 E. 液泡内的水外排途径的一个图解。N：细胞核；W：细胞壁；PM：质膜

Larcher 等在 20 世纪 60 年代和 70 年代先后发现一些木本植物（*Olea europaea*、*Polylepis sericea*、*Trachy carpus fortunei*、*Sasa senanensis* 等）的常绿叶片组织在低温锻炼

后，在 −10～−12℃ 低温下不结冰、处于过冷却状态（Sakai and Larcher，1987）。Graham（1971）首先观察到杜鹃花花芽原基的低温放热作用（现象），指出通过"深过冷"（deep supercooling）避免细胞结冰，可能是杜鹃花花芽抗冻性的一种重要方式（George and Burke，1977）。Quamme 等（1972）通过差热分析仪（DTA）的测试，揭示苹果树枝条的木质部射线薄壁组织细胞液在 −40℃ 低温下尚保持非冰冻状态。图 17-5 显示降温冰冻过程中的放热情况。George 和 Burke（1977）采用示差扫描量热计（DSC）脉冲核磁共振光谱术，以及低温显微镜等多种测试技术，确证了杜鹃花花芽及茎木质部射线薄壁组织细胞深度过冷却的存在，并发现这种深过冷在 −35℃ 是很稳定的。而后的许多研究进一步证实，木质部射线薄壁组织细胞液的深过冷是寒冷地区木本植物越冬中普遍存在的现象（Sakai and Larcher，1987）。

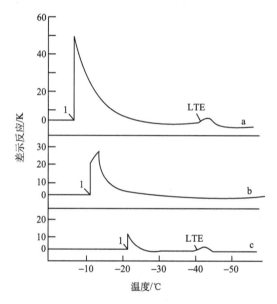

图 17-5　冬季中苹果枝条冰冻的 DTA 测试曲线（Quamme et al.，1972）。
a. 枝条；b. 皮层；c. 木质部。1. 冰冻的初始放热；LTE：低温放热；
K：冰冻初始放热的一种温度单位

George 等（1974）还发现北美 49 种落叶树木质部的低温放热温度与这些树种的地理分布最北边界的冬季低温之间有着明显的相关适应性。这些树种木质部的低温放热温度的极限是 −45～−50℃，而这些植物的地理分布最北边界线的冬季最低温度从未降低到 −45℃ 以下。由此可见，深过冷是这些木本植物抵御其生境中的冬季严寒，获得生存的最关键性的机制。

有关"深过冷"形成的原因和分子机制，一些学者曾推测，可能是这类植物在抗寒锻炼中产生了一种能阻止冰核形成的物质。简令成等（1984，1991）先后在柑橘和小麦抗寒锻炼过程中观察到液泡的内吞作用（图 17-6），这种内吞作用将细胞质物质转移到液泡内，使液泡汁液增加了诸如蛋白质及 RNA 等大分子物质。关于液泡的内吞作用及其因此在液泡内产生大量的蛋白质等大分子物质的储存，近年来也已有许多的研究报道（Marty，1999）。杨树枝条皮层组织细胞的液泡内在寒冬中以及在短日照诱导下就产生大量蛋白质的储藏（Coleman et al.，1991；Jian et al.，1997a）。已有大量的报道指出，生长在寒冷地区的鱼类，为了防止体液的冰冻凝固，产生了一种特异性抗冻蛋白，它能与刚形成的冰核相结合，从而阻止冰核的进一步扩大，使体液保持非冰冻状态。植物抗冻蛋白近年来也已有一些研究（Griffith et al.，1992，1997；Duman，1994；Fei Yunbiao et al.，1994；卢存福等，2000）。还发现大分子的蛋白质物质在组织、细胞的超低温保存中显示出重要的防冻作用。因此，似可有理由做出如下推论：内吞作用使液泡内产生诸如蛋白质、脂类及 RNA 等大分子物质的储存（包括其中的抗冻蛋白），可能是造成液泡液过冷却状态的重要的分子机制。

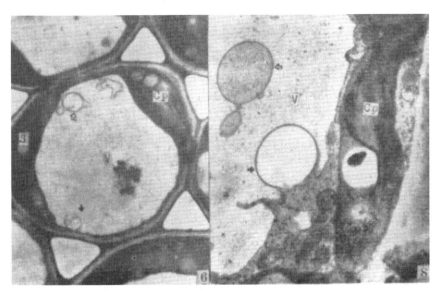

图 17-6　温州蜜柑在进入寒冬过程中叶片细胞液泡（V）的内吞现象。液泡膜向内反卷，形成吞噬泡（箭头），吞噬泡破裂后，增加了液泡内的蛋白质及核酸等大分子物质。
CP：叶绿体；S：淀粉粒

4. 水的玻璃态化

水变成冰是通过水分子排列的一种物理学变化，从一个随机无序的排列变成一个有序的晶格型排列，密度降低，体积增大，从而使细胞的各种膜结构发生破裂。水的玻璃态化（vitrification），则不发生水分子排列的物理状态的改变，而是在温度迅速降低的情况下，水分子即在原位固化，形成透明的玻璃化状态。因而它就不会发生体积的膨胀，对细胞结构不会造成破坏作用。水的玻璃态化是高寒山地植物的一种适应方式。这里的天气变化无常，一会儿阳光曝晒，温度急剧上升；一会儿阴云密布，严寒骤然降临，迅速冰冻，于是导致水的玻璃态化。这是生长在这里的植物在长期适应性演变和选择中造就的。

在这种条件下，水不结成冰，而变成玻璃态化，除了是温度特殊迅速地降低外，当然还需要有其他的调节因子，最重要的可能是这些植物合成了某些特殊的溶质，并以适当的浓度积累在细胞内，尤其是液泡中，然而这方面的深入研究尚很缺乏。有意义的是，一些研究者基于这种认识，成功地配制出一种玻璃化冰冻保护剂，为植物器官、组织和细胞的种质保存建立了一种高效的，并且又是简便易行的"玻璃化超低温保存技术"。这种玻璃化保护剂的主要成分是 30%（m/V）甘油、15%（m/V）乙二醇和 15% （m/V）二甲亚砜（DMSO）。将切割下来的器官、组织（如幼芽或芽尖分生组织）或培养细胞放入玻璃化保护剂中，在 0℃ 处理适当时间，使保护剂适当渗入组织细胞中，并使细胞适当脱水，然后直接投入液氮，即可达到玻璃态化，其存活率一般在 80% 以上（简令成和孙德兰，2006）。

四、液泡膜 H$^+$-ATPase（V-ATPase）对低温、干旱和盐胁迫的反应与适应

液泡膜 H$^+$-ATPase（V-ATPase）分子的基本结构已在前面（第十章）做了概要的介绍，它通过水解 ATP 释放的能量建立液泡膜的电位势，调控离子和溶质的跨液泡膜运输，主要是行使 H$^+$ 和离子（如 Na$^+$/H$^+$）的反向运输，并建立和维持液泡内一个较高的酸环境（约 pH5.5）。它的这种功能在植物对低温、干旱和盐胁迫的反应和适应中起着重要的作用。

1. 对低温的反应与适应

冷敏感植物的液泡 V-ATPase 对冷（10～0℃）胁迫十分敏感，当植物体或离体培养细胞一旦受到冷袭击时，V-ATPase 立即被钝化，从而引起细胞质的迅速酸化和液泡的碱化，结果导致细胞代谢过程的紊乱，造成细胞的伤害和死亡（Yoshida，1991）。

抗冷植物则相反，它们的 V-ATPase 对冷胁迫的反应具有内在的稳定性，当其植物体或培养细胞处于冷环境中时，V-ATPase 活性不仅保持高度的稳定，甚至有某些程度的提高（Yoshida and Matsuura-Endo，1991）。

Yoshida 等（1999）所做的对比实验结果指出，V-ATPase 在豆科植物中存在着冷敏感和冷不敏感（抗冷）两种类型：冷敏感型的代表植物是绿豆，称为"绿豆型"，还包括红小豆和菜豆等；抗冷型的代表植物是豌豆，被称为"豌豆型"，还包括蚕豆等。大豆属于中度敏感型，居于绿豆型和豌豆型之间。提取纯化液泡 H$^+$-ATPase 蛋白（16 kDa多肽）的 SDS-PAGE 双向电泳图谱的分析显示，"绿豆型"和"豌豆型"的 V-ATPase 蛋白的等电点是不同的，前者为 6.1，后者为 5.6。并且，这种 16 kDa 多肽抗体的免疫学性质，在"绿豆型"和"豌豆型"之间也有差异，这两种类型的抗体相互之间不能产生交叉反应。这些有限的证据指出，冷敏感植物和抗冷植物分别存在着本质上不同的液泡 H$^+$-ATPase 的类型，以致对冷胁迫表现出不同的敏感性。冷敏感的液泡 H$^+$-ATPase（绿豆型）在冷胁迫下受抑制，从而导致液泡 H$^+$ 外流，引起细胞质酸化和液泡的碱化，破坏了细胞的代谢过程，结果造成细胞的伤害和死亡。抗冷性的液泡 H$^+$-AT-Pase（豌豆型）在冷胁迫下，仍能保持高度稳定。这种稳定性在维持细胞质 pH 的稳态平衡上具有重要作用，从而防止冷/冻胁迫下细胞质的酸化和代谢的破坏；并有利于抗寒植物在冷锻炼过程中液泡内物质的积累（Yoshida et al.，1999；Dietz et al. 2001）。

2. 对盐胁迫的反应与适应

通过液泡膜 H$^+$-ATPase 操纵的 Na$^+$/H$^+$ 跨液泡膜的反向运输，细胞质中过量的 Na$^+$ 输出到液泡中积累，是植物抗盐性适应的一个重要机制，它一方面防止了过量 Na$^+$ 对细胞质的毒害；另一方面，大量 Na$^+$ 在液泡中的积累有利于维持细胞膨压，降

低细胞水势，起着渗透调节作用。

液泡 H$^+$-ATPase 的活性及其酶分子结构的亚基基因的转录与翻译，已在多种植物对盐生境的反应中被研究。例如，盐生植物冰叶日中花（*Mesembryanthemum crystallinum*）在 NaCl 盐处理中，其液泡 H$^+$-ATPase 活性增强。6 个星期苗龄的冰叶日中花用 350 mmol/L NaCl 处理 24 h，其叶和根中的 V-ATPase 的亚基 C 基因表现出转录活性，mRNA 水平提高（Tsiantis et al.，1996）；此外，原位杂交和组织化学的分析显示，根和叶细胞中 V-ATPase 的基因表达不同，在根皮层和维管束中柱鞘细胞中亚基 E 的基因表达降低，而在叶片细胞中的表达增加。这可能反映根和叶 V-ATPase 在 Na$^+$ 运输和 Na$^+$ 积累功能上的不同；在根中，大量的 Na$^+$ 积累在液泡内；而在叶中是要使 Na$^+$ 进行再循环，将 Na$^+$ 从木质部输出到韧皮部筛管中，再返回到根（Dietz，2001）。

获得盐适应的烟草细胞系，培养基的盐渍化也会提高其 V-ATPase 亚基 A 的 mRNA 水平（Narasimhan et al.，1991）。抗盐的糖用甜菜的幼苗及其悬浮培养细胞 V-ATPase 亚基 A 的基因表达也受 NaCl 的刺激，mRNA 含量增加；此外，甜菜悬浮培养细胞在含 NaCl 盐渍化的培养基中，V-ATPase 亚基 A 和 C 的基因启动区活性也提高（Lehr et al.，1999）。

淡土植物液泡 V-ATPase 的基因表达，不像盐生植物受盐刺激发生持久的适应性提高，如番茄在盐胁迫下，亚基 A 的 mRNA 水平只出现暂时性提高，在 3 天的持续处理后，又降低到对照的水平（Binzel，1995）。大麦幼苗在 300 mmol/L NaCl 处理过程中，V-ATPase 亚基 E 蛋白只在根组织中稍有增加，在叶片中却没有变化（Dietz et al.，1995）。拟南芥液泡 V-ATPase 的基因表达（如亚基 D 基因）则不受 NaCl 处理而改变（Kluge et al.，1999）。

以上研究结果说明，植物在对盐胁迫的反应与适应中液泡 V-ATPase 基因的表达及其活性的提高，可能是它们抗盐性的先决条件之一。

3. 对干旱的反应与适应

前面已谈到，植物在干旱胁迫下，增加液泡内的离子和溶质浓度，对调节细胞渗透压和细胞膨压有着重要作用，而液泡内离子和溶质的输入是受液泡 V-ATPase 建立的液泡膜电位势（H$^+$ 梯度）调控的。因此，液泡 V-ATPase 对干旱胁迫应该有着密切的反应与适应，然而至今对它的直接研究却不多，这可能是因为干旱引起 ABA 信使的变化而使 V-ATPase 成为 ABA 作用下的后继性反应（Janicka-Russak and Klobus，2007）。已有研究指出，向大麦叶面喷施 ABA，结果观测到叶细胞 V-ATPase 活性被提高（Kasai et al.，1993）。同样，向冰叶日中花（*M. crystallinum*）叶面喷施 ABA，也测试到叶细胞 V-ATPase 亚基 C 的基因转录被活化（Tsiantis et al.，1996）。

五、液泡对低温、干旱和盐胁迫中 Ca^{2+} 动态的调节作用

Ca^{2+} 是植物细胞的第二信使，它在行使信使功能时，是通过细胞质基质 Ca^{2+} 浓度的升降来实现的。业已揭示，许多环境因子，包括低温、干旱脱水-渗透胁迫和盐渍化胁迫等，都会引起细胞质基质和核基质中 Ca^{2+} 浓度的短暂性提高。这种短暂性的 Ca^{2+} 增加起着外界刺激信号的传递作用，从而诱发抗性基因表达、提高植物体和细胞的抗逆

能力（Monroy et al.，1993；Monroy and Dhindsa，1995；Jian et al.，1999；Knight，2000）。研究也表明，这种 Ca^{2+} 增加来源于两方面：一是胞外 Ca^{2+} 通过质膜 Ca^{2+} 通道进入细胞内；另一个是细胞内 Ca^{2+} 库。植物细胞内的主要 Ca^{2+} 库是液泡，其中的 Ca^{2+} 浓度一般为 $10^{-4} \sim 10^{-3}$ mol/L（Bush，1995）。在液泡膜上业已鉴定出两种释放 Ca^{2+} 的 Ca^{2+} 通道：一种是电压门 Ca^{2+} 通道（voltage-gated channel）；另一种是 IP_3 启动的 Ca^{2+} 通道（Johannes et al.，1992）。这两种 Ca^{2+} 通道在液泡膜上的分布是分立和平行的，它们的活化和释放 Ca^{2+} 的作用，严格受控于细胞质中的调节因子。IP_3 是磷脂酰肌醇二磷酸脂（PIP_2）的水解产物之一，它生成的基本过程是：外界环境的刺激信号（如光、温度和激素等）通过受体和 G 蛋白活化磷脂酶 C，被活化的磷脂酶 C 随即催化 PIP_2 水解成 IP_3 和二酰基甘油（diacylglycerol）。生成的 IP_3 启动液泡膜上的 Ca^{2+} 通道，使液泡中的 Ca^{2+} 释放到细胞质中。也已有研究证据指出，液膜上的电压门 Ca^{2+} 通道，可因外界刺激（如风、机械压力、低温等）引发膜的去极化，从而打开这种 Ca^{2+} 通道，导致 Ca^{2+} 释放。Monroy 及其同事（1993，1995）在低温诱导苜蓿原生质体抗寒基因表达的研究中，通过 Ca^{2+} 螯合剂和 Ca^{2+} 通道阻断剂处理的对比分析实验，证明这种低温诱导效应除了主要来自胞外 Ca^{2+} 的作用外，也有一部分效应是由于液泡内的 Ca^{2+} 释放。Knight 等（1996）在用转基因的拟南芥和烟草为材料的研究中，也发现低温引起的细胞质基质（cytosol）中的 Ca^{2+} 增加，除主要是来源于胞外的 Ca^{2+} 之外，也有少部分是来源于液泡内的 Ca^{2+}。然而风刺激引起细胞质中 Ca^{2+} 浓度的升高，主要是由于液泡内的 Ca^{2+} 释放。利用转水母发光蛋白基因的烟草转化植株，测试热刺激引起的细胞质 Ca^{2+} 增加，也有两种来源：既有来自胞外的 Ca^{2+}，也有来自液泡内的 Ca^{2+} 释放（Gong et al.，1998）。蓝藻在热激中的 Ca^{2+} 增加也表现出同样的情况（Torrecilla et al.，2000）。利用茉莉酸甲酯（MJ）或系统素（systemin）处理番茄和甜菜根细胞，既引起胞外 Ca^{2+} 的进入，也引起液泡内 Ca^{2+} 的释放（Knight，2000）。

当增加的 Ca^{2+} 完成信使作用后，质膜和液泡膜上的 Ca^{2+} 泵 Ca^{2+}-ATPase 在增加 Ca^{2+} 的反馈作用下，随即启动它们的活性，将细胞质基质和核基质中增加的 Ca^{2+} 再泵回细胞外及液泡的 Ca^{2+} 库中，恢复细胞质中低水平 Ca^{2+} 的稳态平衡。这种胞内 Ca^{2+} 水平升降的时序性过程一般是：当刺激作用时即迅速增加，$1 \sim 3$ h 达到高峰，12 h 后开始下降，24 h 后恢复到低水平的稳态平衡。例如，拟南芥和小麦等都表现出这种时序性动态（Knight et al.，1996；Jian et al.，1999）。

六、液泡释放的水解酶参与逆境中自主性细胞死亡

前面谈到在主动自控性细胞凋亡中，除其先导性变化是发生在细胞核以外（Kerr et al.，1972；Danon et al.，2000），也发现液泡在这种细胞凋亡过程中起着一定的作用（Swanson et al.，1998；Obara et al.，2001；Li et al.，2003）。

液泡是植物细胞的溶酶体，其内包含着大量的诸如蛋白酶、核酸酶及酯酶等水解酶。液泡膜的破裂使这些水解酶释放到细胞质中，引起细胞自溶，导致细胞死亡。液泡还具有吞噬作用，能将细胞内的结构成分，如线粒体、叶绿体和内质网等吞入液泡内，经其水解酶将它们消化。高等植物的成熟导管分子是一种死亡了的细胞，成为植物主动

自控性细胞死亡研究中最好的典型例证（Pennell and Lamb，1997）。Obara 等（2001）通过周密的实验研究，揭示在导管分子的分化和形成过程中，液泡的破裂起着关键性作用。他们证实，自溶性水解酶——核酸酶、蛋白酶和酯酶等，是在导管分子的分化发育过程中新合成的，并储存在液泡中；当液泡膜破裂后，释放出水解酶，其中核酸酶引起细胞核 DNA 和叶绿体类核体 DNA 的降解，蛋白酶和酯酶则引起所有细胞膜结构的分解和破坏，造成细胞自溶，最终导致原分化细胞的死亡和导管分子的形成。图 17-7 显示以液泡破裂为先导的导管分子形成中的自溶性死亡过程。

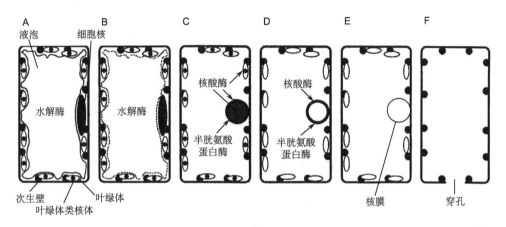

图 17-7　以液泡膜破裂为先导的导管分子的形成过程。A. 分化前的导管分子细胞，处于正常生活状态，显示细胞质川流；B. 液泡膜破坏；C. 核酸酶和蛋白酶水解核 DNA 和叶绿体类核体 DNA；D. 核与叶绿体内含物已被水解；E. 核膜和叶绿体被膜在破坏中；F. 在横壁上打孔

在玉米根通气组织分化形成过程中（Campbell and Drew，1983；Gunawardena et al.，2001）和未授粉子房的衰老过程中（Vercher et al.，1987），以及银杏储粉室发生部位的珠心程序性细胞死亡过程中（Li et al.，2003），液泡破裂引起的细胞自溶也在这些自主性细胞死亡中起着关键作用。在动物的程序性细胞死亡中，也有一种类型涉及溶酶体分泌水解酶导致细胞质自溶（Clarke，1990）。

禾谷类种子糊粉层（aleurone）细胞在种子萌发过程中，产生一种次生型液泡，包含大量的酸性水解酶，行使溶酶体功能，它是引发糊粉层程序性细胞死亡（PCD）的决定性因素（Swanson et al.，1998）。

在盐胁迫下，植物为了避免上部茎叶的盐毒害，保证上部幼叶生长和生殖器官的发育及开花结果，延续后代，将大量 Na^+ 盐积累和区域化在下部根及老叶细胞中。当老叶中的盐积累到达超容耐的极限时，就促使老叶衰亡（Boughanmi et al.，2003）。这种老叶衰亡被认为是程序性细胞死亡（Yen and Yang，1998；Cao et al.，2003），它有利于大量 Na^+ 盐脱离正在生长发育的新器官，避免了在老叶上无益的营养和水分消耗，并可使衰亡细胞中的物质进行再循环和再利用。在这种 Na^+ 含量很高的老叶中，最先观察到主叶脉韧皮部传递细胞（TC）中的液泡发生吞噬作用，其内出现髓磷脂体——细胞自溶初始信号；而其他细胞器，如叶绿体、线粒体没有明显变化（图 17-8A 和图 17-8B）。在继续的盐胁迫下，液泡消失，暗示液泡已被破坏，所有其他细胞器结构也不复存在，只有许多黑色颗粒状物质和块状物质出现在细胞内（图 17-8C），显示这种传递细胞已经死亡（Winter，1982）。苜蓿幼苗在 150 mmol/L NaCl 盐胁迫 28 天后，下部叶片主叶脉韧皮部传递细胞也发生类似的变化和破坏过程（Boughanmi，2003）。传递细胞死亡，失去了韧皮部转运 Na^+ 的功能，致使老叶中的 Na^+ 过量积累，从而诱导老叶提早死亡。

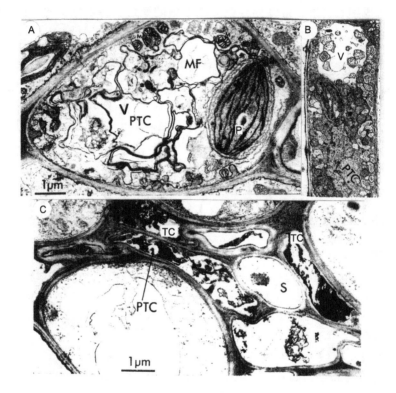

图 17-8　*Trifolium alexandrinum* 生长在 50 mmol/L NaCl 盐生境中到达 22 天时，第 5 叶中部维管束韧皮传递细胞（PTC）的液泡（V）发生吞噬作用（A 和 B）。叶片边缘是导管蒸腾流的末端，因 Na^+ 盐过量积累，此处 PTC 受到伤害，液泡破裂，细胞自溶，仅呈现黑色颗粒状和块状物质（C）。S：筛管；M：线粒体；P：质体；MF：髓磷脂体，液泡自吞作用的象征；TC：传递细胞（Winter，1982）

这些资料说明，液泡在逆境程序性细胞死亡中也起着一定的调控作用，它参与这种细胞死亡的诱发过程。

第十八章 细胞壁对低温、干旱
和盐渍化的适应性变化

植物细胞的外围具有一圈坚固而有一定弹性的细胞壁，它维持细胞的形态，并对其内部的原生质体起着重要的保护作用。在逆境中，无论是生物的或非生物的胁迫，细胞壁的保护功能显得更为重要，并由此产生许多相应的适应性变化。

一、细胞壁对细胞膨压的反应与适应

当植物细胞处于低渗溶液中时，水分子就会通过渗透作用进入细胞，细胞原生质体也就会因吸水而膨胀，并产生对细胞壁的压力，这种压力称为细胞膨压（turgor pressure）。由于细胞壁的坚固性和较小的弹性，其膨胀度小于原生质体，因而反过来对原生质体产生一种压力，这种压力（应力）与膨压大小相等，但方向相反。当细胞壁的膨胀度达到最大限度时，细胞膨压也达到最大（这种膨压有时可以超过 1000 个大气压；Cosgrove，1993），这时水分子进出细胞的数量趋于平衡，细胞也就不会进一步膨大了。膨压对植物生活十分重要，植物体的挺立和形状的保持，都依赖于膨压的作用。如果因为干旱和土壤盐渍化，外界溶液浓度大于细胞液浓度时，或者由于低温引起细胞外结冰，水就从细胞内渗透到细胞外，膨压因此降低或丧失，植物体就处于萎蔫状态，原生质体就因脱水收缩与细胞壁分离，结果在细胞壁与质膜之间出现空隙，这种现象称为"质壁分离"（plasmolysis）。在这种质壁分离间隙中，由于压力的空虚，细胞壁也会随着原生质体收缩发生塌陷。细胞壁的塌陷有可能会给原生质体质膜造成机械伤害（Levitt，1980；Rajashekar and Lafta，1996）。有实验指出，用酶除去细胞壁的原生质体在冰冻-化冻后的存活率比有细胞壁的单细胞的存活率高（Tao et al.，1983）。植物为了防止这种因失水和膨压降低而引起的细胞壁塌陷的机械性伤害，其适应性变化是增强细胞壁的坚固性，使细胞壁加厚，并木质化。无论在干旱、土壤盐渍化或低温锻炼条件下，都可观察到细胞壁的这种适应性变化。例如，玉米、天竺葵和棉花等在土壤干旱和盐渍化条件下（Degenhardt and Gimmler，2000），冬小麦（简令成和吴素萱，1965a）、冬油菜（Stefnowska et al.，2002）、冬黑麦（Huner et al.，1981），以及杨树、桑树和云杉等（Jian et al.，2000e，2004）在自然秋冬和人工控制的低温（4～0℃）锻炼过程中，都呈现细胞壁显著加厚和坚硬度的增加。云杉等针叶叶肉细胞经秋冬抗寒锻炼后，不仅细胞壁明显加厚，而且显著增加了细胞壁的木质化和角质化（Poller et al.，1994）。Rajashekar 和 Lafta（1996）观测了 7 种阔叶常绿植物——*Buxus microphylla*、*B. sempervirens*、*Euonymus fortunei*、*Hedera helix*、*Ilex meserveae*、*Kalmia latifolia*、*Rhododendron* sp.，经秋冬低温锻炼后，其叶片细胞壁在冰冻过程中的抗塌陷性显著增强。通过对其机制的研究指出，抗寒锻炼加富了细胞壁结构成分胼胝质、纤维素、半纤维素和果胶质的积累，尤其是木质素和伸展蛋白（extensin，一种富含羟基的糖蛋白）

在细胞壁中的沉积，后二者能大大增强细胞壁的坚硬度。有研究指出，加富伸展蛋白在细胞壁中的沉积，能提高细胞的抗冻性（Akashi et al.，1990）。杨树在人工控制的短日照条件下，细胞壁的厚度也显著增加，植物的抗冻性提高，且观察到这种细胞壁的加厚受细胞质高浓度 Ca^{2+} 水平的调控，高的细胞质 Ca^{2+} 浓度会增加木质素的合成及其在细胞壁中的沉积（Jian et al.，1997a；2000a）。逆境（低温、干旱和盐渍化等）引起细胞质 Ca^{2+} 水平的升高，还能刺激植物细胞分泌过氧化物酶到细胞壁中，并提高其活性。通过这种过氧化物酶的催化作用，渗入细胞壁的伸展蛋白形成异二酪氨酸双酚酯桥，导致伸展蛋白分子间以及伸展蛋白与多糖分子间的连接，从而加强细胞壁结构的牢固性（Wilson and Fry，1986）。

二、细胞壁在抵抗胞外冰晶进入胞内的屏障作用

在前面第十二章"质膜结构与功能的改变"中，我们陈述了质膜作为防止细胞内结冰的屏障作用，指出冷敏感植物由于在零上低温（非冰冻低温）的冷伤害中，质膜结构的完整性受到了破坏，失去了防御胞外冰晶进入胞内的屏障作用，因而当零下低温引起细胞外（细胞间隙以及质膜与细胞壁分离之间的空隙）结冰时，冷敏感植物的质膜就不能阻止继续增生中的胞外冰晶穿过质膜侵入细胞质中，最终造成细胞内结冰而死亡。相反，抗冷和抗冻植物的质膜在零上低温过程中，不仅不会受到伤害，而且会使膜结构的稳定性和防御胞外冰晶侵入的屏障作用得到加强，因而在零下低温的冰冻过程中，它们能避免细胞内结冰而得到存活。在这个陈述中，我们首先应该指出，关于细胞间隙中结冰的增生冰晶入侵细胞内，不仅是单一地与质膜的屏障作用有关；实际上，也与细胞壁密切相关，因为冰晶从细胞间隙进入细胞内，必须先经过细胞壁，然后才通过质膜，所以，细胞壁对于防止胞外冰晶进入细胞内，避免细胞内结冰具有重要作用。

Yamada 等（2002）对此进行了很有说服力的论证实验，他们将被实验的植物，包括冷敏感和抗冷的植物，先经过反复冰冻-化冻的预处理，借以破坏质膜的完整性，然后再以慢速降温方式（0.1℃/min）降到−2℃或−5℃，随即进行冰冻固定，并通过冰冻扫描电镜观察，结果表明，所有冷敏感植物都发生细胞内结冰，显示冷敏感植物细胞壁不能阻止增生的胞外冰晶进入细胞内，结果导致细胞内结冰。相反，所有抗冷和抗冻植物都只发生细胞外结冰，没有细胞内结冰（图 18-1）。这证实抗冷和抗冻植物的细胞壁能起到阻止胞外冰晶进入细胞内的屏障作用。

细胞壁对胞外增生冰晶入侵的防御作用可能主要与细胞壁中微孔的大小有关。冷敏感植物细胞壁中的微孔比抗冷和抗冻植物的大，前者的微孔超过 100 nm，它允许胞外增生的冰晶通过细胞壁进入细胞内（Carpita et al.，1979；Ashworth and Abeles，1984）。相反，抗冷和抗冻植物细胞壁中的微孔较小，而且在经过低温抗寒锻炼后变得更小，如葡萄和苹果的悬浮培养细胞在低温锻炼后，细胞壁中的微孔分别从 35 nm 降到 22 nm（葡萄），从 29 nm 降到 22 nm（苹果）（Rajashekar and Lafta，1996）。增生的胞外冰晶不可能从这样小的微孔中穿过。简令成等（1987）通过电镜细胞化学还显示，冬小麦幼苗在经过低温锻炼后，细胞间隙周围的细胞壁表面上的糖蛋白层变得更加丰厚（图 18-2A 和图 18-2B）。无疑地，这种适应性变化必然会加强细胞壁防御胞外冰

晶入侵的屏障作用。而不抗冻品种细胞间隙周围细胞壁表面上糖蛋白层很薄，且在低温胁迫下被削弱（图 18-2C 和图 18-2D）。

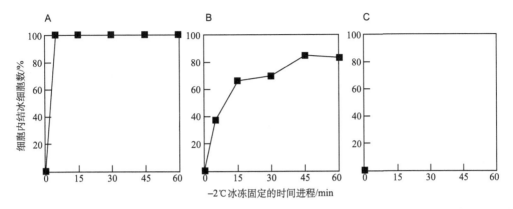

图 18-1 不同抗冷性植物先经过反复冰冻-化冻预处理，质膜被破坏，然后在慢速冰冻固定中细胞内结冰（■）的状况。A. *saintpaulia* 对冷极敏感，在数分钟内全部细胞即发生细胞内结冰；B. 绿豆对冷敏感，在 5 min 内有近 40% 的细胞发生细胞内结冰，45 min 达到高峰，约有 80% 的细胞发生细胞内结冰；C. 一种兰花（orchid），抗冷，不发生细胞内结冰

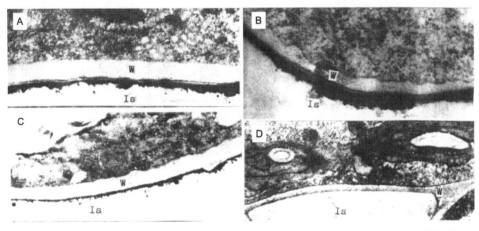

图 18-2 电镜细胞化学——钉红染色显示不同抗冻性小麦品种细胞间隙（Is）和周围的细胞壁（W）表面的糖蛋白层在低温锻炼前后的变化，及其与防止细胞间隙冰晶入侵细胞内的可能关系。A 和 B. 强抗冻性冬小麦品种新冬一号在 2℃ 低温锻炼前（A，25℃ 生长）及 20 天锻炼后（B）细胞壁表面糖蛋白层的变化，显示其抗寒锻炼后糖蛋白层明显加厚；C 和 D. 不抗冻的春小麦品种京红 8 号在 2℃ 低温处理前（C，25℃ 生长）和 20 天处理后（D）的糖蛋白层变化：这种不抗冻性春小麦细胞壁表面的糖蛋白层在低温锻炼后不仅没有加厚，反而被削弱

有研究证据指出，细胞壁阻止胞外冰晶入侵的屏障作用对抗冻木本植物木质部射线薄壁细胞深过冷（deep supercooling）也是必需的（Fujikawa and Kuroda, 2000）。这种机制其实也不难理解，即细胞壁阻止了细胞外冰晶的入侵，使细胞内的过冷却水没有冰核的加入，于是也就能维持深过冷状态。一旦有某种因素，如过度的严寒造成细胞壁和质膜结构完整性的破坏，胞外冰晶即侵入细胞内，细胞内的过冷却水在入侵冰核的作用下，立即变成冰，于是细胞内的水也就从深过冷状态变成了冰冻态，细胞也就死亡了。

细胞壁对胞外冰晶的屏障作用可能还与胞间连丝和外连丝（ectodesmata）存在密切关系。细胞壁中的胞间连丝是细胞间物质和信息交流的直接通道；外连丝则是从细胞内到细胞间隙（质外体）的通道（简令成等，1983）。这两种通道的口径一般可达 20～40 nm，而且这种口径是受多种因素的调节而变动的，蛋白质、核酸等大分子物质，病毒颗粒，甚至是细胞核的染色质都可以从这种连丝孔道中通过（简令成等，2003）。因此，可以有理由推想，冰晶也是可以从这种孔道中穿过的；而且，当胞外冰晶从细胞间隙通过外连丝进入细胞内后，不仅会引起该细胞发生细胞内结冰，而且这种冰晶又可通过胞间连丝通道进入相邻细胞，引起相邻细胞的冰冻。这样就会使细胞内结冰的速率加快，更快地造成植物整体的伤害。这可能是冷敏感植物在低温冰冻降临时常发生的情况，然而抗冷和抗冻植物则会有阻止这种情况发生的适应性变化。许多研究揭示，在抗冷和抗冻植物的低温锻炼过程中，胞间连丝和外连丝的通道被封闭或被阻断。例如，以上所述的冬小麦经低温锻炼后，细胞间隙周围的细胞壁表面上的糖蛋白层加厚，这样就可将外连丝的孔口封闭起来。酶标 ConA 的电镜细胞化学也指出，强抗寒性冬小麦品种（燕大 1817）在秋末冬初的低温锻炼中增加了糖蛋白的生物合成，并将这些糖蛋白输入到胞间连丝通道中（图 18-3A），堵塞了胞间连丝通道；而抗寒性弱的品种（郑州 39-1）在同样条件下却没有发生这种现象（图 18-3B）（简令成等，1991）。超微结构的研究也显示，抗冻的木本植物杨树和云杉在寒冬季节里或人工短日照诱导休眠中，胞间连丝被细胞壁的增厚物质所压缩，口径变得很小；或者胞间连丝通道中的内质网（ER）被拉出或中断，孔道周围的质膜相互融合，导致孔口被封闭（Jian et al.，1997a，2000c，2004）。

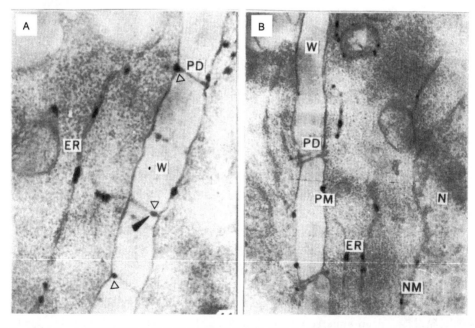

图 18-3　酶标 ConA 的电镜细胞化学显示的糖蛋白生物合成及其对胞间连丝通道的堵塞作用。A. 生长在初冬田间的强抗冻性冬小麦（燕大 1817），内质网（ER）活跃地合成糖蛋白，并运输到胞间连丝（PD）通道中（箭头）；B. 弱抗冻性品种（郑州 39-1）在同样条件下，ER 中虽有明显的糖蛋白反应，但不见糖蛋白输入到胞间连丝通道中（简令成等，1991）。W：细胞壁；N：细胞核；NM：核膜；PM：质膜

这些研究结果说明，抗冷和抗冻植物细胞壁中的胞间连丝和外连丝，虽然能容许冰晶通过，但在寒冬到来之前的低温锻炼过程中，这些连丝被改变，通道被封闭或被堵塞，所以，抗冻植物的细胞壁仍能对胞外冰晶的入侵和通过起屏障作用，只发生细胞外结冰，而不会发生致死性的细胞内冰冻；然而，冷敏感或抗冻性弱的植物则不同，它们的连丝通道不会因冷锻炼而改变，因此，它们在发生细胞外结冰后，随即又因胞外冰晶增生的内入而引起细胞内结冰，结果导致细胞死亡。

三、在水分胁迫中细胞壁伸展的适应性变化

在低水势环境条件下，植株地上部茎叶的生长迅速地受到抑制，但地下部的根细胞在长期的进化中却形成了两种重要的适应特性：①通过渗透调节和细胞壁的松弛，以维持水分的吸收；②根细胞的生长仍能继续进行，由于根的继续生长，使之能够从深层土壤中吸收水分，以抵抗干旱的胁迫（Spollen and Sharp，1991）。

为什么在低水势下根能继续保持延伸的能力呢？研究表明，这是由根尖细胞壁的特性决定的。在渗透胁迫下，根尖细胞壁的聚合物（各类多糖）成分与排列布局、壁蛋白的生化活性、pH和高尔基小泡分泌的调节过程，以及细胞壁的松弛伸展作用等都发生了适应性改变。许多研究者，如 Spollen 和 Sharp（1991）、Pritchard 等（1993）、Wu 等（1996），先后以玉米初生根为模式材料，研究了这种根尖细胞壁在低水势（水分胁迫）下的酸诱导伸展、膨胀素的丰富度及其活性，以及这种细胞壁对外源膨胀素的超敏感性反应等各种变化。现将其主要结果概述如下。

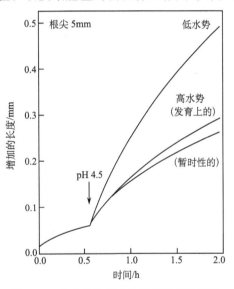

图 18-4　低水势和高水势下细胞壁酸诱导伸展度的差异（Wu et al.，1996）

1. 在低水势和高水势下酸诱导伸展的差异

在低水势（－1.6 MPa）生长的根尖（5 mm 区段）细胞壁的酸诱导作用显著大于在高水势（－0.03 MPa）下生长的根尖细胞壁（图 18-4）。在高水势（highΨ_w）下，相对增加长度为 16.7%；而在低水势（low Ψ_w）下，相对增加长度达 34.1%，增加 2 倍。

2. 低水势下生长的根尖细胞壁中的膨胀素具有高活性

由于酸诱导的伸展作用是显示膨胀素（expansin）存在的指标，因此从这种根尖细胞壁中抽提出蛋白质，并测试了其活性——诱导细胞壁的伸展作用。结果表明，从低水势下生长的根尖细胞壁抽提的蛋白质（膨胀素）比高水势下的根尖细胞壁的抽提蛋白有着更高的诱发细胞壁伸展的作用（活性），约提高 4 倍（图 18-5）。这一结果与酸诱导的结果是一致的。

3. 低水势下生长的根尖细胞壁中的膨胀素含量高

对根尖细胞壁的提取蛋白（膨胀素）进行免疫印迹法（Western blotting）的分析

表明，有两条明显的蛋白质带 27 kDa 和 30 kDa 被显露，在印迹反应的强度上，低水势下的根比高水势下根的强度大（图 18-6），显示在低水势下生长的根尖细胞壁中有着更丰富的膨胀素，尤其是 27 kDa 的膨胀素。这种情况说明，27 kDa 膨胀素在对低水势的适应中可能有着更大的调节作用。

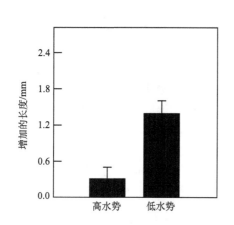

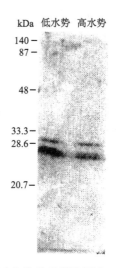

图 18-5　从在低水势和高水势下生长的玉米根细胞壁中提出的膨胀素对细胞壁的舒展作用有显著差异，前者比后者高 4 倍（Wu et al.，1996）

图 18-6　根尖细胞壁的提取蛋白（膨胀素）经 SDS-PAGE 分离和免疫印迹法分析，显示在低水势下生长的根尖细胞壁中有着更丰富的膨胀素，尤其是 27 kDa 膨胀素（Wu et al.，1996）

4. 低水势下生长的根尖细胞壁对膨胀素的松弛作用表现更大的敏感性

将在低水势和高水势下生长的 5 mm 根尖区段先用热处理杀死其固有的起松弛作用的活性物质（包括其中的膨胀素），然后加入外源膨胀素，在 pH4.5 的缓冲液中进行培育。其结果指出，低水势下生长的根尖细胞壁比高水势下生长的根尖细胞壁显示更大的松弛率和伸展的长度（图 18-7A 和图 18-7B）。这说明，低水势下生长的根尖细胞壁对膨胀素的作用有着更大的敏感性，它暗示，低水势下生长的根尖细胞壁的内部结构或成分也可能发生了变化。有研究揭示，在水分胁迫下，壁内的半纤维素与膨胀素的结合能力发生了变化，因而使之对膨胀素的敏感性增高（McQueen-Mason and Cosgrove，1995）。

5. 低水势下根尖细胞壁中木葡聚糖内转糖基酶的活性高

膨胀素和木葡聚糖内转糖基酶（xyloglucan endo-transglycosylase，XET）是 20 世纪 90 年代在研究细胞壁延伸机制中的两个新发现，因此人们认为，这两种物质是真正引发细胞壁松弛和伸展的物质（Cosgrore et al.，1997）。进一步的研究指出，膨胀素使细胞壁中的纤维素微纤丝与葡聚糖网络之间的氢键连接破裂；并在新的位置上形成新的连接，导致细胞壁内聚合物的滑动，从而使细胞壁发生松弛和延伸。XET 可能是一个次级细胞壁的松弛因子，或者说，是膨胀素的辅助因子，是在膨胀素削弱和打破细胞壁网络中的多聚糖间的非共价键后，起着次级修饰细胞壁结构的作用，使膨胀素对细胞壁的松弛过程变得更有效。

也有研究揭示，在干旱胁迫和盐渍化胁迫引起的低水势环境中，XET 基因 mRNA

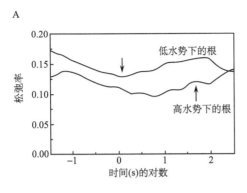 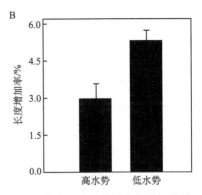

图 18-7　在低水势和高水势下生长的玉米初生根尖 5 mm 区段先经热处理杀死其固有的活性物质（包括膨胀素），然后加入黄瓜根细胞壁的抽提蛋白（包含膨胀素）。在 pH4.5 缓冲液中进行培育。结果显示，已使膨胀素失活的玉米根尖的松弛率和生长长度在低水势与高水势之间也有明显的差异：低水势的松弛率（A）和生长长度的增加率（B）都显著高于高水势，说明低水势下生长的根尖细胞壁对外来膨胀素具有更大的敏感性（Wu et al.，1996）

积累增加，XET 含量加富，低水势下根尖细胞壁中的 XET 活性比高水势下的增高 2 倍（Wu et al.，1994）。

　　由于根尖细胞壁在低水势下发生了以上所述的种种适应性变化，即对细胞壁起松弛和延伸作用的膨胀素和 XET 在低水势下的基因表达增加，提高了其丰富度和活性；同时，低水势还引起根尖细胞壁内的网络结构连接发生改变，使细胞壁对膨胀素和 XET 的敏感性提高，以致使膨胀素和 XET 对细胞壁的松弛和伸展作用变得更强和更有效，因而保证了低水势下根尖细胞壁的延伸和根的生长，使之能达到深层土壤中吸收水分，以克服干旱胁迫。

四、细胞壁的修饰与传递细胞的形成在适应盐生境中的作用

　　植物生长在盐渍化环境中，由于从高浓度向低浓度的渗透作用，盐离子（Na^+、Cl^- 和 SO_4^{2-} 等）进入根细胞是不可避免的。适当的盐分输入对耐盐的盐生植物是需要的，它有利于促进酶的活性、增加干物质产量；但对盐敏感（不抗盐）植物说来，这种盐离子的输入会抑制合成酶，尤其是光合酶的活性，降低光合作用和生物产量（Tester and Davenport，2003）。因此，生长在盐生境中的植物的命运，关键是决定于它们对渗入盐离子的控制和处置能力。前面已经讲到，对渗入盐离子实行区隔化和外排是植物适应盐胁迫的主要方式（途径）和重要机制。这里我们要讲细胞壁的修饰与传递细胞的形成在适应 Na^+ 盐区域化和外排中的作用。

　　如第十一章中谈到的，传递细胞（transfer cell，TC）的形成是通过原细胞壁的修饰，产生大量的"内突（内生）细胞壁"，从而相应地增加了质膜的表面积；同时，经修饰后形成 TC，还包含着丰富的发育良好的线粒体和粗面内质网。许多研究揭示和证实，TC 的形成对提高植物在盐渍化生境中的适应能力是必需的（Winter，1982；

Kramer，1983；Offler et al.，2003；Boughanmi et al.，2003）。由于内生壁的产生而增加了质膜表面积，可以因此增强细胞对 K^+ 的选择性吸收和对 Na^+ 的外排作用；转变后的传递细胞不仅有大容量的增生细胞壁作为 Na^+ 的积累场所，还新发育出丰富的内质网（ER）结构（图 18-8），它可以与液泡一样，成为 Na^+ 区隔化的"器官"，而且它有更广泛的作用，因为 ER 是胞间连丝的中央桥管，从一个细胞到另一个细胞，把植物体各细胞间的盐离子运输连贯了起来。ER 的这种分布格局启示人们对其在盐适应中的作用产生了一个新的设想，即 Na^+ 从根部吸收后，继而向上部茎叶的运输，以及从木质部到韧皮部横向运输的再循环，或者直到经盐腺分泌到细胞外的整个途径中，都可以使 Na^+ 在 ER 腔中的隔离状态下运行，保证细胞质丝毫不会与 Na^+ 混合接触而中毒。

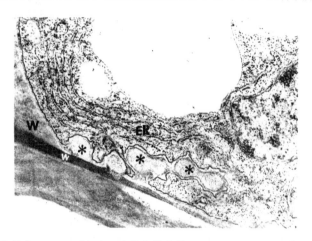

图 18-8　生长在 100 mmol/L NaCl 盐生境中的 *Phaseolus coccineus* 靠近茎基的根木质部薄壁细胞经修饰后形成 TC。新增加大量的粗面内质网（ER）。W：细胞壁；"＊"指示内生壁（Staples and Toenniessen，1984）

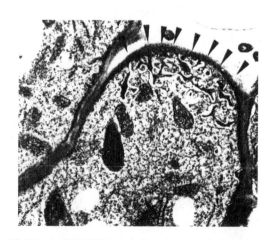

图 18-9　盐生植物 *Atriplex hastata* 生长在 400 mmol/L NaCl 盐生境中，根吸收区表皮细胞修饰成 TC，产生大量"内生壁"（箭头），并增加线粒体和内质网（Kramer et al.，1978）

已有实验指出，TC 在提高植物对盐胁迫的适应能力中可能具有以下几方面的作用。

1. 根表皮细胞修饰成 TC

业已发现盐生植物 *Atriplex hastata* 在高浓度（400 mmol/L）NaCl 盐生境中，根的吸收区表皮细胞被修饰成 TC（图 18-9），变成圆筒状的短的根毛细胞（Kramer et al.，1978）。由于抗盐植物根细胞质膜具有对 K^+ 选择性吸收、对 Na^+ 外排的特性，因此经修饰后的表皮 TC 扩大了质膜的表面积，显然会加强对 K^+ 的吸收和对 Na^+ 的外排作用，致使根细胞中的 K^+：Na^+ 比率达到 32：1，而外界溶液中的 K^+：Na^+ 比是 1：1

（Kramer et al., 1978），从而防止了高浓度 Na⁺ 的毒害。由于水生植物的叶表面能直接吸收溶质，所以，许多海生植物的叶表皮细胞也被修饰成 TC，如 *Cymodocea rotundata*、*Thalassia hemprichii* 及 *Zostera capensis* 等（Kramer，1983）。这种修饰后的 TC，也同样是加强了叶表皮细胞对 K⁺ 的吸收和对 Na⁺ 的外排作用。

2. 木质部和韧皮部中的 TC

木质部和韧皮部中的 TC 是由木质部中的薄壁细胞和韧皮部中的伴胞及薄壁细胞经修饰后形成的（图 18-10），它们对盐胁迫的适应作用，主要表现在两个方面：①由于 TC 具有大容量的内生壁，因此它可以对 Na⁺ 的区隔化起重要作用，在根中和茎基的 TC，可以借助它的大容量内生壁与液泡共同参与将 Na⁺ 积累在根和茎基部的区域中，以减少 Na⁺ 运输到上部茎叶中造成毒害。这种情况反映在苜蓿对 NaCl 盐胁迫的早期反应中（Boughanmi et al.，2003，图 18-11）；②加强茎上部叶片横向运输的作用。在长期盐胁迫中，Na⁺ 等盐离子还是会向上运输到叶片细胞中，但不同年龄的叶片，Na⁺、K⁺ 含量不同，最上部的叶保持着高的 K⁺ 和低的 Na⁺ 含量，下部的叶片则相反，含有高的 Na⁺ 和低的 K⁺ 浓度（表 18-1；Boughanmi et al.，2003）。高 K⁺ 低 Na⁺ 的上部叶显示较正常的生长活性，而高 Na⁺ 低 K⁺ 的下部叶则表现出衰老和破坏。为什么上部叶会保持高 K⁺ 低 Na⁺ 的含量呢？公认的看法是，木质部和韧皮部中的 TC 加强了 Na⁺ 的再循环，即木质部中的 TC 通过其扩增后的质膜表面积对经由蒸腾流运输上来的导管汁液中及细胞壁中的 Na⁺ 进行选择性外排，并随即与韧皮部中的 TC 相互协同再将 Na⁺ 横向转移到筛管中，然后经筛管返回到根部，再外排到土壤中。

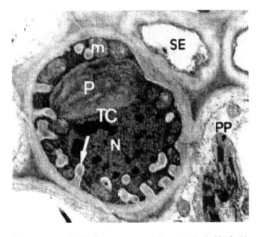

图 18-10　生长在 150 mmol/L NaCl 生境中的苜蓿苗上部叶小叶脉韧皮部伴胞经修饰后形成 TC，箭头指示新增生的"内生壁"（Boughanmi et al.，2003）TC：传递细胞；N：细胞核；P：质体；m：线粒体；PP：韧皮薄壁细胞；SE：筛管

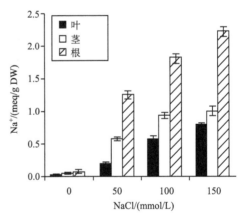

图 18-11　苜蓿幼苗在盐渍化生境中的早期反应，幼苗在 NaCl 处理 7 天过程中，大量的 Na⁺ 主要积累在根中，茎和叶中较少（Boughanmi et al.，2003）

表 18-1 苜蓿幼苗在 NaCl 盐胁迫 28 天后，上部叶和下部叶 Na$^+$、K$^+$含量的差异（meq/g DW）

培养液中含 NaCl 浓度/(mmol/L)	上部叶		下部叶	
	K$^+$	Na$^+$	K$^+$	Na$^+$
0	1.20	0.02	1.50	0.04
150	1.03	0.87	0.62	1.23

注：meq/g DW 意为毫当量/克干重。

3. 盐腺分泌细胞修饰的 TC

许多盐生植物在其叶片表面发育出一种盐腺结构，通过盐腺的分泌作用将盐离子外排出去，这是植物抗盐性的又一种适应方式。人们已在 *Frankenia grandifolia*、*Tamarix* 及 *Limonium* 等多种植物叶面上观察到这种盐腺结构，并观察到这种盐腺中的分泌细胞也具有传递细胞（TC）的特征：在外周壁上具有大量的内生壁，细胞内有丰富的线粒体以及许多的小液泡（图 18-12）。这种盐腺的泌盐功能，可能通过如下途径进行，即从根部渗入的 Na$^+$ 等离子经由导管和细胞壁的质外体运输直接到盐腺，进入分泌细胞的小液泡内，最后通过小液泡与质膜的融合将盐分分泌到细胞外。或许也可通过胞间连丝中的 ER 运输进入分泌细胞，最终通过 ER 与液泡的融合，将其内部的盐分释放到液泡中；或者 ER 直接产生小液泡。由于经修饰后的 TC 具有扩增了的质膜表面积，以及高能量活性（丰富的线粒体和粗面内质网上的核糖体），它必然会加强这种盐腺的泌盐作用。在电镜下观察到的小液泡与质膜的融合是这种分泌作用的证据（图 18-12）。

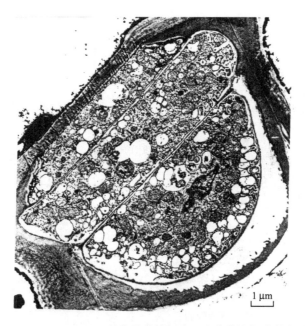

图 18-12 *Frankenia grandifolia* 的盐腺分泌细胞，这种分泌细胞的细胞壁经修饰转变成传递细胞（TC），具有大量的"内生壁"和丰富的线粒体，并包含大量的小液泡，可看到小液泡与质膜的融合，显示其泌盐作用（Kramer，1983）

第十九章　气孔开关运动的调节与植物的逆境适应

气孔是植物体组织水平上的一种具特殊功能的器官，它使植物体得以进行气体交换：吸收 CO_2，释放氧气（O_2）；并扩散水蒸气，形成蒸腾流，使叶片等地上器官获得水分。CO_2 和水是光合作用的原料，必须通过气孔的张开和蒸腾流去获得，但气孔的张开又会使水分大量丢失，所以气孔是一种"有利有弊矛盾结合的统一体"。水分胁迫是低温、干旱和盐渍化逆境中植物生长的主要危害因素，气孔的开关运动在平衡气体交换和水分的得失上起着十分重要的作用，是植物适应干旱的一种特殊功能器官，关于它的适应调节机制，逆境生理的研究者们长期以来有过许许多多的研究。

一、气孔的结构特性

气孔由一对保卫细胞（guard cell）构成。这对保卫细胞在结构上具有许多特点：

1）它的细胞壁的厚度不均一，气孔两侧（腹部）的壁较厚，而背部的壁较薄，这为气孔开关运动奠定了结构上的基础。当保卫细胞充满水分时，由于增大的细胞膨压使较薄的背部细胞壁产生较大的膨胀度，保卫细胞变成弓形，并将较厚的腹部壁拉开，于是气孔张开；当保卫细胞失水、膨压降低时，细胞的膨胀度和体积也随之缩小，于是气孔关闭。

2）成熟的保卫细胞与其周边的叶肉细胞和表皮细胞之间没有胞间连丝通道的沟通。原本在保卫母细胞时期，母细胞与其周边细胞之间是有胞间连丝沟通的，但在保卫细胞发育和形成过程中被修饰而中断，这是对保卫细胞特定功能——气孔开关运动的一种适应，从而使保卫细胞的外周质膜成为一个没有胞间连丝孔道的十分完整的膜系统（Palevitz and Hepler，1985），它有利于保卫细胞对 K^+、Ca^{2+} 等离子和其他有机溶质的输入和输出的调控，即使这些离子的进出严格受控于质膜上特定的离子通道。

3）保卫细胞的体积很小，比其他表皮细胞小得多，这也有利于其细胞膨压迅速发生变化，只要有较少量的溶质进入保卫细胞，就可使水的渗透势降低很多，从而导致细胞吸水，增大膨压，诱发气孔张开；反之，也容易引起气孔关闭。

4）成熟的保卫细胞中的液泡也有它不同于一般植物细胞的特点，一般成熟的植物细胞具有一个巨大的中央液泡，而成熟的保卫细胞在气孔关闭时表现为许多小液泡，在气孔开放时则形成数个较大的液泡。原来，保卫细胞中的液泡随着气孔的开和关的运动发生动态性变化。在气孔的张开和关闭过程中，要关系到保卫细胞体积的巨大变化，相应地也就要关系到其质膜和液泡膜表面积的变化。据测定，在气孔开关运动过程中，保卫细胞体积的膨胀和收缩之间的变化相对幅度达 40％以上（Shope et al.，2003）；在气孔张开时，质膜和液泡膜表面积的增加达 1.5 倍（Blatt，2002）。如此巨大的膜膨胀，从膜的弹性上是不可能适应的，因为膜的弹性最大只能使其表面积增加 2％～5％，所以必须依靠其他膜源的补充。这就是为什么在气孔张开和关闭过程中保卫细胞中的液泡表现出不同状态的根本原因，即在气孔关闭过程中，随着保卫细胞体积的缩小，质膜向细胞质中产生内凸小泡，并栅割到细胞质的周质中，成为小液泡（vesicle），以相应地缩小质膜的表面积；同时，较大的液泡也割裂成较小的液泡，这样，一方面可缩小大液泡的液泡膜表面积，另一方面，可加速细胞膨压的降低，以迅速关闭气孔。因而在气孔关闭时，保卫细胞中呈现许多小液泡。而在气孔张开和保卫细胞体积膨胀过程中，为适应质膜表面积的增加，早先关闭过程中栅割下来的质膜小泡（小液泡）此时就迅速与质膜融合，使质膜顺利达到其膨胀的需要；与此同时，在关闭过程中从大液泡分割成的小液泡此时又彼此融合形成大液泡，以利于细胞膨压的产生，促进气孔开放。因而在气孔张开状态时，保卫细胞中呈现出少数的大液泡（Couot-Gastelier et al.，1984；Zeiger et al.，1987；Gao et al.，2005）。

5）气孔保卫细胞与一般植物细胞一样，具有一整套细胞器，包括细胞核、叶绿体、线粒体、内质网、高尔基体和液泡等，但其叶绿体中的淀粉粒积累动态与叶肉细胞不同：叶肉细胞的叶绿体一般是白天积累淀粉，夜间逐渐水解消失；而保卫细胞的叶绿体则是夜间缓慢积累淀粉，一到白天就迅速水解。这种淀粉的不同动态是与二者细胞功能不同相联系的。前者叶肉细胞叶绿体在白天积累淀粉是为了平衡光合产物可溶性葡萄糖的含量不致过多，以保证光合作用继续进行；后者保卫细胞叶绿体中的淀粉粒在白天来临时迅速水解成可溶性糖，则是为了提高保卫细胞的渗透压，引发气孔开放。

气孔在叶片上的分布也反映它对环境适应的密切关系，一般是叶片下表皮上的气孔数量多，尤其是木本植物，通常几乎都分布在叶片的下表皮上，这样可减少水分的蒸散。有些禾本科植物由于叶片近于直立，所以其叶片的上、下表皮上的气孔数没有多大差异；小麦叶片上的气孔分布甚至上表皮多于下表皮，因为其叶片在受到水分胁迫时会向上卷曲，使其上表皮上的气孔被包起来而降低水分蒸散。

二、气孔开关运动的影响因素及其作用机制

影响气孔开关运动的因素，从外因环境条件上说，其中主要是水分、温度、光照和 CO_2 浓度。

1）气孔开关运动对水分十分敏感，因为保卫细胞的渗透压是气孔开关运动的直接驱动力，水则是决定渗透压的首要因素，当水分进入保卫细胞导致渗透压升高时，气孔就张开；而当水分从保卫细胞流出导致渗透压降低时，气孔就关闭。水与气孔开关运动存在着相互制约的关系，水分亏损，引起气孔关闭；而气孔关闭，则会降低水分丢失，减轻水分胁迫的危害，它是气孔的一种有益的自动反馈功能，是植物对干旱缺水环境的一种重要适应方式。

2）温度也是显著影响气孔开关运动的重要因素，当叶面温度降低、近于 0℃ 时，即使其他条件都适合，气孔也不能张开。这可能也涉及水分对保卫细胞的供应，在这种低温下，来自根部的水源减少，运输水分的活性速率也降低，从而导致保卫细胞的膨压不足。当叶面温度高于 30～35℃ 时，气孔的张开程度也往往是被缩小或完全关闭。在夏季中午的强光照下，叶面温度往往可高达 45℃ 以上，以致气孔常在中午时候处于关

闭状态（1～2 h）。这种现象在温带的炎热干燥地区是经常发生的，究其原因，可能主要还是由于气孔保卫细胞对水分亏缺的反应与适应：高温干旱加剧保卫细胞的水分丢失，膨压降低，致使气孔关闭；气孔关闭，则相应地减少水分蒸散，有利于植物生存。另一个原因则可能是，植物在长期的适应演变历史进程中，为了克服中午时候强光照引起的光能过剩和光氧化的危害，形成了光合"午休"，即在此时停止光合作用。光合作用停止导致了气孔内 CO_2 浓度增加；CO_2 浓度增加也可引发气孔关闭。

3）光和 CO_2 是绿色植物进行光合作用必需的前提条件，气孔的开关与光合作用密切相关。通常，气孔在白天张开，以保证光合作用有光能和 CO_2 的供应；到夜间，没有光，不能进行光合作用，所以气孔关闭，并借此减少水分丢失。因此，光和 CO_2 也是影响和引发气孔开关运动的重要因素，一旦旭日东升，阳光以及 CO_2 的不足（因为夜间的气孔关闭）都会（可能是共同作用）引起气孔张开；到黑夜，没有光，同时，整个白天的气孔张开，CO_2 也在保卫细胞间隙中形成较高的浓度，或许，也是这二者的共同作用引起气孔关闭。如以上所述，光引发气孔的开与关可能是通过保卫细胞中叶绿体的糖代谢起作用：在白天光照下，叶绿体中的淀粉水解成可溶性葡萄糖，提高细胞渗透压，导致细胞吸水，引起气孔张开；到夜间，葡萄糖转变成淀粉，导致渗透压降低，细胞失水，结果气孔关闭。

从各方面的研究证据来看，诸如气孔开关运动的这种自我主动的适应调节，似乎可以被认为是植物在面对逆境的胁迫下谋求生存和发展的最主要和最重要的动力与战略。

三、适应干旱的气孔关闭与 C_4 和景天酸代谢植物光合碳途径的改变

C_4 植物和景天酸代谢植物是植物界对干旱逆境长期适应和进化中的一种演变。它们在一定程度上减轻和克服了干旱的危害。其主要的适应方式也是改变气孔开与关的节律。与一般高等植物（C_3 植物）不同，这两类植物的气孔不是白天张开，夜间关闭；而是白天关闭，夜间张开，借此减少白天干燥和高温过程中的水分丢失。然而，它们又是如何去解决 CO_2 来源的限制问题？在长期的演变和选择过程中，它们巧妙地从两个方面克服了这一问题：第一，它们改变了对 CO_2 固定起催化作用的关键酶，从 C_3 的核酮糖-1，5-二磷酸（RuBP）羧化酶（Rubisco）改变成 C_4 的磷酸烯醇丙酮酸（PEP）羧化酶。这种 PEP 羧化酶与 CO_2 的亲和力很高，在 CO_2 浓度很低的条件下仍能起催化作用；并且没有加氧活性，对 CO_2 固定的催化效率高于 RuBP 羧化酶。所以它能适应气孔关闭或开得很小的限制。第二，C_4 途径的光合碳同化是先后在叶肉细胞和维管束鞘细胞两处连续性协作配合下完成的。CO_2 的初固定先是在叶肉细胞中经 PEP 羧化酶的催化产生四碳酸化合物——苹果酸或天冬氨酸。然后，这类四碳酸化合物通过胞间连丝转移到维管束鞘细胞，在这里，经苹果酸氧化酶的脱羧作用，释放出 CO_2。这种由叶肉细胞进行 CO_2 的初固定到维管束鞘细胞进行 CO_2 的释放，对光合 CO_2 浓度起到了很重要的改善作用，它使得叶片外部组织中有限的 CO_2 转移集中到内部的维管束鞘细胞中，保证了维管束鞘细胞叶绿体的 RuBP 羧化酶有着较高的 CO_2 浓度，从而使此后进行卡尔文循环的光合碳同化作用具有高效率（图 19-1）。

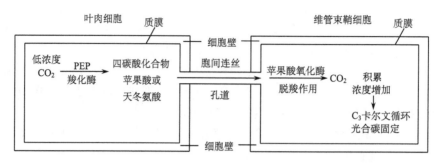

图 19-1　C₄植物克服白天气孔关闭过程中 CO_2 来源不足的图解

景天酸代谢（CAM）植物是生长在干旱地区的一类景天科（Crassulaceae）植物，其中绝大部分为肉质化植物，其叶面气孔也是白天关闭，夜间开放。与 C₄ 植物一样，当夜间气孔开放时进入叶肉细胞中的 CO_2，在 PEP 羧化酶的催化下生成四碳化合物（草酰乙酸→苹果酸），其最重要的特点是将这种四碳化合物储存在叶肉细胞的液泡中，到白天气孔关闭时，储存的苹果酸经苹果酸氧化酶的脱羧作用，释放出 CO_2，然后，这种被释放出来的 CO_2 随即参与卡尔文循环的光合碳同化（图 19-2）。显然地，景天酸代谢（CAM）的作用是让夜间进入叶肉细胞的 CO_2，储存到白天气孔关闭时使用。这样，不仅减少了水分的蒸腾，而且保证了 CO_2 的进入，克服了 CO_2 进入和水分蒸散之间的矛盾。

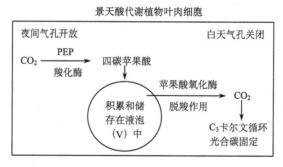

图 19-2　景天酸代谢植物利用液泡（V）储存四碳苹果酸克
服白天气孔关闭时 CO_2 来源的限制（图解）

四、光和 H⁺ 泵引发 K⁺ 流入导致气孔张开

20 世纪 60 年代后有日益增多的证据揭示和证实，K⁺ 在气孔开关运动中起着关键性作用。利用电子探针微量分析仪可以精确地测定保卫细胞中的 K⁺ 含量，当 K⁺ 从周边细胞进入保卫细胞时，由于它降低了保卫细胞的水势，因而导致水的流入，细胞膨压增加，结果造成气孔张开；反之，当 K⁺ 从保卫细胞中流出时，水也随之流出，膨压降低，气孔关闭。

按照气孔白天张开、夜间关闭的昼夜节律，白天气孔张开是由于光（红光和蓝光）

活化了保卫细胞质膜（PM）H$^+$泵（H$^+$-ATPase），这种 H$^+$泵驱动 H$^+$外排，建立跨质膜的电化学梯度，使 PM 高度极化，形成 K$^+$/H$^+$反向运输，并活化（打开）质膜 K$^+$内流通道，促进保卫细胞的 K$^+$吸收，从而导致气孔张开（Assmann et al.，1985；Shimazaki et al.，1999）（图 19-3A）。此外，保卫细胞 PM H$^+$泵还可驱动阴离子和 H$^+$进行共运输或反向运输，吸收阴离子 Cl$^-$。保卫细胞叶绿体光合作用产生的可溶性糖——葡萄糖和蔗糖，以及淀粉代谢中产生的苹果酸积累，都可成为提高保卫细胞渗透压的溶质，然而在白天开始时的晨光下，启动气孔张开的主要溶质是 K$^+$，只是当白天快结束、细胞内 K$^+$含量降低时，蔗糖才变成主要的溶质（Talbott and Zeiger，1996；1998）。

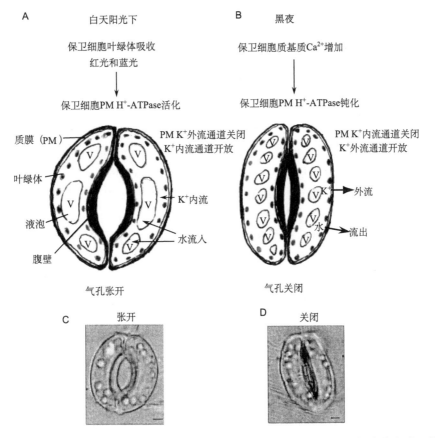

图 19-3　气孔开关运动的昼夜节律与保卫细胞质膜 H$^+$-ATPase 活性及细胞质基质 Ca^{2+}
增加的关系。A 和 B 分别是白天光活化保卫细胞质膜 H$^+$泵引起气孔张开，以及夜间保
卫细胞质基质 Ca^{2+}增加钝化质膜 H$^+$泵导致气孔关闭的图解；C 和 D 为活体照片

Kinoshita 等（1995）通过钙处理实验，进一步证明 PM H$^+$-ATPase 在调节气孔开关运动中的重要作用。他们利用质膜微囊的测试揭示，气孔保卫细胞 PM H$^+$-ATPase 活性可被 0.3～1.0 μmol/L 的生理浓度 Ca^{2+}所抑制，从而引起质膜的去极化，钝化了 K$^+$内流通道，而活化了 K$^+$外流通道，结果导致气孔关闭。这种 Ca^{2+}对 PM H$^+$-AT-Pase 活性的抑制作用是完全可逆性的，当加入 Ca^{2+}螯合剂后，该酶的活性立即恢复，

恢复后的活性速率与对照样品完全一致。这种情况与完整叶片上气孔开关的昼夜节律相符合：在白天光照下，由于光合作用吸引细胞质基质中的 Ca^{2+} 进入叶绿体，造成细胞质基质中的 Ca^{2+} 处于低水平，被红光和蓝光活化的 PM H^+-ATPase 不能起抑制作用（Miller and Sanders，1989）；相反，在黑夜，可能由于光合作用停止，叶绿体中的 Ca^{2+} 又返回到细胞质基质中，或者，液泡钙库中的部分 Ca^{2+} 释放到细胞质基质中，以致保卫细胞细胞质基质中的 Ca^{2+} 处于较高的水平，从而使光活化的 H^+-ATPase 立即被钝化，结果如上所述，导致质膜去极化，并活化 K^+ 外流通道，引起 K^+ 外流，使气孔在夜间关闭（Gilroy et al.，1991；Kinoshita et al.，1995）（图 19-3B）。

已知红光被叶绿素吸收而活化质膜 H^+ 泵（H^+-ATPase）（Serrano et al.，1988）。蓝光则被保卫细胞的自主光受体吸收而活化 PM H^+-ATPase，已有两种不同类型的蓝光受体蛋白 CRY 和 NPH1 被分离（Christie et al.，1998；Cashimore et al.，1999）。然而也有研究指出，蓝光受体还可能包括某种独特成分，例如，拟南芥的玉米黄素（一种类胡萝卜素）的缺失突变体在蓝光下不发生气孔张开，因此研究者认为，玉米黄素可能作为蓝光受体或受体色素行使其功能（Frechilla et al.，1999）。并有研究揭示，在蓝光活化保卫细胞 PM H^+-ATPase 过程中，经由了其 C 端的磷酸化（Kinoshita and Shimazaki，1999）。而且同时观测到，保卫细胞中的一种内源蛋白——14-3-3 蛋白直接束缚到 PM H^+-ATPase 的 C 端域，这显示，14-3-3 蛋白可能共同参与了 H^+-ATPase C 端的磷酸化，在蓝光信号的转导中起着正调作用（Jahn et al.，1997）。

新近的研究还指出，微丝（MF）细胞骨架也起着调控保卫细胞 K^+ 通道的作用，利用 MF 的稳定剂鬼笔环肽（phalloidin）抑制 K^+ 通道的开放，阻止 K^+ 流入保卫细胞，则遏制了光照下的气孔张开，即引起气孔关闭；相反，经 MF 的解聚物细胞松弛素 D（CD）处理，K^+ 内流通道被激活，促进 K^+ 流入保卫细胞，导致黑暗中的气孔开放。这些结果说明，MF 骨架的结构状态（聚合和解聚）是调节保卫细胞 K^+ 通道的一种上游因子，并能达到快速反应（Sangwan et al.，2002a；肖玉梅等，2003）。

五、保卫细胞细胞质的 Ca^{2+} 增加在气孔关闭中的中心作用

1. 低温、干旱和盐胁迫等逆境引起的气孔关闭都经由细胞质的 Ca^{2+} 增加

大量的研究结果揭示和证实，无论是干旱、盐渍化或低温胁迫，都会引起保卫细胞细胞质游离 Ca^{2+} 浓度的升高和气孔的关闭（Knight，2000；Schroeder et al.，2001）。如上所述，这是植物面对水分胁迫时的一种重要的适应方式，以减少水分丢失，缓解干旱的进一步危害。细胞质的 Ca^{2+} 增加引起气孔关闭的机制也已明确，它是通过抑制质膜 H^+ 泵 H^+-ATPase 活性，使质膜去极化，并一方面钝化保卫细胞质膜上 K^+ 流入通道，另一方面又活化质膜上的 K^+ 流出通道，导致保卫细胞中 K^+ 的外流，从而引起保卫细胞渗透压的降低，气孔关闭（Schroeder et al.，2001）。

现已知道，细胞质 Ca^{2+} 水平的升降存在两种动态：瞬时性升降（transient）和多次性升降（oscillation）。保卫细胞细胞质中 Ca^{2+} 的瞬时性升降引起气孔迅速的短时期关闭；保卫细胞内 Ca^{2+} 的多次性升降振荡则引起气孔较长期的稳定性的关闭。处于低温、干旱和盐胁迫环境中的植物细胞内的 Ca^{2+} 动态常常是发生多次性的升降振荡，以

致由此引起的气孔关闭也是较长期和稳定性的（Allen et al.，2001）。

2. ABA 诱导气孔的关闭作用也要经过 Ca²⁺ 信号传递

当水分亏缺时，引发植物体内 ABA 的合成与积累，并由此诱导气孔关闭，这在干旱生理学的研究中早已有过许多的报道（Zeevaart and Creelman 1988；Tabaeizadeh，1998）。进一步的研究指出，ABA 诱导气孔关闭也是通过先诱导保卫细胞细胞质基质的 Ca^{2+} 增加起作用（McAinsh et al.，1990），即细胞质的 Ca^{2+} 增加充当 ABA 介导过程中下游的信号传递分子。如上所述，保卫细胞细胞质基质的 Ca^{2+} 增加，抑制质膜 H^+ 泵（H^+-ATPase）及 K^+ 的内流通道（Kinoshita et al.，1995），并活化质膜上两种类型的阴离子通道——S 型通道和 R 型通道（Keller et al.，1989）。S 型通道的活化是慢速的，但却是持久性的；而 R 型通道的活化则是快速、短暂性的。由于这两种类型的阴离子通道被活化，保卫细胞内的阴离子（如 Cl^-）外流，阴离子外流使质膜进一步去极化，并钝化 K^+ 内流通道及活化 K^+ 外流通道，从而促使保卫细胞中的 K^+ 外流，随之引起保卫细胞膨压降低，结果使气孔关闭（Allen et al.，2001）。

有研究揭示，ABA 诱导气孔关闭过程中的保卫细胞细胞质 Ca^{2+} 的多次性升降（oscillations）是胞外 Ca^{2+} 内流和胞内钙库（液泡）的 Ca^{2+} 释放共同参与的（Staxen et al.，1999）。这一反应过程是：胞外的 Ca^{2+} 内流导致细胞质的 Ca^{2+} 增加，活化了保卫细胞中磷脂酰肌醇-磷脂酶 C（PI-PLC），产生肌醇-3-磷酸（InsP3），它打开了液泡膜的 Ca^{2+} 通道，引起液泡钙库的释放（Hunt et al.，2003）。这种反应被认为是"胞外 Ca^{2+} 对胞内 Ca^{2+} 动员的调节"，增强了 Ca^{2+} 信号的产生与传递效应（Schroeder et al.，2001；Hetherington and Brownlee，2004）。

显然地，植物在干旱、盐渍化和低温胁迫逆境中发生的气孔关闭，ABA 是属于起始的上游调节，保卫细胞细胞质的 Ca^{2+} 增加是 ABA 诱导的下游调节，后者（细胞质的 Ca^{2+} 增加）直接影响（调控）质膜 K^+ 通道的开放与关闭，是最直接关系到保卫细胞 K^+ 输出、膨压降低和气孔关闭的因素。

3. 在 ABA 诱导气孔关闭的信号传递过程中活性氧介导保卫细胞细胞质的 Ca²⁺ 增加

近年来有几个重要的实验证据指出，在干旱胁迫过程中，叶片组织细胞产生 ABA 的积累，并通过 ABA 的诱导产生活性氧（ROS），然后在 ROS 的介导下，保卫细胞发生一系列下游反应，导致气孔关闭（Pei et al.，2000；Zhang et al.，2001；Kwak et al.，2003）。充当信号分子作用的活性氧主要是过氧化氢（H_2O_2），它有两个来源（发生部位）：一个是叶绿体的光反应；另一个是质膜上的 NADPH 氧化酶。然而 Hu 等（2005）对玉米叶的观测结果则显示，ABA 诱导的 H_2O_2 积累仅发生在叶的叶肉细胞和维管束鞘细胞的质外体（apoplast）中，而且最多的积累是在叶肉细胞的细胞间隙周围的细胞壁中。Hu 等（2006）又利用玉米 ABA 缺失突变体 VP5 为材料，以及组织化学和细胞化学方法，进一步证实，在干旱胁迫下，ABA 诱导 H_2O_2 的产生，主要定位于木质部导管和叶肉细胞的细胞壁上（即质外体）。

Pei 等（2000）的研究揭示，经 ABA 诱导产生的 H_2O_2 在 ABA 信号的传递过程中，起着介导保卫细胞质膜 Ca^{2+} 通道活化的作用，从而导致保卫细胞细胞质基质的 Ca^{2+} 增加，引发细胞质 Ca^{2+} 信使在 ABA 诱导气孔关闭中的下游调节作用。

在 ABA 诱导气孔关闭机制中存在着许多的介导网络系统，Park 等（2003）的研究指出，磷脂酰肌醇-3-磷酸（phosphatidylinositol-3-phosphate，PI3P）在 ABA 诱导 H_2O_2 的产生过程中，通过与保卫细胞质膜 NADPH 氧化酶复合体的结合，使氧化酶（oxidase）活化，最后导致 H_2O_2 的合成。这一结果与动物的中性白细胞的反应是一致的（Ellson et al.，2001）。它是 ABA 诱导气孔关闭过程中，打开质膜 Ca^{2+} 通道、引起胞外 Ca^{2+} 内流的上游调节信号。

六、一氧化氮（NO）引发气孔关闭

一氧化氮（NO）是一种短命的生物活性分子，普遍存在于动、植物细胞内，曾被认为是一种毒性物质，但后来发现它是动、植物细胞生理活动过程中的一种重要的信号分子，参与许多关键性的生理过程，如生长和发育、对病原体的防御反应、程序性细胞死亡，以及对逆境的适应性反应等（Lamattina et al.，2003；Neill et al.，2003）；NO 与其他信号传递分子，如 ABA、ROS、Ca^{2+} 信使、cADP 和 cGMP 等有着密切的联系和相互作用（Garcia-Mata and Lamattina，2002；Neill et al.，2002a）。实验证据揭示，ABA 介导气孔关闭过程需要保卫细胞内合成 NO；利用外源 NO 供体 SNP（硝普钠）或 GSNO（谷胱甘肽亚硝基）处理保卫细胞，进一步证实 NO 能诱导气孔关闭，增强了植物的抗旱能力（Garcia-Mata and Lamattina，2001；2002；Neill et al.，2002b）。

二氨基荧光素双乙酸酯（DAF-2DA）与 NO 结合时会产生绿色荧光，它是显示 NO 合成与存在的极灵敏的探剂，利用这种荧光素染色法可以很好地形象化显示气孔保卫细胞在 ABA 处理过程中 NO 合成与气孔关闭的密切关系。例如，将豌豆叶表皮组织片漂浮在 MES 缓冲液中，在光照下 1 h，荧光素只在保卫细胞壁上显示非特异性绿色荧光，气孔呈现半张开状态（图 19-4A）；当在缓冲液中加入 10 μmol/L ABA，10 min 后，保卫细胞细胞质，尤其是叶绿体显示强烈的高水平的绿色荧光，说明保卫细胞内合成了大量的 NO，气孔关闭（图 19-4B）；另一个处理是在缓冲液中加入 10 μmol/L ABA，并加入 200 μmol/L NO 清除剂 PTIO，30 min 后，保卫细胞细胞质仅显示很微弱的绿色荧光，气孔的开放程度与在单一的缓冲液中一样，处于半开放状态（图 19-4C）；还有一个处理是在缓冲液中加入 10 μmol/L ABA，并加入 25 μmol/L NO 合成抑制剂 L-NAME，10~30 min 后，保卫细胞内一直未显露荧光反应，说明 NO 合成被阻断，没有 NO 的积累，气孔呈现高度张开状态（图 19-4D）。这些结果充分证明，ABA 诱导气孔关闭，需要保卫细胞在 ABA 的作用下，先合成 NO，然后经 NO 介导引起气孔关闭（Neill et al.，2002b）。在蚕豆叶表皮组织的同样实验处理和同样的荧光素（DAF-2DA）染色中，也获得完全类似的结果（Garcia-Mata and Lamattina，2002）。拟南芥的一氧化氮合成酶（NOS）基因表达的鉴定进一步证实，NOS 基因的表达对于 ABA 诱导、NO 的产生和气孔关闭是需要的（Guo et al.，2003）。

研究揭示，在植物体内，NO 的产生主要是通过 NO 合成酶（NOS）的催化，它可以通过多条途径产生：①NOS 利用 NADPH 和分子氧（O_2）作为辅助底物催化精氨酸转变成 NO 和瓜氨酸（Bogdan，2001）；②硝酸还原酶（NR）利用 NAD（P）H 作为辅助因子，将亚硝酸还原成 NO（Yamasaki and Sakihama，2000）；③亚硝酸还原酶（Ni-NOS）

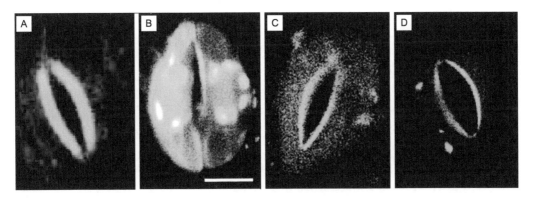

图 19-4 证实 ABA 诱导气孔关闭的信号传递途径中需要 NO 的介入（Neill et al.，2002b）。采用 NO 的 DAF-2DA 荧光素探剂和激光扫描共聚焦显微镜观察。A. 豌豆叶表皮组织片漂浮在 MES 缓冲液中光照下 1 h（对照），气孔呈现半张开状；B. 缓冲液中加入 10 μmol/L ABA，保卫细胞质表现强烈荧光，气孔关闭；C. 缓冲液中加入 10 μmol/L ABA 和 200 μmol/L PTIO（NO 清除剂），保卫细胞质呈现微弱荧光，气孔与对照一样，处于半开放状态；D. MES 缓冲液中加入 10 μmol/L ABA 和 25 μmol/L
L-NAME（NO 合成抑制剂），保卫细胞内未显露荧光，显示没有 NO 合成，气孔呈现高度开放状态

利用细胞色素 c 作为电子供体催化亚硝酸还原成 NO（Stohr et al.，2001）；④在非酶的酸性条件下（酸化的质外体中）亚硝酸也能转变成 NO（Bethke et al.，2004）。

在 NO 信号传递功能中也涉及 Ca^{2+} 信使的作用，例如，①NO 参与烟草细胞在高渗胁迫中细胞质基质 Ca^{2+} 水平的升高（Gould et al.，2003）；②NO 在介导气孔关闭作用中也通过保卫细胞细胞质 Ca^{2+} 信号的传递（Garcia-Mata et al.，2003）；③应用外源 NO 处理促进了保卫细胞细胞质的 Ca^{2+} 增加，也显示 NO 起着胞内钙库 Ca^{2+} 释放的动员作用（Garcia-Mata et al.，2003；Lamattina et al.，2003）；④许多研究发现，无论是质膜 Ca^{2+} 透性通道、环化核苷酸门 Ca^{2+} 通道，或者是液泡 Ca^{2+} 库 $IP_3 Ca^{2+}$ 通道，都是 NO 信号传递的靶子，NO 通过亚硝基化促使这些通道活化（Lamotte et al.，2005）。

还有一些研究结果指出，NO 能刺激烟草和拟南芥 MAPK 的活化（Capone et al.，2004）；IAA 诱导黄瓜 MAPK 的活化也依赖于 NO 作用（Lamotte et al.，2005）。这些结果说明，MAPK 也是 NO 信号传递中的靶子，显示 NO 介导反应途径中，除通过 Ca^{2+} 信使传递外，还存在不依赖 Ca^{2+} 的途径。

综合以上各方面的研究结果，关于 NO 信号的发生及其传递途径似可归纳成如图 19-5 图解。

不少研究指出，NO 调控着许多基因表达，这些基因编码有关防御反应的蛋白质，还编码有关细胞代谢、细胞去毒、物质运输、离子稳态平衡，以及影响开花和木质素生物合成的蛋白质（酶）；NO 还促进水杨酸（salicylic acid）、茉莉酸（jasmonic acid）和乙烯（ethylene）的合成（Lamattina et al.，2003；Lamotte et al.，2005；Neill et al.，2003）。

NO 可以减轻 ROS 对植物细胞的氧化伤害（Beligni and Lamattina，1999）；当植物（如小麦）受到干旱胁迫时，气孔保卫细胞会迅速合成 NO，从而诱导气孔关闭，并增强植物的抗旱能力（Garcia-Mata and Lamattina，2001）；NO 还能通过增强 V-AT-Pase 活性和 Na^+/H^+ 反向运输活性，提高玉米幼苗的抗盐性（Zhang et al.，2006）。

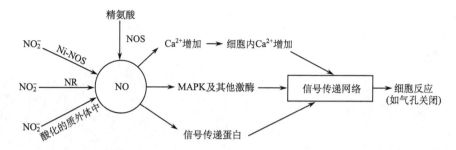

图 19-5　NO 信号的发生及其传递途径的图解（Lamotte et al.，2005）。NOS：一氧化
氮合成酶；Ni-NOS：亚硝酸还原酶；NR：硝酸还原酶

以上这些资料说明，NO 不仅是诱导气孔关闭所必需的，它还作为信号分子广泛参与植物的生长发育以及对各种逆境的反应与适应。在今后的研究中，必将还会有许多新的细节被发现。

七、气孔保卫细胞的离子通道对刺激信号的整合以及各信号分子的会聚与信息交流

如前面已经谈到的，气孔保卫细胞在外周质膜的结构上具有一个十分重要的特性，成熟的保卫细胞与其周边的叶肉细胞和表皮细胞之间没有胞间连丝的沟通，保卫细胞中离子和各种溶质的输入与输出，全部受控于其质膜上特定的离子通道（ion channel）。现已明确，直接关系到气孔开关运动的离子通道是 K^+ 通道和 Ca^{2+} 通道，外界环境刺激对气孔开关运动的作用机制，都必须通过对这两种离子通道的活性调节起作用，即外界刺激和信号转导分子都必须经由这些离子通道的整合反应。换言之，这两种离子（K^+ 和 Ca^{2+}）通道是外界刺激和转导信号分子作用的"焦点"，它们必须在此地会聚和交流信息，调节通道的活性。这也就是以上所指出的，为什么保卫细胞细胞质基质的 Ca^{2+} 增加在气孔关闭机制中起着中心作用的缘故。细胞质的 Ca^{2+} 增加当然是要经由保卫细胞质膜上 Ca^{2+} 通道的打开，才能发生胞外 Ca^{2+} 内流，所以，以上所述的几种刺激和信号转导分子都是在质膜 Ca^{2+} 通道上进行整合、会集与信息交流的。由于 ABA 在干旱胁迫过程中作为一种重要的介导分子诱发气孔关闭的规律与模式已为人们所共识，并且在这一过程中，有关质膜离子通道的反应与各种信号分子的会集也已基本查明，其中的主要反应过程可以概括如下。

干旱诱导叶组织细胞中产生 ABA 的积累，ABA 的积累引发多种信号转导分子的产生，如 Ca^{2+} 信号分子、活性氧（ROS）分子和一氧化氮（NO）分子等，这些信号分子都要共同作用于质膜 Ca^{2+} 通道，活化和打开 Ca^{2+} 通道，引起胞外 Ca^{2+} 内流，导致保卫细胞细胞质基质 Ca^{2+} 增加的多次性升降，这种细胞质的 Ca^{2+} 增加抑制了质膜 H^+ 泵 H^+-ATPase 活性，使质膜去极化，遏止了 K^+ 的输入；同时，质膜的去极化还活化了质膜上两种类型的阴离子通道：S 型通道和 R 型通道。S 型通道的活化是慢速的，但却是持久性的；R 型通道的活化则是快速而短暂的。通过这两种类型的阴离子通道的活

化，阴离子（主要是 Cl^-）外排，质膜进一步去极化，进而钝化 K^+ 内流通道，而使 K^+ 外流通道活化，从而使保卫细胞中 K^+ 外排，结果导致细胞膨压降低、气孔关闭 (Schroeder et al. , 2001)。

在以上的反应过程中，还有一个"输入的胞外 Ca^{2+} 对胞内 Ca^{2+} 动员的调节"，即保卫细胞细胞质的 Ca^{2+} 增加有两个来源：一是质膜 Ca^{2+} 通道活化后，胞外 Ca^{2+} 的流入；二是输入的胞外 Ca^{2+} 活化了保卫细胞中磷脂酶 C（phospholipase C，PLC），催化磷脂酰肌醇-3-磷酸（phosphatidylinositol-3-phosphate）水解，产生肌醇-3-磷酸（$InsP_3$），$InsP_3$ 活化保卫细胞液泡膜上的 $InsP_3$ Ca^{2+} 通道，导致液泡钙库的 Ca^{2+} 释放，从而提高了保卫细胞细胞质基质的 Ca^{2+} 含量，增强多次性 Ca^{2+} 升降的信号，并抑制质膜上 K^+ 内流通道，引起气孔关闭。利用 PLC 抑制剂处理保卫细胞则遏止了 ABA 诱导气孔关闭的作用，进一步证明 PLC 在介导内源钙库 Ca^{2+} 释放中的作用（Schroeder et al. , 2001）。

保卫细胞细胞质中的磷脂酶 D（phospholipase D，PLD）在 ABA 诱导气孔关闭运动中也具有介导内源 Ca^{2+} 释放的作用，它在 ABA 信号转导中被活化，催化磷酸甘油酯（phosphoglyceride）水解，产生的磷酸也能动员 Ca^{2+} 库的 Ca^{2+} 释放，并钝化 K^+ 内流通道。这种作用也为 PLD 抑制剂的处理所证实（Jacbo et al. , 1999；Schroeder et al. , 2001；Zhang et al. , 2005）。

八、编码气孔保卫细胞离子通道的基因及其突变体的分析

编码拟南芥 K^+ 内流通道（K_{inward}^+ channel，简称 K_{in}^+ 通道）的基因 KATI 已在酵母菌的一个缺失 K^+ 运输功能的突变体中被克隆，在 Xenopus 卵母细胞中的表达显示出具有典型的植物 K_{in}^+ 通道的性质（Schachtman et al. , 1992；Very et al. , 1995）。拟南芥 K_{in}^+ 通道基因 KATI 和马铃薯 K_{in}^+ 通道基因的表达研究显示，这些植物的 K_{in}^+ 通道基因主要是在气孔保卫细胞中表达（Nakamura et al. , 1995；Schroeder et al. , 2001）。在动物中，K_{in}^+ 通道蛋白由 4 个 α 亚基（Jan and Jan，1992）和一个附加的起调节作用的 β 亚基（Fink et al. , 1996）所组成。在拟南芥中，编码 K_{in}^+ 通道蛋白的 β 亚基的 cDNA 已经被分离和克隆（Schroeder et al. , 2001）。通过分子遗传学途径和转基因突变体的分析结果证实，在气孔张开过程中，保卫细胞 K^+ 内流通道（K_{in}^+ channel）是吸收 K^+ 的中心机制（Schroeder et al. , 1987，2001）。

至今，在气孔保卫细胞信号传递中鉴定的大多数 ABA 不敏感突变体（abi1-1、abi2-1 和 aapk 等）都是显性的。abi1-1 和 abi2-1 突变体基因编码同源蛋白磷酸酶 2C（PP2C），涉及 ABA 在气孔关闭过程中的信号转导（Leung et al. , 1997）。保卫细胞的 aapk 激酶突变体在 ABA 诱导气孔关闭和阴离子通道活化过程中也起着调节作用（Li et al. , 2000）。许多保卫细胞信号转导突变体在渗透胁迫和冷胁迫的信号转导过程中，存在着依赖 ABA 介导途径和不依赖 ABA 介导途径的汇合和相互作用（Ishitani et al. , 1997）。

采用 DNA 阵列和芯片技术（DNA array and chip technology）进一步分析保卫细胞质膜离子通道调控的信号传递，将是十分有益的，从此有可能鉴定出新的信号转导分

子及其编码基因。

　　如以上所述，气孔关闭主要是对水分亏缺的调节与适应，在诱导气孔关闭过程中，存在一个复杂的信号传递网络，似乎可以说，Ca^{2+} 信使作用——保卫细胞细胞质 Ca^{2+} 的增加在这个信号网络中可以说是起着较直接的中心作用，它是保卫细胞质膜 K^+ 通道的关键性调节者，关闭 K^+ 内流通道，打开 K^+ 外流通道，促使 K^+ 外流，导致气孔关闭。大量的研究结果揭示和证实，无论是低温、干旱还是盐渍化胁迫都会引发细胞内 Ca^{2+} 水平的迅速升高，增加的 Ca^{2+} 又会迅速通过抑制质膜 H^+-ATPase 活性而导致气孔关闭。这种反应过程快、应急性强。因此，这条途径可能是植物处理和适应水分亏缺的最好战略。

第二十章　主动程序性细胞死亡与植物的逆境适应

主动程序性细胞死亡是由自身特定基因控制的一种细胞死亡类型。它最先开始于动物肝细胞的研究（Kerr et al.，1972），被称为细胞凋亡（apoptosis，APO），其意是，这种细胞死亡是一种自然的生理过程。由于这种细胞死亡过程受控于遗传基因表达的程序性调控，所以也称为程序性细胞死亡（programmed cell death，PCD）。后来发现它是生物体生长发育和病理变化的一种适应方式（Kerr and Harmon，1991；Vaux and Korsmeyer，1999）。20世纪90年代初，在植物方面也开始了这一领域的研究，日益增多的研究结果揭示，这种程序性细胞死亡也是植物生长发育和对环境变化适应的一种必要的生命过程（Greenberg，1996；Pennell and Lamb，1997），从胚胎发生到种子成熟的整个生命周期中，PCD在一定的部位和时序中有规律性地发生，如木质部导管分子的分化、通气组织的形成、根帽细胞的脱落、叶片的衰老、花瓣的凋谢、珠心和花柱引导组织的衰亡、助细胞和反足细胞的退化，以及禾谷类种子的萌发过程中糊粉层细胞的消亡等，都属于程序性细胞死亡。植物在低温、干旱和盐胁迫等逆境中也发生程序性细胞死亡，这是植物对逆境适应的又一种重要方式（Danon et al.，2000）。人们常常可以看到，生长在低温、干旱和盐渍化逆境中的农作物，其下部叶片往往加速死亡，这是由于这些逆境胁迫造成水分和营养物质的亏缺，植物体为了求得整体的生存，程序性地自我调节，牺牲下部老叶去保证上部茎叶及花、果的生长与发育。这种程序性细胞死亡可以从多方面有利于植株的整体：①减少水分的蒸腾和消耗；②避免营养物质（包括根部吸收的矿质营养物质和叶片的光合产物）分散性地分配；③使死亡叶片中的物质——核酸、蛋白质、糖类和脂质等进行再循环性的利用。

此外，在低温、干旱和盐渍化胁迫下发生的自然疏果现象，以及禾谷类小穗和花的败育，也都属于程序性细胞死亡。植物体通过这种方式将有限的水分和营养物质集中到能够获得充分发育的花和果实，以保证逆境植物的后代延续。这叫做"牺牲小我，保全大我"，是植物（也可能是整个生物界）适应逆境的主要战略之一。

一、程序性细胞死亡的特征

1. 超微结构上的特征

动物和植物细胞的细胞凋亡或程序性细胞死亡（APO或PCD）过程虽然有一些差异，但其超微结构上的形态学特征基本上是相似的，因此，电镜下的超微结构检查在确定程序性细胞死亡研究中具有十分重要的意义。

（1）APO或PCD死亡过程中的细胞核变化

最主要和明显的变化是染色质浓缩、凝聚成块状，类似异染色质结构，但其电子密度比异染色质高得多。这种变化首先出现在核仁边缘，然后延伸到整个核内；继而核仁消失，成块的染色质发生迁移，靠近核膜，并向核的一端集中，形成一种新月形现象，也被称为"成帽现象"；随后，这种核可能产生出芽现象，或者裂解。在染色质变化的同时，核基质也发生凝集，形成纤维块状物；双层核膜间的间隙（核周腔）增大，但不均匀，形成一种串联的小泡状结构；最后核膜裂解，凝聚的染色质散布到细胞质中，与细胞质成分混合或被反折的质膜包围形成"凋亡小体"（apoptotic body）。总之，在这种细胞死亡过程中，细胞核的变化似乎起着中心作用，其特征表现为，核染色质固缩、凝聚成块状，边缘化，进而核膜破裂，凝聚的染色质散布到细胞质中形成"凋亡小体"（Kerr and Harmon，1991）；然而在植物细胞的PCD中不产生"凋亡小体"（Danon et al.，2000）。这可能是由于植物细胞具有一个坚固的细胞壁，不能像动物细胞那样吞噬这种"凋亡小体"。植物细胞凋亡的最终结局可能是通过细胞自溶，生成各类小分子物质，然后被外运到植物体的其他部位。

（2）程序性细胞死亡过程中线粒体的变化

普遍性的变化是，线粒体外形变圆、膨胀，内嵴腔扩大，进而内嵴裂解及消失；同时在基质中形成许多泡状结构；最后外膜破裂，导致整个线粒体消亡。有些研究指出，在PCD早期，线粒体数量增加，并靠近细胞核，这可能是反映线粒体在PCD中的信息传递及物质交流的作用；然后，随着死亡进程的发展，线粒体内膜结构发生破坏，最后消亡（苏金为和王湘平，2002）。近年来，在动物细胞的研究中，电子体层摄影和三维重建技术揭示，在正常条件下，动物细胞线粒体之间具有管状结构的连接，在凋亡（APO）早期，这种管状结构断裂，因而表现为线粒体数量的增加。新近，Yao等（2004）通过模式植物拟南芥的研究，展示了线粒体的变化与PCD发生的密切关系。

（3）PCD过程中液泡的变化

一些研究揭示，植物液泡在细胞的程序性死亡中显示出明显的变化，如玉米根在缺氧条件下，通气组织分化和形成的早期，液泡就发生吞噬作用，将细胞质成分吞入液泡，并降解它们，这一过程发生在核固缩之前（Campbell and Drew，1983；Gunawardena et al.，2001）。在盐胁迫下的下部老叶韧皮部传递细胞死亡过程中，液泡也是先发生内吞作用，吞噬包括细胞器在内的细胞质成分；当液泡破裂后，则导致整个细胞自溶（Kramer，1983；Boughanmi et al.，2003）。Obara等（2001）通过周密的实验研究指出，液泡破裂在百日草导管分子的分化和形成过程中起着关键作用。他们证实，自溶性水解酶、核酸酶和蛋白酶等是在导管分子分化发育过程中新合成的，并储存在液泡中，当液泡破裂后，释放出来的核酸酶引起细胞核和叶绿体类核体DNA的降解。在银杏珠心细胞PCD发生过程中，细胞质基质和一些细胞器也被液泡所吞噬，此时的其他细胞器结构完整；当液泡膜破裂、细胞质基质消失后，细胞器才逐渐解体（Li et al.，2003）。

（4）PCD过程中内质网和高尔基体的变化

在程序性细胞死亡过程中，内质网和高尔基体也表现出明显的变化，主要的是粗面内质网（RER）上的核糖体脱落，内质网腔扩张形成囊泡状；其中一些囊泡还可能与凹陷的质膜融合。此外，多环同心圆的膜结构也常出现（Li et al.，2003）。这可能是内质网的一种变型，它常常是环境胁迫、细胞受毒害时的一种表现。高尔基体的变化主要也表现在两个方面：一是扁平囊数目减少，二是小囊泡增加。无论是内质网还是高尔基体，这些变化多是在PCD的早期出现，并与后来细胞质中大量囊泡化的产生相联系。需要注意的是，由于不同的环境胁迫因子和不同的植物种类，它们所产生的PCD的超微结构变化存在不少差异和多样性（Clarke，1990）。

2. 生化上的特征

在 APO 或 PCD 的分子水平的研究中，发现其主要的一个生化特征是，核基因组 DNA 分子在寡聚核小体间断裂，产生大小不同的 DNA 片段，但都是 180～200 bp 的整数倍，在琼脂糖凝胶电泳图谱上呈现 DNA "梯状"条带（DNA ladder）（图 20-1），这是通过内切核酸酶在 DNA 核小体间切断的结果，是在分子水平上识别 APO 和 PCD 的一个极重要的生化指标。此外，还建立了 DNA 断裂的末端原位标记法，即 TUNEL 检测法，这一方法是对程序性细胞死亡（APO/PCD）发生过程中 DNA 断裂产生的 $3'$-OH 端进行 TUNEL 标记（荧光素染色）测试，表现正反应的亮绿色荧光的细胞核或染色体（图 20-2），即显示此核发生了 DNA 断裂，属于 APO 或 PCD 细胞死亡。

在这里，我们还想提及一个尚未被人们所关注的方法。早在 1950 年 Kurnick 的研究曾指出，在石蜡切片的甲基绿-派洛宁（methyl green-pyronin）染色中，降解的 DNA 可被派洛宁染成红色（正常的 DNA

图 20-1 病原体毒素诱导番茄叶片程序性细胞死亡中 DNA 裂解片段的琼脂糖凝胶电泳图谱分析。C 表示对照，叶片水培 36 h；1 和 2 表示叶片分别被 AAL 毒素和 FB1 毒素处理 36 h。DNA "梯状"条带（DNA ladder）的产生是鉴别程序性细胞死亡的一个最主要的特征（Wang et al.，1996）

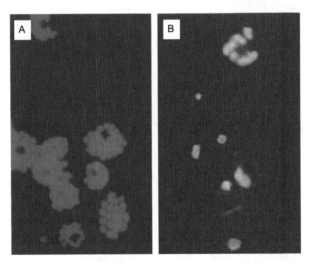

图 20-2 病原体毒素诱导番茄叶片分离原生质体程序性细胞死亡中 DNA 断裂末端的 TUNEL 标记法检测。A. 原生质体培养在不含毒素的培养基中 24 h（对照），核表现负反应；B. 原生质体培养在含 20 μmol/L AAL 毒素的培养基中 24 h，核表现绿色荧光正反应（Wang et al.，1996）

分子是被甲基绿染成绿色）。Konarev（1953，1959）在豌豆幼苗的饥饿状态下，以及简令成（1962）在研究小麦幼苗对干旱和盐渍化逆境的反应中，通过甲基绿-派洛宁染色的细胞学检测，均观察到这种饥饿和逆境引起的 DNA 降解，核被派洛宁染成红色。简令成（1962）和赵紫芬等（1986）经过周密的大量对比实验指出，甲基绿-派洛宁染色反应中显示的细胞核从嗜甲基绿性转变为嗜派洛宁性，从染绿色转变为染红色，是检测 DNA 分子降解的一个简便易行的好方法。在对 APO 和 PCD 的检测和鉴定中，在使用琼脂糖凝胶电泳图谱分析和 TUNEL 标记法的同时，试一下这种甲基绿-派洛宁染色法可能不是无益的。如果证实它是有效的，这将是一个十分经济的方法。

二、低温、干旱和盐胁迫下程序性细胞死亡的表现

动物和植物的程序性细胞死亡都是首先在病理研究中发现的，至今，无论是发育上的或生物和非生物逆境中的 APO 和 PCD 的研究，都是近年来的热门课题。关于植物对低温、干旱和盐胁迫的适应性反应中的程序性细胞死亡也已有一些报道，如下所述。

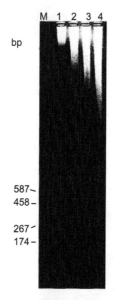

图 20-3　烟草培养细胞在 5～6℃冷处理过程中，DNA 断裂的电泳图谱分析。M. DNA marker；1. 来自对照的分离 DNA；2，3，4 是分别冷处理 2 星期、3 星期和 4 星期的细胞分离 DNA。显示随着冷处理时间的延长，DNA 降解程度增加
（Koukalova et al.，1997）

1）烟草培养细胞经 5～6℃冷处理后，分离的 DNA 在琼脂糖凝胶电泳图谱上呈现核小体间断裂的 DNA "梯状" 条带（图 20-3），这种变化发生在两个星期的冷处理后；在此过程中，也观察到核结构的形态学变化，4～7 天的冷处理引发染色质凝聚，随后迁移到核膜或核的一个边缘，在核内形成无 DNA 的小区（小空洞）。这些变化证实，烟草细胞在冷胁迫中发生了 PCD 的适应性反应。这个研究还显示，染色质的凝聚和迁移在先，DNA 核小体间的断裂在后（Koukalova et al.，1997）。哺乳动物的生精细胞在增殖过程中存在着细胞凋亡（APO），它是基于营养、激素和环境影响因子与正常生精细胞发育形成的一种动态平衡，使生精细胞能在条件容许的范围内维持活力旺盛和健壮的发育（赵崴等，2003）。在烟草培养细胞的冷胁迫过程中，一方面发生细胞凋亡，另一方面也有活细胞生长，经过 5 个星期的冷处理（培养）

后，仍然还有约 11％的生活细胞（Koukalova et al.，1997），这些抗冷细胞群体的存活，可能是程序性细胞凋亡的途径为它们提供了生存条件。

2）科学家对冬前自然降温过程中叶片凋谢的程序性细胞死亡（PCD）进行了研究，其中，Yen 和 Yang（1998）最先研究了 5 种阔叶树种叶片的天然衰亡过程，揭示这些天然的叶片衰亡也出现与动物凋亡细胞一样的某些基本特征：基因组碎裂和 DNA "梯

状"条带。Simeonova 等（2000）对草本单子叶植物 *Ornithogalum virens* 和双子叶植物 *Nicotiana tabacum*（烟草）的叶片衰亡进行了生化测试和细胞学观察，证实草本植物的叶片衰亡也有类似 PCD 的程序性过程。Cao 等（2003）的研究为杜仲（*Eucommia ulmoides*）叶片在冬前自然衰亡中的程序性细胞死亡（PCD）提供了时序性进程：通过荧光素 DAPI 染色和荧光显微镜的观察，叶肉细胞的细胞核在 9 月即发生染色质的轻度凝聚，核体积缩小，到 10 月和 11 月变成高度凝结的板状染色质（图 20-4）。与此同时，DNA 的琼脂糖凝胶电泳图谱分析显示（图 20-5），4 月和 7 月处于高分子质量的 DNA 不呈现 DNA "梯状"条带（lane 1 和 lane 2）；到 8 月，开始有降解了的低分子质量 DNA，但尚不多，所以 DNA "梯状"条带还不明显（lane 3）；9 月、10 月和 11 月呈现明显的 DNA "梯状"条带（lane 4，5 和 6），显示 DNA 的大量降解和低分子质量 DNA 的大量产生。DNA 断裂末端的 TUNEL 原位标记显示，叶肉细胞在 8 月即有少数细胞的细胞核（约 10%）呈现 TUNEL 的正反应，到 9 月达到 70%，至 10 月和 11 月，所有叶肉细胞的核全部显示 TUNEL 正反应（图 20-6）。这些结果表明，在冬前降温过程中，叶片细胞的程序性死亡是非同步的。这种自然衰变过程持续两个多月，细胞死亡的非同步化对于保持整个叶片在衰变进程中，仍有一定程度的光合作用，以及营养物质的再循环是有益的，这可能是叶片自然凋亡的一种最理想的特殊途径。

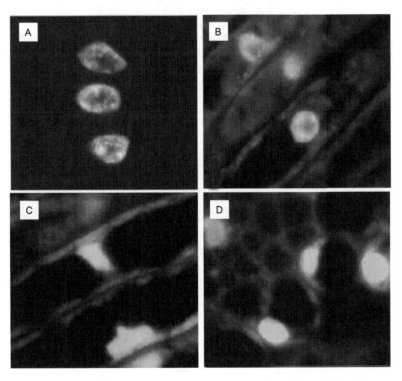

图 20-4　杜仲叶片在冬前自然衰亡过程中荧光素 DAPI 染色和荧光显微镜观察（Cao et al.，2003）。A. 5 月；B. 9 月；C. 10 月；D. 11 月。显示叶肉细胞的细胞核在 9 月开始发生染色质凝集，核体积缩小，到 10 月和 11 月变成高度凝结的板状染色质

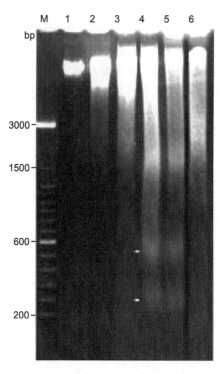

图 20-5 杜仲叶片在进入寒冬过程中分离 DNA 的电泳图谱分析。M. DNA marker；1、2、3、4、5、6 分别是 4 月、7 月、8 月、9 月、10 月和 11 月。显示从 8 月开始，DNA 发生断裂，但降解程度尚不大（lane 3），而后，9 月到 11 月，DNA 发生了严重裂解（lane 4、5、6）（Cao et al.，2003）

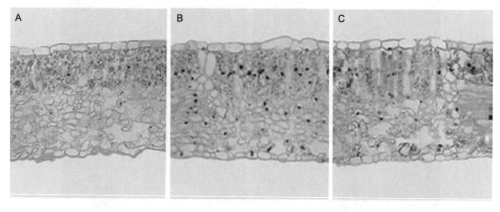

图 20-6 杜仲叶片在进入寒冬衰亡的过程中叶肉细胞核 DNA 断裂末端的 TUNEL 标记法检测（Cao et al.，2003）。在叶片组织的石蜡切片上进行标记反应。A. 8 月；B. 9 月；C. 10 月

内蒙古呼和浩特地区栽种的苹果树在越冬过程中部分花芽遭受冻害，经细胞化学的甲基绿-派洛宁染色显示，细胞核的 DNA 降解，核的染色反应从嗜甲基绿性转变成嗜派洛宁性，即从染绿色变成染红色（赵紫芬等，1986）。这种部分花芽在冻害中的凋落，可能是果树对低温逆境的一种程序性的主动适应，这种程序性的部分花芽的死亡，保证

存活下来的花芽获得较好的营养供应，开花结果延续后代。这类问题值得进一步研究。

3）大麦幼苗根尖经 500 mmol/L NaCl 胁迫 1 h 即出现 TUNEL 原位标记的正反应；胁迫 8 h，在电泳图谱上呈现 DNA "梯状"条带。这二者是 APO 和 PCD 的主要特征，说明植物在盐胁迫下也发生程序性细胞死亡（Katsuhara，1997）。玉米幼苗经 500 mmol/L NaCl 预处理后，除提取 DNA 进行电泳图谱分析外，还通过根尖酶解后的分离核和染色体制片的 TUNEL 原位标记反应及 "ISNT" 原位末端标记的 FITC 荧光染色证明，玉米根尖在盐胁迫下也同样发生 PCD；并显示 DNA 断裂先于核的固缩和染色体凝聚等形态学变化（图 20-7，Ning et al.，2002）。

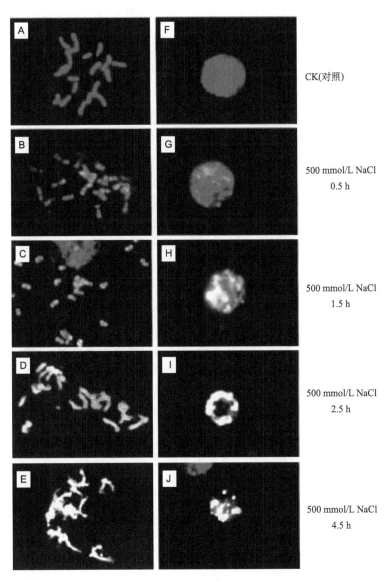

图 20-7　玉米根尖经 500 mmol/L NaCl 处理后，被酶解，然后压抹在载玻片上，形成游离的核和染色体，用荧光抗体原位杂交反应（FISH）显示 DNA 断裂，表现出亮绿色的荧光染色

（Ning et al.，2002）

在干旱和盐渍化田地上生长的小麦黄弱苗，通过甲基绿-派洛宁的核酸染色，也显示有部分细胞的细胞核发生染色性转变，染色质由嗜甲基绿变成了嗜派洛宁，即由染绿色转变成染红色。说明这些核的 DNA 也发生了降解，由高分子变成了低分子。这也可能是这种逆境中的植物通过部分细胞的主动死亡调节植株的整体生存和生长（简令成，1962）。

三、程序性细胞死亡的调控因素

引发和调控 APO 和 PCD 有多种因素，归纳为两类途径：由细胞表面死亡受体介导的"外源途径"，以及由内部细胞器介导的"内源途径"。这两条途径是相互联系的，外源因素大多要通过内源因素起作用。迄今研究较多的因素包括细胞核、线粒体、液泡、Ca^{2+}、K^+、激素和活性氧等。

1. 细胞核的介导与调控

早期的研究，无论是动物或植物，细胞凋亡或程序性细胞死亡都是最先发生在细胞核内的 DNA 核小体间的断裂、核固缩和染色质凝聚等变化。这些变化的详细过程已有许多研究，特别是在动物细胞凋亡方面。DNA 降解是细胞凋亡过程中最主要的生化特征和指标，它的降解是由内切核酸酶调控的，分为两个阶段：早期阶段，染色质 DNA 被剪切成 50～300 kb 较大的片段，主要发生在与基质核骨架结合的 DNA；第二阶段则涉及广泛的 DNA 降解，产生寡聚核小体片段。至今，已知有 20 多个内切核酸酶参与细胞凋亡，大致可分为三类：DNase I 家族、DNase II 家族及 Caspase 活化的内切核酸酶（CAD）。

（1）DNase I 家族内切核酸酶

这个家族内切核酸酶的共同特点是其活性依赖于 Ca^{2+} 和 Mg^{2+} 的参与，并在很宽的 pH 范围内有活性，最佳的 pH 是 7～8。它们可以产生 $3'$-磷酸单链和双链 DNA 切口，TUNEL 检测呈阳性反应。已发现这个家族中的内切核酸酶有 9 种，DNase I 是这个家族中最典型的一种，也是最早被提取纯化和结晶的。Peitsch 和 Tschopp（1993）及 Walker 等（1997）发现 DNase I 通常出现在细胞核内。Liu 和 Sikorska（1998）克隆了与染色体结合的 DNase I 家族中的 DNase Y 内切核酸酶基因，这个基因全长 17 kb。

（2）DNase II 家族内切核酸酶

这类内切核酸酶的共同特性是，它们的活性不依赖于 Ca^{2+} 和 Mg^{2+}，并且是在酸性 pH 的情况下表现最高的活性（Torriglia et al.，2000）。DNase II 具有 360～364 个氨基酸，分子质量为 40～60 kDa。没有活性的 DNase II 的前体由三个亚基组成，经过翻译后的修饰，丢失了几个短肽，形成有活性的 DNase II 异三聚体。DNase II 可使 DNA 产生双链断裂和 $3'$-磷酸化末端的单链断裂。

（3）Caspase 活化的内切核酸酶（CAD）

这类内切核酸酶的共同特点是，它们的活性依赖于被激活的 Caspase 的作用，并且具有 Mg^{2+} 的依赖（Nagata，2000）。目前较公认的观点是，Caspase 通常以非活性的前体存在于活细胞中，在凋亡因子的刺激下，它的天冬氨酸残基部位被剪切，从而转变为潜在的活化状态。被激活的 Caspase 进而促使内切核酸酶活化（Liu et al.，2002）。还有研究发现，在正常的增殖细胞中，存在一种对 CAD 起抑制作用的蛋白质（inhibitor of CAD，ICAD），分子质量约 35 kDa，它不仅具有抑制 CAD 内切核酸酶活性的作用，而且还具有 CAD 分子伴侣的作用，可帮助纠正 CAD 构象的错误折叠（Sakahira et al.，1999）。

总之，在正常细胞内，一种或多种内切核酸酶同时以非活性状态存在，它们或者是与对应的抑制剂相结合，从而封闭其活性位点，在凋亡刺激后的蛋白酶将抑制剂从这些核酸酶上切除，从而转变为活化状态；或者以无活性的前体存在，如由 3 个亚基组成的 DNase Ⅱ 的前体，在凋亡因子刺激下，通过翻译后的修饰，丢失了几个短肽，形成有活性的 DNase Ⅱ 异三聚体。在所有生物和非生物的逆境胁迫中，都会观测到细胞核中内切核酸酶的活化（Wang et al.，1996；Koukalova et al.，1997；Cao et al.，2003；Ning et al.，2002）。

2. 线粒体的介导与调控

线粒体在细胞凋亡中的介导与调控主要是通过释放细胞色素 c（Cyt c）起作用（Kluck et al.，1997；Jones，2000；Jiang and Wang，2004；Yao et al.，2004；Swidzinski et al.，2004）。研究揭示，线粒体是细胞凋亡早期阶段受损伤的细胞器，它的外膜透性最先发生变化，释放膜间隙基质中的蛋白质，其中主要是 Cyt c，其次是黄素蛋白。Cyt c 能对 Caspase 起激活作用，结果如上所述，活化了的 Caspase 进而对内切核酸酶起激活作用，从而使染色质 DNA 发生降解。释放的黄素蛋白随即迁移到细胞核中，引发染色质边缘性凝聚，并使 DNA 大分子质量 50 kb 片段化。这些过程最先是在动物细胞凋亡（APO）过程中发现的，后来在植物细胞 PCD 过程中也已被证实（Jones，2000），例如，热激引发黄瓜子叶的细胞凋亡（Balk et al.，1999），以及甘露糖（mannose）和甲萘醌引起的拟南芥和玉米培养细胞（Stein and Hansin，1999）的 PCD 发生过程中，都观测到线粒体释放 Cyt c，以及由此继发的 Caspase 和内切核酸酶的活化。Balk 和 Leaver（2001）通过向日葵线粒体突变体的分析，进一步证实线粒体释放细胞色素（Cyt c）在向日葵花药绒毡层程序性细胞死亡（PCD）中起着关键性作用。

3. 植物液泡的介导与调控

Obara 等（2001）通过周密的实验研究，揭示液泡的破裂在导管分子的分化和形成过程中起着关键作用。他们证实，自溶性水解酶——核酸酶和蛋白酶等是在导管分子分化发育中新合成的，并储存在液泡中，当液泡膜破裂后，释放出来的核酸酶引起细胞核 DNA 和叶绿体类核体 DNA 的降解。玉米根通气组织的分化和形成（Campbell and Drew，1983；Gunawardena et al.，2001），豌豆未授粉子房的衰退，以及盐胁迫下老叶韧皮部传递细胞的死亡（Kramer，1983；Boughanmi et al.，2003），都是液泡先发生内吞作用，吞噬包括细胞器在内的各种细胞质成分，当液泡破裂后，整个细胞自溶。在动物程序性细胞凋亡中，也有一种类型涉及溶酶体分泌水解酶导致细胞的自溶（Clarke，1990）。Li 等（2003）对银杏珠心细胞的程序性死亡进行了详细的超微结构观察并进一步证明，液泡在调控珠心细胞程序性死亡中起着关键性作用。

以上所述的这些情况说明，由于细胞、组织和器官的特异性，在程序性死亡过程中的调控通路也各有不同，有的是细胞核为主导，有的是线粒体的调控起关键作用，有的则是通过液泡溶酶体的介导和调控引起的细胞自溶。这些是引发细胞死亡的内部通路，此外，介导细胞死亡的还有各种外部通路和信号转导，其中最主要的是活性氧。

4. 活性氧（ROS）诱导细胞凋亡

活性氧包括超氧阴离子（O_2^-）、过氧化氢（H_2O_2）、羟自由基（·OH）及一氧化氮（NO）等，作为 APO 和 PCD 的外界诱导因子和信号分子的主要是 H_2O_2。许多研究揭示，质膜上的 NADPH 氧化酶复合体（NADPH oxidase）、细胞壁中的过氧化物酶（peroxidase），以及质外体的草酸盐氧化酶（oxalate oxidase）和胺氧化酶（amine oxidase）是植物细胞外产生 H_2O_2 的主要来源（Mittler，2002；Neill et al.，2002a；Pastori and Foyer，2002；Vranova et al.，2002）。在正常环境和生理条件下，这种活性氧和抗氧化酶系统处在动态平衡之中，维持低水平的活性氧稳态。外界环境中的各种不利的逆境胁迫，如低温、干旱、盐渍化、毒素、重金属、大气污染以及病原体感染等都可以打破这种平衡，引起细胞内和质外体中活性氧的迅速产生和积累（Van Breusegem and Dat，2006）。ROS 诱导细胞凋亡（APO）在动物和人体细胞方面已有大量研究。在植物方面，最先揭示 ROS 诱导程序性细胞死亡的研究是植物对病原体感染的超敏反应（HR），病原体感染引起植物细胞 ROS 暴发，导致感染部位细胞的迅速死亡，形成病斑，以阻止病原体扩散（Mehdy，1994；Levine et al.，1994）。而后，通过外源活性氧 H_2O_2 的处理和转基因植物的测试，进一步证实 ROS 对自主性细胞死亡、叶片病斑的形成起着关键性诱导作用（Mateo et al.，2004；Pavet et al.，2005）。H_2O_2 可以通过质膜上的受体-跨膜蛋白 Fas 和 FasL 通路，调控细胞内的凋亡变化过程。H_2O_2 还可以通过调节质膜 Ca^{2+} 通道的活性，促进细胞 Ca^{2+} 内流，从而引发 Ca^{2+} 信号介导的细胞死亡通路（Xiao et al.，2002；Borutaite et al.，2003），Ca^{2+} 可以直接激活依赖 Ca^{2+} 的内切核酸酶，也可以通过激活 Caspase 活化内切核酸酶，最终导致细胞凋亡（Kuo et al.，1996）。

在植物对病原体的超敏反应中，在 ROS 暴发的同时，也伴随着水杨酸（salicylic acid，SA）和乙烯的大量积累，暗示它们可能与 ROS 一道共同参与防御反应和细胞凋亡（Van Breusegem and Dat，2006）。

5. 细胞内 Na^+、K^+ 平衡失调引发细胞凋亡

近年来，在动物和人体细胞凋亡的研究中，注意到质膜 Na^+-K^+-ATP 酶活性受到抑制时，引起的细胞内 K^+ 亏缺和 Na^+ 积累可引发细胞凋亡。这一结果与盐渍化逆境中植株下层老叶的程序性细胞死亡机制相类似。细胞质中的 K^+ 水平高于 Na^+ 水平是植物细胞行使正常生理功能、维持植株正常生长发育所必需的内在条件，当植物生长在盐渍化逆境中时，由于质膜对 K^+ 的选择性吸收和对 Na^+ 的外排作用，植株上部茎叶和生殖花器官细胞仍然保持着高 K^+ 和低 Na^+ 的平衡，维持着这些器官有限但仍属正常的生长与发育；然而，在持久性的保证上部器官细胞高 K^+ 低 Na^+ 的过程中，下部老叶细胞中 K^+、Na^+ 平衡逐渐被打破，Na^+ 逐渐积累，并同时抑制 K^+ 的吸收，形成高 Na^+、低 K^+ 状态。例如，苜蓿幼苗在 150 mmol/L NaCl 中培养 28 天，下部叶片中的 K^+ 含量（meq/g DW）从开始处理时的 1.50 下降到 0.62；而 Na^+ 含量从 0.04 上升到 1.23。下部叶片中高 Na^+ 低 K^+ 的发展，破坏了细胞的结构与功能，结果导致老叶凋亡（Boughanmi et al.，2003）。

四、程序性细胞死亡的调控基因

APO 和 PCD 是一种由特定基因控制的主动有序的细胞死亡过程，可由自身发育阶段的遗传信息所引发，也可由邻近细胞或环境信号所引发。在哺乳动物和人体细胞的凋亡研究中，最先发现的第一个调控细胞凋亡的基因是 Bcl-2，它是线粒体内的一种蛋白质，对细胞凋亡起抑制作用（Gotow et al.，2000）。现今的这个 Bcl-2 基因家族由两类成员组成：一类是抑制细胞凋亡的成员，Bcl-2、Bcl-XL、Bcl-W 和 Mcl-1；另一类是促进细胞凋亡的成员，Bax、Bak、Bad 和 Bcl-XS（Reed，1997；2000）。关于 Bcl-2 基因家族特性的了解需要在线粒体膜的水平上，它对细胞凋亡的调控作用取决于各成员间的相互作用，如 Bax 与 Bak 结合形成同源二聚体可以加速细胞凋亡；而与 Bcl-2 或 Bcl-XL 结合形成异二聚体则抑制细胞死亡。因此，是否发生细胞凋亡实际上决定于诱发基因与抑制基因之间比值的动态，如 Bax/Bcl-W 和 Bak/Bcl-W 的比值升高则促进细胞凋亡；若其比值降低，则抑制细胞凋亡（赵崴等，2003）。

正常环境和生理条件下，Bcl-2 和 Bcl-XL 等抑制基因主要位于线粒体中，以保护线粒体的正常结构与功能；当受到不利因子胁迫时，原来定位于细胞质基质中的凋亡诱发基因 Bax 和 Bad 可移位于线粒体中，并同时使原来位于线粒体中的 Bcl-2 和 Bcl-XL 抑制基因水平降低，从而导致线粒体膜电位下降和膜透性的改变，结果造成线粒体释放 Cyt. c，进而激活 Caspase。如上所述，被活化的 Caspase 又进而去激活内切核酸酶，引起 DNA 断裂（Bartoli et al.，2004）。

有研究指出，哺乳动物精子发生过程中早期生精细胞的凋亡与 Bax 蛋白的高表达成平行相关。人体临床研究证实，由于缺血使心肌梗死区的组织细胞增加了 Bax 基因表达，改变了 Bax 与 Bcl-2 的比值，因而发生细胞凋亡（Nakamura et al.，2000）。另一方面的证据是，由于转基因小鼠心脏 Bcl-2 的高表达，缺血后的心肌细胞凋亡显著减少，还同时使缺血后心肌功能的恢复明显改善（赵崴等，2003）。

这种在哺乳动物和人体上发现的调控细胞凋亡的基因具有高度保守性，已有一些研究揭示，这种调控基因 Bax 和 Bcl-2 等在植物体中的同源体已经被克隆，如鼠类细胞凋亡的 Bax 基因已在烟草转基因植株中表达，它诱发了植物过敏反应的细胞死亡；同样的结果也在酵母菌中观察到。这种动物 Bax 蛋白在转基因植物中的表达，能使线粒体外膜的透性孔道活化。通过免疫印迹和免疫细胞化学分析，促进人体细胞凋亡（APO）的 Bax 蛋白已在烟草线粒体、质体和核膜上显示它的定位，并引发过敏反应（Dion et al.，1997；Lacomme and Santa-Cruz，1999）。另一方面，哺乳动物细胞凋亡的抑制基因 Bcl-XL 和 Ced-9 也在烟草中转基因成功，产生超表达，抑制和保护了烟草植株的"UV-B"损伤性死亡，并增强了对其他逆境胁迫的抗性；但是它却干扰了病原体感染叶片过敏反应的细胞死亡，使病原体得以自由扩散（Mitsuhara et al.，1999；Shimizu et al.，2000）。这些研究结果说明，动物细胞凋亡的调控基因能够在植物体中行使其同样的功能。

一种新的动物细胞凋亡的抑制基因 Bax 的抑制剂——Bl-1 在植物上也表现同源性，它的超表达能抑制细胞死亡。这种同源性基因 AtBl-1 已在拟南芥中被鉴定（Kawai-

Yamata et al.，2001）。此外，在仓鼠中发现的一种细胞凋亡的抑制基因 DAD1 也在植物中找到了它的同源体，在拟南芥中至少有两种同源体存在（Gallois et al.，1997）。

一个令人感兴趣的报道是 Qiao 等（2002）的研究结果，他们将动物细胞凋亡的抑制基因 Bcl-XL 和 Ced-9 转到烟草培养细胞中，这两种抑制基因在转基因烟草上的超表达，使转基因植物后代的抗低温和抗盐能力显著提高。这正是我们在本章中要探讨的主要问题，因此有必要对他们的主要研究结果做一个简要的陈述。

1）转基因植物烟草后代种子抗盐性增强：无论是 Bcl-XL 的转基因后代或 Ced-9 的转基因后代，它们的种子在 200 mmol/L NaCl 溶液中，经过 30 天萌发后，二者的萌发率都达到 60％以上，其中有两个 Bcl-XL 转基因株系分别达 76％和 89％，而对照均为 0，不萌发。

2）转基因烟草幼苗抗盐性提高：对照幼苗在 200 mmol/L NaCl 3 天处理过程中，从萎蔫性伤害到最终死亡，而转基因的幼苗在同样胁迫条件下，未出现萎蔫，保持存活。

3）转基因烟草培养细胞抗盐性增强：在 200 mmol/L NaCl 胁迫下，对照野生型细胞经 24 h 处理后几乎 100％死亡，而转抑制基因超表达的细胞死亡仅为 30％，并且从 6 h 到 24 h 没有增加死亡率，说明 6 h 后的存活细胞具有持久的抗盐性（图 20-8）。

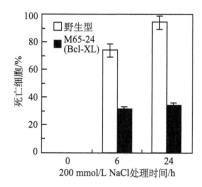

图 20-8　Bcl-XL 转基因烟草培养细胞抗盐性增强（Qiao et al.，2002）

4）转基因烟草后代种子抗冷性提高：将种子播种于琼脂培养基上，置于 10℃ 低温和 5000 lx 强光照条件下，经一个月萌发生长后，对照和野生型的种子都没长出主根和子叶；而转基因植物的种子如同在 28℃ 适温条件下一样，表现出高活性的萌发，并发育出良好的根系和绿色子叶。这说明，动物细胞凋亡的抑制基因 Bcl-XL 和 Ced-9 在转基因植物上的超表达，显著提高了转基因植物的抗冷性。

5）这种动物细胞凋亡的抑制基因在转基因植物上的超表达，还提高了烟草植株切段的生根和长苗率，显示转基因植物对机械伤害的抗性也增强。

6）进一步的测试指出，这种转基因植物抗逆性增强的机制，是由于凋亡抑制基因 Bcl-XL 和 Ced-9 在转基因植物上的超表达蛋白，遏制了盐和冷胁迫对诸如线粒体、液泡及叶绿体等细胞器膜电位的降低及活性氧稳态的破坏，保护和维持了这些细胞器在 NaCl 和冷胁迫下的正常功能。

这种转基因植物的超表达产物引发抗逆性的提高，已有不少类似的例证，例如，①在拟南芥中的一种胆碱氧化酶基因（choline oxidase gene）的超表达，或在烟草中一种甜菜碱醛脱氢酶（betaine aldehyde dehydrogenase）基因的超表达，都引起甘氨酸甜菜碱（glycine betaine）的积累和对 NaCl 抗性的增强（Hayashi et al.，1997；Holmstrom et al.，2000）；②脯氨酸脱氢酶基因（proline dehydrogenase gene）在拟南芥中的超表达，加富了脯氨酸的积累，并从而提高了对高浓度 NaCl 盐（0.6 mol/L）短期处理的抗性（Nanjo et al.，1999）；③叶绿体谷氨酰胺合成酶基因（chloroplast glutamine synthetase gene）在水稻中的超表达也增强了对 0.15 mol/L NaCl 的抗性（Hoshida et al.，2000）；④一种冷适应基因（Cod A gene）在拟南芥中的超表达，引起甘氨酸甜菜碱的积累，从而显著提高了这种拟南芥对冷和强光照胁迫的抗性，这种转基因拟南芥幼苗在低温5℃和强光照16 700 lx条件下培养7天仍能存活，虽然叶片出现脱绿性伤害（Qiao et al.，2002）。

Kawei-Yamada等（2001）报道，在拟南芥中存在一种同源性的Bax抑制基因BI-1，它能抑制哺乳动物细胞凋亡基因Bax在植物体内的活动。这是源于植物本身的基因调控植物细胞死亡的第一个证据。

上述这些资料的主要意义可能在于：调控细胞凋亡的特定基因，不仅在调控动植物本身的发育和对环境的适应性反应中起作用，还可能在通过基因工程提高植物抗逆性的途径上具有更重要的意义。

第二十一章　脯氨酸和甜菜碱的渗透调节与保护作用

大量的研究揭示，无论是干旱、盐渍化或低温，它们对植物影响的一个共同因素是造成植物细胞的水分亏缺和渗透胁迫，作为渗透调节剂和渗透保护剂的脯氨酸（proline）、甜菜碱（betaine）及糖醇（sugar alcohol）等相容性溶质（compatible solute）的积累，也就很自然地成为植物适应低温、干旱和盐渍化等逆境的一个很重要的共同机制。这些低分子质量的有机物质在积累到很高水平的浓度时，对细胞也是无毒害的，所以称之为相容性溶质。许多研究证实，脯氨酸和甜菜碱是分布最普遍的两类相容性溶质，它们作为渗透调节剂和渗透保护剂的效应十分广泛和显著，不仅起着降低细胞内水势的作用，而且能有效地保护和稳定各种酶系以及复合体蛋白的四级结构，并能维持细胞膜系统在逆境中的稳定性，降低膜脂过氧化等。

脯氨酸和甜菜碱是逆境研究者们十分关注的重要课题之一，它们在逆境中的生物合成和积累的动态早已经广泛地被研究（Aspinall and Paleg，1981；Wyn Jones and Storey，1981），与合成有关的酶基因已从许多植物中分离和克隆（Yoshiba et al.，1997；Chen and Murata，2002）；通过这些酶的基因工程，增加脯氨酸和甜菜碱的积累水平，提高植物的抗旱、抗盐和抗低温胁迫的能力，也已获得不少的初步结果，预示着它的光明前景（Wang et al.，2003；Vinocur and Altman，2005）。

一、脯氨酸和甜菜碱的生物合成及其酶的基因表达

1. 脯氨酸

（1）脯氨酸的生物合成和代谢途径

图 21-1 显示了植物和细菌细胞内脯氨酸的生物合成和代谢途径。脯氨酸合成的前体（原料）是谷氨酸（glutamic acid，L-Glu），在细菌中，合成的开始是通过谷氨酰激酶（γ-glutamyl kinase，GK）的催化，使谷氨酸羧基磷酸化，产生谷氨酰磷酸（L-glutamyl-phosphate），然后经 γ-谷氨酰半缩醛脱氢酶（γ-glutamic-semi-aldehyde dehydrogenase，GSADH）的催化还原成谷氨酰半缩醛（glutamic-γ-semialdehyde，GSA），再通过同步环化（spontaneous），形成吡咯啉-5-羧酸（pyrroline-5-carboxylate，P5C），最后经 P5C 还原酶（P5C reductase，P5CR）催化产生脯氨酸（proline）。在植物体细胞中，从谷氨酸合成脯氨酸，是在渗透胁迫和 N（氮）源限制条件下，通过吡咯啉-5-羧酸合成酶（pyrroline-5-carboxylate synthetase，P5CS）和吡咯啉-5-羧酸还原酶（pyrroline-5-carboxylate reductase，P5CR）先后两次催化还原反应完成的，其间经过两个中间产物——谷氨酰半缩醛（GSA）和吡咯啉-5-羧酸（P5C）。在高 N 源条件下的脯氨酸合成则以鸟氨酸为前体。

高等植物的 P5CS 的 cDNA 已经从豇豆（*Vigna aconitifolia*）、拟南芥（*Arabidopsis thaliana*）和水稻中分离出来。P5CR 也通过 *E. coli*（大肠杆菌）突变体的互补

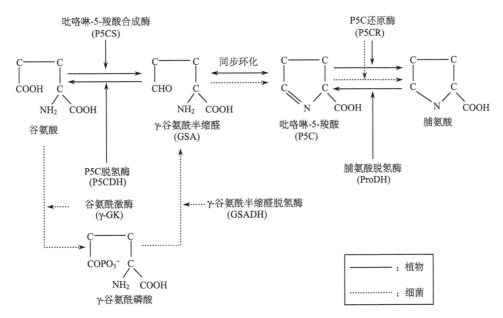

图 21-1　细菌脯氨酸生物合成途径以及植物脯氨酸生物合成和代谢途径的图解

（Yoshiba et al.，1997）

作用从豇豆中分离出来，并从豌豆和拟南芥中分离出 cDNA 的同源体（P5CR-cDNA）（Yoshiba et al.，1997）。

　　在植物体中，有关脯氨酸降解代谢的酶系也是调控脯氨酸积累水平的一个重要因素。在植物线粒体中，L-脯氨酸可以通过脯氨酸脱氢酶（proline dehydrogenase，ProDH）氧化成 P5C，再经过 P5C 脱氢酶催化，代谢成谷氨酸（图 21-1）。脯氨酸的这种氧化降解作用，在水分胁迫的脱水植物体中被抑制，以保证脯氨酸的积累；而在复水的植物细胞中被活化，降低细胞内的脯氨酸水平，以调节渗透平衡（Stewart，1977）。现已从拟南芥中分离出脯氨酸脱氢酶基因——ProDH 的 cDNA，并从马铃薯中分离出 P5CDH 的 cDNA。通过反义 RNA 技术或基因剔除技术除去拟南芥中的脯氨酸脱氢酶基因，增加脯氨酸含量，从而提高了植株的抗盐能力（Mani et al.，2002；Nanjo et al.，2003）。

　　（2）脯氨酸合成酶基因的表达

　　如上所述，在植物体中，从谷氨酸合成脯氨酸的反应过程，要通过 P5CS 和 P5CR 两种酶的催化，而且是在水分胁迫条件下发生的。这种在脱水条件下发生的 P5CS 和 P5CR 基因的表达，已在蚕豆和拟南芥中观测到（Yoshiba et al.，1997）。例如，拟南芥在脱水开始 2 h 之内，P5CS 的 mRNA 即出现，从 2～5 h 迅速增加，此后保持平稳；脯氨酸的含量则相应地呈直线式上升；ProDH 基因虽在脱水开始时稍有短暂性启动，但在 5 h 后一直处于抑制状态（图 21-2A）。在冷胁迫中，这种 P5CS 的 mRNA 的积累也被观测到（Yoshiba et al.，1997）。

　　然而，催化合成脯氨酸的另一种酶——P5C 还原酶（P5CR）基因的表达似乎不因渗透胁迫或 ABA 处理发生显著性的增加。例如，拟南芥在盐逆境中，P5CR 基因的

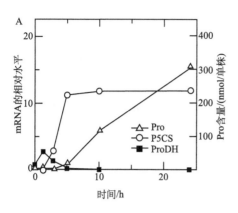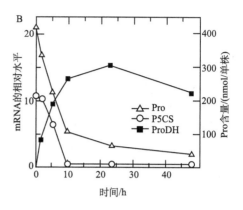

图 21-2 拟南芥在脱水（A）和复水（B）过程中脯氨酸合成酶（P5CS）和脯氨酸降解
酶（ProDH）基因的表达与脯氨酸积累和降解的动态（Yoshiba et al.，1997）

mRNA 水平比非逆境植物（对照）仅高出 5 倍（在叶中）和 2 倍（在根中），它显著低于 P5CS 基因的表达水平。这说明，在渗透胁迫引起的脯氨酸积累中，P5CS 的基因表达可能比 P5CR 基因起着更为重要的作用。

（3）脯氨酸降解酶基因的表达

在水分胁迫诱导的脯氨酸积累过程中，脯氨酸降解代谢受到抑制，而在复水过程中被活化（Stewart，1977）。脯氨酸脱氢酶（ProDH）是催化脯氨酸降解的酶系，它的 cDNA 已从拟南芥、*Saccharomyces cerevisiae* 及 *Drosophila melanogaster* 等植物体中分离出来，并经鉴定位于线粒体中（Yoshiba et al.，1997）。这种 ProDH 基因的表达强烈地受复水所引发，但不被热和冷胁迫所诱导。在脱水开始后 1 h，产生一个短暂性、低水平的 ProDH 的 mRNA，然后降低，并在脱水过程中一直受到渗透胁迫的抑制（图 21-2A）。当植株被复水后，ProDH 基因立即启动，它的 mRNA 水平迅速升高，到 25 h 后稍有降低；脯氨酸合成酶 P5CS 的 mRNA 水平在复水后则迅速下降；脯氨酸含量也同时相应地迅速减少（图 21-2B）。

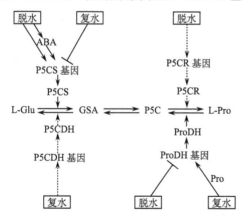

图 21-3 在脱水和复水过程中脯氨酸合成酶基因和降解酶基因相互交替活化与钝化的动态（Yoshiba et al.，1997）。→表示启动；⊣表示抑制；实线箭头表示正常情况；虚线箭头表示非经常出现的情况

研究指出，干旱、盐渍化和冷胁迫都可引发脯氨酸的合成与积累，并揭示它是在 ABA 介导下产生的，即这些逆境首先引起 ABA 的合成与积累，然后经 ABA 的介导合成脯氨酸（Hare et al.，1999）。通过应用拟南芥的 ABA 缺失和 ABA 不敏感突变体的进一步研究揭示，P5CS 基因在水胁迫下的表达存在依赖 ABA 和不依赖 ABA 的两种不同的途径（图 21-3；Yoshiba et al.，1997；Hare et al.，1999）。

上述结果说明，在脱水的植物体中，即渗透胁迫过程中，脯氨酸的积累是作为其生物合成的活化及其降解代谢的钝化两方面作用的结果；而在复水/解除渗透胁迫的植物体中，脯氨酸含量的迅速减少，则是前二者相反过程的结果，即是生物合成被钝化和降解被活化的结果。它的实质是反映线粒体的代谢功能及其酶基因的表达对脱水和复水这两个过程的适应性变化，并反映它在转录水平上的调节（图21-3）。

（4）脯氨酸积累的定位和运输

在水分胁迫（亏缺）条件下，由于外界水势低，水不仅不能进入细胞，而且还导致细胞脱水，因而造成渗透胁迫。渗透调节剂的作用，是通过它们在细胞内的积累，将细胞内的水势降低到细胞外的水势之下，从而使外界水能够进入细胞。许多研究揭示，脯氨酸主要在线粒体中合成，主要分布在细胞质基质中，调节细胞质基质渗透压和液泡渗透压之间的平衡（Glenn and Brown, 1999；Maggio et al., 2000）。在水分胁迫中，它优先在细胞质中发生积累（Leigh et al., 1981）。Fricke和Pahlich（1990）为此提供了进一步的证据，马铃薯培养细胞在正常水分条件下，细胞内的总脯氨酸有 34% 积累在液泡中；但当培养细胞处于水分亏缺条件下时，由于大量无机离子往液泡中积累，细胞内总脯氨酸含量虽然也增加，但液泡中的脯氨酸含量却减少。这说明，在干旱胁迫时，一方面（主要的）要提高液泡的渗透压，另一方面也要相应地增加细胞质基质的渗透压，于是作为相容性溶质的脯氨酸发生了布局上的再分配，液泡中的一部分输出到细胞质中，以平衡细胞质与液泡的渗透压差。

编码脯氨酸运输体（ProT）的 2 个基因，经采用酵母菌的靶突变体，已从拟南芥中分离出来；并已分离到脯氨酸的特异运输体 ProT1 和 ProT2。现已查明，ProT1 的 mRNA 存在于所有器官中，尤其是在根、茎和花中；ProT2 的 mRNA 则普遍存于各种组织中。在水分胁迫和盐胁迫的过程中，ProT2 的 mRNA 水平强烈地升高，这显示，这种 ProT2（运输体）对水胁迫下的细胞内脯氨酸的分布可能起着重要作用（Yoshiba et al., 1997）。

2. 甜菜碱

（1）甜菜碱生物合成的途径

甜菜碱也是一种极好的相容性溶质，作为渗透调节剂和渗透保护剂广泛地存在于微生物、原生动物和植物界。它包括多种类型，如甘氨酸甜菜碱（glycine betaine）、丙氨酸甜菜碱（alanine betaine）、脯氨酸甜菜碱（proline betaine）、羟基脯氨酸甜菜碱（hydroxyproline betaine）、组氨酸甜菜碱（histidine betaine）、色氨酸甜菜碱（tryptophan betaine）及胆碱-O-硫酸酯甜菜碱（choline-O-sulfate betaine）等。甘氨酸甜菜碱是其中存在最普遍、研究最广泛的一种甜菜碱。

甘氨酸甜菜碱（GB）的生物合成有两条途径：一条是通过胆碱（choline）的氧化和脱氢作用合成 GB；另一条途径是通过甘氨酸（glycine）的甲基化合成 GB。胆碱的氧化/脱氢作用途径是以胆碱为前体（原料）合成 GB，普遍存在于微生物（如细菌）、原生动物和植物界，是这类生物体合成 GB 的一条共同的途径，要经过氧化作用和脱氢作用两个步骤，其间产生一个中间产物——甜菜醛（图21-4）。在高等植物中，GB 的合成在叶绿体中进行，先后通过胆碱单加氧酶（choline monooxygenase, CMO）和甜菜醛脱氢酶（BADH）的催化完成。在微生物大肠杆菌（E.coli）中，则是通过胆碱脱氢酶（choline dehydrogenase, CDH）；而在球形节杆菌（Arthrobacter globiformis）

等微生物中，却仅需一种胆碱氧化酶（choline oxidase，COD）的催化。

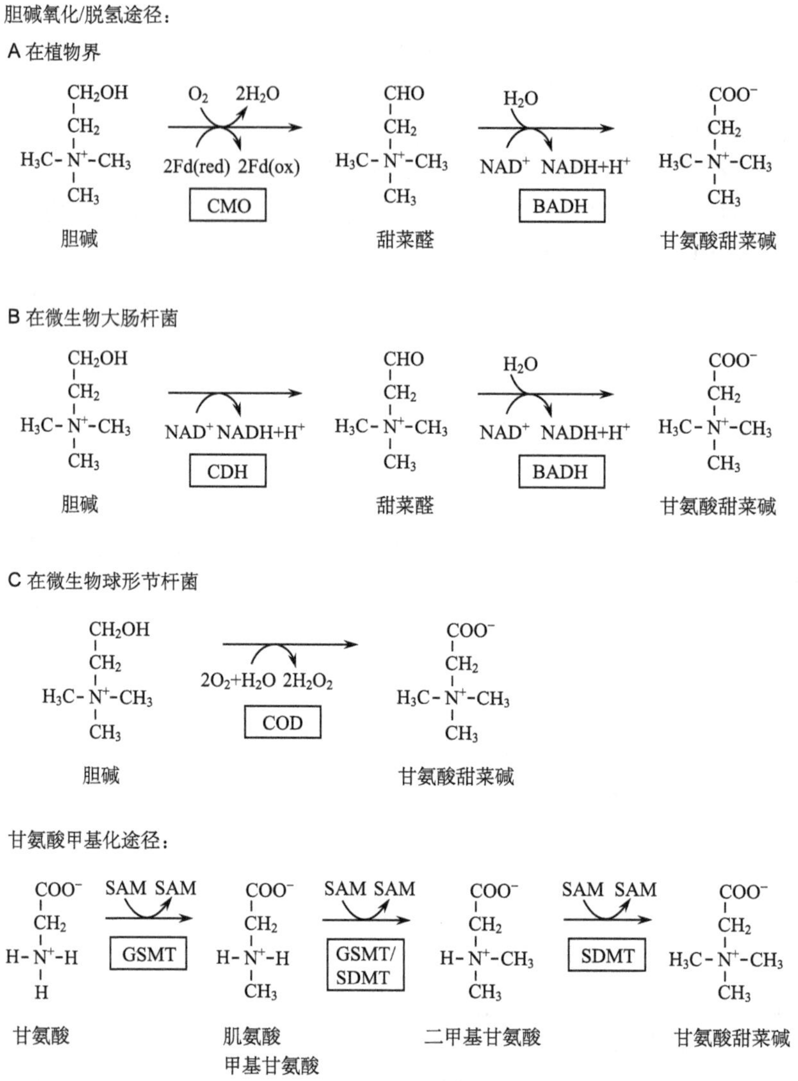

胆碱氧化/脱氢途径：

A 在植物界

$$\text{胆碱} \xrightarrow[\text{2Fd(red)} \quad \text{2Fd(ox)}]{O_2 \quad 2H_2O \quad CMO} \text{甜菜醛} \xrightarrow[\text{NAD}^+ \quad \text{NADH+H}^+]{H_2O \quad BADH} \text{甘氨酸甜菜碱}$$

胆碱：CH$_2$OH–CH$_2$–H$_3$C–N$^+$–CH$_3$–CH$_3$
甜菜醛：CHO–CH$_2$–H$_3$C–N$^+$–CH$_3$–CH$_3$
甘氨酸甜菜碱：COO$^-$–CH$_2$–H$_3$C–N$^+$–CH$_3$–CH$_3$

B 在微生物大肠杆菌

$$\text{胆碱} \xrightarrow[\text{NAD}^+ \quad \text{NADH+H}^+]{CDH} \text{甜菜醛} \xrightarrow[\text{NAD}^+ \quad \text{NADH+H}^+]{H_2O \quad BADH} \text{甘氨酸甜菜碱}$$

C 在微生物球形节杆菌

$$\text{胆碱} \xrightarrow[\text{2O}_2+H_2O \quad 2H_2O_2]{COD} \text{甘氨酸甜菜碱}$$

甘氨酸甲基化途径：

$$\text{甘氨酸} \xrightarrow[\text{SAM} \quad \text{SAM}]{GSMT} \text{肌氨酸(甲基甘氨酸)} \xrightarrow[\text{SAM} \quad \text{SAM}]{GSMT/SDMT} \text{二甲基甘氨酸} \xrightarrow[\text{SAM} \quad \text{SAM}]{SDMT} \text{甘氨酸甜菜碱}$$

图 21-4 甘氨酸甜菜碱的生物合成途径。胆碱氧化/脱氢途径：A. 在植物界：胆碱→CMO（胆碱单加氧酶）→甜菜醛→BADH（甜菜醛脱氢酶）→甘氨酸甜菜碱；B. 在微生物大肠杆菌：胆碱→CDH（胆碱脱氢酶）→甜菜醛→BADH（甜菜醛脱氢酶）→甘氨酸甜菜碱；C. 在微生物球形节杆菌：胆碱→COD（胆碱氧化酶）→甘氨酸甜菜碱。甘氨酸甲基化途径：甘氨酸→GSMT（甘氨酸-肌氨酸-甲基转移酶）→肌氨酸→GSMT/SDMT（肌氨酸-二甲基甘氨酸甲基转移酶）→二甲基甘氨酸→SDMT→甘氨酸甜菜碱（Chen and Murata，2002）

关于甘氨酸甲基化途径，即以甘氨酸为前体合成 GB，是 Nyyssola 等（2000）在两种极端嗜盐微生物 *Actinopolyspora halophila* 和 *Ectothiorhodospira halochloris* 的甜菜碱积累中发现的，这种甘氨酸甲基化途径要经过三步甲基化，通过两种甲基转移酶——甘氨酸-肌氨酸-甲基转移酶（glycine sarcosine methyltransferase，GSMT）和肌氨酸-二甲基甘氨酸-甲基转移酶（sarcosine dimethyl glycine methyltransferase，SDMT）单独和共同的催化作用，其间产生两个中间产物——肌氨酸（sarcosine）和二甲基甘氨酸（N，N-dimethyl glycine）（图 21-4）。

无论高等植物或微生物合成甜菜碱的酶都已被分离，如从菠菜叶片中分离的 BADH 为二聚体，由两个分子质量相等的单体组成，分子质量为 60 000～63 000 Da（Pan，1988；Liang et al.，1993）。这种甜菜碱合成酶 BADH 广泛地存在于许多单子叶禾谷类和双子叶植物中，但在水稻中没有检测到，证实水稻是不能合成甜菜碱的种类。

有人认为，所有植物都有合成甜菜碱的基因，但它们基因的表达和合成甜菜碱的类型则与植物种类及其生长环境有关。例如，甘氨酸甜菜碱（GB）在被子植物进化的早期就已出现，并且普遍地存在于各类生物体中；虽然有些种类合成 GB 含量很低，甚至某些种类不合成，如水稻、马铃薯、番茄和一些玉米品种。但由于生长环境的特性，甘氨酸甜菜碱的合成可以被其他类型，如丙氨酸甜菜碱、脯氨酸甜菜碱、羟基脯氨酸甜菜碱和胆碱-O-硫酸酯甜菜碱所替代（Tabaeizadeh，1998）。例如，生长在干旱环境中的种类可能积累脯氨酸甜菜碱；生长在盐渍化条件下的种类可能积累丙氨酸甜菜碱；生长在含硫酸盐土壤中的种类则可能积累胆碱-O-硫酸酯甜菜碱（Tabaeizadeh，1998）。这就给植物的生存提供了一种"因地制宜"的可选择性的适应。

（2）甜菜碱合成酶基因的分离及基因工程

许多有关 GB 生物合成酶的基因（cDNA）已经被克隆，包括高等植物（如甜菜、菠菜、大麦和水稻等）中的胆碱单加氧酶（CMO）和甜菜醛脱氢酶（BADH）、大肠杆菌（E. coli）中的胆碱脱氢酶（CDH）和甜菜醛脱氢酶、球形节杆菌（Arthrobacter globiformis）中的胆碱氧化酶（CodA）（Deshnium et al.，1995），以及高度嗜盐微生物 Actinopolyspora halophila 和 Ectothiorhodospira halochloris 中的甘氨酸-肌氨酸-甲基转移酶（GSMT）和肌氨酸-二甲基甘氨酸-甲基转移酶（SDMT）（Nyyssola et al.，2000）。

通过这些酶的基因工程，已获得许多种转基因植物，如拟南芥、油菜、烟草、草莓、番茄和水稻等。在这些转基因植物中，被转移的酶基因都能得到表达，从而能产生各种水平上的 GB 积累，并显示抗逆性的提高。这种甜菜碱合成酶的基因工程，为增强植物抗逆性提供了遗传上的"天赋"（Chen and Murata，2002）。

然而，在这些转基因植物中测得的 GB 积累水平一般是较低的，小于 5 μmol/g FW。而那些逆境植物积累 GB 的正常浓度一般为 10～40 μmol/g FW。这可能是由于在转基因植物中存在着对外来基因、尤其是对来自细菌（大肠杆菌）的 CDH 和 BADH 的限制因子。现已在转基因植物中鉴定出两种限制因子：一种是对胆碱的利用效应；另一种是对胆碱跨叶绿体被膜运输的限制（Huang et al.，2000）。一个重要的研究证据是，一种来自菠菜的 CMO 基因在转基因烟草叶绿体中的表达活性是很低的，仅产生少量的 GB（≤70 nmol/g FW）；然而，当这种 CMO 基因在转基因烟草的细胞质中表达时，则能够积累较多的 GB（430 nmol/g FW），约为在叶绿体中合成 GB 水平的 6 倍。通过 ^{14}C 标记的 choline 的研究证明，choline 输入叶绿体的限制是影响叶绿体中 GB 低水平合成的一个主要因素（Chen and Murata，2002）。

磷酸乙醇胺的 N-甲基转移酶（phosphoethanolamine N-methyltranferase，PEAMT）是胆碱生物合成途径中的一种关键酶，它催化磷酸乙醇胺转变成磷酸胆碱

(McNeil et al.，2001)。这种 PEAMT 基因已从菠菜中分离出来，并被转到烟草，它能与菠菜 CMO 和甜菜的 BADH 基因在转基因植物中共表达，其结果是在这三种基因转化的烟草中，合成的胆碱（choline）比转单基因高 50 倍；积累的 GB 比转单基因高 30 倍（McNeil et al.，2001）。这三种酶（CMO、BADH 和 PEAMT）基因也能在转基因水稻中共表达，使 GB 的积累水平达到 5 μmol/g FW（Sakamoto et al.，1998；Chen and Murata，2002）。

二、脯氨酸和甜菜碱的积累与抗逆性的增强

1. 逆境中脯氨酸的积累与抗逆性的增强

最先揭示脯氨酸作为渗透保护剂是在细菌 *Salmonella oranienburg* 上的研究。而后，应用外源脯氨酸证实它能够显著减轻 *S. oranienburg* 在渗透胁迫中生长的抑制，并发现许多遭受渗透胁迫的细菌大量积累脯氨酸（Aspinall and Paleg，1981）。在大肠杆菌（*E. coli*）和肺炎克氏杆菌的耐盐性研究中也观察到，在含 0.8 mol/L NaCl 的培养基中，加入脯氨酸或甜菜碱可以显著减轻或消除 NaCl 对这些细菌生长的抑制作用。应用兰铃氨酸（L-氮杂环丁烷-2-羧酸）作为诱变剂，筛选出高产脯氨酸和抗渗透胁迫能力很强的大肠杆菌突变体。这些研究结果证实，脯氨酸是一种很好的渗透保护剂（Yoshiba et al.，1997）。

大量的研究揭示，几乎所有的生物体，包括各类微生物、细菌、原生动物、海生无脊椎动物、藻类和各种高等植物，在渗透胁迫下都会发生脯氨酸的大量积累。由于干旱、盐渍化和高、低温逆境都会造成水分亏缺的渗透胁迫，因此，生长在干旱、盐渍化和高、低温逆境中的植物，也就都会引起脯氨酸的积累，只是不同的种类和品种间有差异，有的增加几倍，有的增加几十倍、上百倍，有的甚至增加几百倍，如表 21-1 和表 21-2 中的一些例证。随着脯氨酸含量的增加，植物的抗逆性也增强。在高等植物中，通过外源脯氨酸处理，增加内源脯氨酸水平，也能提高植物体的抗逆性（Yoshiba et al.，1997）。总之，细胞内脯氨酸积累与植物体抗逆性（抗旱、抗盐和抗低温）增强的密切关系，已为许许多多的研究结果所确证。

表 21-1　水分亏缺条件下脯氨酸的积累（mg/g DW）（部分例证）

植物种类和品种	正常条件下（对照）	水分亏缺条件下	增加倍数
Vicia faba	0.12	0.54	3.5
Lycopersicon esculentum	0.4	22.3	56
Medicago sativa	0.4	20.30	50
Cucumis sativus	0.4	3.00	7.5
Brassica napus	0.4	25.9	64
Brassica oleracea	0.4	43.7	109
Sorghum vulgare	0.4	20.4	51
Triticum aestivum var. 1	0.28	112.0	400
Triticum aestivum var. 2	0.86	174	202
Hordeum vulgare	0.27	17	63

资料来源：Aspinall and Paleg，1981。

表 21-2　盐渍化胁迫下脯氨酸的积累（mg/g DW）（部分例证）

植物种类	正常条件下（对照）	盐渍化胁迫	增加倍数
Vicia faba	0.41	2.22	5
Brassica napus	0.73	6.78	9
Lycopersicon esculentum	0.12	0.92	8
Capsicum annum	0.36	21.70	60
Hordeum vulgare	0.25	4.47	18
Triticum aestivum	0.45	4.06	9
Hordeum vulgare	0.25	4.47	18
Zea mays	0.14	0.54	3.8

资料来源：Aspinall and Paleg，1981。

耐盐和盐敏感的不同水稻品种在高度盐渍化条件下，吡咯啉-5-羧酸合成酶（P5CS）基因的 mRNA 水平与脯氨酸积累水平的比较研究也显示，P5CS 基因表达和脯氨酸水平与水稻品种的抗盐性呈正相关：耐盐品种的 P5CS 基因的 mRNA 水平显著高于盐敏感品种；同时，在耐盐品种中的脯氨酸积累水平也显著高于盐敏感品种。陈玉珍和李凤兰（2005）的研究指出，抗冻性极强的高山雪莲在人工控制的 2℃低温锻炼过程中，脯氨酸合成酶基因的表达水平也提高，导致脯氨酸的积累增加，幼苗的抗冻性增强。番茄（tomato）培养细胞在水分亏缺条件下迅速积累的脯氨酸水平比对照正常条件下高 300倍（Handa et al.，1983）。

通过基因工程更进一步确证了脯氨酸积累水平与植物抗逆性的密切关系：将沙门氏杆菌的脯氨酸合成基因转到固氮菌中，结果这种转基因的固氮菌表现出很高的抗盐能力，能在海水中生长，并保持固氮功能。Kishor 等（1995）将蚕豆的 P5CS 基因转到烟草中，导致转基因烟草能在干旱胁迫条件下发生脯氨酸的超高产，结果提高了这种转基因烟草植株在干旱逆境中的生物产量和花的发育。这种脯氨酸超高产的基因工程预示着为培育农作物抗旱和抗盐新品种的一条新途径将要到来。

曾有一些研究试图在组织细胞培养的基础上，通过培养基中高含量的 NaCl 盐胁迫或羟脯氨酸胁迫，选择耐盐细胞系，虽然一些耐盐的细胞系是如愿以偿、成功地被获得，但存在着选择细胞系难以再生植株和提高的耐盐性不稳定的问题（Watad et al.，1985；McCoy，1987；Kirti et al.，1991；周荣仁等，1993）。贺道耀和余叔文（1995，1997）获得了稳定的水稻耐盐细胞系和植株，并且能够遗传；然而，这种高脯氨酸变异系水稻在无盐的正常条件下，也超常地积累脯氨酸的高含量，这是一种无效的对氮源和能量的消耗。因此，这也可能不是一种理想的提高植物抗盐性的途径。

2. 逆境中甜菜碱的积累与抗逆性的增强

关于甜菜碱在植物抗旱和抗盐中的作用，最先是在研究干旱沙漠地区植物中发现的，生长在海岸盐渍化沼泽地、内陆盐渍化土壤以及干燥沙漠地上的抗盐和抗旱（盐生和旱生）植物的根、茎、叶细胞内都含有高浓度的甜菜碱（表 21-3）。在农业生产中，种植在干旱和盐渍化土壤中的农作物的细胞内也积累着高含量的甜菜碱，如高粱在干旱缺水条件下，在叶中积累的甜菜碱比正常条件增加 26 倍。生长在我国西北干旱盐碱荒漠和戈壁地区的胡杨（*Populus euphratica*），在人工控制的含 100 mmol/L NaCl 盐的沙土中生长时，叶中的甜菜碱浓度增加 243 倍，根中增加 9 倍（陈少良等，2001）。

表 21-3　高等植物体内甜菜碱的积累（部分例证）

植物属种	生长环境	测定的器官组织	甜菜碱含量 /[μmol/ (L・g DW)]
Abutilon otocarpum	盐生境植物	叶片	213
Avicennia marina	潮间海滨湿地	叶片	263
Aster tripolium	盐渍化沼泽地	地上苗	164
Erigeron bonariensis	盐渍化沼泽地	地上苗	68
Matricaria maritime	海滨沙地	地上苗	55
Minuria leptophylla	盐生植物	地上苗	175
Vittadinia cuneata	干燥沙地	地上苗	42
Arthrocnemum halocnemoides	盐生植物	地上苗	280
Atriplex canescens	盐生植物	叶片	323
A. halimus	盐生植物	叶片	418
A. inflate	盐生植物	地上苗	223
A. hortensis	盐化土	叶片	84~107
A. saberecta	盐渍化土	叶片	260
Babbagia acroptera	盐生植物	地上苗	187
Bassia brachyptera	盐生植物	地上苗	179
B. stelligera	干燥盐渍化土	地上苗	193
Beta maritime	盐化沼泽地	叶片	195
Orbione sibirica	盐化沼泽地	地上苗	153
Salicornia quinqueflora	湿盐渍化土	地上苗	181
Suaeda monoica	湿盐渍化土	叶片	340
Lycium ferocissimum	盐渍化土	叶片	150
Puccinellia maritima	盐化沼泽地	幼叶	2.6
Ammophila arenaria	海滨沙地	地上苗	70~113
Spartina townsendii	盐化沼泽地	地上苗	258
Diplachne fusca	盐渍化砂地	地上苗	40
Zoysia macrantha	盐化沼泽地	地上苗	26
Triodia irritans	干燥地区	地上苗	61

　　资料来源：Wyn Jones and Storey，1981。

　　甜菜碱的积累还能提高植物的抗寒性，在冬小麦和大麦的低温锻炼过程中，甘氨酸甜菜碱发生积累，增强了幼苗的抗冻性（Kishtani et al.，1994）。这种甜菜碱积累与抗寒性增强的关系还可以通过外源甜菜碱的喷施途径达到，将甜菜碱喷施到植物叶面上时，甜菜碱很容易被叶细胞吸收，并能很迅速地转移到植株的其他部位（Makela et al.，1996）。通过叶面喷施甜菜碱，提高了小麦和大麦的抗冻性（Kishtani et al.，1994；Allard et al.，1998）；也增强了番茄和油菜的抗旱和抗盐能力（Makela et al.，1999）；在番茄上，通过甜菜碱的叶面喷施，还增加了果实的产量（Makela et al.，1998；Jokinen et al.，1999）。应用外源 GB 处理原本不能积累 GB 的玉米培养细胞和幼苗，增强了这些玉米细胞和幼苗的抗冷性，以及抗膜脂的过氧化能力（Chen et al.，2000）。

通过甜菜碱合成酶的基因工程提高植物的抗旱、抗盐和抗寒性，是当今人们最为关注的研究课题之一。如上所述，甜菜碱合成酶的基因工程已在多种植物上获得成功，如对模式植物拟南芥的研究显示，将胆碱氧化酶（COD）基因转入拟南芥中，转基因的拟南芥中的甜菜碱的最高积累量达到 1.2 μmol/g FW 以上，提高了转基因拟南芥的抗冷/冻、抗热、抗盐和抗氧化能力（Hayashi et al.，1997；Alia et al.，1998；Sakamoto et al.，2000；Huang et al.，2000）。将甜菜醛脱氢酶（BADH）基因转入烟草、草莓和小麦中，经盐胁迫实验表明，转基因植物的 BADH 活性提高，耐盐性增强（刘凤华等，1997；梁峥等，1997；郭北海等，2000）。在 COD（CodA）和 Cox 转基因的油菜（*Brassica napus*）中，甜菜碱的积累也增加，抗旱和抗盐性提高（Huang et al.，2000）。水稻和番茄是原本不能积累甜菜碱的植物，CodA 基因经农杆菌（*Agrobacterium*）导入 indica 水稻品种中，转基因水稻对干旱和盐胁迫的抗性增强；在盐胁迫和低温强光照下，PSⅡ活性也高于对照野生型（Mohanty et al.，2002；Yuwansiri et al.，2002）。Park 等（2004）在对转基因（CodA）番茄的测试中指出，CodA 基因表达的甘氨酸甜菜碱（GB）的合成主要定位于叶绿体中；植株不同部位器官中的 GB 含量的分布有很大差异，苗顶端和生殖器官（如花瓣、花药和雌蕊）中的 GB 含量最高，是叶片的 3～4 倍。番茄植株中的 GB 水平相对地是较低的，叶片中一般是 0.1～0.3 μmol/g FW。通过种子发芽和幼苗生长试验指出，这种低水平的 GB 含量却能诱发出高水平的抗冷性，如种子在 17℃/7℃（白天/晚上）的生长箱中萌发培养 14 天，野生型（对照）种子的萌发率仅为 1.4%，而转基因后代的种子达到了 31%；当从低温转到 25℃ 1 天后，转基因种子的萌发率迅速达 93%，而对照野生型仅为 16%。在这种转基因番茄中积累的 GB 还能使番茄幼苗在低温逆境中抵御活性氧胁迫，增加光合速率；特别是增强了植株生育后期生殖器官的抗冷性，延长了植株的结果期，增加坐果率——增加果实产量。这一结果具有双重意义：①为防御农作物生育后期（生殖结果期）对低温高度敏感性的危害提供了一条有效的途径；②打破了以往的"植物的抗逆性与产量相矛盾（即抗性高产量低）"的观念，开辟了通过转基因技术既提高抗性、又增加产量的新途径。

三、脯氨酸和甜菜碱在植物逆境适应中的生理功能和作用机制

1. 参与细胞的渗透调节

渗透调节物质——矿质离子和有机溶质在细胞内的分布是分室（隔离）区域化的；通过分离液泡和组织细胞化学等技术的检测指出，矿质离子，如 Na^+、K^+、Cl^-、Ca^{2+} 等，主要分布于液泡内，高浓度的 Na^+、Cl^-、Ca^{2+} 对细胞质有毒性作用，将它们吸收到液泡内，一方面起提高细胞渗透压的作用；另一方面则隔离了它们对细胞质的毒害。有机溶质，如脯氨酸、甜菜碱和多元醇糖等则主要分布于细胞质中，它们的高浓度对细胞质不会产生毒害作用，所以，它们被称为"相容性溶质"。因此，生长在干旱和盐渍化逆境中的植物会发生脯氨酸和甜菜碱等相容性溶质的迅速合成与积累。甜菜碱主要在叶绿体中进行生物合成，主要分布于叶绿体及细胞质基质中；脯氨酸的合成主要在线粒体中进行，主要分布于线粒体及细胞质基质中，从而提高细胞质的渗透压，平衡细胞质与液泡间的渗透压差（Delauney and Verma，1993；Glenn and Brown，1999；

Maggio et al., 2000), 使渗透胁迫下的叶绿体和线粒体仍能维持较好的水分状况, 保证光合作用和呼吸作用的运行。

还有一种可能作用是, 在盐生和抗盐植物中, 脯氨酸和甜菜碱的积累可能促使 Na^+ 从细胞质向液泡中转移, 例如, 大麦幼苗在含 NaCl 的水溶液中培养, 加入甜菜碱可提高液泡中的 Na^+ 浓度。这一结果暗示, 甜菜碱的积累与 Na^+ 盐区域化之间存在相关性 (脯氨酸也可能如此)。它们可能通过调节液泡膜离子载体蛋白或液泡膜 H^+ 泵 V-ATPase 活性起作用 (Dietz et al., 2001)。

有研究指出, 当大麦幼苗受水分亏缺或盐胁迫时, 甜菜碱和脯氨酸同时以相似的速度在叶片中积累, 但当胁迫解除后, 二者的降解速度却十分不同, 叶片和根中的脯氨酸含量立即下降, 而甜菜碱的含量基本上保持稳定 (Wyn Jones et al., 1981)。这说明, 脯氨酸的积累是植物对胁迫的暂时性反应, 而甜菜碱的积累则有一定时间的持久性。甜菜碱代谢缓慢的特点, 显示其代谢主要是由其合成酶所调控; 而脯氨酸的迅速代谢则是受其合成酶和降解酶两个方面的调节, 在胁迫时, 降解酶被抑制; 当胁迫解除 (复水) 时, 降解酶立即被活化, 因而其含量迅速减少 (Yoshiba et al., 1997)。

2. 参与细胞的保护作用

当大肠杆菌培养在含 800 mmol/L NaCl 培养基上时, 其生长完全停止; 但若加入 10 μmol/L 甜菜碱, 则可完全恢复生长。如此低浓度的甜菜碱, 显然不是作为渗透调节剂提高细胞渗透压起作用, 而可能是通过它对细胞组分的保护作用, 修复了 Na^+ 盐的毒害损伤。业已证明, 在高等植物逆境胁迫后的修复中, 脯氨酸起着重要作用 (Singh et al., 2000)。Xin 和 Li (1993) 应用外源脯氨酸处理玉米悬浮培养细胞, 其结果也指出, 这种外源脯氨酸诱导玉米培养细胞抗冷性的增强, 既不是通过提高细胞渗透压 (在其诱导细胞抗性增强过程中, 细胞渗透压不变), 也不是像 ABA 处理诱导出新蛋白质的合成。于是他们也推论, 脯氨酸诱导细胞抗冷性的提高有其独特的机制。特别是近年来的基因工程揭示, 如上所述, 在转基因的植物体中合成的甜菜碱或脯氨酸水平是很低的, 不足以在提高细胞渗透压方面起作用; 然而这些转基因植物却发展出高水平的抗逆性 (抗旱、抗盐和抗冷)。因此更进一步使人们相信, 它们是通过对细胞的保护机制起作用。近年来的研究正在这方面提供日益增多的证据。

(1) 提高复合蛋白和膜结构的稳定性

甜菜碱和脯氨酸对有氧呼吸和能量代谢过程有很好的保护作用, 能保护柠檬酸脱氢酶、苹果酸脱氢酶、琥珀酸脱氢酶、延胡索酸酶和细胞色素氧化酶的活性; 它们作为分子伴侣对酶在逆境中的变构起修饰作用; 并保护线粒体复合体 II 的电子传递 (Chen and Murata, 2002)。甜菜碱和脯氨酸都能保护膜结构在高温和低温下的完整性; 并能解除 Na^+ 对酶活性的毒害 (Wang et al., 2003; Tester and Davenport, 2003)。在盐胁迫下, BADH 转基因的烟草和草莓的细胞膜结构的稳定性提高, 质膜的渗漏率显著降低, 就是明显的证据 (刘凤华等, 1997)。

(2) 保护叶绿体光合系统 II (PS II) 的活性

甜菜碱和脯氨酸还能够有效地保护和修补叶绿体光合系统 II (PS II) 在逆境中的伤害 (Alia et al. 1999; Holmstrom et al., 2000; Park et al., 2004); 并能稳定 Rubisco 酶的构型, 保护它在逆境 (如盐胁迫) 中不被钝化 (Nomura et al., 1998)。转 CodA 基因的拟南芥在 400 mmol/L NaCl 胁迫下，其 PSⅡ仍能保持 50％的放氧活性 （Hayashi et al.，1997）。在玉米中，具有甜菜碱合成能力的品系在高温胁迫下，其膜结构完整性的稳定程度和 PSⅡ的光化学活性明显地高于不具甜菜碱合成能力的品系 （Yang et al.，1996）。这是因为甜菜碱对 PSⅡ的外周多肽具有很好的稳定作用，甚至进入类囊体膜腔中，从内部稳定光合机构 （侯彩霞等，1998；Papageorgiou and Murata，1995）。

（3）维持 DNA 复制和转录活性

甜菜碱还可以稳定 DNA 的双螺旋结构，降低逆境胁迫的解链作用，以维持逆境中 DNA 的复制与转录作用 （Rajendrakumar et al.，1997）。

（4）降低膜脂过氧化

膜脂的过氧化是低温、干旱和盐渍化等逆境胁迫对植物细胞的一种最普遍性的伤害，它破坏膜结构的完整性。由于生物膜是细胞的基本结构组分，因此，膜脂的过氧化也就从根本上损伤了细胞的结构与功能。对于它的防御也就成为植物适应逆境生存的主要对策。研究表明，脯氨酸和甜菜碱对防御膜脂过氧化起着很重要的作用。首先，它们减少了活性氧的产生。叶绿体和线粒体是活性氧发生的主要场所，如上所述，在叶绿体中合成的甜菜碱和在线粒体中合成的脯氨酸，不仅能调节细胞质的渗透压，而且还具有提高复合蛋白和膜结构稳定性的作用，并能很好地保护光合酶和呼吸酶的活性，对叶绿体 PSⅡ复合体和线粒体复合体Ⅱ的电子传递起着保护作用等。因此就避免了逆境胁迫引起光合电子传递和呼吸电子传递过程中 "电子漏" 的增加，也就相应地降低了活性氧的产生；同时，还有研究指出，脯氨酸、甘露醇和山梨糖醇等相容性溶质还能充当活性氧的清除剂 （Smirnoff and Cumbes，1989；蒋明义和郭绍川，1997）。这样，就从这两个方面明显地降低了逆境胁迫中活性氧对膜脂过氧化的危害。Hong 等 （2000） 报道，在转基因植物中，脯氨酸含量的增加导致幼苗抗盐性提高，也使膜脂过氧化产物 MDA 显著降低。在转 CodA 基因的番茄植株中，甜菜碱发生合成与积累，当幼苗受到冷处理时，活性氧 H_2O_2 的增加比对照野生型低；抗氧化的过氧化氢酶 （CAT） 活性比对照野生型高；冷处理后，对照野生型的质膜发生严重的离子渗漏，而转基因植株的质膜保持结构上的完整性，未表现明显的离子渗漏 （Park et al.，2004）。

第二十二章　Ca^{2+}在植物细胞对逆境反应和适应中的调节作用

已有各方面的证据说明，钙离子（Ca^{2+}）在生物有机体的生命活动中起着极其重要的作用，它参与有机体的生长、发育、衰老和病理，以及对环境的反应和适应等各种生命过程。在反应环境刺激方面，它作为细胞的第二信使，在将细胞表面的刺激信号传递给细胞内部的过程中，几乎起着全能性离子信使的作用。就目前所知，还没有一种其他分子（如 cAMP、cGMP、ABA 和 ROS 等）能像 Ca^{2+} 这样起着如此广泛的信使作用。已有大量的研究结果揭示，Ca^{2+} 在植物细胞对低温、干旱和盐胁迫的反应中似乎起着一个中心的关键性调节作用，为逆境植物的反应机制提供了有力的重要证据。因此，本章特作为一个专题予以论述。

一、Ca^{2+}的亚细胞定位与分布

为了测定活细胞内的 Ca^{2+} 浓度，在方法上有过许多的研究，现今常用的有以下几种：①水母发光蛋白（aequorin），它与 Ca^{2+} 结合激发出蓝色荧光，荧光强度与 Ca^{2+} 浓度呈正相关，灵敏度较高。然而其分子质量较大，必须采用微注射法注入细胞。现已通过基因工程，获得了水母发光蛋白的转基因植株，如烟草、拟南芥等，这对活细胞 Ca^{2+} 浓度的测定是一个重大进展。②荧光指示剂，这是 Tsien 等（1984）发展的一代新的 Ca^{2+} 荧光染料，属于四羧酸盐类，其中有 quin-2、Fura-2 和 Indo-1 等，它们本来是疏脂亲水分子，不能穿过质膜进入细胞，但经酯化后能穿过质膜进入细胞内，并在细胞质基质中被非特异性酯酶水解，又重新成为亲水分子与 Ca^{2+} 结合，因而能在细胞质基质中自由扩散，但不能进入细胞器，在显微荧光分光光度计下，可以连续监测细胞质基质 Ca^{2+} 水平的变化，如能结合激光扫描共聚焦显微镜（LSCM）的观察，则能获得更好的效果，因而它们被广泛地采用。③焦锑酸钾沉淀法，它与化学固定剂相混合进入细胞内，与 Ca^{2+} 结合生成锑酸钙沉淀，在电镜下呈现出电子致密的黑色颗粒物，因而可以形象化地显示 Ca^{2+} 在细胞内外各部位的定位与分布，并可进一步通过电脑图像处理进行定量分析。其缺点是灵敏度较低，不能进行活细胞动态观察。

通过这些方法获得的大量测试结果揭示，细胞的不同部位，不同细胞器内的 Ca^{2+} 浓度梯度是不同的。细胞内的 Ca^{2+} 浓度处于相对低水平的稳态平衡中，这不仅是保证正常代谢过程所必需的，而且是 Ca^{2+} 信号发生过程的基础（Bush，1995；Sanders et al.，1999）。

1. 质膜

正常情况下，Ca^{2+} 分布的最大梯度存在于质膜内外。在无刺激状态下，质膜内侧细胞质基质中的 Ca^{2+} 浓度维持在 $10^{-7} \sim 10^{-6}$ mol/L，而质膜外侧（细胞外）的 Ca^{2+} 浓度比质膜内侧细胞质基质中的 Ca^{2+} 浓度高 1000 倍左右。跨质膜的电位势是 $-150 \sim -200$ mV。胞外 Ca^{2+} 主要分布在细胞壁和细胞间隙（intercellular space）中，二者是

胞外 Ca^{2+} 的主要储存库。平时，细胞质基质（cytosol）中的 Ca^{2+} 和质膜外侧（细胞外）的 Ca^{2+} 处在一种稳态平衡（homeostasis）之中。细胞内的生理变化及外界环境刺激会改变质膜内外的电位势和细胞壁的 pH，导致胞外 Ca^{2+} 跨质膜内流。但这种内流时间是很短暂的，很快又会恢复到稳态平衡。这种细胞质 Ca^{2+} 水平的短暂性升降是 Ca^{2+} 行使信使作用的基础（Bush，1995；Sanders et al.，1999）。

2. 液泡

液泡被认为是植物细胞内的主要 Ca^{2+} 库，其中的 Ca^{2+} 浓度约为 10^{-3} mol/L，是细胞质基质 Ca^{2+} 水平升高的重要源泉之一。液泡膜上有两种释放 Ca^{2+} 的通道：一种是受 IP_3 调节的 Ca^{2+} 通道，另一种是受电压门控的 Ca^{2+} 通道（Sanders et al.，1999）。

3. 内质网

在动物细胞内，内质网被认为是 Ca^{2+} 储存的主要 Ca^{2+} 库，其中含有丰富的 Ca^{2+} 束缚蛋白。在植物细胞里，由于液泡成为主要 Ca^{2+} 库，内质网的 Ca^{2+} 储存作用被降低。据内质网小泡（ER vesicle）的测定，其中的 Ca^{2+} 浓度一般为 $3\sim4$ μmol/L，最高不超过 50 μmol/L。

4. 质体和线粒体

质体和线粒体中的 Ca^{2+} 大多是与磷酸盐形成复合物，其中的 Ca^{2+} 浓度一般是处在微摩尔（μmol/L）水平上。质体和线粒体中的 Ca^{2+} 水平高于细胞质基质，要归因于光合作用和呼吸作用造成的较高的磷酸盐浓度，从而吸引着 Ca^{2+} 内流（Hetherington and Bromnlee，2004）。

5. 细胞核

核内 Ca^{2+} 水平的测定比细胞质困难，因为核膜孔足以使 Ca^{2+} 自由扩散；不过，实际测定仍指出，核内的 Ca^{2+} 浓度水平与细胞质基质一样也是很低的。简令成等（Jian et al.，1999，2000a，2000d）的研究揭示，在外界刺激的作用下，核内的 Ca^{2+} 流入比细胞质基质的更迅速（图 22-1A 和图 22-1B），这暗示信号传递对核基因的启动更为重

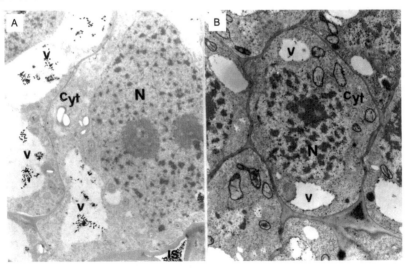

图 22-1 冷刺激下细胞核内的 Ca^{2+} 流入比细胞质的更迅速（Jian et al.，1999）。

V：液泡；N：细胞核；Cyt：细胞质基质

要。在结构上，双层核膜间的内腔（核周腔）和内质网腔是相互连通的，这可能为 Ca^{2+} 信号在核和细胞质中的协调传递奠定了结构上的基础。

二、Ca^{2+} 信号的发生与传递

Ca^{2+} 作为胞内第二信使是在生物进化过程中被优选出来的，它具备充当信使功能的一切最佳特性。自然界赋予生物体 4 种阳离子，即 Na^+、K^+、Ca^{2+}、Mg^{2+}。在这 4 种阳离子中，Ca^{2+} 有两个突出的优点：①在细胞内外浓度分布的梯度上，Ca^{2+} 的细胞内浓度是在 10^{-6} mol/L 以下，而 Na^+、K^+、Mg^{2+} 的胞内浓度都在 10^{-3} mol/L 以上；Ca^{2+} 的胞内浓度比胞外低 1000～10 000 倍，这种大差距的胞内外浓度梯度最适合于信号功能的发生。②在与蛋白质结合的牢固性与特异性上，Ca^{2+} 也优于其他三种离子，Ca^{2+} 与蛋白质结合不仅十分牢固，而且有高度的特异性，这是作为胞内信使最基本的条件（张云和薛绍白，1990）。

1. 细胞内 Ca^{2+} 水平的短暂性升高与 Ca^{2+} 信号的发生

在非激发状态下，细胞内的 Ca^{2+} 浓度被严格地控制在最低水平——100～200 nmol/L。当外界刺激作用时，通过质膜的高度极化和去极化——活化质膜上的 Ca^{2+} 通道，导致胞外 Ca^{2+} 内流；同时，也引起细胞内钙库液泡 Ca^{2+} 释放，结果造成核和细胞质基质中 Ca^{2+} 水平的迅速升高，从而形成 Ca^{2+} 信号（Hetherington and Bromnlee，2004）。这种增加的 Ca^{2+} 起着信使作用，它通过与钙调蛋白（CaM）的结合，形成活化的 Ca^{2+}-CaM 复合体，进而去活化一系列靶酶，引发出一系列生理生化过程，从调节离子运输到基因表达，最终达到（从细胞结构和功能上）对外界刺激做出相应的适应性反应。但是，高浓度 Ca^{2+} 的长期存在会对细胞产生毒害作用，于是 Ca^{2+} 又产生了一种促使 Ca^{2+} 撤退的反馈机制：当细胞质基质中的 Ca^{2+} 浓度增加到 1 μmol/L 左右时，增加的 Ca^{2+} 就与 CaM 结合，对质膜和液泡膜上的钙泵 Ca^{2+}-ATPase 起激活作用，从而将增加的 Ca^{2+} 又泵回到细胞外及液泡 Ca^{2+} 库中，使细胞内的 Ca^{2+} 又恢复到刺激前的低水平，保证了 Ca^{2+} 增加是一个短暂性过程（Jian et al.，1999，2000a，2000d）。

近年来的研究揭示，在植物细胞的 Ca^{2+} 信号发生中，与动物细胞一样，也存在 Ca^{2+} 升降的多次性振荡（oscillation），它的发生频率、持续时间和振幅随着不同细胞类型和不同刺激而变化（Evans et al.，2001）。这方面有着较多研究的典型例证，如花粉管生长、兰科植物根毛细胞脂质壳寡糖信号传递（lipichitooligosaccharide signaling），以及气孔保卫细胞刺激反应的偶联（Hetherington and Bromnlee，2004）。在 NF 诱导根毛细胞 Ca^{2+} 增加的过程中，有两个时期的细胞质基质的 $[Ca^{2+}]_{cyt}$ 增加：第一个时期的反应是很迅速的，即刺激迅速引起细胞质 Ca^{2+} 增加峰的出现，随后维持这种 Ca^{2+} 增加的持续时间为 3～4 min；第二个时期的 Ca^{2+} 增加峰是不对称性的，即 Ca^{2+} 增加时十分迅速，而随后是逐渐缓慢地回复到静止水平（resting level），这个时期从启动回复到静止的持续时间为 30～120 s（Shaw and Long，2003）。在豌豆无效根瘤的突变体中，则不发生这种 NF 诱导的 Ca^{2+} 升降的多次性振荡，证实这种多次性 Ca^{2+} 升降振荡对有效根瘤的形成起着信号传递的作用（Walker et al.，2000）。

在用外源 Ca^{2+} 和 ABA 处理气孔保卫细胞的实验中，也观察到保卫细胞中的 Ca^{2+}

升降是多次性的（oscillation），出现的峰也是不对称性的。在拟南芥中，1 mmol/L 外源 Ca^{2+} 引起细胞质 Ca^{2+} 的多次性升降，其平均振幅约为 160 nmol/L，平均的持续时间约为 2.6 min；若处理的 Ca^{2+} 浓度为 10 mmol/L，则平均振幅为 1020 nmol/L，平均持续时间为 6.6 min（Allen et al.，2000；2001）。在 ABA 诱导的气孔关闭运动中，平均振幅一般为 500 nmol/L，平均持续时间约为 7.8 min（Staxen et al.，1999；Hetherington and Bromnlee，2004）。

2. Ca^{2+} 信号的传递

Ca^{2+} 信号的产生是瞬时性的，而 Ca^{2+} 信号的传递则是一个有序的持续性过程，最终达到对刺激信号做出相应的反应与适应。Ca^{2+} 信号传递的第一步是 Ca^{2+} 与 CaM 结合，形成 Ca^{2+}-CaM 复合体，使 CaM 从非活化构象转变成活化构象，于是介导和协调细胞内各种依赖 Ca^{2+} 的生理生化过程。Ca^{2+} 信号传递的第二步是通过 Ca^{2+}-CaM 复合体从两个方面发挥作用。一方面是直接作用于效应系统，如 Ca^{2+}-CaM 复合体激活质膜和液泡膜 Ca^{2+}-ATPase，使增加的 Ca^{2+} 撤退。有的 Ca^{2+} 信号可以不经过 CaM，直接作用于效应系统，产生调控作用，如增加的 Ca^{2+} 激活质膜 K^+ 外流通道，促使 K^+ 外流。另一方面，Ca^{2+}-CaM 复合体通过对蛋白激酶和蛋白磷酸酶的激活，促使效应蛋白质磷酸化和去磷酸化，从而传递信号。这是一条极其重要的信号传递途径。已有大量证据说明，蛋白质的磷酸化和去磷酸化过程是调节细胞生命活动的一种最普遍和最主要的方式，几乎涉及生物有机体的生长发育、对环境适应中的所有生理和生化过程及其基因表达。这对于 Ca^{2+} 调节抗逆性基因表达尤其重要，如 Monroy 等（1993，1995，1998）揭示，Ca^{2+} 对低温信号的传递过程可能与蛋白质磷酸化有关，他们的实验表明：在低温诱导苜蓿细胞 Ca^{2+} 流入和 cas15 基因表达中，一种 15 kDa 蛋白质的磷酸化水平比低温处理前提高 10 多倍；此外，当催化蛋白质磷酸化的蛋白激酶受到抑制剂 staurosporine 抑制时，抗冻基因的表达水平也强烈地受到抑制。他们的实验还揭示，在 25℃ 非低温条件下，应用 Ca^{2+} 载体及 Ca^{2+} 通道促活剂促进细胞的 Ca^{2+} 流入，会引起催化蛋白质去磷酸化的蛋白磷酸酶（PP2A）活性降低；或者，应用抑制剂 okadaic acid 抑制 PP2A 的活性，也能诱发抗冻基因 cas15 的表达（Monroy et al.，1995，1998）。在低温引起的 Ca^{2+} 流入和抗冻基因表达过程中，苜蓿和拟南芥的依赖 Ca^{2+} 的蛋白激酶的转录水平也升高（Monroy and Dhindsa，1995；Tahtiharju et al.，1997）。在拟南芥中，一种编码 S6 核糖体蛋白激酶的基因和一种编码 MAP 激酶的基因在低温刺激下，随着 Ca^{2+} 流入的同时被诱导表达（Mizoguchi et al.，1996）。

三、Ca^{2+} 充当低温信号的传递分子诱导抗寒锻炼

低温是限制植物生长和地理分布的主要环境因子。在长期的历史演变过程中，形成了对低温有不同反应的两大类植物种群：抗冷/冻植物和不抗冷/冻植物。不抗冷/冻植物，多为热带和亚热带植物，在 4℃ 左右的温度即会发生冷伤害，代谢和细胞结构受到破坏。然而，抗冷/冻植物在 2～5℃ 低温的作用下会受到冷锻炼，提高它们的抗冷和抗冻性（简令成，1986）。近年来，也有一些研究指出，用生长临界低温（10～13℃）进行冷锻炼也能提高冷敏感植物（不抗寒植物）的抗冷性（简令成等，2005）。关于低温

锻炼的细胞与分子机制已有许多研究，但问题的关键仍有待深入（简令成，1990；Hughes and Dunn，1996；Thomashow et al.，1998）。近年来发现，低温引发细胞内 Ca^{2+} 水平的升高，在抗寒锻炼中起着十分重要的作用，它充当低温信号的传递信使，启动抗寒锻炼，诱导抗寒基因表达（Monroy and Dhindsa，1995；Knight，2000）。

1. 冷诱导细胞质基质（cytosol）Ca^{2+} 水平的升高

通过放射性 Ca^{2+}（$^{45}Ca^{2+}$）的示踪技术显示，在 2℃ 低温处理下，放射性钙 $^{45}Ca^{2+}$ 迅速进入小麦根细胞，导致细胞质基质 Ca^{2+} 水平的升高（Erlandson and Jensen，1989）。在玉米根细胞内也观测到同样的结果，并揭示这种 Ca^{2+} 流入是由于低温提高了质膜 Ca^{2+} 通道的透性，利用 Ca^{2+} 通道阻断剂 La 的处理，会强烈地抑制这种 Ca^{2+} 增加（Rincon and Hauson，1986；De Nisi and Zocchi，1996）。4℃ 冷低温处理也能诱导钙（$^{45}Ca^{2+}$）进入苜蓿原生质体；同样，应用各种 Ca^{2+} 通道阻断剂和 Ca^{2+} 螯合剂 BAPTA 也都抑制放射性 Ca^{2+} 的进入（Monroy and Dhindsa，1995）。通过采用 Ca^{2+} 结合受体蛋白——水母发光蛋白的转基因植物，在整体植株上显示出冷诱导的 Ca^{2+} 流入和细胞质基质中短暂性 Ca^{2+} 增加，并与多种 Ca^{2+} 通道阻断剂的抑制效应作对比的测试方法，进一步揭示和证实，烟草（Knight et al.，1991；1992；1993）、拟南芥（Knight et al.，1996；Lewis et al.，1997）和苔藓（*Physcomitrella patens*）（Russell et al.，1996）等在低温下的 Ca^{2+} 流入涉及质膜上电压门 Ca^{2+} 通道（voltage-gated Ca^{2+} channel）的开放。

Minorsky 和 Spanswick（1989）曾利用微电极测试黄瓜根的单个皮层细胞在迅速冷却过程中膜的去极化，结果发现，膜的去极化是随着温度降低的速度和幅度逐步发展的，暗示植物细胞具有一种冷感应机制。Ding 和 Pickard（1993a，1993b）曾鉴定出质膜上存在一种"机械冷敏感性的 Ca^{2+} 通道"，其活性随着温度的降低而增加。Lewis 等（1997）采用水母发光蛋白的转基因拟南芥，对冷诱导膜的去极化和细胞质基质 Ca^{2+} 增加进行了平行测定，其结果显示，几乎所有刺激都引起膜的去极化和细胞内 Ca^{2+} 增加。在用阴离子通道抑制剂 NPBB 处理后，冷冲击引起的去极化被减少，但 Ca^{2+} 的流入不受影响，当细胞质基质 Ca^{2+} 浓度达到 $\mu mol/L$ 水平时，阴离子通道活性增加，并延长去极化作用。这些结果进一步指出，质膜 Ca^{2+} 通道是冷低温最初的感应器，冷低温首先使质膜去极化，活化质膜 Ca^{2+} 通道，引起 Ca^{2+} 内流。

在水母发光蛋白转基因拟南芥的测试中还指出，冷诱导细胞质基质的 Ca^{2+} 增加，除来源于胞外 Ca^{2+} 的流入外，还有经三磷酸肌醇（IP_3）介导的液泡 Ca^{2+} 库的 Ca^{2+} 释放（Knight et al.，1996）。在玉米根的低温冷处理中也发现，低温能引发磷脂酰肌醇水解，产生 IP_3（De Nisi and Zocchi，1996）。冬油菜幼苗在低温下，其叶片细胞中也发现 IP_3 的积累（Smoleuska and Kacperska，1996）。这些结果进一步证明，IP_3 动员液泡 Ca^{2+} 库中的 Ca^{2+} 释放，是细胞质基质中 Ca^{2+} 增加的另一个来源。

应用焦锑酸钾（potassium antimonate）沉淀的细胞化学方法形象化定位显示：水稻、黄瓜、玉米、小麦、小偃麦、雀麦草以及几种越冬木本植物——杨树、桑树和云杉等在人工冷低温（$2\sim4$℃）和短日照（8 h 光周期）处理条件下，或者在自然日照缩短和秋季降温过程中，也都明显地发生细胞内 Ca^{2+} 水平的升高，并显示核内钙（Ca^{2+}）的增加更为迅速，先于细胞质基质中的 Ca^{2+} 增加。还同时证实，细胞质基质中的 Ca^{2+}

增加来源于两个方面：胞外 Ca^{2+} 的进入和液泡钙库的 Ca^{2+} 释放（图 22-1A 和图 22-1B）（王红等，1994；张红等，1994；Jian et al.，1997a，1997b，1999，2000a，2000b，2000d，2000e，2003，2004a，2004b）。

2. 低温诱导细胞内 Ca^{2+} 增加的时空特征

由于采用了水母发光蛋白的转基因植株，因而可以在完整植株的基础上，观测低温诱导的 Ca^{2+} 流入在植株的不同部位和不同组织器官中以及不同时间上的动态。例如，烟草幼苗在逐步降温条件下，根和植株地上部分显示出不同敏感性，当温度从 25℃ 降到 17～18℃ 时，引发出根细胞质基质 Ca^{2+} 水平的升高；当温度进一步降低到 10℃ 时，则在子叶中观察到细胞质基质的 Ca^{2+} 增加；当温度降到 2℃ 时，根终止了反应，但子叶仍在继续（Campbell et al.，1996）。在拟南芥中也观测到类似的动态（Campbell et al.，1996）。总之，无论是烟草或拟南芥，根在较高温度下发生反应，地上部分在较低温度下发生反应。

当成年烟草植株受到低温作用时，先是在叶柄中显示细胞质 Ca^{2+} 增加，然后才发展到整个叶片。这说明 Ca^{2+} 信号可以在组织细胞间位移（Campbell et al.，1996）。

通过同龄苗的比较实验，烟草和拟南芥对冷冲击的 Ca^{2+} 反应也是类似的，但启动烟草 Ca^{2+} 增加的时间比拟南芥稍长一些，即烟草的反应速度稍慢一些（Knight et al.，1996），反映这两种植物对冷的敏感性不同，拟南芥是抗冷植物，而烟草是冷敏感性的。进而发现抗冷的拟南芥对冷刺激具有记忆力（memory），如其幼苗每天用 4℃ 低温处理 3 h，连续 3 天，过夜恢复，结果预处理植株的最终 Ca^{2+} 增加的持续时间延长，反映早期的刺激信息仍然被保留，而冷敏感型的烟草则没有保留这种信息。这可能有利于冷锻炼中抗冷基因的表达（Knight，2000）。

3. Ca^{2+} 在冷锻炼和冷诱导基因表达中的调节作用

已知在冷锻炼中会发生脯氨酸的合成与积累，它对植物的抗冷和抗冻性具有重要作用。Ca^{2+} 对冷诱导脯氨酸积累的促进作用已在 *Amaranthus* 和番茄幼苗及培养细胞的实验中得到证实（Bhattacharjee and Mukherjee，1995；De et al.，1996）。用天门冬细胞的实验也显示，冷刺激诱导的 Ca^{2+} 增加调控着谷氨酰胺脱羧酶的活性，这种酶能催化氨基丁酸的合成。氨基丁酸是脯氨酸合成途径中的原料（Cholewa et al.，1997）。

Ca^{2+} 调节冷诱导基因的表达也已有不少的证据。例如，细胞质的 Ca^{2+} 增加对于苜蓿培养细胞的冷锻炼和抗冻基因表达是必需的，若用 Ca^{2+} 螯合剂或 Ca^{2+} 通道阻断剂处理，冷基因的表达和抗冻性的提高明显地受到抑制；反之，若用 Ca^{2+} 载体 A23187 和 Ca^{2+} 通道促活剂 Bay K8644 促进细胞的 Ca^{2+} 流入，则在 25℃ 的非低温条件下，也能诱导抗冻基因 cas15 和 cas18 表达（Monroy and Dhindsa，1995）。拟南芥抗冻基因 KIN1 和 KIN2 的表达也同样受细胞质内 Ca^{2+} 水平的调节，用 Ca^{2+} 通道阻断剂 La 或 Ca^{2+} 螯合剂 EGTA 降低细胞内的 Ca^{2+} 流入，则强烈地抑制了抗冻基因的表达；通过显微注射增加细胞内的 Ca^{2+} 浓度，则显著地促进抗冻基因 KIN2 的表达（Knight et al.，1996；Tahtiharju et al.，1997；Wu et al.，1997）。抗冷植物冬小麦和小偃麦的幼苗或培养细胞在 4℃ 低温处理中，核和细胞质基质中的 Ca^{2+} 水平发生短暂性提高，低温处理 5 天后，无论是冬小麦幼苗或是培养的小偃麦细胞的抗冻性，均从 -3℃ 提高到 -7℃，说明细胞内 Ca^{2+} 浓度的增加启动了植株和细胞的冷锻炼及抗冻基因的表达（Jian et al.，

1997b，1999，2000d）。在柑橘原生质体培养的冷处理中也显示 Ca^{2+} 与抗冻基因表达的密切关系。在无 Ca^{2+} 的培养基中，原生质体的抗冻基因在低温锻炼中得不到充分的表达；若用 Ca^{2+} 载体 A23187 处理原生质体，则其抗冻性明显提高（李卫等，1997）。用含有 Ca^{2+} 成分的 CR-4 抗寒剂或 Ca^{2+} 溶液对水稻和黄瓜进行浸种处理，萌发后的幼苗细胞内的 Ca^{2+} 水平增加，提高了质膜 H^+-ATPase 和 5′-核苷酸酶以及抗氧化酶（如 SOD、CAT 和 POD）在低温逆境中的活性，降低了膜脂过氧化，维护膜的稳定性，增加了低温胁迫中幼苗的存活率（简令成等，1994；李美如等，1996）。

4. 细胞骨架对 Ca^{2+} 通道和冷锻炼的调节

研究指出，胡萝卜原生质体经微管（MT）破坏剂 colchicine 或 oryzalin 处理，其 Ca^{2+} 通道活性增加 6～10 倍（Thion et al.，1996）。微丝（MF）的解聚也涉及冷胁迫下的 Ca^{2+} 流入。例如，用细胞松弛素 D（CD）处理冷冲击中的 *Nicotiana plumbagini-folia* 原生质体，显著增加了细胞质基质的 Ca^{2+} 流入（Mazars et al.，1997）。用 MF 的稳定剂 jasplakinolide 处理苜蓿培养细胞，阻止了冷诱导的 Ca^{2+} 流入、Cas30 基因的转录和抗冻性的发展；相反，当细胞经 MF 的解聚剂 CD 处理，Ca^{2+} 流入发生，并引发 Cas30 基因的 mRNA 积累（Orvar et al.，2000）。同样地，用 jasplakinolide 稳定油菜叶片细胞中的 MF，也阻止了冷诱导基因的表达和抗冻性的提高（Sangwan et al.，2001）。这些结果说明，MT 和 MF 涉及低温信号转导，这种细胞骨架（MT 和 MF）的解聚和再聚合对增加 Ca^{2+} 流入、诱导冷锻炼和抗冻性的增强是必要的，并显示细胞骨架的再构建是低温信号传递过程中上游的调节因子。

5. Ca^{2+} 流入导致冷敏感植物细胞的 Ca^{2+} 毒害

Minorsky（1985）最先阐述了低温引起冷敏感植物细胞的 Ca^{2+} 流入及其导致的伤害作用，这种伤害作用表现在：细胞质川流活动的停止；细胞骨架的破坏；内质网和高尔基体空泡化；形成磷酸钙沉淀，从而抑制呼吸作用；抑制卡尔文循环中几种关键酶的活性，相继引起 NADP 水平的降低及活性氧增加；并激活多种水解酶，如内切核酸酶和磷脂酶，从而引起核内染色质断裂和膜结构的破坏等。Jian 等（1999，2000d）、王红等（1994）、张红等（1994）对多种冷敏感植物如水稻、黄瓜和玉米等在冷胁迫下细胞内 Ca^{2+} 水平的变化及细胞结构的伤害进行了长期的研究，尤其注重与抗冷/冻植物 Ca^{2+} 动态的对比分析，所获的主要结果表明，冷敏感植物在 2～4℃ 低温胁迫下，与抗冷性植物发生的短暂性的 Ca^{2+} 增加不同，它们细胞内 Ca^{2+} 水平的升高是持续性的，不发生撤退，这种长时间的细胞内高 Ca^{2+} 水平造成细胞毒害。冷敏感植物与抗冷植物在低温下 Ca^{2+} 动态不同，其关键机制是质膜（PM）钙泵 Ca^{2+}-ATPase 在低温下活性状态的不同，抗冷植物 PM Ca^{2+}-ATPase 具有抗冷性，在 2～4℃ 低温下不会受到伤害，仍能保持其活性（图 22-2B），当细胞质 Ca^{2+} 浓度升高到 $\mu mol/L$ 水平时，Ca^{2+} 就对 PM Ca^{2+}-ATPase 产生反馈作用，Ca^{2+} 与细胞内的受体蛋白相结合去激活这种 Ca^{2+}-ATPase，使之开动泵的工作，将增加的 Ca^{2+} 又泵回到细胞外，因而低温诱导抗冷植物的 Ca^{2+} 增加是短暂性的。相反，冷敏感植物的 PM Ca^{2+} 泵 Ca^{2+}-ATPase 也是冷敏感的、不抗冷的，在 2～4℃ 低温下会丧失其活性（图 22-2A），失去了泵的效能，因而增加的 Ca^{2+} 不能对它起反馈作用，以致不能使增加的 Ca^{2+} 撤退，造成细胞内高浓度 Ca^{2+} 的长久存在，结果引起 Ca^{2+} 毒害（Jian et al.，1999，2000d）。

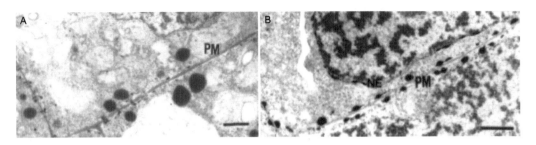

图 22-2 冷胁迫下不同抗冷性植物 Ca^{2+}-ATPase 反应的差异。A. 冷敏感植物玉米质膜 Ca^{2+}-ATPase在 2℃低温胁迫下受到伤害，丧失了活性；B. 抗冷植物小麦质膜 Ca^{2+}-ATPase 在 2℃低温下仍保持高活性；PM：质膜；NE：核膜。

四、细胞内高水平 Ca^{2+} 的持久性调控越冬木本植物的生理休眠

越冬木本植物的生理休眠对于它们发展抗冻能力、保证安全过冬具有十分重要的作用（Jian et al.，1997a）。Nitsch（1957）和 Van Huystee 等（1967）揭示，木本植物越冬中进入生理休眠的动因与光周期有关。Jian 等（1997a）通过控制实验，证实在暖和条件下（21～25℃），单一的短日照（8 h 光周期）能诱导杨树植株进入生理休眠。这个实验的重要意义在于，首次揭示了短日照引发细胞内 Ca^{2+} 增加与生理休眠时序性进程的密切关系。当植株受到 20 天短日照处理时，细胞质基质和核内的 Ca^{2+} 浓度开始增加；当短日照进行到 28 天时，则观察到生理休眠开始发育及抗冻性的提高。而后，随着短日照的持续进行，细胞内 Ca^{2+} 浓度持续增加，到 35 天和 49 天，细胞内 Ca^{2+} 浓度达到最高峰，此时，植株进入深度生理休眠，并发展出高抗冻性。这显示，细胞内 Ca^{2+} 的增加可能起着诱导生理休眠发育的作用。为了进一步探讨这种 Ca^{2+} 功能，我们进一步观测了杨树、桑树和云杉等木本植物在天然条件下细胞内 Ca^{2+} 水平的季节性动态与生理休眠的关系（Jian et al.，2000e，2003，2004b）。这些结果进一步揭示和证实，细胞内（核与细胞质）的 Ca^{2+} 进入不仅起着传递短日照信号的作用、诱导生理休眠的起始；而且，高水平的核/质 Ca^{2+} 浓度还起着发展和保持深度生理休眠的作用，当增加的 Ca^{2+} 撤退后，生理休眠也随着终结。

我们的实验材料取自美国明尼苏达大学（University of Minnesota）校园，这里的纬度是北纬 45°，最长的日照是夏季 6 月下旬，到了 8 月 8 日，日照缩短 1 h 20 min，在此时采集样品的超薄切片中，即观察到细胞内的 Ca^{2+} 流入。相继 12 天后，到 8 月 20 日，芽的生理休眠开始发育，此时的日照缩短 1 h 40 min。从 9 月初到 11 月底和 12 月初，细胞质和核内的 Ca^{2+} 浓度增加到、并维持它的高水平，与此同时，芽的生理休眠也发展到高峰（11 月）。这种芽休眠的时序性进程也与 Champagnat（1989）测试的结果相一致。在 12 月中旬采取的样品中，早先在细胞质和核内增加的 Ca^{2+} 已明显地撤退；在 12 月 25 日测试的芽生理休眠中，指出芽的生理休眠已经结束。这种细胞内 Ca^{2+} 水平的动态与芽的生理休眠发育的关系，可从表 22-1 中得到清楚的认识，并从图 22-3 中得到清晰的形象化的印证。

表 22-1　杨树和桑树芽从夏到冬细胞内 Ca^{2+} 水平动态与生理休眠发展的关系

采样日期（月/日）	7/10	8/8	8/20	9/8	10/8	11/1	12/1	12/15～12/20
细胞内 Ca^{2+} 水平动态	低水平稳态	开始 Ca^{2+} 流入	Ca^{2+} 浓度明显增加	持续的高水平 Ca^{2+}				增加的 Ca^{2+} 被撤除
芽萌发时间/d（休眠状态）	7	7	15	25	34	培养 42 天不见芽萌发		8 天，生理休眠解除

注：采样时间为 2000 年。

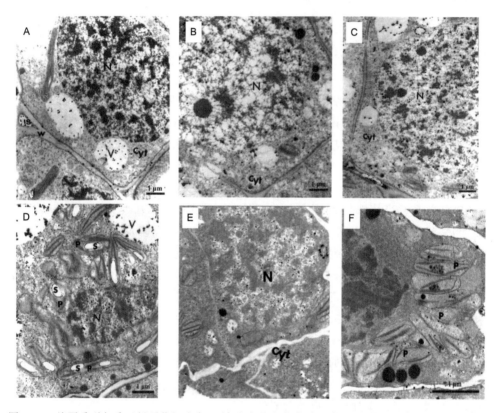

图 22-3　从夏季到冬季云杉顶芽细胞内 Ca^{2+} 浓度的变化与生理休眠的关系。A. 7 月 14 日采取的样品，细胞质基质（cyt）和核（N）中很少见到 Ca^{2+} 沉淀；B. 8 月 8 日采取的样品，细胞质基质和核内 Ca^{2+} 水平开始增加，生理休眠开始；C、D 和 E. 分别在 9 月 8 日、11 月 1 日和 12 月 1 日采取的样品，在这段时期中，细胞质基质和核内含有高浓度的 Ca^{2+}，植株进入深度生理休眠；F. 12 月 13 日采取的样品，早先在细胞质和核内增加的 Ca^{2+} 已经撤退，生理休眠结束。
V：液泡；W：细胞壁；IS：细胞间隙；P：质体；S：淀粉粒

　　在对日照缩短的反应上，越冬草本植物，如雀麦草和冬小麦等，与木本植物不同，在越冬中不发育生理休眠（Jian et al.，2003）。它们对日照缩短不敏感，夏末的日照缩短不能引发它们细胞内的 Ca^{2+} 增加，细胞内的 Ca^{2+} 流入只有在秋季低温的诱导下才发生，而且是短暂性的，由此启动抗寒锻炼和抗寒性的提高。越冬草本植物在进入寒冬过程中，细胞内不发生持久性的高水平的 Ca^{2+} 增加，这可能是它们没有发育生理休眠的一个重要原因。

放慢生长速度或停止生长，进入休眠状态是越冬植物进行抗寒锻炼、提高抗冻力的前提条件，木本植物在对自然环境漫长的适应和演化过程中，"选择"光周期变化（日照变短）作为生理休眠的诱导因子，而不是温度变化，是它们避免寒冬冻害、安全越冬的最佳适应策略。众所周知，在季节变化过程中，温度的降低，各年是不稳定的，有些年份低温来得早，有些年份则可能来得晚，植物不能如期进入休眠，得不到稳定的抗寒锻炼；然而光周期的变化在季节的转变中，年复一年始终是恒定的，例如，在明尼苏达州圣保罗地区，每年到 8 月 20 日，日照长度会缩短 1 h 40 min，引发木本植物进入生理休眠，相继导致抗寒锻炼和提高抗冻能力，保证它们安全越冬。

关于细胞内高水平 Ca^{2+} 的持久性对生理休眠的调节机制，目前尚缺乏深入的研究，一个简单的设想是（简令成等，2004），高浓度的 Ca^{2+}，其中一部分 Ca^{2+} 可能与细胞质和细胞核内的磷酸根（PO_4^{3-} 或 HPO_4^{2-}）结合，形成磷酸钙 $[Ca_3(PO_4)_2]$ 或磷酸氢钙（$CaHPO_4$）；另一部分可能与 ATP 螯合，形成 Ca^{2+}-ATP 螯合物；还有一些可能与某些蛋白质结合，形成 Ca^{2+} 束缚蛋白。这些物质——磷酸根、ATP 和蛋白质原本都是细胞生命活动能量和物质代谢所必需的，它们与 Ca^{2+} 结合后，成为不可利用态物质，其结果必然导致生长活动的放慢和停止，直至休眠。然而，这些物质的结合又是可逆性的，它们在细胞"整体生理时序性"进程中（可能受基因的时序性调控），又可恢复各自的游离态，释放后的高浓度游离 Ca^{2+} 可对质膜和液泡膜上的钙泵 Ca^{2+}-ATPase 起反馈作用，激活 Ca^{2+}-ATPase，使高浓度的 Ca^{2+} 被泵回细胞外和液泡 Ca^{2+} 库中，生理休眠也随着终结。

五、Ca^{2+} 对干旱、盐渍化及其渗透胁迫的调节作用

干旱和盐渍化都会引起土壤环境的高渗压，造成渗透胁迫。植物对干旱和盐胁迫有许多类似的保护性反应，如气孔关闭及渗透保护物质（如脯氨酸）的积累。也有日益增多的证据表明，Ca^{2+} 在植物细胞对干旱和盐胁迫的反应中也有着类似的动态和作用。

1. 干旱和盐胁迫引发细胞内 Ca^{2+} 浓度的增加

Lynch 等（1989）揭示，盐胁迫引发玉米根细胞原生质体内 Ca^{2+} 水平的升高。Ca^{2+} 的存在能消除 Na^+ 盐的毒害，减轻和消除 Na^+ 对植物生长的抑制。例如，100 mmol/L NaCl 即严重地抑制大豆根尖的生长，但在有 5 mmol/L $CaCl_2$ 存在时，200 mmol/L NaCl 也不能抑制这种根的正常生长（Liu et al.，2000）。Ca^{2+} 探针氯化四环素（CTC）的测定显示，在 Na^+ 盐胁迫下，质膜上的束缚 Ca^{2+} 可能被 Na^+ 所取代，使结合于膜上的酶脱落，膜磷脂降解，从而破坏了质膜的结构（Matsumoto and Yamada，1984）。外界溶液中适当的 Ca^{2+} 存在可能减轻和消除 Na^+ 对膜束缚 Ca^{2+} 的取代。

外加 Ca^{2+} 可增加盐胁迫下的绿豆根细胞的液泡膜 H^+-ATP 酶活性，缓解 H^+ 焦磷酸酶（H^+-PPase）活性的下降；降低根细胞的 H^+ 分泌和细胞质中的 Na^+ 浓度（Nakamura et al.，1992）。在大麦的盐胁迫中，外加 Ca^{2+} 能使根细胞质膜和液泡膜 H^+-ATPase 以及 Na^+/H^+ 反向运输活性得到保护，增加了根细胞对 K^+ 的选择性吸收和对

Na$^+$的外排作用；并通过液泡膜的 Na$^+$/ H$^+$反向运输，将细胞质中的 Na$^+$转移到液泡中积累，减少了 Na$^+$向地上苗的运输，降低了叶片中的 Na$^+$/ K$^+$值，消除 Na$^+$毒害（章文华和刘友良，1993；钱骅和刘友良，1995）。用 Ca^{2+}为主要成分的 CM-6 抗逆剂对玉米进行浸种处理，维护了萌发后幼苗在干旱逆境中质膜 H$^+$-ATPase 活性和核骨架的稳定性，使玉米植株根系发育良好，地上部茎叶粗壮，产量增加（未发表资料）。

放射性标记 Ca^{2+}（^{45}Ca^{2+}）的测定，显示由于细胞膨压的升高会引发 Chara 藻的 Ca^{2+}流入增加（Reid et al.，1993）；也显示在盐胁迫下，单细胞盐藻 *Dunaliella saline* 的胞外 Ca^{2+}流入增加，并且，这种 Ca^{2+}内流的强度依赖于盐胁迫的程度（Ko and Lee，1995）。盐诱导细胞质基质 Ca^{2+}水平的升高，在用荧光染料 Indo-1 和 Fluo-3 测定大麦根原生质体和小麦糊粉层细胞的 Ca^{2+}流入中也得到证实（Bittisnich et al.，1989；Bush，1996）。应用完整的水母发光蛋白转基因植株烟草和拟南芥的测试也显示盐和渗透胁迫引发细胞质的 Ca^{2+}增加；并显示 Ca^{2+}增加的来源中，也与冷诱导相类似，除来自胞外 Ca^{2+}以外，也有由 IP$_3$介导的液泡 Ca^{2+}库的 Ca^{2+}释放。有报道指出，轻度的水分干旱会引起 Ca^{2+}的受体蛋白钙调素（CaM）水平升高（黄国存等，1995）。

2. 细胞质 Ca^{2+}增加诱导抗旱和抗盐基因表达

Pardo 等（1998）报道，转基因烟草在盐胁迫下，表达出一种磷脂酶修饰型 Calcineurin，它在 Ca^{2+}-CaM 激活下表现出较高的磷脂酶活性，从而提高植株的抗盐性。拟南芥和绿豆在干旱和盐胁迫下，一种依赖 Ca^{2+}的蛋白激酶（CDPK）基因表达，它的 mRNA 和酶活性水平被提高（Urao，1994；Botella，1996）。高粱根经渗透胁迫 1 h 后，CDPK 活性增高，通过催化蛋白质的磷酸化，引发抗性基因表达（Knight，2000）。水稻细胞在渗透胁迫的悬浮培养中，用 Ca^{2+}通道阻断剂处理，结果降低了 ABA 诱导的抗渗基因的表达，这是因为在 ABA 信号传递过程中没有 Ca^{2+}的转导（Leonardi et al.，1995）。在烟草和番茄中，盐胁迫提高了内质网 Ca^{2+}-ATPase 基因的转录水平，以保证增加 Ca^{2+}的及时性撤退，防止持久性 Ca^{2+}增加的毒害（Perez-part et al.，1992；Wimmers et al.，1992）。Ca^{2+}通过对质膜水通道蛋白磷酸化的修饰作用，调节植物根细胞在渗透胁迫下的水吸收活性（Johansson et al.，1996）。拟南芥幼苗在盐和渗透胁迫中，随着细胞内 Ca^{2+}的暂时性增加，一种盐和干旱诱导的 AtP5CS 基因表达，脯氨酸积累和抗盐/抗旱性增强（Knight et al.，1997）。通过 EGTA 或 Ca^{2+}通道阻断剂处理，AtP5CS 基因的表达水平也降低（Knight et al.，1997）。这些结果说明，Ca^{2+}的流入对于抗盐和抗旱基因的表达，如同抗寒基因表达一样，都是必要的。

六、Ca^{2+}参与气孔开关运动的调节

关闭气孔，防止水分流失，是植物适应干旱、盐渍化和低温胁迫的一种普遍而共同的适应方式。大量的研究表明，调控气孔开关运动的因素和途径有多种类型，如 K$^+$、Ca^{2+}、ABA、CO$_2$、质膜 H$^+$-ATPase 活性及活性氧等。也已揭示，保卫细胞中 K$^+$的输入和输出是气孔开关运动的重要机制，并已为人们所共识。在正常条件下，在白天，大量的 K$^+$从邻近的表皮细胞进入保卫细胞，随即引起水的流入，使保卫细胞的膨压增大。保卫细胞背面的细胞壁较薄，因而在这里产生较大的膨胀度，致使保卫细胞变成弓

形，气孔张开。到黑夜，K^+ 和水从保卫细胞中外流，致使膨压降低，结果气孔关闭。

进一步的问题是，什么因素调控着质膜 K^+ 通道的活性——K^+ 的输入和输出？经研究发现，保卫细胞中 Ca^{2+} 水平调控着质膜 K^+ 通道的活性，引发 K^+ 跨质膜流动方向性的改变，从而调控气孔的张开与关闭（Schroeder et al.，2001；Allen et al.，2001）。当保卫细胞中的 Ca^{2+} 浓度增加时，它一方面抑制质膜 K^+ 内流通道的活性；另一方面，通过钝化质膜质子泵 H^+-ATPase 活性，使质膜去极化，导致质膜 K^+ 外流通道的活化，引起 K^+ 从保卫细胞中外流，从而使气孔关闭。如上所述，低温、干旱和盐胁迫等刺激都会引起细胞内的 Ca^{2+} 流入和 Ca^{2+} 水平的升高，保卫细胞也是如此（Allen et al.，2000；Wood et al.，2000；Knight，2000）。因此，当植物受到低温、干旱和盐渍化胁迫时，就会出现气孔关闭的适应性反应。

保卫细胞内 Ca^{2+} 水平的动态也与正常生境中昼、夜气孔的开关动态相符合。在白天光照下，由于叶绿体的光合作用，细胞质基质中的一些 Ca^{2+} 被吸引进入叶绿体内，降低了细胞质基质中的 Ca^{2+} 水平，使质膜 H^+-ATPase 活化，重建跨质膜的电化学梯度，打开 K^+ 内流的电压门通道，导致保卫细胞的 K^+ 流入，从而使气孔张开（Schroeder et al.，2001）；在黑夜，可能由于叶绿体和线粒体功能的改变，它们基质中的一些 Ca^{2+} 又释放到细胞质基质中，提高了细胞质基质中的 Ca^{2+} 浓度，从而抑制了质膜 H^+-ATPase 活性，因此质膜去极化，导致保卫细胞中的 K^+ 外流，结果造成气孔关闭（Schroeder et al.，2001；Allen et al.，2001）。

新近还发现（Allen et al.，2001），保卫细胞中 Ca^{2+} 浓度的短暂性升高和多次性升高对气孔的关闭运动有着不同的作用，迅速的短暂性 Ca^{2+} 增加，引起气孔的短时期关闭；而多次性的 Ca^{2+} 升降振荡则引起长时间稳定状态的气孔关闭。由此看来，低温、干旱和盐胁迫引起的气孔关闭并非是短时间的，所以它们引起的保卫细胞内的 Ca^{2+} 增加，应该是多次性的 Ca^{2+} 升降振荡。正常条件下黑夜过程中的气孔关闭，也应该是多次性的 Ca^{2+} 升降振荡（Hetherington and Bromnlee，2004）。

关于 ABA、CO_2 和活性氧引起的气孔关闭，实质上也都要通过保卫细胞内 Ca^{2+} 水平的升高起作用。无论是 ABA，还是高浓度的 CO_2 和活性氧，都是先活化质膜 Ca^{2+} 透性通道，实现保卫细胞 Ca^{2+} 内流，然后引发如上所述的 Ca^{2+} 的调控过程，因此它们都是 Ca^{2+} 信号的上游调节者（Pei et al.，2000；Park et al.，2003）。

低温、干旱和盐胁迫能迅速引起细胞内 Ca^{2+} 水平迅速增加，而且这种现象是普遍存在的；同时，Ca^{2+} 作为外界刺激信号的传递和介导者也是广泛存在和极其有效的。因此可以说，通过保卫细胞内 Ca^{2+} 水平的变化调控气孔关闭，是植物适应低温、干旱和盐渍化胁迫的最佳途径，它的反应速度快、应急性强，有利于植物对水分的保护性反应与适应。

七、Ca^{2+} 参与细胞壁加固和加厚的调节作用

细胞壁的加厚和加固是植物对低温、干旱和盐胁迫等逆境的又一个重要的适应特性。生长在这些逆境中的植物，总是要更多地合成纤维素、木质素及一种糖蛋白（伸展蛋白，extensin）沉淀于细胞壁中，以加厚和加固细胞壁。不少研究结果揭示，Ca^{2+} 是

细胞壁加厚和加固的调节者。Eklund 等（1990，1991）报道，Ca^{2+} 浓度影响细胞壁成分的合成，低的细胞质 Ca^{2+} 浓度降低细胞壁内木质素和非纤维素多糖的沉积；高的细胞质 Ca^{2+} 浓度则增加非纤维素多糖和木质素的合成及其在细胞壁中的沉积。Ca^{2+} 刺激植物细胞分泌过氧化物酶到细胞壁中，并提高其活性（Penner and Neher，1988）。通过这种过氧化物酶的催化作用，掺入细胞壁中的伸展蛋白形成异二酪氨酸双酚酯桥，导致伸展蛋白分子间以及伸展蛋白与多糖分子间的连接，从而加强细胞壁的牢固性（Wilson and Fry，1986）。杨树、桑树和云杉在秋季和初冬的短日照和低温诱导的休眠和抗寒性提高的过程中，细胞内的 Ca^{2+} 浓度显著增加，并且持续达 4 个月之久（从 8 月中旬到 12 月下旬）。在这期间，与分泌活动有关的"质膜外 Ca^{2+}-ATPase"（PM ecto-Ca^{2+}-ATPase）被活化（Jian et al.，2000b）；与此同时，细胞壁不断加厚，木质化程度提高。这些情况说明，细胞内的高浓度 Ca^{2+} 激发了多糖和木质素的合成，并在"质膜外 Ca^{2+}-ATPase"的参与下分泌和沉积于细胞壁中，使细胞壁得到加厚与加固，以抵抗寒冬时期的冰冻伤害（Jian et al.，1997，2000b，2004a，2004b）。

Ca^{2+} 还是直接参与细胞壁中胞间连丝口径大小的调节者。通过显微技术向细胞内注入 Ca^{2+} 结合的荧光染料（Ca^{2+}-BAPTA），结果显示，在细胞含有高浓度 Ca^{2+} 的条件下，荧光染料在胞间连丝中的通过被阻止；而在对照细胞中（只注入荧光染料，没有结合 Ca^{2+}），荧光染料则可以通过胞间连丝从一个细胞扩散到另一个细胞（Tucker，1988，1990）。冬季里的巨型轮藻由于细胞内有着较高的 Ca^{2+} 水平，胞间交通受阻，生长停止，处于休眠；到春季，细胞内 Ca^{2+} 浓度降低，胞间通道畅通，生长恢复。用含有丰富 Ca^{2+} 和 Ca^{2+} 载体 A23187 的溶液培养，或通过显微注射直接注入 Ca^{2+} 溶液，提高春天轮藻细胞内的 Ca^{2+} 浓度，其细胞间交通又返回到冬季时期的状态（Shepherd and Goodwin，1992）。Holdaway-Clarke 等（2000）通过冷处理或 Ca^{2+} 载体溶液培育及显微注射，提高细胞质的 Ca^{2+} 浓度，结果引起胞间连丝孔道迅速关闭。Jian 等（2000c，2004a，2004b）通过细胞超微结构观察，进一步证实 Ca^{2+} 与胞间连丝结构变化的关系，杨树在短日照诱导的休眠和抗寒力提高的过程中，当细胞内 Ca^{2+} 含量明显地升高时，伸入胞间连丝的内质网（ER，中央桥管）发生收缩，中断了 ER 的胞间联系，胞间连丝孔道周围的质膜相互融合，封闭了孔口。或者，由于高浓度 Ca^{2+} 引起细胞壁加厚，胞间连丝孔道受挤压而缩小，甚至完全封闭（Jian et al.，1997a）。细胞质的高 Ca^{2+} 水平也刺激胼胝质的合成及其在胞间连丝孔口的沉积，从而封闭胞间连丝孔道（Cleland et al.，1994；Rinne and Van der Schoot，1998；Jian and Wang，2004a）。

第二十三章　活性氧在植物细胞对低温、干旱和盐胁迫反应中的双重作用：损伤作用和信号分子

活性氧（reactive oxygen species，ROS）是生物体有氧代谢产生的一类活性含氧化合物的总称，主要包括超氧阴离子（O_2^-）、羟自由基（·OH）、过氧化氢（H_2O_2）和单线态氧（$^1O_2$）等。高浓度的活性氧具有很强的氧化能力，几乎能与所有的细胞成分发生反应：破坏蛋白质结构，使 DNA 核苷酸链断裂、嘌呤氧化，还破坏蛋白质-DNA 交叉连接，并引起脂质的过氧化，导致膜结构的破坏。因此长期以来，ROS 被认为是损伤细胞的毒性物质。然而近年来的研究发现，相对的低浓度 ROS 可作为信号分子诱发细胞和植物体对逆境的适应性反应。这种新发现意味着，ROS 不仅仅是一种单一的毒性代谢产物；而且具有另一方面的有益功能，它作为信号分子参与细胞的增殖、分化和凋亡以及对环境变化（逆境）的适应，并可引发交叉抗性（cross-tolerance）（Smirnoff，1993；Dat et al.，2000；Neill et al.，2003；Van Breusegem and Dat，2006）。

一、细胞内活性氧的发生部位

细胞内 ROS 的发生主要由膜系统上的氧化酶所催化，总的说来，凡涉及电子传递链的蛋白质或酶系都能导致 ROS 的产生。在植物体中，ROS 主要在叶绿体和线粒体中产生，它们的电子传递链（electron transport chain）的电子"渗漏"，使分子 O_2 被还原成氧自由基（ROS）；其他还有过氧化物体（peroxisome）中的光呼吸作用，细胞壁中的氧化酶（oxidase）和过氧化物酶（peroxidase），以及质膜上的 NADPH 氧化酶复合体也都能导致 ROS 的产生。

1. 叶绿体

叶绿体被认为是植物体内 ROS 的最主要的来源和发生部位。叶绿体中产生 ROS 的主要原因是光合系统中电子传递链的最终电子受体 CO_2 固定消耗的光能与吸收的光能不平衡，存在着吸收光能过剩的局面；同时，又由于气孔关闭，阻碍了光合作用中产生的 O_2 的外排，因而在叶绿体中存在着 O_2 的积累，于是 O_2 分子就成为过剩光能（已转换成电子）的可选择性受体，NADPH 使 O_2 还原成超氧阴离子（O_2^-）。

2. 线粒体

线粒体是细胞的呼吸器官。细胞呼吸必须有氧的参与，O_2 使葡萄糖氧化产生 CO_2 和 H_2O，并释放能量（ATP），为各种生命活动使用。然而在这种有氧呼吸过程中，当大部分电子传递到呼吸链（电子传递链）的末端与分子氧结合生成水时，其中有一小部分电子（2%～3%）可由呼吸链酶复合体 I 和 III 处漏出，使分子氧发生单电子还原，生成超氧阴离子（O_2^-）；然后再通过特定的化学反应产生羟自由基（·OH）、过氧化氢（H_2O_2）等。联系到叶绿体光合作用中 ROS 的发生，可以看出，各种活性氧的最初来

源都是超氧阴离子（O_2^-）。

在人体和动物细胞内，线粒体被认为是活性氧发生的最主要部位。在植物细胞中，线粒体也是产生活性氧的主要部位之一，仅次于叶绿体。

3. 过氧化物体和微体

研究揭示，过氧化物体（peroxisome）中的甘油酸氧化酶（glycolate oxidase）可以催化甘油酸（glycolate）氧化产生 H_2O_2。在微体（microbody）中，脂肪酸 β-氧化酶（fatty acid β-oxidase）和黄嘌呤氧化酶（xanthine oxidase）可以分别使分子氧（O_2）还原产生 H_2O_2 和 O_2^-（Elstner and Osswald，1994）。此外，过氧化物体还可能是一氧化氮（NO）的合成部位（Corpas et al.，2004）。

4. 细胞壁

细胞壁中的过氧化物酶（peroxidase）在依赖 Mn^{2+} 的反应中，通过消耗 NADH 使分子 O_2 还原成超氧阴离子（O_2^-）。在超敏反应的氧化暴发（oxidative burst）过程中，大部分 H_2O_2 的发生是通过过氧化物酶的催化作用。这种 H_2O_2 的产生强烈地依赖于pH，并涉及氧化亚铁（FeO_2）共轭键的还原。

5. 质膜上 NADPH 氧化酶

许多研究揭示和证实，结合在质膜上的氧化酶复合体（NADPH-oxidase）以 NADPH 和 NADH 两种辅酶作为电子供体，将分子 O_2 还原成 O_2^-，它在植物对病原体的超敏反应中起着重要作用。这种酶复合体蛋白已在多种植物体系中被鉴定，它具有激活快的特点，因此能迅速产生大量 ROS，形成氧化暴发，以抵御入侵的病原体（Auh and Murphy，1995；Dat et al.，2000）。

二、细胞内活性氧的消除

生物体，无论是动物或植物对于这种氧代谢过程中产生的活性氧，都有它们的适应性的调控措施，它们通过多种途径使细胞内的 ROS 水平处于严格的受控状态，即使 ROS 的产生和消除维持在一种动态的平衡状态。消除 ROS 的途径主要有以下两种。

1. 抗氧化酶系统

植物细胞中的抗氧化酶系统主要包括超氧化物歧化酶（SOD）和过氧化氢酶（CAT）。SOD 主要是催化 O_2^- 与 H^+ 结合产生 H_2O_2；CAT 则是催化 H_2O_2 变成水（H_2O）和分子氧（O_2），这两个反应可用下图表示：

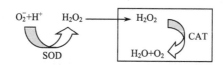

SOD 在细胞的各部位上几乎都有它的分布，包括叶绿体、线粒体、过氧化物体、细胞质及质外体。CAT 则主要存在于过氧化物体、乙醛酸循环体及有关的细胞器中。已发现 CAT 有三种异型：CAT-1、CAT-2 和 CAT-3。此外，还有过氧化物酶系（peroxidase，POD）以及抗坏血酸过氧化物酶（APX）和谷胱甘肽过氧化物酶（GPX）等。CAT 和抗坏血酸-谷胱甘肽循环系统在消除 H_2O_2 中起着重要作用，CAT 不需要还原

能，并有高反应速率，但对 H_2O_2 的亲和力较低，所以它只能除去高浓度的 H_2O_2；相反，APX 对 H_2O_2 有较高的亲和性，能消除低浓度的 H_2O_2。

2. 抗氧化剂

抗氧化剂主要包括抗坏血酸、谷胱甘肽和维生素 E 等代谢物，有些报道还认为脯氨酸和甜菜碱也参与氧自由基的消除。还原型谷胱甘肽（GSH）是细胞内分布最广的非蛋白质类巯基抗氧化物，通过依赖 NADPH 的谷胱甘肽还原酶（GR）的催化作用，细胞内还原型谷胱甘肽和氧化型谷胱甘肽保持动态平衡已成为细胞抗氧化能力的一个重要指标。

在这些消除体系的调控下，平时静止状态下的细胞内 ROS 浓度被控制在最低水平，以维持细胞的正常生理功能；而当细胞发生生理变化或受到环境改变的胁迫时，则会发生两种应答反应：一种是逆境胁迫引起细胞内 ROS 的增加，并同时损害了抗氧化酶活性和抗氧化物的生物合成，于是造成活性氧的积累，导致其毒害作用；另一种应答反应是外界刺激引发 ROS 的快速增加，并同时引发抗氧化酶和抗氧化剂活性水平的提高，以制约 ROS 的增加浓度处于适当的范围，使之作为信号分子，"有目的"地介导细胞去适应这种变化了的环境条件，导致其抗性和适应能力的提高，维持有机体的生存（Dat et al.，2000；景亚武等，2003；Van Breusegem and Dat，2006）。

三、逆境胁迫下活性氧稳态平衡的破坏

许多研究已经揭示，外界环境胁迫，包括低温、干旱、盐、热激、重金属、紫外线照射以及病原体感染等非生物的胁迫（abiotic stress）和生物的胁迫（biotic stress），都会导致活性氧的发生与抗氧化系统间动态平衡的破坏。这是因为，在这些逆境，如低温、干旱和盐胁迫下，叶绿体的光合作用和线粒体的呼吸作用都降低，导致更多的"电子漏"去还原分子 O_2，并提高了质膜 NADPH 氧化酶以及过氧化物体和细胞壁中氧化酶的活性，造成更多的活性氧的产生；与此同时，又使抗氧化酶（SOD、CAT、POD 和 APX 等）活性以及抗氧化物——抗坏血酸和谷胱甘肽的水平降低，以致引发 ROS 的大量积累。

许多研究指出，在低温、干旱和盐胁迫等逆境引发植物 ROS 的反应中，H_2O_2 最为敏感，如水分胁迫会引发叶绿体、线粒体、过氧化物体、细胞壁及质外体（细胞间隙和导管）中 H_2O_2 的大量积累（Mittler，2002；Foyer and Noctor，2003；Bartoli et al.，2004；Hu et al.，2006）。已知干旱、盐渍化和低温胁迫都会引起 ABA 的积累，它起着信号分子的作用，然后介导 ROS 的产生。新近，Hu 等（2006）通过玉米 ABA 缺失突变体实验，进一步证实，在水分胁迫下，ABA 是叶片组织细胞内和质外体中 H_2O_2 产生的关键性诱导因子。

许多研究还指出，植物在对生物胁迫（biotic stress，如病原体感染）和对非生物胁迫（abiotic stress，如干旱、盐渍化、低温、紫外线照射等）反应过程中，活性氧积累与消除活性氧系统间的动态平衡是不同的（Mittler，2002）。在对生物胁迫——病原体感染的反应过程中，植物细胞发生两个方面的变化，一方面，质膜 NADPH 氧化酶、细胞壁过氧化物酶及质外体中胺氧化酶的活性被提高，产生更多的 ROS，其中的 H_2O_2

可达到 15 $\mu mol/L$；另一方面，又降低了消除 H_2O_2 的 APX 和 CAT 的酶活性，结果造成 ROS 的过度积累，导致氧化暴发，引发程序性细胞死亡（PCD）。而在对非生物胁迫的反应过程中，一方面是，叶绿体和线粒体中 ROS 的产生增加；但另一方面，对活性氧起消除作用的抗氧化酶（SOD、POD、CAT 和 APX 等）和抗氧化物（抗坏血酸和谷胱甘肽等）的水平也被提高，结果制约和调控了 ROS 的水平。这种对活性氧水平进行限制性调控的目的，不仅是在于减轻 ROS 的毒害作用，其更重要的意义是使 ROS 成为信号分子，诱导植物细胞对逆境的适应性反应。例如，高山雪莲幼苗在 2℃ 低温锻炼过程中，SOD、CAT 和 POD 抗氧化酶活性都有一定程度的提高，这可能就是将 ROS 控制在信号分子的水平上，借此诱导雪莲进入抗寒锻炼、增强抗冻性（陈玉珍和李凤兰，2005）。还有另外一种可能，非生物胁迫也引起抗氧化酶和抗氧化剂水平的降低，造成 ROS 的大量积累，导致细胞坏死（Dat et al.，2000）。

四、逆境胁迫下活性氧增加的两种后果

1. 作为损伤因子加重细胞和有机体的伤害

如上所述，在不良温度——低温和高温的胁迫下，或者在干旱和盐渍化的危害中，活性氧的稳态平衡被打破，主要原因是这些逆境使光合 CO_2 固定效应降低，导致更多的电子"渗漏"，使分子 O_2 还原成活性氧 O_2^-。增加的活性氧对细胞伤害的一个主要方面是引起膜脂过氧化，产生丙二醛（MDA），于是本来的逆境伤害变得更为严重；同时，MDA 的生成量也成了活性氧伤害的一个重要的测试指标。这方面的研究报道特别多，如黄瓜、玉米、水稻和拟南芥在 4℃ 或 2℃ 冷害中发生 ROS 积累和随后的膜脂过氧化（王以柔等，1986；Elstner，1991；Scandalios，1993；Prasad et al.，1994；Fadzillah et al.，1996；Okane et al.，1996）。小麦在干旱胁迫下，叶绿体和微体中产生活性氧的大量积累，导致膜脂过氧化的严重伤害（曾福礼等，1997）。水稻在干旱胁迫中，活性氧的膜脂过氧化与叶片衰老密切相关（林植芳等，1984）。干旱引起甘蔗、豌豆和油菜叶细胞活性氧的迅速积累及其对膜脂的过氧化和膜结构的破坏（Moran et al.，1994）。

植物对盐胁迫的反应往往包含着干旱渗透胁迫的症状，所以，盐胁迫也会因为光抑制引起的电子漏增加，导致更多的活性氧的产生。例如，大麦和小麦（龚明等，1989）、水稻（Fadzillah et al.，1997）、豌豆（Hernandez et al.，1995）和棉花（Gossett et al.，1996）等在盐胁迫中，也同样发生 ROS 的积累及其对膜脂的伤害作用。

此外，还有许多报道指出，重金属毒害、紫外线照射和大气污染等逆境也引发活性氧的增加与积累及其对膜脂的过氧化和膜结构的破坏（Dat et al.，2000）。

2. 作为信号分子引发适应和防御反应

研究揭示，作为信号分子行使功能的活性氧主要是过氧化氢（H_2O_2），它在低浓度下行使第二信使功能（Greenberg et al.，1996；Baker and Orlaud，1995）。这种观念的早期证据是植物与病原体相互作用过程中，活性氧所起的信号传递作用。从作为信号传递分子（信使）的角色看来，在逆境胁迫初期，活性氧水平，特别是 H_2O_2 的增加是必要的，因此，逆境（如干旱）会迅速引发细胞内叶绿体、线粒体、过氧化物体和质外

体中 H_2O_2 的产生，并同时抑制抗氧化酶 CAT 和 APX 的活性。CAT 对逆境胁迫很敏感，在胁迫早期即迅速失活，这是对 H_2O_2 作为信号分子需要增加一定浓度水平的一种适应。CAT 稳态水平的迅速降低，可以通过两条途径达到：翻译受抑制和降解增加 (Feierabend et al.，1996)。CAT 的异型对逆境的敏感性存在差异，如玉米在低温胁迫中，CAT-3 比 CAT-1 更敏感。一般说来，在低温和热激下，CAT 的活性受到抑制 (Feierabend et al.，1992)。

H_2O_2 能够穿过质膜水通道 (aquaporine channel) 进行跨膜扩散，这也是 H_2O_2 充当信号分子的一个重要特性。Levine 等 (1994) 第一次用 2 mmol/L H_2O_2 处理大豆悬浮培养细胞，专一性诱导出 GPX 和 GST 的生物合成，首次揭示 H_2O_2 可以诱导植物基因表达。采用转基因植物进一步证实 H_2O_2 的信号传递作用，转基因的马铃薯使编码葡萄糖氧化酶的基因发生超表达，此酶催化 H_2O_2 合成，导致质外体 H_2O_2 水平的提高和水杨酸 (salicylic acid，SA) 的积累，并增加酸性壳质酶 (acid chitinase) 和阴离子过氧化物酶 mRNA 的水平 (Wu et al.，1995，1997)。同样地，通过采用缺失 CAT (Catl AS) 的转基因烟草证明，在强光下提高 H_2O_2 水平，并活化防御蛋白 (酸性 PR 蛋白) 基因的表达，以致这两种植物马铃薯和烟草的抗病性被提高 (Chamnongpol et al.，1998)。

近年来，通过外源 H_2O_2 处理进一步证明，H_2O_2 的信使功能及其诱导植物对逆境适应 (提高抗逆性) 的作用，如①向拟南芥注射 H_2O_2，可以防止强光照引起的光漂白作用 (Karpinski et al.，1999)；②用 H_2O_2 处理玉米胚芽鞘，提高了胚芽鞘的抗冷性 (Prasad et al.，1994)；③用 H_2O_2 处理冬小麦幼苗，诱导出类似低温锻炼中新合成的各种蛋白质 (Matsuda et al.，1994)；④通过 H_2O_2 或 CAT 抑制剂处理水稻悬浮培养细胞，都能显著增加细胞质中 APX 的 mRNA 水平 (Morita et al.，1999)；⑤用 H_2O_2 或冷处理烟草细胞，可以诱发类似的细胞质 Ca^{2+} 增加 (Price et al.，1994)。

如同冷诱导细胞质 Ca^{2+} 短暂性的增加一样，作为信号分子的活性氧 H_2O_2 在逆境胁迫下，早期浓度的升高也是短暂性的，当它完成信使功能后，对它的清除也是必要的，以防止它积累到高浓度造成毒害作用。因此，在经过一定时间的适应 (acclimation) 后，抗氧化酶 SOD、CAT、APX 和 POD 等活性水平提高，消除早期产生的活性氧，恢复它的低水平的稳态平衡 (Mittler，2002)。

此外，还有少数研究指出，超氧阴离子 O_2^- 也能起信号传递作用。例如，通过 O_2^- 处理可以诱导防御性葡萄糖氧化酶的产生 (Wisniewski et al.，1999)；防御性病斑的形成也可以通过 O_2^- 的诱导 (Jabs et al.，1996)。

尤其令人感兴趣的是，活性氧作为信号传递因子还可以诱导植物对其他逆境的适应——交叉抗性 (cross-tolerance)。例如，拟南芥和马铃薯经臭氧处理或紫外线照射产生的活性氧，可以诱导这两种植物对病毒病的抗性 (Yalpani et al.，1994；Sharma et al.，1996)；绿豆和豌豆经乙烯预处理后产生的活性氧会提高它们对臭氧的抗性 (Mehlhorn，1990)；干旱处理产生的信号传递——ABA→H_2O_2，能诱导许多植物抗寒性的提高 (Irigoyen et al.，1996)。这些结果说明，活性氧涉及逆境信号共同性的转导途径。

五、活性氧诱导和调控程序性细胞死亡（PCD）

ROS 诱导细胞凋亡（APO），在动物和人体细胞方面已有大量研究，在植物方面，最先揭示 ROS 诱导主动性细胞死亡的研究，是植物对病原体的超敏反应（HR），病原体的感染引起植物细胞 ROS 暴发，导致感染部位细胞的迅速死亡，形成病斑，以阻止病原扩散（Levine et al.，1994）。而后，这方面的研究十分活跃，通过外源活性氧 H_2O_2 的处理和转基因植物的测试，进一步证实，ROS 对程序性细胞死亡、叶片病斑的形成起着关键性诱导作用（Greenberg，1997；Neill et al.，2002a；Mateo et al.，2004；Pavet et al.，2005；Van Breusegem and Dat，2006）。

线粒体的变化是细胞凋亡的一个关键性调控因子。细胞内部的生理变化和外界刺激（如低温、干旱和盐胁迫）会引起线粒体呼吸作用降低，产生更多的 ROS（Yao et al.，2004；Jiang and Wang；2004；Casolo et al.，2005）。反过来线粒体又是 ROS 作用的靶子（Bartoli et al.，2004），它又可以改变线粒体膜的透性，引起细胞色素 c（Cyt c）释放，继而引发一系列的下游反应：Cyt c 活化 Caspase，活化后的 Caspase 进而活化内切核酸酶，使 DNA 分子断裂，导致细胞凋亡。这一过程说明 ROS 是程序性细胞死亡（PCD）的上游诱导和调控因子。

禾谷类植物的种子在萌发过程中，糊粉层细胞的死亡属于自主性细胞死亡。这个死亡过程也显示活性氧起着重要的调控作用。用外源 H_2O_2 加入到培养的糊粉层细胞或原生质体的培养基中，或用 UV-A 光源照射，引发细胞内产生大量的 H_2O_2，它导致 GA（赤霉素）处理的糊粉层细胞快速死亡（Fath et al.，2001，2002）。这是因为 GA 处理使编码 CAT、APX 和 SOD 基因的 mRNA 的丰度下降、酶蛋白的含量和活性显著降低，不能消除增加的 H_2O_2，以致造成细胞死亡。在经过 ABA 处理的糊粉层细胞中，CAT、APX 和 SOD 的酶蛋白含量和活性有着较高的水平，能清除增加的 H_2O_2，因而细胞仍然保持存活。

H_2O_2 诱导糊粉层细胞死亡还有进一步证据，H_2O_2 能引发细胞质 Ca^{2+} 浓度瞬时性升高，增加的 Ca^{2+} 可以直接激活依赖 Ca^{2+} 的内切核酸酶，使 DNA 分子断裂，表现典型的 PCD 特征。GA 处理的糊粉层细胞的细胞质 Ca^{2+} 浓度升高，导致细胞死亡；而经 Ca^{2+} 通道阻断剂冈田酸（Okadaic acid）处理，抑制 Ca^{2+} 流入，则遏制了 GA 诱导的糊粉层细胞死亡（Kuo et al.，1996）。这些结果再一次证明，ROS 是引发 PCD 的上游信号，它通过诱导细胞质 Ca^{2+} 浓度瞬时性升高，介导下游的一系列反应，最终导致细胞死亡。

一氧化氮（NO）是另一类活性氧，广泛分布于动植物细胞内和细胞间隙中，有报道指出，它也可能起信号分子的作用（Neill et al.，2002b；Lamotte et al.，2005）。Pedroso 等（2000）发现，分离或培养的落地生根和短叶紫杉细胞经离心超重胁迫后，细胞内 NO 含量暴发性升高，随后出现核内 DNA 断裂和程序性细胞死亡。NO 也能诱导拟南芥、甜橙和大豆悬浮培养细胞发生程序性细胞死亡（PCD）（Clarke et al.，2000；Saviani et al.，2002；Casolo et al.，2005）。

六、活性氧参与气孔关闭的调控

在干旱、盐渍化和低温胁迫中，关闭气孔是植物防止水分丢失的一种重要的适应机制。研究揭示，H_2O_2 起着抑制 K^+ 内流通道及活化 K^+ 外流通道导致气孔关闭的作用（Zhang et al.，2001；Schroeder，2001）。ABA 引起气孔关闭也是由于它诱导了 H_2O_2 水平升高的结果（Park et al.，2003）。应用 G 蛋白激动剂 CTX 促进蚕豆气孔保卫细胞 H_2O_2 的产生，结果引起气孔关闭；若用过氧化氢酶（CAT）和 NADPH 氧化酶抑制剂 DPI 抑制 ROS 的产生，则遏止了气孔的关闭（Chen et al.，2004）。

通过 ABA 诱导 H_2O_2 产生的研究发现，H_2O_2 调节气孔关闭是通过它活化质膜 Ca^{2+} 通道，实现胞外 Ca^{2+} 内流、导致细胞内 Ca^{2+} 增加的结果（Pei et al.，2000）。质膜 Ca^{2+} 通道在植物细胞中普遍存在，说明 ROS 调节质膜 Ca^{2+} 通道活性的信号传递途径也具有其普遍意义。拟南芥的两类 NADPH 氧化酶功能缺失突变体 atrboh D/F 和 rhd2 的对比测试证明，外源 ABA 在这两种缺失突变体中都不能诱导 ROS 的产生和胞内 Ca^{2+} 水平的增加（Foreman et al.，2003；Kwak et al.，2003）。应用体外膜片钳技术也直接证明了 H_2O_2 能促进胞外 Ca^{2+} 内流（Pei et al.，2000）。

以上研究说明，活性氧 H_2O_2 不仅调节 K^+ 通道，促进保卫细胞 K^+ 外流，而且促进保卫细胞的胞外 Ca^{2+} 内流，这两个促进是引起气孔关闭的直接机制。由此可以看出，活性氧在调节气孔关闭运动中起着极重要的关键作用。

在植物细胞正常的生理活动及其对外界刺激的反应中，Ca^{2+} 信号传递途径的普遍作用已为众人所共识，这里所述的 ROS 信号传递途径属于 Ca^{2+} 信号的上游调节，ROS 通过调节 Ca^{2+} 动态，然后，再经由 Ca^{2+} 信号介导引发下游的一系列生化反应过程，包括靶蛋白激酶的磷酸化和去磷酸化以及有关基因的表达。新近发现，ABA 信号在诱导 ROS 产生的过程中，磷脂酰肌醇-3-磷酸酯（phosphatidylinositol-3-phosphate）起着激活质膜 NADPH 氧化酶的作用，从而导致活性氧的产生（Park et al.，2003）。这说明，在植物细胞的生命活动中，众多的信号网络体系是非常复杂的，许多环节和细节还有待去揭示。

也有研究揭示，NO 也参与气孔关闭的调节及增强植物对干旱的抗性（Garcia-Mata and Lamattina，2001），并且也是通过对保卫细胞质膜 Ca^{2+} 通道和 MAPK 活性的调控，以及与细胞内众多的信号网络的交联起作用（Lamotte et al.，2005）。

七、活性氧信号的转导途径

如上所述，细胞内 ROS 的产生与消除处在一种动态平衡过程中，由于 ROS 的双重作用：毒性作用和信号分子，使它的产生和消除的平衡关系变得更为复杂。在平时的正常生理状态下，细胞内的 ROS 被严格控制在低水平的稳态平衡中（homeostasis）；细胞本身的生理状态发生变化，或受到外界环境因子胁迫（刺激），可引发 ROS 的迅速增加，产生氧化暴发，导致细胞伤亡。这种细胞伤亡对动、植物整体来说，有弊也有利：其弊，则是加重有机体的伤亡；其利，则是有机体对病原体的超敏反应（HR）中，被感染细胞快速死亡，形成病斑，有利于遏止病原体的扩散与发展。作为信号分子的活性氧还可以诱导植物整体抗逆性的提高，甚至引发交叉抗性（cross-tolerance），即早先的胁迫处理（刺激）起着锻炼作用（acclimation），诱导植株或细胞对该胁迫因子（逆境）或对不同逆境抗性的提高。从 ROS 作为一般信号分子来说，细胞内 ROS 浓度的升高是必要的，但也必须被控制在一定的水平上，不能过高。而且必须是短暂瞬时性的，如同 Ca^{2+} 信号分子一样，当它完成信使功能后，它又必须及时地被抗氧化酶和抗氧化剂消除，恢复到低水平的稳态平衡。可见这种平衡中的双方关系（ROS 的产生与消除）的复杂性。根据对拟南芥基因组的模式研究，至少有 158 个特定基因主宰着 ROS 的产生和消除的动态平衡（Mittler et al.，2004）。

1. 引发活性氧信号产生的因子

多种外界环境因子：干旱、盐渍化、低温和高温、强光照、紫外线照射、重金属、大气污染、机械损伤和病原体感染等都可直接影响细胞的氧化还原状态（redox state），引起 ROS 的产生（Dat et al.，2000）。由于低温、干旱和盐渍化等许多逆境因子往往先引起 ABA 的生物合成和积累，许多的进一步研究揭示，ABA 作为信号分子可以诱导 ROS 的产生（Guan et al.，2000；Pei et al.，2000；Jiang and Zhang，2001，2002；Hu et al.，2005）。新近，Hu 等（2006）通过应用玉米 ABA 缺失突变体的研究，并应用外源 ABA 处理，进一步证实，水分胁迫引起的 ABA 积累是活性氧 H_2O_2 产生的一种关键性诱导因子。在 ABA 诱导 ROS 产生的信号传递过程中，质膜 NADPH 氧化酶的活化是其中的主要传递途径（Murata et al.，2001），Park 等（2003）揭示，磷脂酰肌醇 3-磷酸酯则起着激活质膜 NADPH 氧化酶的作用，从而产生 ROS。这些属于 ROS 信号的上调反应。

2. 活性氧信号的靶分子及下调途径

近年来的研究揭示，ROS 可能通过从质膜到细胞核不同水平的多种信号分子的转导网络途径完成其信使功能，其中的靶分子有质膜上的，也有细胞内的，分裂原激活的蛋白激酶（mitogen-activated protein kinase，MAPK）可能是其中的一条主要途径。现已发现，MAPK 家族包括三类、三级蛋白激酶：MAPKKK（ATANP1）、MAPKK（AtMPK3/6）和 MAPK（P46MAPK）（Kovtun et al.，2000）。活性氧 H_2O_2 可以通过质膜上的受体或感应器去活化这三级蛋白激酶发生顺序性串联式反应：MAPKKK→MAPKK→MAPK，最后激活转录因子，调节特定基因的表达（Kovtun et al.，2000；Samuel et al.，2000）。

通过蛋白激酶和蛋白磷酸酶对靶蛋白的磷酸化和脱磷酸化，启动相关基因表达，是植物，也是所有生物体对外界刺激反应最普遍的信号转导通路。MAPKKK 蛋白激酶能使丝/苏氨酸磷酸化；相应地，细胞内也有一系列对抗其磷酸化的丝/苏氨酸蛋白磷酸酶，如 PP2A。有研究指出，H_2O_2 能激活 P38MAPK 蛋白激酶磷酸化，但不能对蛋白磷酸酶 PP2A 活性起作用（Gabbita et al.，2000）。MAPKK 具有酪氨酸蛋白激酶（PTKS）的活性，同时细胞内也有一系列酪氨酸蛋白磷酸酶。有研究揭示，细胞内 ROS 水平的升高会引起 PTKS 激酶活性的增强，导致蛋白质磷酸化（Droge，2002）。

3. 活性氧通过 Ca^{2+} 信号介导通路下调基因表达

如上所述，ROS 可以活化质膜 Ca^{2+} 通道，引起胞内 Ca^{2+} 水平升高的 Ca^{2+} 信号传递途径（Pei et al.，2000）。Ca^{2+} 信号在介导蛋白激酶磷酸化和脱磷酸化、诱导有关基因表达方面，已在植物对低温、干旱和盐胁迫的适应反应中有许多可信的证据（Monroy et al.，1993，1998；Knight，2000）。例如，在低温诱导苜蓿细胞 Ca^{2+} 流入和 Cas15 基因表达中，一种 15 kDa 蛋白质的磷酸化水平比低温处理前提高 10 多倍；另一方面，应用 Ca^{2+} 载体和 Ca^{2+} 通道促活剂促进细胞的 Ca^{2+} 内流，引起蛋白磷酸酶（PP2A）活性降低，或者，应用抑制剂冈田酸抑制 PP2A 活性，也能诱发抗冻基因 Cas15 的表达（Monroy et al.，1995；1998）。Jonak 等（1996）报道，苜蓿细胞内的分裂原活化的蛋白激酶（MAPK）在低温引起胞内 Ca^{2+} 水平升高的同时即被活化，其 mRNA 水平迅速增加。在拟南芥中，一种编码 S6 核糖体蛋白激酶的基因和编码 MAPK 的基因也随着 Ca^{2+} 流入的同时被诱导表达（Mizoguchi et al.，1996）。

4. 水杨酸和一氧化氮在活性氧信号传递中的伙伴关系

在植物对病原体的超敏反应（HR）中，水杨酸（salicylic acid，SA）和一氧化氮（NO）与 ROS 具有协同效应，并对 ROS 信号传递起着增效作用，增强植物对病原体的防御反应（Moeder et al.，2002；Danon et al.，2005；Delledonne et al.，2001；Zago et al.，2006）。SA 和 NO 也能活化 MAPK 等蛋白激酶、诱导基因表达（Van Breusegem and Dat，2006）。NO 能诱导拟南芥、甜橙和大豆悬浮培养细胞发生程序性细胞死亡（PCD）（Clarke et al.，2000；Saviani et al.，2002）。NO 在植物细胞中可能起着氧化和抗氧化的双重作用，当 NO 持续产生、浓度较高时，对细胞产生毒害，促进 PCD 发生；而当细胞内活性氧浓度较高时，低浓度的 NO 可中断 ROS 诱发的链式反应，或通过诱导某种基因表达来提高植物的防御反应（抗性）（Beligni and Lamattina，1999）。NO 也能激活 Ca^{2+} 通道，起着细胞内 Ca^{2+} 动员的作用（Lamotte et al.，2005），它也能直接作用于分裂原活化的蛋白激酶（MAPK），如用外源 NO 处理，促进了烟草和拟南芥的 MAPK 的活性（Kumar and Klessing，2000；Capone et al.，2004）；IAA 诱导黄瓜 MAPK 活化也是经由 NO 的作用（Pagnussat et al.，2004）。刘开力等（2004）用不同浓度的 NO 供体硝普钠（sodium nitroprusside，SNP）处理水稻种子，使水稻幼苗的盐抑制作用减轻，显示 NO 诱导水稻幼苗抗盐性的提高。Zhang 等（2006）用 SNP 处理盐胁迫（100 mmol/L NaCl）下的玉米幼苗，结果显示了 NO 的双重作用，高浓度 1000 μmol/L SNP 抑制了玉米幼苗的生长，低浓度 100 μmol/L SNP 的预处理则改善了盐胁迫下玉米幼苗的生长，使地上苗和地下根的干物质积累分别增加 27.8％和 57.5％；并增加了叶片细胞的水分和叶绿素含量。进一步的测试指出，NO 对玉米抗盐性的改善，是由于它提高了液泡膜 H^+-ATPase 和 H^+-PPase 的活性，促进了 H^+/Na^+ 跨膜的反向运输，增加了 Na^+ 的外排和降低了 Na^+ 在细胞内的积累。

兹将以上所述的 ROS 信号转导途径归纳，见图 23-1。

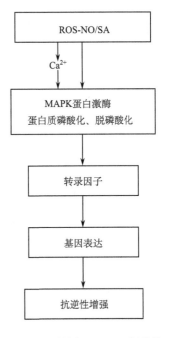

图 23-1 活性氧（ROS）调节抗性基因表达的转导途径（图解）

第二十四章　抗性基因表达与基因工程

植物在遭受逆境胁迫时（包括低温、干旱和盐渍化等），它们的细胞结构、物质代谢以及生长发育都会受到伤害，严重时会导致死亡。然而，这种逆境胁迫也会驱使生物体发生适应性变异，成为生物体适应演变的推动力，促使它们向更高层次的进化与发展，以保证生物体本身及其后代在逆境中的生存和延续。植物体在面对逆境胁迫时，必须在物质代谢和细胞结构上进行调整，以适应逆境中生命活动的需要。这就是我们在前面各章节中谈到的结构上和生理生化上的种种变化，包括伤害性和适应性两个方面。从植物体的求生和后代繁衍说来，适应是主导的，它的主导因子是历史演变中形成的遗传上固有的适应性调控。美国著名的植物抗寒研究专家 Weiser（1970）最先提出越冬植物抗冻性增强与抗冻基因表达关系的设想；1985 年 Guy 等在菠菜低温锻炼研究中首次揭示和证实，植物在低温锻炼过程中确实发生了基因表达的改变。近 20 余年来，在这种新观念的指引下，不仅在抗寒性，并且在抗旱和抗盐性等方面都取得了巨大的进展，许多抗性基因被分离和克隆，并进行了基因工程，在一定程度上提高了转基因植物的抗逆性。然而，无论在抗性机制的认识上，还是使基因工程真正成为生产实际中改良农作物抗性的有效手段上，仍然还有一个很长的艰难路程要走，所以，本书最后一章"抗性基因表达与基因工程"的内容介绍也带有不少的艰难性。

一、低温、干旱和高盐诱导的基因表达与鉴定

近 20 余年来，已有大量的经低温、干旱和高盐诱导表达的抗性基因从各种植物和特异器官与组织中分离和克隆（Thomashow，1998，1999；Tabaeizadeh，1998；Hasegawa et al.，2000；Wang et al.，2003；Vinocur and Altman，2005），如拟南芥（*Arabidopsis thaliana*）冷诱导调节基因——Cor 基因，又称为 Lti 或 rd 或 Kin 基因，其中研究较多的是 Cor15、Cor6.6 和 Cor78；油菜（*Brassica napus*）的 BN28 和 BN15，这两个低温诱导基因分别与拟南芥的 Cor6.6 和 Cor15 是同源基因；苜蓿（*Medicago sativa*）的 cas18 和 cas15 基因；菠菜（*Spinacia oleracea*）的 cap 基因；马铃薯（*Solanum commersonii*）的 PA13 基因；小麦（*Triticum aestivum*）的 Cor39、WCS120 和 WCS200 基因；大麦（*Hordeum vulgare*）的 HVAI、PT59、PAO86、BLT14 和 BLT4 基因；拟南芥的干旱诱导的 rd17、rd19、rd22 和 rd29 基因；大麦的干旱诱导的 dhn1 和 dhn3 基因；高粱（*Solanum chacoense*）的 Ds2 基因，以及玉米（*Zea mays*）的 dhn4 基因等。新近，通过 cDNA 微阵列技术的分析，从拟南芥的 7000 个基因的表达中，鉴定出 299 种干旱胁迫诱导基因、213 种高盐胁迫诱导基因和 54 种冷胁迫诱导基因；并发现在干旱胁迫与高盐胁迫之间，以及干旱胁迫与冷胁迫之间存在交叉诱导：有一半以上的干旱诱导基因也能被高盐和 ABA 处理所诱导，但只有 10% 干旱诱导基因被冷胁迫所诱导（Seki et al.，2002）。这说明，干旱和高盐在生理上的共同性（渗透胁

迫），比干旱与冷胁迫之间有着更多的内在联系。

这种在胁迫之间的交叉诱导的最明显的例证，是编码 LEA 蛋白的基因在种子胚胎发育后期的脱水过程中高水平地表达，产生丰富的 LEA 蛋白，对胚胎后期的脱水起保护作用。大量的研究结果揭示，这种 LEA 基因也能在受到干旱、高盐和冷胁迫的营养组织中表达（Ingram and Bartel，1996；Wang et al.，2003）。

编码相容性溶质（compatible solute）如脯氨酸、甜菜碱、多元醇的基因，以及编码活性氧清除剂的基因如超氧化物歧化酶（SOD）、过氧化物酶（POD）、过氧化氢酶（CAT）和抗坏血酸（ASA）等基因，也都既可在干旱胁迫下表达，也可在高渗、高盐和冷胁迫下诱导其表达（Hasegawa et al.，2000；Chen and Murata；2002；Wang et al.，2003）。

在逆境胁迫诱导的各种基因表达中发现有许多转录因子（transcription factor，TF）基因。植物基因组包含着大量的 TF，在模式植物拟南芥中，大约有 5.9% 的基因组密码是作为 1500 多种转录因子（Riechmann et al.，2000）。这种情况说明，在干旱、高盐和冷胁迫的信号转导途径中有多种转录调节机制。这些胁迫诱导的转录因子包括：①DRE束缚蛋白（DREB）家族的成员；②乙烯反应元件束缚因子（ERF）家族；③锌指（zinc-finger）家族；④WRKY 家族；⑤MYB 家族；⑥碱性域亮氨酸拉链（basic-domain leucine zipper，BZIP）家族；⑦NAC 家族；⑧同位点转录因子（homeodomain transcription factor）家族等。这些转录因子通过它们协同操纵或单独操纵调节各种胁迫诱导基因，并形成基因网络（gene network）（Shinozaki et al.，2003）。

关于干旱、高盐和冷胁迫诱导基因的表达时间进程表现出广范围的变化，至少有两种不同的表达类型：一类基因的表达是迅速而短暂性的，几小时就达到最大值，然后降低。大多数的这类基因编码调节蛋白因子，如锌指蛋白（zinc-finger protein）、类 SOS2 蛋白激酶 PKS5、BIHLH 转录因子、DREB1A、DREB2A、AP2/ERF 域包含的蛋白 RAP2，以及类生长因子蛋白等。另一类基因表达则是慢速的，在胁迫处理后的 10 h 内，表达水平逐渐增加。这类大多数基因是编码功能性蛋白，如 LEA 蛋白、去毒酶，以及为合成渗透保护剂的酶。

关于胁迫诱导基因的表达与 ABA 介导的关系，通过外源 ABA 处理及 ABA 缺失突变体或 ABA 不敏感型突变体的分析揭示和证实，其中有些胁迫诱导基因的表达，需要 ABA 参与介导；但另外一些基因在 ABA 缺失突变体和 ABA 不敏感突变体中，在干旱、高盐和冷胁迫下也能被表达。这些结果表明，在非生物的胁迫反应中，不仅存在依赖 ABA 的介导途径，也有不依赖 ABA 的介导途径（Yamaguchi-Shinozaki and Shinozaki，2006）。

二、低温和渗透胁迫诱导的基因表达产物的功能

通过采用印迹反应、基因表达的微阵列分析，以及聚合酶链反应（polymerase chain reaction，PCR）等方法，已经鉴定出许多非生物胁迫（包括干旱、高盐和冷胁迫）诱导的基因，这些基因在胁迫条件下的表达，不仅通过产生重要的代谢蛋白质保护细胞免遭胁迫伤害，而且在胁迫反应的信号转导中起作用。因此，这些基因产物可分为

两类：

第一类，主要是对细胞脱水起保护作用的蛋白质，包括 LEA 蛋白、渗透素、伴侣蛋白、抗冻蛋白、mRNA 束缚蛋白、渗透保护剂生物合成的关键酶、水通道蛋白、糖和脯氨酸的运输体、去毒酶、脂肪酸代谢的酶、蛋白酶抑制剂、铁蛋白（ferritin）和脂转移蛋白（lipid-transfer protein）等。许多产物的性质也已被详细地分析和鉴定，并在转基因植物中显示出它们的保护功能。

例如，LEA 蛋白是种子胚胎发育后期成熟脱水过程中高水平表达的一系列丰富蛋白质，在受到干旱、土壤盐渍化和低温胁迫而失水的营养组织中也大量产生。LEA 蛋白定位于细胞质中，主要由碱性亲水氨基酸组成，其中 11 个氨基酸的重复序列可形成亲水的 α 螺旋，其疏水面有利于形成同二聚体，外表面的带电基团可中和因脱水而提高的离子浓度；不同来源和不同大小的 LEA 蛋白分子都存在保守的结构域（氨基酸序列）。因此，LEA 蛋白具有高度的亲水性和热稳定性（Garay-Arroyo et al.，2000；Thomashow，1999）。所以，LEA 蛋白可以起脱水保护剂的作用，它作为分子伴侣保护其他蛋白质和膜结构的稳定性，并稳定细胞质离子浓度的平衡，使细胞结构和代谢过程免遭胁迫伤害。COR85 和 COR15a 是迄今研究较为清楚的两种类型的 LEA 蛋白，它们可以保护冷敏感的酶在冷胁迫下不受到伤害（Kazuoka and Oeda，1994），并抑制质膜上活性氧的产生，稳定膜结构（Steponkus et al.，1998）。在叶绿体中超表达 COR15a，无论是体内的叶绿体或离体叶绿体的抗冷性都得到提高（Artus et al.，1996）。HVA1 是 LEA 家族Ⅲ型中一种 LEA 蛋白，将 HVA1 蛋白基因转入水稻中，结果使转基因水稻对水分胁迫和高盐胁迫的抗性增强（Xu et al.，1996）。

又如脯氨酸，它是一种很好的相容性溶质，作为渗透调节剂和渗透保护剂的效应十分广泛和显著，不仅起着降低细胞内水势的作用，而且能有效地保护和稳定各种酶系以及复合体蛋白的四级结构，并能维持细胞膜系统在逆境中的稳定性，充当活性氧的清除剂，降低膜脂过氧化等（蒋明义和郭绍川，1997）。脯氨酸代谢的中间产物还具有诱导基因表达的作用（Hong et al.，2000）。在干旱、高盐和低温等逆境胁迫下，脯氨酸合成酶（P5CS 和 P5CR）基因高水平的表达，大量的脯氨酸在细胞内积累。基因工程研究证实，P5CS 在转基因烟草中的超表达，提高了转基因烟草的抗渗透和抗冷胁迫的能力（Konstantinova et al.，2002）。

第二类产物包含的蛋白质涉及胁迫反应过程中的信号转导和基因表达的进一步调节，它们包括各种转录因子，在干旱、高盐和低温胁迫的信号转导途径中行使各种转录调节作用（Seki et al.，2003）。这些转录因子能够相互协作或分别调节各种胁迫诱导基因的表达，并可因此形成基因网络。这些胁迫诱导的转录因子可为涉及干旱、高盐和冷胁迫反应的复合调节的基因网络提供更多的信息。其他的产物蛋白质是蛋白激酶如依赖 Ca^{2+} 的蛋白激酶（CDPK）、分裂原活化的蛋白激酶（MAPK）、蛋白磷酸酶、涉及磷脂代谢的酶如磷脂酶 C（PLC）和磷脂酶 D，以及其他的信号传递分子，如钙调素束缚蛋白和 14-3-3 蛋白。目前，这些蛋白质的功能还没能被充分了解。其中一些编码转录因子（蛋白质）的基因工程证实，这些转录因子蛋白质在转基因植物拟南芥中的超表达，能够增强转基因植物的抗逆性（Vinocur and Altman，2005；Zhang et al.，2004）。

三、胁迫反应基因表达过程中信号的传递途径

从胁迫（低温、干旱和高盐等）刺激，到最后的胁迫反应的适应性基因表达，植物体和细胞的抗逆能力增强，获得对逆境生存的适应，这整个过程中的信号传递途径是很复杂的，至今对此还没有充分的揭示和认识；然而可喜的是，一条"粗线条"的传递途径及一些阶段性进程（图 24-1）已经被许多研究结果所揭示。

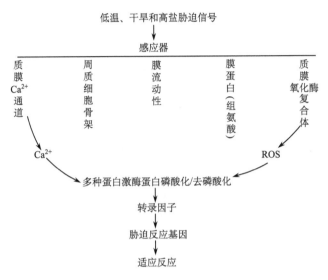

图 24-1　胁迫信号传递途径图解

1. 对刺激信号的感应器

当细胞受到低温、干旱和高盐等信号刺激时，细胞结构和组成分子上应该有接受信号的感应器（sensor）或受体（receptor）。已有的研究揭示，其中一种最初的感应器可能是质膜上的 Ca^{2+} 通道，因为低温、干旱和高盐胁迫都会引起迅速的短暂性的细胞质 Ca^{2+} 流入（Sanders et al.，1999；Knight，2000）。膜的流动性和周质细胞骨架的重新布局（cytoskeletal reorganization）也可能是冷信号早期的感应器（Gundersen and Cook，1999；Orvar et al.，2000；Sangwan et al.，2001；Wang and Nick，2001）。组氨酸激酶（histidine kinase）可能是膜蛋白的一种低温感应器（Urao et al.，1999）。许多研究揭示，叶绿体和线粒体电子传递链中的"电子漏"和质膜上氧化酶复合体（NADPH-oxidase）可能是低温、干旱和高盐等胁迫的感应器，从而导致活性氧（ROS）信号分子的发生（Neill et al.，2002a；Breusegem and Dat，2006）。

2. Ca^{2+} 和 ROS 等信号分子的信号传递

细胞质 Ca^{2+} 的流入和增加作为低温、干旱和高盐胁迫的信号传递已经有着十分广泛的研究。Ca^{2+} 的信使作用是多方面的，主要是通过它活化受体蛋白钙调素（CaM）和依赖钙的蛋白激酶（CDPK）引发其下游的蛋白磷酸化和去磷酸化，进而诱导基因表达。Ca^{2+} 在植物受到低温、干旱和盐渍化胁迫时，气孔关闭运动的信号传递中也具有

明显的独特作用，低温、干旱和高盐引起气孔保卫细胞质 Ca^{2+} 水平的升高，一方面抑制质膜 K^+ 内流通道的活性；另一方面，通过钝化质膜质子泵 H^+-ATPase 活性，使质膜去极化，导致质膜 K^+ 外流通道的活化，引起 K^+ 从保卫细胞中外流，从而使气孔关闭（Allen et al.，2000，2001；Wood et al.，2000；Knight，2000）。

近年来，活性氧（ROS）作为逆境胁迫信号的传递分子已为人们所共识，作为信号分子的活性氧，主要是过氧化氢（H_2O_2），诱发植物的适应性和防御性反应（如对病原体的超敏反应），并诱导程序性细胞死亡（PCD），也参与气孔关闭运动的调控。ROS 传递胁迫信号的途径也是多通路的，它的靶分子中也有 Ca^{2+} 信使，但分裂原活化的蛋白激酶（MAPK）可能是其中的一条主要途径。现已发现，MAPK 家族中包括三类三级蛋白激酶：MAPKKK（AtANP1）、MAPKK（AtMPK3/6）和 MAPK（p46MAPK）（Kovtun et al.，2000）。活性氧 H_2O_2 可以通过质膜上的受体或感应器去活化这三级蛋白激酶发生顺序性串联式反应（级联反应）：MAPKKK→MAPKK→MAPK，最后激活转录因子，调节特定基因的表达（Kovtun et al.，2000）。

3. 蛋白磷酸化和去磷酸化

蛋白磷酸化和去磷酸化是胁迫信号传递途径中一个重要的下游转导通路。Monroy 及其同事（1993，1995，1998）的研究指出，在低温诱导苜蓿细胞 Ca^{2+} 流入和 Cas15 基因表达中，一种 15 kDa 蛋白质的磷酸化水平比低温处理前增加 10 多倍；另一方面，当催化蛋白磷酸化的蛋白激酶受到抑制剂 staurosporine 抑制时，抗冻基因的表达水平也强烈地受到抑制。他们的实验还揭示，在 25℃非低温条件下，应用 Ca^{2+} 载体及 Ca^{2+} 通道促活剂促进细胞的 Ca^{2+} 流入，会引起催化蛋白去磷酸化的蛋白磷酸酶（PP2A）活性降低；或者，应用抑制剂冈田酸抑制 PP2A 活性，也能诱发抗冻基因 cas15 表达（Monroy et al.，1995，1998）。在低温引起的 Ca^{2+} 流入和抗冻基因表达过程中，苜蓿和拟南芥的依赖 Ca^{2+} 的蛋白激酶的转录水平也升高（Monroy and Dhindsa，1995；Tahtiharju，1997）。在拟南芥中，一种编码 S6 核糖体蛋白激酶基因和一种编码 MAPK 激酶的基因在低温刺激下，随着 Ca^{2+} 流入的同时被诱导表达。高粱根细胞经渗透胁迫 1 h 后，CDPK 活性提高，促进了蛋白磷酸化，从而引起了抗性基因的表达（Knight，2000）。

综合现有的研究结果，关于胁迫反应的基因表达的信号传递途径粗略地归纳，见图 24-1。

四、转录因子 CBF 对胁迫反应基因表达的调节作用

1. CBF 转录因子的鉴定与发现

在拟南芥对低温和干旱胁迫反应的启动子分析中，Yamaguchi-Shinozaki 和 Shinozaki（1994）首先证实，冷调节元件是由一种保守序列 9 bp TACCGACAT 组成，其核心序列为 5 bp CCGAC。这个调节元件除了对低温反应外，还可对干旱和高盐等做出反应，引发基因表达。

Thomashow 及其同事 Stockinger 等（1997）在研究拟南芥冷诱导基因表达中，首次分离出一种转录活化因子，它能结合到 CRT/DRE 的 DNA 调控基序上。这种结合蛋

白被命名为 CBF1（Thomashow，1998）。它的分子质量为 24 kDa，含有一个 AP2 区域，其中有一个 DNA 结合区段。随后，Thomashow 的同事 Gilmour 等（1998）从冷处理后的拟南芥 cDNA 文库中，利用带有插入序列的重组分子与 CBF1 进行杂交，结果发现了几个克隆。经 DNA 序列分析表明，这些克隆可分为三种类型，每一种编码一个特定的、又紧密相关的蛋白质。这三种特定蛋白质即 CBF1、CBF2 和 CBF3。由于 CBF1-3 基因除了具有抗寒作用外，还具有抗旱功能，所以它们又被分别称为 DREB1b、DREB1c 和 DREB1a。2002 年，Thomashow 的同事 Haake 等又在拟南芥的干旱诱导基因表达中，发现 CBF 家族中的第 4 个成员 CBF4，这就是目前已知的 CBF 基因家族中的 4 个主要成员，从而揭示了转录活化因子 CBF 调节抗性基因表达的途径。

2. CBF 基因的特点

研究表明，CBF1、CBF2 和 CBF3 基因是紧密连锁的，依次排列在拟南芥 4 号染色体的短臂上，而 CBF4 基因定位于 5 号染色体上。DNA 序列分析指出，CBF 基因家族中 4 个成员的可读框中都不含内含子。对 CBF 基因家族编码的蛋白质进行氨基酸序列分析发现，CBF1、CBF2 和 CBF3 蛋白有 88% 的氨基酸相同，相似性达 91%。CBF1、CBF2 和 CBF3 基因编码 216 个氨基酸，其分子质量为 24 kDa（Gilmour et al.，1998）。CBF4 蛋白包含 224 个氨基酸，与 CBF1-3 蛋白相比，有 63% 的氨基酸相同（Haake et al.，2002）。

拟南芥中的 4 种 CBF 蛋白具有相同的结构基序（motif），即含有同一个 AP2 结构域。在其他植物的 CBF 蛋白中也具有同样的结构基序。AP2 结构域中有一个 DNA 结合区段，包含 60 个氨基酸的基序。CBF4 蛋白中的 AP2 基序的氨基酸序列与 CBF1-3 蛋白的 AP2 相比，具有 91%～94% 的同源性。

CBF1、CBF2 及 CBF3 蛋白的 N 端都具有碱性氨基酸残基作为核心定位信号；C 端是它们的活性区域，像酵母菌或其他真核生物中的许多活性区域一样，富含酸性氨基酸。此外，在 CBF 蛋白上还发现蛋白质激酶 C 及酪氨酸蛋白质激酶 Ⅱ 的结合位点。

Haake 等（2002）报道，冷诱导拟南芥 CBF1、CBF2 和 CBF3 基因的表达是不依赖于 ABA 的；而干旱诱导 CBF4 基因的表达是由 ABA 调控的。

3. CBF 对冷诱导基因 Cor 基因表达的调节作用

CBF/DREB1 基因能在冷胁迫下迅速且瞬时性的表达，它的产物可以激活它下游的各种胁迫反应的靶基因表达。因此，CBF 被认为在冷驯化（冷锻炼）反应途径中起着"主开关"（master switch）作用。

所有的冷诱导基因——Cor 基因的启动子都带有 CRT/DRE 调节元件，这种调节元件若与转录活化因子 CBF 结合，就能刺激 Cor 基因的表达。Jaglo-Ottosen 等（1998）培育出能够超表达 CBF1 的拟南芥，使得整套的 Cor 基因（Cor6、Cor15a、Cor47、Cor78、KN1 和 ERD10 等）在没有低温诱导下也能够表达。他们通过细胞膜电解质（离子）渗漏实验测定，发现超表达 CBF1 的植株抗冻性比仅仅表达 Cor15a 植株的抗冻性高 3.3℃；CBF1 的超表达还能提高整体植株的冰冻存活率，而仅仅表达 Cor15a 的植株则不能。Liu 等（1998）也同时筛选出可以超表达 CBF4/DREB1 的拟南芥，CBF4 与 CRT/DRE 调节元件结合也能激活 Cor 基因表达。CBF4 基因的表达产物不仅能活化抗冻基因表达，还能激活抗旱基因表达，增强植物的抗旱性。

有研究揭示，Cor15a基因的表达产物15 kDa多肽在输入叶绿体基质片层中后，被加工成9.4 kDa的成熟多肽。在转基因的拟南芥植株中，Cor15a的表达，可以增强叶绿体的抗冻性，从－4～－8℃增加到－6～－10℃。经双乙酸酯荧光素染色证明，Cor15a基因的表达产物对膜结构起着稳定作用（Artus et al.，1996）。因此，它不仅能提高抗寒性，还能增强抗旱和抗盐性。

与CBF/DREB1不同，DREB2基因的表达受脱水胁迫所诱导，从而导致各种抗旱基因的表达（Shinozaki et al.，2003）。通过CBF转基因的研究表明，CBF/DREB1蛋白在未经修饰的情况下即能行使增强植物抗冷性的功能；相反，DREB2的超表达却不能改善植株的抗逆性，说明DREB2蛋白需要翻译后的活化修饰。水稻中编码渗透胁迫的转录因子OsDREB1和OsDREB2基因与拟南芥有着同源性，说明单子叶植物和双子叶植物在反应干旱和冷诱导基因表达中有着类似的转录系统（Dubouzet et al.，2003）。

4. CBF在调节植物抗旱和抗盐性中的作用

CBF对逆境胁迫诱导基因的调节作用，如上所述，首先是在拟南芥冷反应中发现的（Thomashow，1999），后来在干旱和高盐反应的研究中，也表现出它的调节作用（Xiong et al.，2002；Wang et al.，2003；Yamaguchi-Shinozaki and Shinozaki，2006；Van-Buskirk and Thomashow，2006）。与拟南芥类似或同源的CBF基因已从许多种类的植物（如小麦、油菜、水稻、大麦、玉米和樱桃等）中分离出来。基因工程研究证实，CBF蛋白在活化反应干旱和高盐基因的表达上也有明显的作用。例如，拟南芥的CBF基因在转基因的油菜和烟草中的超表达，能激活靶基因的表达，从而增强转基因植物油菜和烟草的抗冷/冻和抗干旱能力；CBF1/DREB1b在番茄中的超表达，使抗冷、抗干旱和抗氧化胁迫能力提高；CBF的类似基因在樱桃中的表达，提高了樱桃的抗冻和抗盐性；从水稻中分离出来的DREB1及4种CBF（即CBF1～CBF）和1种DREB2基因在转基因拟南芥中的超表达，增强了转基因拟南芥的抗盐和抗冻能力；从玉米中分离出来的DREB1a/CBF3基因在拟南芥中的超表达，提高了转基因植物拟南芥的抗旱和抗冻性；CBF3在转基因小麦中的超表达，增强了小麦植株的抗旱性；CBF3基因被转入水稻中的超表达，提高了水稻的抗旱和抗高盐的能力；CBF2基因的表达产物能激活大麦抗冻基因的表达。以上这些结果显示，CBF基因工程有可能成为提高农作物抗寒、抗旱和抗盐性育种的一条有希望的途径，但还是要充分考虑到它的高度复杂性及其尚未揭露的干扰因素（Van-Buskirk and Thomashow，2006）。

五、胁迫反应基因表达中依赖ABA途径的调节机制

ABA涉及植物的逆境胁迫反应早已被揭示。然而，它在胁迫反应基因表达中，以及提高抗逆性作用中的分子基础还不十分清楚。近年来，通过对ABA与不同胁迫信号传递途径的相互关系、胁迫信号传递突变体、基因工程以及直接的ABA处理等多方面的研究，揭示ABA信号转导途径在冷、干旱和盐胁迫反应中有一个十分复杂的转导网络。这些研究结果，尤其是突变体克隆的鉴定，为了解ABA信号转导途径做出了许多新贡献（Xiong et al.，2002）。

1. 依赖 ABA 的胁迫信号传递

高盐、干旱和低温胁迫引起 ABA 的生物合成和积累,从而上调许多胁迫反应基因的表达(Rock,2000)。关于 ABA 在诱导胁迫信号转导中的作用,早先通过拟南芥的 ABA 缺失突变体abal-1 和供体 ABA 不敏感型突变体 abil-1 及 abi2-1 的研究指出,低温诱导胁迫反应基因表达相对地不依赖于 ABA;而渗透胁迫诱导的基因表达,可以经由依赖 ABA 和不依赖 ABA 的两条途径(Thomashow,1999;Shinozaki and Yamaguchi-Shinozaki,2000)。然而,最近的遗传研究证据揭示,类 LEA 基因的表达,不存在不依赖于 ABA 的胁迫信号传递途径。los5 和 los6 是从拟南芥筛选出来的两种缺失胁迫反应基因表达的突变体,它们在高盐胁迫过程中,几种胁迫反应基因如 RD29A、RD22 及 P5CS 等基因的表达严重地被遏止;当加入外源的 ABA 后,盐诱导的 RD29A1 基因的表达则恢复到野生型水平。这说明,渗透胁迫反应基因的表达绝对地依赖于 ABA 的转导途径(Xiong et al.,2001)。

2. 干旱和高盐渗透胁迫诱导 ABA 生物合成基因的表达

新近,通过遗传和基因组分析,涉及 ABA 生物合成的许多基因被鉴定(Seo and Koshiba,2002)。其中的几个基因可被干旱和高盐所诱导,但不被冷胁迫诱导。这表明,ABA 在渗透胁迫反应中的重要作用。这些基因编码 9-顺式-环氧类胡萝卜素双氧酶(9-cis-epoxy carotenoid dioxygenase,NCED),它是 ABA 生物合成的一种关键酶,被干旱胁迫强有力地诱导(Thompson et al.,2000;Iuchi et al.,2001)。新近的研究还发现,ABA 的生物合成过程中还存在 ABA 的反馈调节,在已经合成的 ABA 基础上,促进 ABA 的进一步合成。这种 ABA 的反馈作用可能是通过磷酸化蛋白和转录因子起作用,从而导致 ABA 生物合成基因的超表达,增加 ABA 的生物合成和积累,提高植物的抗旱能力(Thompson et al.,2000)。ABA 的生物合成是受多基因协调控制的,这可能主要是由于存在 ABA 反馈作用的缘故(Xiong et al.,2002)。

ABRE 是 ABA 反应基因表达中的一种主要的顺式作用元件,在拟南芥 RD29B 基因的 ABA 反应表达中,束缚在 ABRE 上的蛋白质能活化依赖 ABA 基因的表达(Uno et al.,2000)。在缺失 ABA 的 aba2 突变体中,以及 ABA 不敏感的 abil 突变体中,这种 AREB 束缚蛋白的活性降低;而在 ABA 超敏感的 eral 突变体中,其活性增强。这显示,ABRE 束缚蛋白的活化作用需要 ABA 的介导信号(Uno et al.,2000)。

3. 依赖 ABA 与不依赖 ABA 转导途径间的交叉联络

业已报道有 4 种转录调节系统,其中两种是依赖 ABA 的,两种是不依赖 ABA 的。通过遗传和分子分析,在这些调节系统间存在着交叉联络(cross talk)。通过微阵列的基因组分析,在胁迫反应的基因表达中也存在交叉联络。大多数干旱诱导基因也能被高盐所诱导,并有许多干旱诱导基因能被 ABA 诱导。然而,只有 10% 干旱诱导基因被冷诱导。事实上,ABA 能诱导渗透胁迫反应基因的表达,但在低温胁迫反应中 ABA 不起重要作用(Seki et al.,2002;Shinozaki et al.,2003)。

顺式作用元件之间也发生相互作用的交叉联络。许多干旱和冷诱导基因在它们的启动子中包含 DRE/CRT 和 ABRE 转录因子。这些顺式作用元件被认为是独立的,不依赖 ABA 行使其功能。然而进一步的研究指出,在反应干旱胁迫中,DRE/CRT 与 ABRE 作为一种偶联因子,在 ABA 反应的基因表达中共同协作行使其功能,显示不同胁迫信号传递途径间也有交叉联络（Narusaka et al.，2003）。

CBF/DREB1 家族的基因主要由冷胁迫所诱导，但干旱诱导的 CBF4 基因可在 DREB2（干旱诱导基因）和冷诱导基因 CBF/DREB1 调节系统之间行使其交叉联络的功能。这种干旱诱导的 CBF4 基因的表达，受依赖 ABA 途径的调控，说明 CBF4 可在慢速反应干旱过程中，在依赖 ABA 积累的基础上被表达，并发挥其下游调节作用（Shinozaki et al.，2003）。

六、抗性基因的交叉诱导与表达（交叉抗性）

大量的研究揭示，植物在对低温、干旱和盐渍化等逆境胁迫的反应与适应中存在着许多相互联系和相互适应的机制，称为"交叉适应"（cross adaptation）。例如，用高浓度（100～300 mmol/L）的 NaCl 处理或结合适当浓度的 ABA 处理，不仅能诱导植物抗盐性的提高，还可迅速提高抗寒性和抗旱性。已经获得这种结果的植物有烟草、黄瓜、冬小麦、菠菜、大麦、柑橘、水稻、玉米、油菜和马铃薯等。

还有通过干旱锻炼使山茱萸（dogwood）、菠菜和小麦的抗寒性得到提高。我们早在 20 世纪 60 年代初就用萌动的小麦种子经反复 3 次的干旱处理，然后按北京地区常规秋播小麦播种期（9 月下旬）播种实验地，翌年返青期统计麦苗越冬存活率，结果，越冬性较差的碧蚂一号从对照的 65％提高到 91％；不抗寒的春小麦碧玉从对照的 1.8％提高到 31％。

分子生物学的研究指出，逆境因子引起基因表达的改变，产生新蛋白质和某些蛋白质的加富，是抗逆性发展的最根本的物质基础。在用盐胁迫诱导大麦和水稻幼苗抗寒力提高过程中，均有新蛋白质的合成。一些确认的"冷调节基因"可以通过盐胁迫和干旱处理诱发其表达。由冷调节基因编码的一些蛋白质，不仅同干旱反应的蛋白质有着共同的生化性质，而且有着相同的氨基酸序列。

许多证据揭示和证实，外源 ABA 不仅可诱发干旱和盐调节基因的表达，也可诱发抗寒基因的表达，并且在这三者中包含着共同的多肽。因此，ABA 在这 3 种逆境因子的"交叉适应"中可能起着"中心位置"的作用。其原因是，无论是干旱和盐胁迫，或低温锻炼，都会导致内源 ABA 增加，这种内源 ABA 的积累所诱发的低温、干旱和盐胁迫反应的基因表达产物，包含着共同多肽，它们不仅对一种抗逆性起作用，还可对其他抗逆性起作用。

Guy 等（1992）在菠菜幼苗的冷锻炼和干旱胁迫的基因表达中发现，这两种处理均产生 85 kDa 和 160 kDa 两种蛋白质的大量积累，这两种蛋白质不仅行使抗旱功能，也起着抗冻机制的作用。Ryu 等（1995）在用低温、盐胁迫和 ABA 处理诱导马铃薯幼苗抗寒力提高的比较研究中观测到，当 100 mmol/L NaCl 胁迫 1 天，低温锻炼 3 天，以及 ABA 处理 3 天，马铃薯幼苗的抗寒力发展到最大值时，盐诱导的 9 种新蛋白质中有 5 种与低温诱发的新蛋白质相同，有 7 种与 ABA 诱发的蛋白质相同。其中有 3 种蛋白质是由盐、低温和 ABA 共同调节的。尤其值得注意的是，这 3 种共同蛋白质中有一种与从马铃薯分离出来的"类渗透素多肽"（osmotin-like polypeptide）相同，编码这种"渗透多肽"的基因（PA13）对低温、盐胁迫和 ABA 都起反应。这些共同调节基因表达的蛋白质，反映着抗寒、抗旱和抗盐"交叉适应"的机制。

一些报道还指出，渗透素（osmotin）和类渗透素蛋白（osmotin-like protein）不仅涉及干旱和盐的渗透胁迫，也涉及抗冻性，因为冰冻也要涉及细胞脱水。还有一个罕见的研究结果，类渗透素蛋白基因在转基因的马铃薯中产生高水平的表达，增强了转基因植株对马铃薯晚疫病的抗性（Zhu et al.，1996）。

越冬植物经过秋季低温锻炼后，在抗寒力提高的同时，其细胞的抗脱水性和抗旱能力也随之增强，这是早已知道的事实；然而，通过低温处理提高植物的抗旱性和抗盐性的实验，却尚未见到文献记载。我们于 1978～1979 年，对培养的烟草花药进行冷冻（−5℃及−7℃）预处理，其结果显示，冷冻处理花粉长出来的植株与未经冷冻处理长出来的植株（对照）相比，不仅抗寒性提高（图 24-2），而且获得很高的抗旱性（图 24-3）和抗盐性（图 24-4）。这一研究从另一个方面，即不是通过盐或水分胁迫，而是从低温处理方面，反映了植物对抗寒、抗旱和抗盐的"交叉适应"。

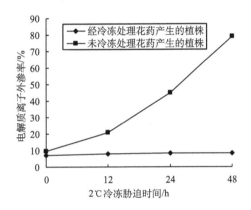

图 24-2　冷冻（−5℃）预处理提高烟草花粉植株的抗寒力。从冷冻处理和未冷冻处理（对照）植株上采取同样部位的叶片组织，经 2℃ 冷胁迫后，在无离子水中浸泡 8 h，用 DDC-11 型电导仪测定水溶液电导值；煮沸 10 min 后，再测电导值，最后计算电解质渗透率。图中曲线表明，冷冻处理花粉植株的叶片细胞质膜在 2℃ 冷胁迫 48 h 过程中，一直保持稳定，几乎没有增加离子渗漏；而未经冷冻处理（对照）的花粉植株，在同样胁迫下，离子外渗率急剧增加，到 48 h，达 79%，显示质膜已受到严重破坏，导致死亡（未发表资料）

图 24-3　冷冻预处理的烟草花粉植株和未冷冻处理（对照）的花粉植株在控制灌水、处于干旱条件下的生长状况。对照植株在这种干旱条件下生长很缓慢，且常出现萎蔫；而经 −5℃ 预处理的植株在同样条件下几乎维持正常生长，显示其抗旱性有很大的提高（未发表资料）

图 24-4 冷冻预处理的烟草花粉植株和未冷冻处理（对照）的花粉植株在 60 mmol/L（0.35%）NaCl 水溶液培养中的生长状况。对照植株在这种盐溶液中几乎停止生长，且叶色变黄，显示其叶绿素受到破坏；而经 -5℃或 -7℃预处理的花粉植株仍有较快的生长速度，叶片保持正常的绿色，显示其抗盐性有很大提高（未发表资料）

如上所述，近年来，通过 cDNA 微阵列新技术的分析，更进一步证实干旱、高盐和低温胁迫之间基因表达的交叉诱导（Seki et al.，2002）。

七、基 因 工 程

随着大量的抗寒、抗旱和抗盐基因的分离和克隆，基因工程研究自然地就成为逆境研究的专家们所关注的重点领域。这种分子育种技术为培育高抗性的农作物新品种开拓了极为重要的新途径，业已在以下几个方面取得了试验性的初步成功，已有许多的成果报道和综述被发表（Hayashi et al.，1997；梁铮等，1997；刘凤华等，1997；刘岩等，1997；Thomashow，1999；Sakamoto et al.，2000；Wang et al.，2003；梁慧敏等，2003；Zhang et al.，2004；Vinocur and Altman，2005；Van-Buskirk and Thomashow，2006）。

1. 转录因子基因的基因工程

如上所述，转录因子在植物的逆境适应中起着重要的调节作用。植物基因组中包含着大量的转录因子，如在拟南芥中，大约有 5.9% 的基因组密码成为 1500 多种转录因子。

用 CBF3/DREB1a 基因转化拟南芥，结果使转基因拟南芥的抗冻、抗旱和抗盐性显著提高（Kasuga et al.，1999）。在拟南芥中 CBF3 的超表达，不仅增强了抗冻性；而且提高了脯氨酸生物合成的关键酶——吡咯啉-5-羧酸合成酶（pyrroline-5-carboxylate synthetase，P5CS）基因的表达，增加了脯氨酸的含量，还提高了蔗糖、葡萄糖和果糖等可溶性糖的水平。这表明，CBF 的转基因可以提高下游靶基因的表达水平（Gilmour et al.，2000）。拟南芥的 CBF 基因在转基因油菜中的超表达，使 CBF 的靶基因得到表达，增强了转基因植物（油菜）的抗冻性（Jaglo-ottosen et al.，2001）。拟南芥的 CBF1 基因被转到番茄中后，也提高了转基因植物的抗冷和抗氧化胁迫的能力（Hsieh et al.，2002）。从水稻中分离出来的类 CBF4 基因在转基因的拟南芥中超表达，提高了转基因植物拟南芥的抗旱和抗冻能力（Haake et al.，2002）。CBF3 基因分别转入小麦和水稻后的超表达，也增强了转基因植物小麦和水稻的抗旱和抗盐性（Van Buskirk and Thomashow，2006）。

2. 相容性溶质的基因工程

相容性溶质（compatible solute）的主要功能是使植物在渗透胁迫下，维持细胞膨压，保证水分的吸收；还能充当自由基清除剂，或化学分子伴侣，稳定膜结构和蛋白质分子（Lee et al.，1997；Diamant et al.，2001）。它分为三种主要类型：脯氨酸、甜菜碱和糖醇。它们在转基因植物中的超表达，能改善植物的抗逆性。

（1）脯氨酸的基因工程

P5CS 是脯氨酸生物合成的关键酶，用 P5CS 基因转化烟草，它在转基因烟草中发生超表达，导致脯氨酸含量比对照增加 10～18 倍，且在盐胁迫下更高，显示增强了植物的抗盐性（Kishor et al.，1995）。Konstantinova 等（2002）也用 P5CS 基因转化烟草，其结果则是提高了转基因植物的抗冷性。Hong 等（2000）的研究指出，转基因植物中脯氨酸含量的增加，可降低渗透胁迫引起的氧自由基的水平，从而改善了转基因植物的抗盐和抗旱能力。

（2）甜菜碱的基因工程

有多种类型的甜菜碱（betaine），甘氨酸甜菜碱（glycine betaine）是其中的一代表类型，它在叶绿体中分两步合成：第一步是通过胆碱单加氧酶（CMO）催化，合成甜菜醛；第二步是经甜菜醛脱氢酶（BADH）催化，合成甘氨酸甜菜碱。

许多重要的农作物，如水稻、马铃薯和番茄等，不积累甜菜碱，因而它们就成为甜菜碱基因工程研究中潜在的优选对象，并得到广泛开展。向这些本来不积累甜菜碱的植物中转入甜菜碱合成酶基因，产生甜菜碱的新合成和积累，结果使这些转基因植物的抗旱、抗高盐及抗高/低温胁迫能力提高（Sakamoto et al.，1998，2000；Sakamoto and Murata，2001）。表 24-1 例举了一些甜菜碱基因工程在提高转基因植物抗逆性上的效果。

表 24-1　甘氨酸甜菜碱合成酶基因的转移及其在转基因植物中的表达和抗逆性的提高（例证）

转基因植物	基因	甜菜碱的最高积累量	提高的抗逆性	文献
拟南芥（*Arabidopsis thaliana*）	CodA	1.2 μmol/(L·g FW)	抗冷	Alia et al.，1998
	CodA	1.2 μmol/(L·g FW)	抗冷、抗盐	Hayashi et al.，1997
	CodA	1.2 μmol/(L·g FW)	抗冻	Sakamoto et al.，2000
	Cox	19 μmol/(L·g FW)	抗冻、抗盐	Huang et al.，2000
油菜（*Brassica napus*）	Cox	13 μmol/(L·g FW)	抗旱、抗盐	Huang et al.，2000
Brassica juncea	CodA	0.82 μmol/(L·g FW)	抗盐	Prasad et al.，2000
Diospyros kaki	CodA	0.3 μmol/(L·g FW)	抗盐	Gao et al.，2000

转基因植物	基因	甜菜碱的最高积累量	提高的抗逆性	文献
烟草（*Nicotiana tabacum*）	Cox	13 μmol/(L·g FW)	抗盐	Hung et al.，2000
	betA	转基因表达	抗盐	Lilius et al.，1996
	betA/betB	0.035 μmol/(L·g FW)	抗冷、抗盐	Holmstrom et al.，2000
	P5CS	0.6 μmol/(L·g FW)	抗旱	Kishor et al.，1995
	BADH	转基因表达	抗盐	梁峥等，1997
	BADH	转基因表达	抗盐	刘凤华等，1997
草莓（*Fragaria chiloensis*）	BADH	转基因表达	抗盐	刘凤华等，1997
番茄（*Lycopersicon esculentum*）	BADH	3.76 μmol/(L·g FW)	抗盐	Moghaieb et al.，2002
	CodA	1.2 μmol/(L·g FW)	抗冷	Park et al.，2004
水稻（*Oryza sativa*）	CodA	5.3 μmol/(L·g FW)	抗冷、抗盐	Sakamoto et al.，1998
	CodA	转基因表达	抗盐	Mohanty et al.，2002
	betA 经修饰	5.0 μmol/(L·g FW)	抗旱、抗盐	Takabe et al.，1998

Park 等（2004）对转基因番茄甜菜碱含量的分析结果指出，植株不同器官中的甜菜碱含量有很大差异，在苗顶端和生殖器官（如花瓣、花药和雌蕊）中的含量最高，是叶片的 3～4 倍。然而其总的含量水平还是较低的，叶片中的含量一般是 0.1～0.3 μmol/(L·g FW)，种子中的最高含量也不超过 1.2 μmol/(L·g FW)，但它却能诱发出高水平的抗冷性，如种子在 17℃/7℃（白天/晚上）的生长箱中萌发培养 14 天，野生型（对照）种子的萌发率仅为 1.4%，而转基因后代的种子达到了 31%；当从低温转移到 25℃ 1 天后，转基因种子的萌发率迅速达到 93%，而对照野生型仅为 16%。在这种转基因番茄中积累的甜菜碱还能使番茄幼苗在低温逆境中抵御活性氧胁迫，增加光合速率；特别是增强了植株生育后期生殖器官的抗冷性，延长了植株的结果期，增加坐果率，增加果实产量。这一结果具有双重意义：①为防御农作物生育后期（生殖结果期）对低温的高度敏感性的危害提供了一条有效途径；②打破了以往的"植物的抗逆性与产量相矛盾"的观念（即抗性高产量低），开辟了通过基因工程技术既提高抗性，又增加产量的新途径。

在玉米品种间也存在着积累和不积累甜菜碱的差异（Saneoka et al.，1995）。新近，张举仁研究组（2004）通过 betA 基因的转移，使转基因的玉米品种 DH4866 在干旱条件下比对照野生型积累更多的甘氨酸甜菜碱，膜的稳定性提高，产量增加（Quan et al.，2004）。

（3）糖醇的基因工程

糖醇是一种多元醇，包括甘露醇（mannitol）、山梨醇（sorbitol）、果聚糖（fructan）和海藻糖（trehalose）等，含有多个羟基，亲水能力很强，能有效地维持细胞内的水活度，在渗透胁迫逆境中，它们的合成和积累会增加。

Tarczynski 等（1993）将来源于细菌的编码甘露醇-1-磷酸脱氢酶基因引入烟草，结果产生了甘露醇的积累，增强了转基因烟草的抗盐性。

海藻糖（trehalose）的生物合成以 UDP-葡萄糖和葡萄糖-6-磷酸为前体，经海藻糖-6-磷酸合酶（TPS1）催化生成海藻糖-6-磷酸（tre-6P），然后经海藻糖-6-磷酸酯磷酸酶的脱磷酸化作用，产生海藻糖。海藻糖的生物合酶基因（TPS1 和 TPS2）已从许多抗干旱的细菌、真菌和高等植物中分离和克隆。Bechtold 等（1993）将酵母菌的 TPS1 和 TPS2 基因转入模式植物拟南芥中，结果发现海藻糖在转基因拟南芥中的积累会引起转基因植株的不正常形态学生长（矮化）。进一步的研究揭示，这是由于在转基因植物中的海藻糖酶的增加及其活性的提高，使海藻糖发生代谢上的降解。通过加入海藻糖酶抑制剂处理，改善了这种不正常生长的负效应，增强了转基因植物抗旱和抗冻性（Tamminen et al.，2002）。

Zentella（1999）将酵母菌的 TPS（trehalose-6-phosphate synthase，海藻糖-6-磷酸合酶）基因转入烟草及马铃薯等植物中，TPS 基因表达所产生的海藻糖水平是适度的，结果使这些转基因植物的抗旱性增强。海藻糖的合酶（TPS）基因在水稻中的超表达，也使海藻糖的积累水平发生适度性提高，从而导致这种转基因水稻对多种逆境胁迫（低温、干旱和高盐等）抗性的提高。在逆境胁迫下，这种转基因水稻不仅有较高的光合效率，而且降低了光氧化损伤。显示相容性溶质不仅行使渗透调节功能，而且可以起清除活性氧的作用，保护细胞结构和功能的完整性（Garg et al.，2002）。

Pilon-Smits 等（1995）将来源于 *Bacillus subtilis* 的编码果聚糖-蔗糖酶的基因转入烟草，结果使转基因烟草发生果聚糖的积累，在干旱胁迫下，这种转基因烟草的生长速率、鲜重和干重均比对照高（Wang et al.，2003）。

3. 抗氧化剂的基因工程

活性氧（ROS）损伤生物膜和大分子结构，相应地，植物在演化过程中也产生了清除 ROS 的机制——抗氧化酶和非酶的抗氧化剂，如超氧化物歧化酶（SOD）、过氧化氢酶（CAT）、过氧化物酶（POD）、抗坏血酸过氧化物酶（APX），以及抗坏血酸、谷胱甘肽和类胡萝卜素等。

1）Cu/Zn-SOD 基因在转基因烟草中的超表达，提高了对强光和低温引起的氧化胁迫的抗性；Mn-SOD 基因在转基因苜蓿中的超表达，减轻了水分亏缺的 ROS 伤害；其他的研究也证明，向苜蓿中转入 Mn-SOD 基因或 Fe-SOD 基因，增加了转基因苜蓿的越冬存活率和生物产量（Wang et al.，2003）。

2）编码 GST 和 GPX 酶的 cDNA 在转基因烟草中的超表达，使转基因烟草幼苗在冷胁迫和高盐胁迫条件下的生长，显著好于对照（Roxas et al.，1997）。

3）编码 β-胡萝卜素羟化酶基因（β-carotene-hydroxylase gene）在转基因拟南芥中的超表达，导致叶黄质含量增加 2 倍，保护了转基因植物在强光和高温胁迫中的氧化伤害（Davison et al.，2002）。

4. 离子运输基因的基因工程

在高盐逆境中，Na^+/H^+ 反向运输体（antiporter）H^+ 泵 H^+-ATPase 在驱动 Na^+/H^+ 跨膜交换、实现 Na^+ 区隔化、维持细胞离子的稳态平衡和逆境生存上起着关键性作用。高等植物 Na^+/H^+ 反向运输体基因 AtNHX1 和 SOS1 已从拟南芥（Shi et al.，2003）和水稻（Fukuda et al.，2002）中分离出来，也从盐生植物 *Atriplex gmelini*（Hamada et al.，2001）及冰叶日中花（Chauhan et al.，2000）中分离出来。

液泡膜 H^+ 泵 Na^+/H^+ 反向运输体 AtNHX1 基因在转基因的拟南芥中的超表达，提高了 AtNHX1 的 mRNA 水平、酶蛋白的含量和活性，从而显著改善了转基因拟南芥的抗盐性，在用 200 mmol/L NaCl 浇灌的盆栽中，这种拟南芥仍能良好地生长与发育（Apse et al.，1999）。AtNHX1 在转基因油菜中的超表达，也能使油菜在 200 mmol/L NaCl 的生境中生长、开花和结籽，甚至在液泡中的 Na^+ 以 6％干重的积累速率的情况下，种子的产量和油脂的质量也不发生改变（Zhang et al.，2001）。在番茄的基因工程中也表现出类似的效果，AtNHX1 在转基因番茄中的超表达，同样能使转基因番茄在 200 mmol/L NaCl 逆境中生长、开花和结果；虽然转基因番茄的叶片中积累着高含量的 Na^+，但果实中的 Na^+ 含量很低。这显示，反向运输体实现了 Na^+ 的区隔化，保证了在高盐条件下果实的产量和质量（Zhang and Blumwald，2001）。

编码质膜 Na^+/H^+ 反向运输体（H^+ 泵）的 SOS1 基因在拟南芥中的超表达，也显著改善了转基因植物的抗盐性，并揭示这种抗盐性的提高是由于质膜 Na^+/H^+ 反向运输体调控了对 Na^+ 的外排作用，降低了细胞内 Na^+ 的积累（Shi et al.，2003）。

K^+ 是调节细胞渗透压、维持细胞正常生理功能的重要因素。HAL1 基因对 K^+ 运输起调节作用，它在转基因番茄中的超表达，使转基因番茄比对照更抗盐，而且在盐逆境中的果实产量也较高（Gisbert et al.，2000；Rus et al.，2001）。

5. 脱水保护蛋白 LEA 的基因工程

LEA 是植物种子胚胎发育后期成熟脱水过程中产生的一种丰富蛋白质，行使对幼胚脱水的保护功能。当植物体组织细胞受到干旱、高盐和高/低温胁迫时，这种 LEA 蛋白也被诱导产生，并证明它具有重要的抗胁迫作用。LEA 蛋白具有一个大的基因家族，有许多类型的 LEA 蛋白，如 HVA1、Cor15a、WCS19 等。它们的基因工程已有一些例证。

HVA1 是来源于大麦的一种 LEAⅢ型蛋白的基因，利用基因枪法将它转入水稻培养细胞，获得大量的转基因植株。这种 HVA1 基因能在转基因水稻的根和叶片细胞中大量表达，提高了转基因水稻的抗旱和抗盐能力，在干旱和高盐胁迫下，仍能维持很高的生长速率（Xu et al.，1996）。这种同样的 LEAⅢ蛋白基因在转基因小麦中的超表达，改善了转基因植物在干旱逆境中的抗旱性和生物产量（Sivamani et al.，2000）。

另一种 LEA 型蛋白——Cor15a 蛋白基因在转基因拟南芥中的超表达，使转基因的拟南芥的抗冻性从 $-8 \sim -4$℃提高到 $-10 \sim -6$℃（Artus et al.，1996）。

大麦叶绿体中的一种类 LEA 蛋白 WCS19 在转基因的拟南芥中的超表达，也引起抗冻性的显著提高（Ndong et al.，2002）。

八、春小麦在低温驯化下的遗传变异与获得性遗传：不抗冻的春小麦在连续秋播条件下转变成抗冻的冬性小麦

这是作者简令成于 1959～1969 年连续 10 年做的一项"附带性"研究：在北京地区连续秋播条件下春小麦变冬小麦的实验，一个提高植物抗冻性的遗传工程。作者当时的主要研究任务是观测不同抗寒性小麦品种在北京地区越冬过程中细胞内结构和物质代谢

的变化，试图从细胞学方面探讨植物的抗寒机制。这些不同抗寒性小麦品种的试验材料包括抗冻性强、较弱、中等、很弱的冬性品种及不抗冻的春性品种，它们在冬前的秋季低温生长过程中，表现出明显不同的生长状态。不抗冻的"碧玉"春麦品种，在秋末冬初大气温度降低过程中，植株的生长活性并不降低，仍一直保持活跃的生长状态，可进行拔节，生长锥可发育到小花突起和护颖突起；而抗冻性强的冬性品种农大 183 和华北 187 的麦苗，随着秋季温度的降低，生长速度放慢，直至停止，到秋末冬初植株呈匍匐状，它们的生长锥也不发生分化，处于叶原基阶段；其他的几个抗冻性较弱的品种在冬前的株型和生长锥发育状态则处于二者之间的过渡类型。这种株型和生长锥发育状态与其越冬存活率有着密切的相关性：匍匐状株型-生长锥不发生分化的冬小麦农大 183 和华北 187 在北京地区能 100% 存活越冬；而在冬前发育到拔节期-生长锥发育到小花突起和护颖突起的春麦碧玉，主茎 100% 在寒冬中死亡，仅有极少数的分蘖（不到千分之一）存活（简令成和吴素萱，1965a）。

当时初学研究的作者简令成对此颇感兴趣，心想，为了进行细胞学的比较分析，我们每年都要秋播这些不同抗寒性小麦品种，如果将这种仅有极少数分蘖越冬存活的春麦碧玉的种子保存下来，一年一年地连续秋播，它的抗冻性和越冬存活率是否可以提高？是否可以转变成抗冻性强的冬性小麦，像农大 183 和华北 187 一样？按照这种想法，作者简令成采取了三项具体措施：①将春麦碧玉进行正常的秋播后，一部分麦苗（小区）让它自然越冬，另一部分麦苗（小区）在行株间稍加覆土，使其分蘖节的定位深度与冬小麦一样处于 3～4 cm 表土层中。这样，一方面可使这种春麦植株的生长锥像冬麦一样接受秋冬低温的锻炼与驯化；另一方面可保证这种春麦幼苗在越冬中有一定的存活数目，不致完全死亡。在这种处理下，约有千分之一以上的分蘖能度过严冬存活下来。②对于这种存活下来的少量分蘖进行细心管理，使之开花结实。在抽穗后，立即在穗部套上透明纸袋，以防其他小麦授粉，以后各代均采取这一措施。③将这种春麦秋播-越冬存活植株的种子（Y-1 或 F_1，标志这些种子经过一年秋播）分成两部分，一部分在充分干燥后，密封在塑料瓶中，置于 -15℃ 冰箱内保存；另一部分再按照冬小麦一样的正常秋播期继续进行秋播。以后各年均按照以上方法处理，一直进行到第 5 年（第 5 代，F_5）。在此过程中，各代的越冬存活率不断增加，即植株的抗冻性随着秋播年数的增加而逐年提高，到连续第三次秋播的后代（F_3）有了一个较大的飞跃，其越冬存活率从 30% 以下一跃增加到 70%～80%。F_4 的越冬存活率虽然仍有提高，但幅度已不大，由 70%～80% 增加到 90% 左右，接近冬小麦的一般越冬情况。因此，在收获 F_5 后的当年（1964 年）秋季，作者将 F_5 连同冰箱内保存的 F_1～F_4 各世代以及未经秋播的原春麦碧玉一起进行秋播；为了对比鉴定，还同时播种了本地区的冬小麦品种华北 187。结果发现，无论是冬前麦苗的生长发育状况，还是冬后返青的越冬存活率，从对照（未经秋播的）→F_1→F_2→F_3→F_4→F_5 均表现出抗寒特征逐年增加的一致性的明显变化（表 24-2）。

表 24-2　春麦碧玉在连续秋播条件下植株生长发育及越冬存活率的变化

秋播次数	未经秋播	F₁	F₂	F₃	F₄	F₅	冬麦（华北187）
株高/cm	37.4	38.0	29.4	21.1	19.1	19.2	18.5
株型	直立（拔节）	直立（拔节）	直立（拔节）	匍匐	匍匐	匍匐	匍匐
生长锥状态	小花突起	小花突起	小穗突起	多数叶原基；少数伸长期-单棱期	叶原基	叶原基	叶原基
麦苗越冬率/%	0.1 以下	2.6	28.9	75.2	89.2	88.9	90.8

表 24-2 显示，冬前植株生长的高度随着秋播年数的增加逐代变矮，株型由直立拔节型转变成匍匐型（图 24-5）。

图 24-5　春小麦（碧玉）在连续秋播条件下株型的改变

生长锥分化发育的速度也随着秋播年数的增加而逐代延缓，经三年秋播后（F₃），除少数植株的生长锥发育到伸长期或单棱期以外，大多数像冬小麦一样停留在叶原基时期（图 24-6）。

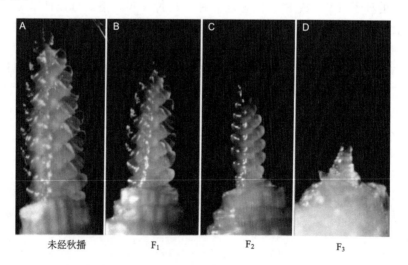

图 24-6　春麦碧玉在连续秋播条件下生长锥发育的改变。A. 对照（未经秋播）；
B. F₁ 小花突起；C. F₂ 小穗突起；D. F₃ 叶原基

在麦苗的抗冻性上，随着秋播年数的增加，抗冻性不断地显著增强，越冬存活率明显提高。

这些情况说明，春小麦碧玉在连续秋播条件下所发生的低温驯化的遗传变异和获得性遗传是一种积累性的提高过程，并且似乎有一个从量变到质变的转变过程，连续第三次秋播的后代（F_3），可能是这种从量变到质变的转折点，它的抗冻性（越冬存活率）达到了接近当地冬小麦的水平；冬前株型变成了与冬小麦类似的匍匐型；大多数植株的生长锥发育也与冬小麦一样保持在叶原基时期。

从 F_3 到 F_4，抗冻程度虽然还有一些增加，但幅度已不大。F_4 的抗冻性（越冬存活率）已达到了当地冬小麦的一般水平，F_4 以后，F_5 的抗冻性已不再连续增加。前面第十七章谈到北美落叶木本植物木质部的低温放热温度（深过冷）与其地理分布的最北边界的寒冬低温相适应：这里的木本植物"深过冷"的低温放热极限是 $-50 \sim -45℃$，而这里的寒冬低温一般没有超过 $-45℃$（George et al.，1974）。说明一定地区寒冬中的最低温度驯化出当地越冬植物的最大抗冻性。北京地区冬季的最低温度一般不超过 $-18 \sim -17℃$，由此驯化出来的冬小麦（如华北 187）的最大抗冻性，从适应性上说是不会超过 $-18 \sim -17℃$ 的。因此，经连续秋播形成的新的冬性小麦不会再超过原华北 187 的抗冻性。

为了进一步鉴别这种经连续秋播后植株抗冻性的获得与冬性的发育和遗传是否相一致，作者在翌年（1965）春天将上述系列材料进行了春播，结果出现了如图 24-7 显示的情况：F_1、F_2 和 F_3 与未经秋播的对照一样，在春播条件下表现出正常的抽穗、开花和结籽，说明它们在春性上还没有变化。但到 F_4 和 F_5，与冬小麦华北 187 一样，在春播条件下不能拔节、抽穗及开花结实，显示 F_4 和 F_5 已变成了冬性小麦。这种情况说明，小麦的抗冻性和冬性虽有一定的联系，但尚属不同的特性，在这种连续秋播过程中，冬性的形成比抗冻性发展的转折要晚一个世代。

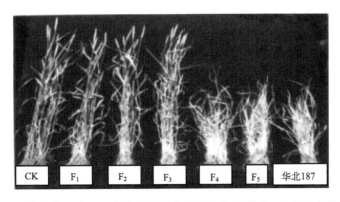

图 24-7　春小麦（碧玉）在连续秋播条件下冬性的形成。在春季播种，对照（CK）及 F_1、F_2 和 F_3 照常抽穗结实；F_4 和 F_5 与冬小麦华北 187 一样，不抽穗结实。说明经过连续 4 次秋播后，已转变成冬性小麦

为了确证这一结果，从 1965～1969 年又重复了这一实验，又获得了完全一致的结果。因此作者确信这一结果是可靠和可信的。这一实验的成功也有它"天时地利"的机

遇，一是"碧玉"这种春小麦是一个纯系的春性品种，没有遗传上固有的抗冻性和冬性基因；二是北京地区是我国华北地区种植冬小麦的边缘地带，这里的寒冬低温已是冬小麦可能抵抗和生存的临界低温，在这里秋播的纯系春小麦，在寒冬中必然要遭到伤害和死亡，如果要求得以生存，必须要发生遗传上的变异。

关于这个研究的理论上的意义和实际应用价值，读者们自有评说。"自然低温驯化"长期以来就是人们增强农、林、花卉植物抗寒性的一种行之有效的技术途径，这里所述的春小麦在连续秋播条件下抗冻性的提高和冬性的形成，是这一技术途径中的又一个例证。尤其引人兴趣的是对抗冻基因和冬性基因（春化基因）表达的研究，可能是一个极"妙"的实验体系。当今的分子遗传学的发展、反转录转座子和反转录酶基因的发现，对于这种低温驯化中的遗传变异与获得性遗传机制的深入研究，可能是一个重要的启示。现今的研究方法和技术平台，如原位杂交、基因芯片技术及聚合酶链反应等，也为这种"积累式获得性遗传"的深入分析和论证，提供了可能的技术途径。作者已年迈退休，今借此书出版之机，很高兴地陈述这一实验结果，期待对此有兴趣的研究者在这个问题上做出新的开拓和新的成就。

主要参考文献

曹翠玲, 高俊凤. 1996. 小麦根质膜氧化还原系统及其对水分胁迫的反应. 植物生理学通讯, 32: 106~110

曹宗巽, 吴相钰. 1980. 植物生理学. 北京: 高等教育出版社

陈敏, 王宝山. 2006. 植物质膜 H^+-ATPase 响应盐胁迫的分子机制. 植物生理学通讯, 42: 805~811

陈少良, 李金克, 毕望富等. 2001. 盐胁迫条件下杨树盐分与甜菜碱及糖类物质变化. 植物学通报, 18: 587~596

陈玉珍, 李凤兰. 2005. 低温锻炼对绵头雪莲花组织培养苗抗寒性及抗氧化酶活性的影响. 植物生理与分子生物学学报, 31: 437~440

陈志, 焦新之, 刘虹. 1991. 杜氏盐藻质膜 ATPase 在渗透调节中的可能作用. 植物生理学报, 17: 333~341

戴金平, 沈征言, 简令成. 1991. 低温锻炼对黄瓜幼苗几种酶活性的影响. 植物学报, 33: 627~632

董合铸, 孙龙华, 简令成. 1980. 不同抗寒性小麦品种的麦苗在冰冻-化冻后叶片细胞亚显微结构的变化. 植物学报, 22: 339~342

龚明, 丁念诚, 贺子义等. 1989. 盐胁迫下大麦和小麦叶片膜脂过氧化伤害与超微结构变化的关系. 植物学报, 31: 841~846

何大澄, 李耀, 任宁等. 1986. V79-8 细胞对黄麂细胞质微管冷稳定性的诱导. 中国细胞生物学会第三次会议论文摘要汇编. 173

贺道耀, 余叔文. 1995. 水稻高脯氨酸愈伤组织变异体的选择及其耐盐性. 植物生理学报, 21: 65~70

贺道耀, 余叔文. 1997. 水稻高脯氨酸变异系高脯氨酸含量和耐盐性的遗传性. 植物生理学报, 23: 357~362

侯彩霞, 於新建, 李荣等. 1998. 甜菜碱稳定 PSⅡ外周多肽机理的研究. 中国科学, 28: 355~361

胡章立, 李琳, 荆家海等. 1993. 水分胁迫对玉米幼叶生长区细胞质膜 H^+-ATPase 活性的影响. 植物生理学报, 19: 124~130

黄国存, 崔四平, 马春红等. 1995. 水分胁迫下小麦幼苗中 CaM 水平变化及其与 SOD 活性的关系. 植物生理学通讯, 31: 335~337

简令成, 董合铸, 孙龙华. 1981. 番茄子叶细胞内 ATP 酶活性的超微结构定位及其在冷害中的变化. 植物学报, 23: 257~261

简令成, 董合铸. 1980. 小麦原生质体在冰冻-化冻中的稳定性与其品种抗寒力的关系. 植物学报, 22: 17~21

简令成, 荆玉祥, 张宝田. 1973. 植物抗寒性的细胞学研究——小麦进入寒冬时期细胞亚显微结构的变化. 植物学报, 15: 22~28

简令成, 卢存福, 邓江明等. 2004. 木本植物休眠的诱导因子及其细胞内 Ca^{2+} 水平的调节作用. 应用与环境生物学报, 10: 1~6

简令成, 卢存福, 李积宏等. 2005. 适宜低温锻炼提高冷敏感植物玉米和番茄的抗冷性及其生理基础. 作物学报, 31: 971~976

简令成, 孙德兰. 2006. 植物种质的离体储存. 见: 孙敬三, 朱至清. 植物细胞工程实验技术. 北京: 化学工业出版社. 246~252

简令成, 孙龙华, 林忠平. 1989. 微管的冷稳定性与植物抗寒性关系的研究. 植物学报, 31: 737~741

简令成, 孙龙华, 史国顺. 1991. 抗寒锻炼中不同抗寒性小麦细胞膜糖蛋白的细胞化学研究. 实验生物学报, 24: 249~257

简令成, 孙龙华, 孙德兰. 1983a. 小麦质膜及液泡膜的 ATP 酶活性在抗寒锻炼中的变化. 实验生物学报, 16: 133~145

简令成, 孙龙华, 董合铸等. 1983b. 冬小麦幼叶细胞内 ATP 酶活性的超微结构定位及其在冷害和抗寒锻炼中的变化. 植物学集刊, 1: 183~192

简令成, 孙龙华, 孙德兰. 1983. 小麦穗轴中 ATP 酶活性及物质运输通道的定位与分布及其与小穗发育的关系. 植物学报, 23: 313~317

简令成，孙龙华，孙德兰．1984a．小麦叶片细胞周质骨架的研究．实验生物学报，17：149～159

简令成，孙龙华，贺善文．1984b．柑桔叶片细胞结构的适应性变化．园艺学报，11：79～83

简令成，孙龙华，孙德兰．1986．几种植物细胞表面糖蛋白的电镜细胞化学及其与抗逆性关系的研究．实验生物学报，19：265～276

简令成，孙龙华，卫翔云等．1994．从细胞膜系统的稳定性与植物抗寒性关系的研究到抗寒剂的研制．植物学通报（特刊），1～22

简令成，孙龙华，卫翔云等．1996．从低温逆境中膜脂-膜蛋白相互作用的研究到抗寒剂的研制．见：杨福愉，黄芬．膜脂-膜蛋白相互作用及其在医学和农业上的应用．济南：山东科学技术出版社．317～342

简令成，孙龙华．1991．抗冻植物避免细胞内结冰机制的研究——液泡内吞作用和"排水渠道"的发现．植物学集刊，5：107～113

简令成，孙龙华．1993．冬小麦抗寒锻炼中质膜脂质和糖蛋白分布变化的电镜观察．植物学报，35：337～341

简令成，王红，孙德兰．2003．胞间连丝研究进展．植物学通报，20：439～452

简令成，吴素萱．1965a．植物抗寒性的细胞学研究——小麦越冬过程中细胞结构的变化．植物学报，13：1～15

简令成，吴素萱．1965b．植物抗寒性的细胞学研究——小麦越冬过程中细胞内物质代谢的变化．植物学报，13：198～207

简令成．1962．小麦壮苗与黄弱苗的细胞化学比较观察．植物学报，10：91～102

简令成．1964．小麦生长锥分化过程中淀粉的积累动态及其与小穗发育的关系．植物学报，12：309～316

简令成．1986．植物的寒害和抗寒性．哈尔滨：黑龙江科学技术出版社

简令成．1987．植物冻害和抗冻性的细胞生物学研究．植物生理生化进展，5：1～16

简令成．1990．植物抗寒性的细胞及分子生物学研究进展．见：郑国锠，翟中和．细胞生物学进展．第2卷．北京：高等教育出版社．296～320

简令成．1996．微管骨架的冷稳定性与植物抗寒性的关系．见：徐是雄，朱澂．植物细胞骨架．北京：科学出版社

蒋明义，郭绍川．1997．氧化胁迫下稻苗体内积累的脯氨酸的抗氧化作用．植物生理学报，23：347～352

景亚武，易静，高飞．2003．活性氧：从毒性分子到信号分子——活性氧与细胞的增殖、分化和凋亡及其信号转导途径．细胞生物学杂志，25：197～202

李德全，邹琦，程炳嵩．1992．抗旱性不同的冬小麦幼苗对渗透胁迫的生理反应．植物学通报，9：35～39

李功藩，吴亚君，刘冬等．1987．光系统Ⅱ颗粒的多肽组成分析和重组后的放氧活性．植物生理与分子生物学学报，13：351～358

李美如，刘鸿先，王以柔等．1996．钙对水稻幼苗抗冷性的影响．植物生理学报，22：379～384

李卫，章文才，马湘涛等．1997．钙与钙调素对柑桔原生质体抗冻性的影响．植物生理学报，23：262～266

梁慧敏，夏阳，王大明．2003．植物抗寒冻、抗旱、耐盐基因工程研究进展．草业学报，12：1～7

梁铮，马德钦，汤岚等．1997．菠菜甜菜碱醛脱氢酶基因在烟草中的表达．生物工程学报，13：236～240

林植芳，李双顺，林桂株等．1984．水稻叶片的衰老与超氧物歧化酶活性及脂质过氧化作用的关系．植物学报，26：605～615

刘凤华，郭岩，谷冬梅等．1997．转甜菜碱醛脱氢酶基因植物的耐盐性研究．遗传学报，24：54～58

刘鸿先，曾韶西，王以柔等．1985．低温对不同耐寒力黄瓜幼苗子叶各细胞器中超氧歧化酶（SOD）的影响．植物生理学报，11：48～57

刘吉祥，吴学明，何涛等．2004．盐胁迫下芦苇叶肉细胞超微结构的研究．西北植物学报，24：1035～1040

刘岩，彭学贤，谢友菊等．1997．植物抗渗透胁迫基因工程研究进展．生物工程进展，17：31～37

卢存福，简令成，匡廷云．2000．低温诱导唐古特红景天细胞分泌抗冻蛋白．生物化学与生物物理进展，27：555～559

吕金印，高俊凤，曹翠玲．1997．渗透胁迫下小麦根质膜 Ca^{2+}-ATPase 活性及动力学．西北农业大学学报，25：41～45

吕金印，高俊凤．1996a．水分胁迫对小麦根质膜 H^+-ATPase 活性与 H^+ 分泌的影响．西北植物学报，16：101～106

吕金印，高俊凤．1996b．水分胁迫对小麦根质膜透性与质膜组分的影响．干旱地区农业研究，14：96～100

马泰，朱启星.2006. 线粒体形态改变与细胞凋亡. 细胞生物学杂志，28：671～675

宁顺斌，宋运淳，王玲等.2000. 冷胁迫诱导玉米根分生组织细胞凋亡的形态学和生物化学证据. 植物生理学报，26：189～194

潘杰，简令成，钱迎倩.1994. 小麦抗寒力诱导过程中特异性蛋白质的合成. 植物学集刊，7：144～157

潘杰，孙龙华，简令成.1992. 不同抗冷性水稻质膜 5′核苷酸酶活性的生化及细胞化学研究. 科学通报，37：653～656

钱骅，刘友良.1995. 盐胁迫下钙对大麦根系质膜和液泡膜功能的保护效应. 植物生理学通讯，31：102～104

邱全胜，李琳，梁厚果等.1994. 水分胁迫对小麦根细胞质膜氧化还原系统的影响. 植物生理学报，20：145～151

邱全胜.1999. 渗透胁迫对小麦根质膜膜脂物理状态的影响. 植物学报，41：161～165

石岩，林琪，位东斌等.1996. 土壤水分胁迫对冬小麦光合及产量的影响. 华北农学报，11：80～83

苏金为，王湘平.2002. 镉诱导的茶树苗膜脂过氧化和细胞程序性死亡. 植物生理与分子生物学报，28：292～298

孙德兰，陈建敏，宋艳梅等.2008. 细胞膜的形貌结构及其功能信息. 中国科学（C辑：生命科学），38：101～108

孙龙华，简令成.1995. 逆境中沙冬青叶片细胞叶绿体的结构. 实验生物学报，28：427～433

唐国顺，李广敏.1994. 水分胁迫下玉米叶肉细胞超微结构的变化及其与膜脂过氧化伤害的关系. 植物学报，36：43～49

汪堃仁，薛绍白，柳惠图.1998. 细胞生物学. 第二版. 北京：北京师范大学出版社

王凤茹，张红，尚振清等.2001. 干旱逆境下小麦幼苗细胞叶绿体与钙离子的关系. 河北农业大学学报，4：21～24

王红，简令成，张举仁.1994a. 低温逆境中水稻幼苗质膜 ATP 酶和 5′核苷酸酶活性的变化. 电子显微学报，13：190～195

王红，简令成，张举仁.1994b. 抗寒剂对水稻线粒体膜流动性的冷稳定作用. 植物学通报，11：43，44

王红，简令成，孙龙华.1994c. 抗寒剂对植物叶片组织细胞结构生长发育的促进与冷稳定作用. 植物学通报，11（特刊）：163～167

王红，简令成，张举仁.1994. 低温逆境中水稻幼苗细胞内水平的变化. 植物学报，36：587～591

王红，孙德兰，简令成.1999. 冬小麦幼苗质膜 Mg^{2+}-ATP 酶活性与低温损伤及其恢复的关系. 电子显微学报，18：157～164

王红，孙德兰，卢存福等.1998. 抗寒锻炼对冬小麦幼苗质膜 Ca^{2+}-ATPase 的稳定作用. 植物学报，40：1098～1101

王洪春，汤章城，苏维埃等.1980. 水稻干胚膜脂脂肪酸组分差异性分析. 植物生理学报，6：227～236

王可玢，许春辉，赵福洪等.1997. 水分胁迫对小麦旗叶某些体内叶绿素 a 荧光参数的影响. 生物物理学报，13：273～278

王以柔，刘鸿先，李平等.1986. 在光照和黑暗条件下低温对水稻幼苗光合器官膜脂过氧化作用的影响. 植物生理学报，12：244～251

韦振泉，林宏辉，何军贤等.2000. 水分胁迫对小麦捕光色素蛋白复合物的影响. 西北植物学报，20：555～560

吴相钰.2005. 陈阅增普通生物学. 第二版. 北京：高等教育出版社

肖玉梅，陈玉玲，王学臣.2003. 保卫细胞中的微丝骨架. 植物学通报，20：489～494

徐是雄，朱徽.1996. 植物细胞骨架. 北京：科学出版社

许长成，樊继莲，邹琦.1996. 干旱条件下冬小麦幼苗根细胞膜脂组成的变化. 植物学通报，13：21～24

许春辉，赵福洪，王可玢等.1988. 低温对黄瓜光系统 II 的影响. 植物学报，30：601～605

薛刚，刘凤霞，高俊凤.1997. 干旱对棉花根和下胚轴质膜膜脂脂肪酸组分及其相关酶活性的影响. 植物生理学通讯，33：97～100

杨福愉，蔡同茂，邢菁茹等.1983. 抗冷与不抗冷水稻线粒体膜流动性的比较. 科学通报，6：370～372

杨福愉，邢菁如，陈文雯等.1986. 抗冷与不抗冷水稻线粒体膜流动性的比较. 植物学报，28：607～614

杨福愉等.1980. 玉米线粒体抗氰化物氧化的研究（Ⅰ）. 中国科学，1：60～65

杨福愉等.1981. 玉米线粒体抗氰化物氧化的研究（Ⅱ）. 植物学报，23：343～347

杨福愉等.1982. 低温对耐寒与不耐寒玉米线粒体膜的影响. 生物化学与生物物理学报，5：521～524

杨福愉等.1996. 低温影响线粒体膜与水稻抗冷性鉴定方法的探讨. 见：杨福愉，黄芬. 膜脂-膜蛋白相互作用及其

在医学和农业上的应用．济南：山东科学技术出版社．300～316

姚胜蕊，曾骧，简令成．1991．桃花芽越冬过程中多糖积累和质壁分离动态与品种抗寒性的关系．果树学报，8：13～18

余叔文，汤章城．1998．植物生理与分子生物学．北京：科学出版社

曾长青，何大澄．1986．细胞质微管冷稳定性的比较研究．中国细胞生物学会第三次会议论文摘要汇编．172

曾福礼，张明风，李玉峰．1997．干旱胁迫下小麦叶片微粒体活性氧自由基的产生及其对膜的伤害．植物学报，39：1105～1108

翟中和，王喜忠，丁孝明．2000．细胞生物学．北京：高等教育出版社

张红，简令成，李广敏．1994．低温逆境中黄瓜幼苗细胞内钙离子水平变化的细胞化学研究．实验生物学报，27：419～427

张迎迎，王冬梅．2003．植物细胞的外连丝与类外连丝的结构与功能．细胞生物学杂志，25：164～167

张云，薛绍白．1990．钙和细胞功能．见：郑国锠，翟中和．细胞生物学进展．第2卷．北京：高等教育出版社．160～210

章文华，刘友良．1993．盐胁迫下钙对大麦和小麦离子吸收分配及 H$^+$-ATP 酶活性的影响．植物学报，35：435～439

赵可夫，范海．2005．盐生植物及其对盐渍生境的适应生理．北京：科学出版社

赵崴，李树峰，严云勤．2003．哺乳动物精子发生过程中的细胞凋亡及其影响因素．细胞生物学杂志，25：150～153

赵紫芬，陈文华，简令成等．1986．抗寒力不同的三个苹果品种越冬过程中花芽冻害的细胞化学观察．园艺学报，13：95～98

郑国锠，聂秀菀，王以秀等．1987．百合花粉母细胞染色质穿壁运动前次生胞间连丝的形成．实验生物学报，20：1～11

郑文菊，王勋陵，沈禹颖．1999．盐渍化生境中一些植物同化器官超微结构的研究．电子显微学报，18：507～512

周荣仁，杨燮荣，余叔文．1993．烟草耐盐愈伤组织变异体对盐渍的适应性．植物生理学报，19：188～192

朱徵，胡适宜．1999．植物生殖系统中传递细胞的研究进展．植物学通报，16（专辑）：35～41

Aaziz R，Dinant S，Epel B L．2001．Plasmodesmata and plant cytoskeleton．Trends Plant Sci，6：326～330

Abdrakhemanova A，Wang Q Y，Khokhlova L et al．2003．Is microtubule disassembly a trigger for cold acclimation？Plant Cell Physiol，44：676～686

Ahad A，Wolf J，Nick P．2003．Activation-tagged tobacco mutants that are tolerant to antimicrotubular herbicides are cross-resistant to chilling stress．Transgenic Res，12：615～629

Aizawa H，Katadae M，Maruya M et al．1999．Hyperosmotic stress-induced reorganization of actin bundles in *Dictyostelium* cells over-expressing cofilin．Genes Cells，4：311～324

Akashi T，Kawasaki S，Shibaoka H．1990．Stabilization of cortical microtubules by the cell wall in cultured tobacco cells．Planta，182：363～369

Akashi T，Shibaoka H．1987．Effects of gibberellin on the arrangement and the cold stability of cortical microtubules in epidermal cells of pea internodes．Plant Cell Physiol，28：339～348

Alberts B，Bray D，Lewis J et al．1994．Molecular Biology of the Cell．3rd ed．New York：Garland Publishing Inc

Alberts B，Johnson A，Lewis J et al．2002．Molecular Biology of the Cell．4th ed．New York：Garland Publishing Inc

Alia，Hayashi H，Chen T H H et al．1998．Transformation with a gene for choline oxidase enhance the cold tolerance of *Arabidopsis* during germination and early growth．Plant Cell Environ，21：232～239

Alia，Hayashi H，Sakamoto A et al．1998．Enhancement of the tolerance of *Arabidopsis* to high temperatures by genetic engineering of the synthesis of glycinebetaine．Plant J，16：155～161

Alia，Kondo Y，Sakamoto A et al．1999．Enhanced tolerance to light stress of transgenic *Arabidopsis* plants that express the codA gene for a bacterial choline oxidase．Plant Mol Biol，40：279～288

Allard F，Houde M，Kr M et al．1998．Betaine improves freezing tolerance in wheat．Plant Cell Physiol，39：1194～1202

Allen G J, Chu S P, Schumacher K et al. 2000. Alternation of stimulus-specific guard cell calcium oscillations and stomatal closing in Arabidopsis det3 mutant. Science, 289: 2338~2342

Allen G J, Chu S P, Schumacher K et al. 2001. A defined rang of guard cell calcium oscillation parameters encodes stomatal movements. Nature, 411: 1053~1057

Alvarez M E, Pennell R I, Meijer P J. 1998. Reactive oxygen intermediates mediate a systemic signal network in the establishment of plant immunity. Cell, 92: 773~784

Aon M A, Cortassa S, Gomez Casati D F et al. 1999. Effects of stress on cellular infrastructure and metabolic organization in plant cells. Int Rev Cytol, 194: 239~273

Apel K, Hirt H. 2004. Reactive oxygen species: metabolism, oxidative stress, and signal transduction. Annu Rev Plant Biol, 55: 373~399

Apse M P, Aharon G S, Snedden W A et al. 1999. Salt tolerance conferred by overexpression of a vacuolar Na^+/H^+ antiport in *Arabidopsis*. Science, 285: 1256~1258

Apse M P, Blumwald E. 2002. Engineering salt tolerance in plants. Curr Opin Biotechnol, 13: 146~150

Arpagaus S, Rawyler A, Braendle R. 2002. Occurrence and characteristics of the mitochondrial permeability transition in plants. J Biol Chem, 277: 1780~1787

Artus N N, Uemura M, Steponkus P L et al. 1996. Constitutive expression of the cold-regulated *Arabidopsis thaliana* *COR*15a gene affects both chloroplast and protoplast freezing tolerance. Proc Natl Acad Sci USA, 93: 13404~13409

Asahi T, Maeshima M, Matsuoka M et al. 1982. Effect of temperature on the activity and stability of higher plant cytochrome oxidese. *In*: Li P H, Sakai A. Plant Cold Hardiness and Freezing Stress. Vol 2. New York: Academic Press. 671~682

Asahina E. 1978. Freezing processes and injury in plant cells. *In*: Li P H, Sakai A eds. Plant Cold Hardiness and Freezing Stress. New York: Academic Press, 17~36

Ashworth E N, Abeles F. 1984. Freezing behavior of water in small pores and possible role in the freezing of plant tissues. Plant Physiol, 176: 201~204

Aspinall D, Paleg L. 1981. Proline accumulation: physiological aspects. *In*: Aspinall D, Paleg L. The Physiology and Biochemistry of Drought Resistance in Plants. London: Academic Press. 205~259

Assmann S M, Simoncini L, Schroeder J I. 1985. Blue light activates electrogenic ion pumping in guard cell protoplasts of *Vicia faba* L. Nature, 318: 285~287

Assmann S M. 1999. The cellular basis of guard cell sensing of rising CO_2. Plant Cell Environ, 22: 629~637

Auh C K, Murphy T M. 1995. Plasma membrane redox enzyme is involved in the synthesis of O_2 and H_2O_2 by phytophthora elicitor-stimulated rose cells. Plant Physiol, 107: 1241~1247

Avers C J. 1986. Molecular Cell Biology. New York: Addison-Wesley Publishing Company Inc Co

Avsian-Kretchmer O, Gueta-Dahan Y, Lev-Yadun S et al. 2004. The salt-stress signal transduction pathway that activates the *gpx*1 promoter is mediated by intracellular H_2O_2, different from the pathway induced by extracellular H_2O_2. Plant Physiol, 135: 1685~1696

Aziz A, Larher F. 1998. Osmotic stress induced changes in lipid composition and peroxidation in leaf discs of *Brassica napus* L. J Plant Physiol, 153: 754~762

Baker C J, Orlandi E W. 1995. Active oxygen in plant pathogenesis. Annu Rev Phytopathol, 33: 299~321

Balk J, Leaver C J, McCabe P F. 1999. Translocation of cytochrome c from the mitochondria to the cytosol occurs during heat-induced programmed cell death in cucumber plants. FEBS Lett, 463: 151~154

Balk J, Leaver C J. 2001. The PET1-CMS mitochondrial mutation in sunflower is associated with premature programmed cell death and cytochrome c release. Plant Cell, 13: 1803~1818

Ballesteros E, Kerkeb B, Donaire J P et al. 1998. Effects of salt stress on H^+-ATPase activity of plasma membrane-enriched vesicles isolated from sunflower roots. Plant Sci, 134: 181~190

Balsamo R A, Thomson W W. 1993. Ultrastructural features associated with secretion in the salt glands of *Frankenia grandifolia* (*Frankeniaceae*) and *Avicennia germinans* (*Avicenniaceae*) . Amer J Bot, 80: 1276~1283

Barnett J R. 1975. Seasonal variation of organelle numbers in sections of fusiform cambium cells of *Pinus radiata* D. Don New Zeal J Bot, 13: 325~332

Barrett K L, Willingham J M, Garvin A J et al. 2001. Advance in cytochemical methods for detection of apoptosis of apoptosis. J Histochem Cytochem, 49: 821~832

Bartoli C G, Gomez F, Martinez D E et al. 2004. Mitochondria are the main target for oxidative for oxidative damage in leaves of wheat (*Triticum aestivum* L) . J Exp Bot, 55: 1663~1669

Bartolo M E, Carter J V. 1991. Effect of microtubule stabilization on the freezing tolerance of mesophyll cells of spinach. Plant Physiol, 97: 182~187

Bechtold N, Ellis J, Pellectier G. 1993. In planta Agrobacterium mediated gene transfer by infiltration of adult Arabidopsis plants. C R Acad Sci Paris, Life Sci, 316: 1194~1199

Beligni M V, Fath A, Bethke P C et al. 2002. Nitric oxide acts as an antioxidant and delays programmed cell death in barley aleurone layers. Plant Physiol, 129: 1642~1650

Berezney R, Coffey D S. 1974. Identification of a nuclear protein matrix. Biochem Biophys Res Commun, 60: 1410~ 1417

Berezney R, Coffey D S. 1975. Nuclear protein matrix: association with newly synthesized DNA. Science, 189: 291~293

Berezney R. 1991. The nuclear matrix: a heuristic model for investigating genomic organization and function in the cell nucleus. J Cell Biochem, 47: 109~123

Berthke P C, Badger M R, Jones R L. 2004. Apoplastic synthesis of nitric oxide by plant tissues. Plant Cell, 16: 332~341

Bestwick C S, Brown I R, Bennett M H R et al. 1997. Localization of hydrogen peroxide accumulation during the hypersensitive reaction of lettuce cells to *Pseudomonas syringae pv phaseolicola*. Plant Cell, 9: 209~221

Bhattacharjee S, Mukherjee A K. 1995. Divalent calcium in heat and cold stress induced accumulation of proline in Amaranthus lividus Linn. Geobios, 22: 203~207

Binzel M L. 1995. NaCl-induced accumulation of tonoplast and plasma membrane H^+- ATPase message in tomato. Physiol Plant, 94: 722~728

Bittisnich D, Robison D, Whitecross M. 1989. Membrane-associated and intracellular free calcium levels in root cells under NaCl stress. *In*: Dainty J, de Michelis M I, Marre E. Plant Membrane Transport: the Current Position. Proceedings of the Eighth International Workshop on Plant Membrane Transport. New York: Elesevier Science Publishing Company Inc. 681~682

Black M M, Cochran J M, Kurdyla J T. 1984. Solubility properties of neuronal tubulin: evidence for labile and stable microtubules. Brain Res, 295: 255~263

Blatt M R. 2000. Cellular signaling and volume control in stomatal movements in plants. Annu Rev Cell Dev Biol, 16: 221~241

Blatt M R. 2002. Toward understanding vesicle traffic and the guard cell model. New Phytol, 153: 405~413

Blobel G, Dobberstein B. 1975. Transfer of proteins across membranes. II. Reconstitution of functional rough microsomes from heterologous components. J Cell Biol, 67: 852~862

Blobel G, Dobberstein B. 1975. Transfer of proteins across membranes. I. Presence of proteolytically processed and unprocessed nascent immunoglobulin light chains on membrane-bound ribosomes of murine myeloma. J Cell Biol, 67: 835~851

Bogdan C. 2001. Nitric oxide and regulation of gene expression. Trends Cell Biol, 11: 66~75

Boller T, Wiemken A. 1986. Dynamics of vacuolar compartmentation. Annu Rev Plant Physiol, 37: 137~164

Bolwell G P, Wojtaszek P. 1997. Mechanisms for the generation of reactive oxygen species in plant defence: a broad perspective. Physiol Mol Plant Pathol, 51: 347~366

Boo Y C, Jung J. 1999. Water deficit-induced oxidative stress and antioxidative defenses in rice plants. J Plant Physiol,

155: 255~261

Botella J R, Arteca J M, Somodevilla M et al. 1996. Calcium-dependent protein kinase gene expression in response to physical and stimuli in mungbean (*Vigna radiata*) . Plant Mol Biol, 30: 1129~1137

Boughanmi N, Michonneau P, Verdus M C. 2003. Structural changes induced by NaCl in companion and transfer cells of *Medicago sativa* blades. Protoplasma, 220: 179~187

Bowler C, Fluhr R. 2000. The role of calcium and activated oxygens as signals for controlling cross-tolerance. Trends Plant Sci, 5: 241~246

Braam J, Davis R W. 1990. Rain-, wind- and touch-induced expression of calmodulin and calmodulin-related genes in *Arabidopsis*. Cell, 60: 357~364

Bradbury E M. 1978. Histone interactions, histone modifications and chromatin structure. Phil Trans R Soc Lond B, 283: 291~293

Bradley D J, Kjellbom P, Lamb C J. 1992. Elicitor- and wound-induced oxidative cross-linking of a proline-rich plant cell wall protein: a novel, rapid defense response. Cell, 70: 21~30

Brady S T, Tytell M, Lasek R J. 1984. Axonal tubulin and axonal microtubules: biochemical evidence for cold stability. J Cell Biol, 99: 1716~1724

Bridger G M, Yang W, Falk D E et al. 1994. Cold acclimation increases tolerance of activated oxygen in winter cereals. J Plant Physiol, 144: 235~240

Brüggemann W, van der Kooij T A W, van Hasselt P R. 1992. Long-term chilling of young tomato plants under low light and subsequent recovery. I . Growth, development and photosynthesis. Planta, 186: 172~178

Bulinski J C, Richards J E, Piperno G. 1988. Posttranslational modifications of alpha tubulin: detyrosination and acetylation differentiate populations of interphase microtubules in cultured cells. J Cell Biol, 106: 1213~1220

Burch M D, Marchant H J. 1983. Motility and microtubule stability of Antarctic algae at sub-zero temperatures. Protoplasma, 115: 240~242

Burgess J. 1971. Observations on structure and differentiation in plasmodesmata. Protoplasma, 73: 83~95

Burgess J. 1972. The occurrence of plasmodesmata-like structures in a non-division wall. Protoplasma, 74: 449~458

Bush D S. 1995. Calcium regulation in plant cells and its role in signaling. Ann Rev Plant Physil Plant Mol Biol, 46: 95~122

Bush D S. 1996. Effects of gibberellic acid and environment factors on cytosolic calcium in wheat aleurone cells. Planta, 199: 89~99

Byrd G T, Ort D R, Ogren W L. 1995. The effects of chilling in the light on ribulose-1, 5-bisphosphate carboxylase/ oxygenase activation in tomato (*Lycopersicon esculentum* Mill) . Plant Physiol, 107: 585~591

Cambray-Deakin M A, Burgoyne R D. 1987. Acetylated and detyrosinated alpha-tubulins are co-localized in stable microtubules in rat meningeal fibroblasts. Cell Motil Cytoskel, 8: 284~291

Campbell A K, Trewavas A J, Knight M R. 1996. Calcium imaging shows differential sensitivity to cooling and communication in luminous transgenic plants. Cell Calcium, 19: 211~218

Campbell R, Drew M C. 1983. Electron microscopy of gas space (aerenchyma) formation in adventitious roots of *Zea mays* L. subjected to oxygen shortage. Planta, 157: 350~357

Cao J, Jiang F, Sodmergen et al. 2003. Time-course of programmed cell death during leaf senescence in *Eucommia ulmoides*. J Plant Res, 116: 7~12

Capco D C, Wan K M, Penman S. 1982. The nuclear matrix: three-dimensional architecture and protein composition. Cell, 29: 845~847

Capco D G, Krochmalnic G, Penman S. 1984. A new method of preparing embedment-free sections for transmission electron microscopy: applications to the cytoskeletal framework and other three-dimensional networks. J Cell Biol, 98: 1878~1885

Capone R, Tiwari B S, Levine A. 2004. Rapid transmission of oxidative and nitrosative stress signals from roots to shoots in Arabidopsis. Plant Physiol Biochem, 42: 425~428

Caroita N, Sabularse D, Montezinos D et al. 1979. Determination of the pore size of cell walls of living plant cells. Science, 205: 1144~1147

Carter J V, Wick S M. 1984. Irreversible microtubule depolymerisation. associated with freezing injury in *Allium cepa* root tip cells. CryoLetters, 5: 373~382

Cashmore A R, Jarillo J A, Wu Y J et al. 1999. Cryptochromes: blue light receptors for plants and animals. Science, 284: 760~765

Casolo V, Petrussa E, Krajnakova J et al. 2005. Involvement of the mitochondrial K_{ATP}^{+} channel in $H_2O_2^{-}$ or NO-induced programmed death of soybean suspension cell cultures. J Exp Bot, 56: 997~1006

Chamnongpol S, Willekens H, Moeder W et al. 1998. Defense activation and enhanced pathogen tolerance induced by H_2O_2 in transgenic tobacco. Proc Natl Acad Sci USA, 95: 5818~5823

Champagnat P. 1989. Rest and activity in vegetative buds of trees. Ann Sci For, 46 (suppl): 9~26

Chauhan S, Forsthoefel N, Ran Y et al. 2000. Na^+/myo-inositol symporters and Na^+/H^+-antiport in *Mesembryanthemum crystallinum*. Plant J, 24: 511~522

Chen F, Bradford K J. 2000. Expression of an expansin is associated with endosperm weakening during tomato seed germination. Plant Physiol, 124: 1265~1274

Chen P M, Li P H, Cummingham W P. 1977. Ultrastructural differences in leaf cells of some solanum species in relation to their frost resistance. Bot Gaz, 138: 276~285

Chen S, Dikman M B. 2004. Bcl-2 family members localize to tobacco chloroplasts and inhibit programmed cell death induced by chloroplast targeted herbicides. J Exp Bot, 55: 2617~2623

Chen T H, Murata N. 2002. Enhancement of tolerance of abiotic stress by metabolic engineering of betaines and other compatible solutes. Curr Opin Biotechnol, 5: 250~257

Chen W P, Li P H, Chen T H H. 2000. Glycinebetaine increase chilling tolerance and reduces chilling-induced lipid peroxidation in *Zea mays* L. Plant Cell Environ, 23: 609~618

Chen Y Y, Sun R H, Han W L. 2001. Nuclear translocation of PDCD5 (TFAR19): an early signal for apoptosis? FEBS Lett, 509: 191~196

Chien (Jian) L C, Wu S H. 1966. Cytological studies on the cold resistance in plants: changes of intracellular structures in the different cold-resistant wheat varieties during over-winetring. Scientia Sinica, 15: 836~853

Cho H T, Cosgrove D J. 2002. Regulation of root hair initiation and expansin gene expression in Arabidopsis. Plant Cell, 14: 3237~3253

Cholewa E, Cholewinski A J, Shelp B J et al. 1997. Cold-shock-stimulated gamma-aminobutyric acid synthesis is mediated by an increase in cytosolic Ca^{2+}, not by an increase in cytosolic H^+. Can J Bot, 75: 375~382

Christie J M, Reymond P, Powell G K et al. 1998. *Arabidopsis* NPH1: a flavoprotein with the properties of a photoreceptor for phototropism. Science, 282: 1698~1701

Chu B, Xin Z, Li P H. 1992. Depolymerization of cortical microtubules is not a primary cause of chilling injury in corn (*Zea mays* L. cv Black Mexican Sweet) suspension culture cells. Plant Cell Environ, 15: 307~312

Clarke A, Desikan R, Hurst R D et al. 2000. NO way back: nitric oxide and programmed cell death in Arabidopsis thaliana suspension cultures. Plant J, 24: 667, 677

Clarke P G H. 1990. Developmental cell death: morphological diversity and multiple mechanisms. Anat Embryol, 181: 195~213

Cleland R E, Fujiwara T, Lucas B J. 1994. Plasmedesmal-mediated cell-to-cell transport in wheat roots is modulated by anaerbic stress. Protoplasma, 178: 81~85

Coleman G D, Chen T H H, Ernst S G et al. 1991. Photoperiod control of poplar bark storage protein accumulation. Plant Physiol, 96: 686~692

Corpas F J, Barroso J B, Carreras A et al. 2004. Cellular and subcellular localization of endogenous nitric oxide in young and senescent pea plants. Plant Physiol, 136: 2722~2733

Cosgrove D J, Bedinger P, Durachko D M. 1997. Group I allergens of grass pollen as cell wall-loosening agents. Proc

Natl Acad Sci USA, 94: 6559~6564

Cosgrove D J. 1993. How do plant cell walls extend? Plant Physiol, 102: 1~6

Cosgrove D J. 1997a. Assembly and enlargement of the primary cell wall in plants. Annu Rev Cell Dev Biol, 13: 171~
201

Cosgrove D J. 1997b. Relaxation in a high-stress environment: the molecular bases of extensible cell walls and cell en-
largement. Plant Cell, 9: 1031~1041

Cosgrove D J. 2000. Loosening of plant cell walls by expansins. Nature, 407: 321~326

Couot-Gastelier J, Laffray D, Louguet P. 1984. Etude comparee de l'utrastructure des stomates ouverts et fermes
chez le Tradescantia viragimiana. Can J Bot, 62: 1505~1512

Crompton M. 1999. The mitochondrial permeability transition pore and its role in cell death. Biochem J, 341:
233~249

Crowe J H, Crowe L M, Mouradian R. 1983. Stabilization of biological membranes at low water activities. Cryobiolo-
gy, 20: 346~356

Crowe L M, Crowe J H. 1982. Hydration-dependent hexagonal phase lipid in a biological membrane. Arch Biochem
Biophys, 217: 582~587

Curtain C C, Looney F D, Regan D L et al. 1983. Changes in the ordering of lipids in the membrane of *Dunaliella* in
response to osmotic-pressure changes. An e. s. r. study. Biochem J, 213: 131~136

Danon A, Delorme V, Mailhac N et al. 2000. Plant programmed cell death: a common way to die. Plant Physiol Bio-
chem, 38: 647~655

Danon A, Miersch O, Felix G. 2005. Concurrent activation of cell death-regulating signaling pathways by singlet oxy-
gen in *Arabidopsis thaliana*. Plant J, 41: 68~80

Dat J, Vandenabeele S, Vranova E et al. 2000. Dual action of the active oxygen species during plant stress respon-
ses. Cell Mol Life Sci, 57: 779~795

Davis R F, Jaworski A Z. 1979. Effects of ouabain and low temperature on the sodium efflux pump in excised corn
root. Plant Physiol, 63: 940~946

Davison P A, Hunter C N, Horton P. 2002. Overexpression of β-carotene hydroxylase enhances stress tolerance in
Arabidopsis. Nature, 418: 203~206

De B, Bhattacharjee S, Mukherjee A K. 1996. Short-term heat shock and cold shock induced proline accumulation in
relation to calcium involvement in *Lycopersicon esculentum* (Mill.) cultured cells and seedlings. Indian J Plant
Physiol, 1: 32~35

De la Roche I A, Pomeroy M K, Andrews C J. 1975. Changes in fatty acid composition in wheat cultivars of contras-
ting hardiness. Cryobiology, 12: 506~512

De Nisi P, Zocchi G. 1996. The role of calcium in the cold shock responses. Plant Sci, 121: 161~166

De Robertis E D P, De Robertis E M F. 1980. Cell and Molecular Biology. 7th ed. Philadephia: Saunders College Pub-
lishing

De Robertis E M, Longthorne R F, Gurdon J B. 1978. Intracellular migration of nuclear proteins in *Xenopus
oocytes*. Nature, 272: 254~256

Degenhardt B, Gimmler H. 2000. Cell wall adaptations to multiple environmental stresses in maize roots. J Exp Bot,
51: 595~603

Delauney A J, Hu C-A A, Kishor P B K et al. 1993. Cloning of ornithine δ-aminotransferase cDNA from *Vigna
conitifolia* by *trans*-complementation in *Escherichia coli* and regulation of praline biosynthesis. J Biol Chem, 268:
18673~18678

Delauney A J, Verma D P S. 1993. Proline biosynthesis and osmoregulation in plants. Plant J, 4: 215~223

Delledonne M, Zeier J, Marocco A et al. 2001. Signal interactions between nitric oxide and reactive oxygen intermedi-
ates in the plant hypersensetive disease resistance response. Proc Natl Acad Sci USA, 98: 13454~13459

Deshnium P, Los D A, Hayashi H et al. 1995. Transformation of *Synechococcus* with a gene for choline oxidase enhances tolerance to salt stress. Plant Mol Biol, 29: 897~907

Detrich H W, Prasad V, Luduena R F. 1987. Cold-stable microtubules from Antarctic fishes contain unique α tubulins. J Biol Chem, 262: 8360~8366

Dhonukshe P, Laxalt A M, Goedhart J et al. 2003. Phospholipase D activation correlates with microtubule reorganization in living plant cells. Plant Cell, 15: 2666~2679

Diamant S, Eliahu N, Rosenthal D et al. 2001. Chemical chaperones regulate molecular chaperones in vitro and in cells under combined salt and heat stresses. J Biol Chem, 276: 39586~39591

Dietz K J, Rudloff S, Ageorges A et al. 1995. Sue of the vacuolar H^+-ATPase of *Hordeum vulgare* L. : cDNA cloning, expression and immunological analysis. Plant J, 8: 521~529

Dietz K J, Tavakoli N, Kluge C et al. 2001. Significance of the V-type ATPase for the adaptation to stressful growth conditions and its regulation on the molecular and biochemical level. J Exp Bot, 52: 1969~1980

Ding B, Itaya A, Woo Y-M. 1999. Plasmodesmata and cell-to-cell communication in plants. Int Rev Cyto, 190: 251~315

Ding B, Li Q B, Nguyem L et al. 1995. Cucumber mosaic vinus 3a protein potentiates cell-to-cell trafficking of CMV vRNA in tobacco plants. Virology, 207: 345~353

Ding B. 1998. Intercellular protein trafficking through plasmidesmata. Plant Mol Biol, 38: 279~310

Ding J P, Pickard B G. 1993a. Modulation of mechanosensitive calcium-selective cation channels by temperature. Plant J, 3: 713~720

Ding J P, Pickard B G. 1993b. Mechanosensory calcium-selective cation channels in epidermal cells. Plant J, 3: 83~110

Dion M, Chamberland H, St-Michel C et al. 1997. Detection of a homologue of bcl-2 in plant cells. Biochem Cell Biol, 75: 457~461

Doke N, Miura Y, Sanchez L M et al. 1994. Involvement of superoxide in signal transduction: responses to attack by pathogens, physical and chemical shocks, and UV irradiation. *In*: Foyer C H, Mullineaux P M. Causes of Photooxidative Stress and Amelioration of Defense Systems in Plants. Boca Raton: CRC Press. 177~197

Doll S, Rodier F, Willenbrink J. 1979. Accumulation of sucrose in vacuoles isolated from red beet tissue. Planta, 144: 407~411

DrakeG A, Carr D J, Anderson W P. 1978. Plasmolysis, plasmodesmata, and the electrical coupling of oat coleoptile cells. J Exp Bot, 29: 1205~1214

Dubouzet J G, Sakuma Y, Ito Y et al. 2003. *OsDREB* genes in rice, *Oryza sativa* L. , encode transcription activators that function in drought-, high-salt- and cold-responsive gene expression. Plant J, 33: 751~763

Duman J G. 1994. Purification and characterization of a thermal hysteresis protein from a plant, the bittersweet nightshade *Solanum dulcamara*. Biochim Biophys Acta, 1206: 129~135

Einspahr K J, Maeda M, Thompson G A Jr. 1988. Concurrent changes in *Dunaliella salina* ultrastructure and membrane phospholipid metabolism after hyperosmotic shock. J Cell Biol, 107: 529~538

Eklund L, Eliasson L. 1990. Effects of calcium ion concentration on cell wall synthesis. J Exp Bot, 41: 863~867

Eklund L. 1991. Relations between indoleacetic acid, calcium ions and ethylene in the regulation of growth and cell wall composition in *Picea abies*. J Exp Bot, 42: 785~789

Elstner E F, Osswald W. 1994. Mechanisms of oxygen activation during plant stress. Proc R Soc Edinb B, 102: 131~154

Elstner E F. 1991. Mechanisms of oxygen activation in different compartments of plant cells. *In*: Pelland E J, Steffen K L. Active Oxygen/Oxidative Stress in Plant Metabolism. American Society of Plant Physiologists. Rockville M D. 13~25

Erdei L, Stuiver B, Kuiper P J C. 1980. The effect of salinity on lipid composition and on activity of Ca^{2+}- and Mg^{2+}-stimulated ATPases in salt-sensitive and salt-tolerant Plantago species. Physiol Plant, 49: 315~319

Erlandson A G, Jensen P. 1989. Influence of low temperature on regulation of rubidium and calcium influx in roots of winter wheat. Physiol Plant, 75: 114～120

Eun S O, Lee Y. 1997. Actin filaments of guard cells are reorganized in response to light and abscisic acid. Plant Physiol, 115: 1491～1498

Evans N H, McAinsh M R, Hetherington A M. 2001. Calcium oscillations in plants. Curr Opin Plant Biol, 4: 415～420

Fadzillah N M, Finch R P, Burdon R H et al. 1997. Salinity, oxidative stress and antioxidant responses in shoot cultures of rice. J Exp Bot, 48: 325～331

Fadzillah N M, Gill V, Finch R P et al. 1996. Chilling, oxidative stress and antioxidant responses in shoot cultures of rice. Planta, 199: 552～556

Fath A, Bethke P C, Jones R L. 2001. Enzymes that scavenge reactive oxygen species are down-regulated prior to gibberellic acid-induced programmed cell death in barley aleurone. Plant Physiol, 126: 156～166

Fath A, Bethke P, Beligni V et al. 2002. Active oxygen and cell death in cereal aleurone cells. J Exp Bot, 53: 1273～1282

Fei Y B, Sun L H, Tao H et al. 1994. An important antifreeze mechanism of overwintering protein (AFP) with high activity in *Ammopoptanthus monglicus*. Cryobiolgy, 31: 560～565

Feierabend J, Schaan C, Hertwig B. 1992. Photoinactivation of catalase occurs under both high-and low-temperature stress conditions and accompanies photoinhibition of photosystem II. Plant Physiol, 100: 1554～1561

Feierabend J, Streb P, Schmidt M et al. 1996. Expression of catalase and its relation to light stress and stress tolerance. *In*: Grillo S, Leone A. Physical Stresses in Plants: Genes and their Products for Tolerance. Berlin, Heidelberg: Springer. 223～234

Fey E G, Wan K M, Penman S. 1984. Epithelial cytoskeletal framework and nuclear matrix- intermediate filament scaffold: three-dimensional organization and protein composition. J Cell Biol, 98: 1973～1984

Fey R L, Workman M, Marcellos H et al. 1979. Electron spin resonance of 2, 2, 6, 6- tetramethylpiperidine-1-Oxyl (TEMPO) -labeled plant leaves. Plant Physiol, 63: 1220～1223

Fink M, Deuprat F, Lesage F et al. 1996. A new K^+ channel beta subunit to specifically enhance Kv2. 2 (CDRK) expression. J Biol Chem, 271: 26341～26348

Flowers T J, Yeo A R. 1986. Ion relations of plants under drought and salinity. Aust J Plant Physiol, 13: 75～91

Foreman J, Demidchik V, Bothwell J H et al. 2003. Reactive oxygen species produced by NADPH oxidase regulate plant cell growth. Nature, 422: 442～446

Fortmeier R, Schubert S. 1995. Salt tolerance of maize (*Zea mays* L.): the role of sodium exclusion. Plant Cell Environ, 18: 1041～1047

Foyer C H, Descourvieres P, Kunert K J. 1994. Protection against oxygen radicals: an important defence mechanism studied in transgenic plants. Plant Cell Environ, 17: 507～523

Foyer C H, Lopez-Delgado H, Dat J F et al. 1997. Hydrogen peroxide- and glutathione- associated mechanisms of acclimatory stress tolerance and signalling. Physiol Plant, 100: 241～254

Foyer C H, Noctor G. 2003. Redox sensing and signaling associated with reactive oxygen in chloroplasts, peroxisomes and mitochondria. Physiol Plant, 119: 355～364

Foyer C H, Noctor G. 2005. Oxidant and antioxidant signaling in plants: a re-evaluation of the concept of oxidative stress in a physiological context. Plant Cell Environ, 28: 1056～1071

Foyer C H, Noctor G. 2005. Redox homeostasis and antioxidant signaling: a metabolic interface between stress perception and physiological responses. Plant Cell, 17: 1866～1875

Foyer C H. 1993. Ascorbic acid. *In*: Alscher R G, Hess J L. Antioxidants in Higher Plants. Boca Raton, FL: CRC Press. 31～58

Frank W, Munnik T, Kerkmann K et al. 2000. Water deficit triggers phospholipase D activity in the resurrection plant Craterostigma plantagineum. Plant Cell, 12: 111～124

Frechilla S, Zhu J, Talbott L D et al. 1999. Stomata from npq1, a zeaxanthin-less *Arabidopsis* mutant, lack a specific response to blue light. Plant Cell Physiol, 40: 949~954

Freeman T P, Duysen M E. 1975. The effect of imposed water stress on the development and ultrastructure of wheat chloroplasts. Protoplasma, 83: 131~145

Frensch J, Hsiao T C. 1995. Rapid response of the yield threshold and turgor regulation during adjustment of root growth to water stress in *Zea mays*. Plant Physiol, 108: 303~312

Fry S C. 1995. Polysaccharide-modifying enzymes in the plant cell wall. Annu Rev Plant Physiol Plant Mol Biol, 46: 497~520

Fujikawa S, Kuroda K, Fukazawa K. 1994. Ultrastuctuarl study of deep supercooling of xylem ray parenchyma cells from *Stylax obassia*. Micron, 25: 241~252

Fujikawa S, Kuroda K. 2000. Cryo-scanning electron microscopic study on freezing behavior of xylem ray parenchyma cells in hardwood species. Micron, 31: 669~686

Fujiwara T, Giesman-Cookmeyer D, Ding B et al. 1993. Cell-to-cell trafficking of macromolecules through plasmodesmata potentiated by the red clover necrotic mosaic virus movement protein. Plant Cell, 5: 1783~1794

Fukuda A, Yazaki Y, Ishikawa T et al. 1998. Na^+/H^+ antiporter in tonoplast vcesicles from rice roots. Plant Cell Physiol, 39: 196~201

Gabbita S P, Robinson K A, Stewart C A et al. 2000. Redox regulatory mechanisms of cellular signal transduction. Arch Biochem Biophys, 376: 1~13

Gallois P, Makishima T, Hecht V et al. 1997. An *Arabidopsis thaliana* cDNA complementing a hamster apoptosis suppressor mutant. Plant J, 11: 1325~1331

Gao X Q, Li C G, Wei P C et al. 2005. The dynamic changes of tonoplasts in guard cells are important for stomatal movement in *Vicia faba*. Plant Physiol, 139: 1207~1216

Garay-Arroyo A, Colmenero-Flores J M, Garciarrubio A et al. 2000. Highly hydrophilic proteins in prokaryotes and eukaryotes are common during conditions of water deficit. J Biol Chem, 275: 5668~5674

Garber M P, Steponkus P L. 1976. Alterations in chloroplast thylakoids during cold acclimation. Plant Physiol, 57: 681~686

Garcia-Mata C, Gay R, Sokolovski S et al. 2003. Nitric oxide regulated K^+ and Cl^- channels in guard cells through a subset of abscisic acid-evoked signaling pathways. Pro Natl Acad Sci USA, 100: 11116~11121

Garcia-Mata C, Lamattina L. 2001. Nitric oxide induces stomatal closure and enhances the adaptive plant responses against drought stress. Plant Physiol, 126: 1196~1204

Garcia-Mata C, Lamattina L. 2002. Nitric oxide and abscisic acid cross talk in guard cells. Plant Physiol, 128: 790~792

Garg A K, Kim J K, Owens T G et al. 2002. Trehalose accumulation in rice plants confers high tolerance levels to different abiotics stresses. Proc Natl Acad Sci USA, 99: 15898~15903

Genkeli P A. 1948. Protoplast isolation phenomenon in the dormancy of plants. Bect Akad Nauk SSSR, 8: 1~24

George M F, Burke M J, Pellett H M et al. 1974. Low temperature exotherms and woody plant distribution. HortScience, 9: 519~522

George M F, Burke M J. 1977. Supercooling in overwintering azalea flower buds: additional freezing parameters. Plant Physiol, 59: 326~328

Getz H P, Klein M. 1995. Characteristics of sucrose transport and sucrose-induced H^+ transport on the tonoplast of red beet (*Beta vulgaris* L.) storage tissue. Plant Physiol, 107: 459~467

Giles K L, Beardsell M F, Cohen D. 1974. Cellular and ultrastructural changes in mesophyll and bundle sheath cells of maize in response to water stress. Plant Physiol, 54: 208~212

Giles K L, Cohen D, Beardsell M F. 1976. Effects of water stress on the ultrastructure of leaf cells of *Sorghum bicolor*. Plant Physiol, 57: 11~14

Gilmour S J, Sebolt A M, Salazar M P et al. 2000. Overexpression of the Arabidopsis *CBF*3 transcriptional activator mimics multiple biochemical changes associated with cold acclimation. Plant Physiol, 124: 1854~1865

Gilmour S J, Zarka D G, Stockinger E J et al. 1998. Low temperature regulation of the *Arabidopsis* CBF family of AP2 transcriptional activators as an early step in cold-induced *COR* gene expression. Plant J, 16: 433~442

Gilroy S, Fricker M D, Read N D. 1991. Role of calcium in signal transduction of *Commelina* gurad cells. Plant Cell, 3: 333~344

Gisbert C, Rus A M, Bolarin M C et al. 2000. The yeast HAL1 gene improves salt tolerance of transgenic tomato. Plant Physiol, 123: 393~402

Glenn E P, Brown J J. 1999. Salt tolerance and crop potential of halophytes. Crit Rev Plant Sci, 18: 227~255

Gong M, Van de Luit A H, Knight M R et al. 1998. Heat-shock-induced changes in intracellular Ca^{2+} level in tobacco seedlings in relation to thermo tolerance. Plant Physiol, 116: 429~437

Gordon-Kamm W J, Steponkus P L. 1984. Lamellar-to-hexagonal II phase transitions in the plasma membrane of isolated protoplasts after freeze-induced dehydration. Proc Natl Acad Sci USA, 81: 6373~6377

Gordon-Kamm W J, Steponkus P L. 1984. The behavior of the plasma membrane following osmotic contraction of isolated protoplasts: implications in freezing injury. Protoplasma, 123: 83~94

Gossett D R, Banks S W, Millhollon E P et al. 1996. Antioxidant response to NaCl stress in a control and an NaCl-tolerant cotton cell line grown in the presence of paraquat, buthionine sulfoximine, and exogenous glutathione. Plant Physiol, 112: 803~809

Gotow T, Shibata S, Kanamori O et al. 2000. Selective localization of Bcl-2 to the inner mitochondrial and smooth endoplasmic reticulum membranes in mammalian cells. Cell Death Differ, 7: 666~674

Gould K, Lamotte O, Klinguer A et al. 2003. Nitric oxide production in tobacco leaf cells: a generalized stress response? Plant Cell Environ, 26: 1851~1862

Goyal K, Walton L J, Tunnacliffe A. 2005. LEA proteins prevent protein aggregation due to water stress. Biochem J, 388: 151~157

Greenberg J T, Monach P, Chou J H et al. 1990. Positive control of a global antioxidant defense regulon activated by superoxide-generating agents in *Escherichia coli*. Proc Natl Acad Sci USA, 87: 6181~6185

Greenberg J T. 1996. Programmed cell death: a way of life for plants. Proc Natl Acad Sci USA, 93: 12094~12097

Greenberg J T. 1997. Programmed cell death in plant-pathogen interactions. Annu Rev Plant Physiol Plant Mol Biol, 48: 525~545

Grenier G, Willemot C. 1975. Lipid phosphorus content and ^{32}P incorporation in roots of alfalfa varieties during frost hardening. Can J Bot, 53: 1473~1477

Griffith M, Ala P, Yang D S et al. 1992. Antifreeze protein produced endogenously in winter rye leaves. Plant Physiol, 100: 593~596

Griffith M, Antikaine M, Hon W-C et al. 1997. Antifreeze protein in winter rye. Physiol Plant, 100: 327~332

Guan L M, Zhao J, Scandalios J G. 2000. Cis-elements and trans-factors that regulate expression of the maize Cat1 antioxidant gene in response to ABA and osmotic stress: H_2O_2 is the likely intermediary signaling molecule for the response. Plant J, 22: 87~95

Gueta-Dahan Y, Yaniv Z, Zilinskas B A et al. 1997. Salt and oxidative stress: similar and specific responses and their relation to salt tolerance in citrus. Planta, 203: 460~469

Gunawardena A H, Pearce D M, Jackson M B et al. 2001. Characterization of programmed cell death during aerenchyma formation induced by ethylene or hypoxia in roots of maize (*Zea mays* L.). Planta, 212: 205~214

Gundersen G G, Cook T A. 1999. Microtubules and signal transduction. Curr Opin Cell Biol, 11: 81~94

Gunning B E S, Hardham A R. 1982. Microtubules. Annu Rev Plant Physiol, 33: 651~698

Gunning B E S, Steer M W. 1996. Plant Cell Biology: Structure and Function. Boston London: Jones and Bartlett Publishers

Gunning B E S. 1977. Transfer cells and their roles in transport of solutes in plants. Sci Prog Oxf, 64: 539~568

Guo F G, Okamoto M, Crawfor N M. 2003. Identification of a plant nitric oxide synthase gene involved in hormonal signaling. Science, 302: 100~103

Guo Y, Xiong L, Song C P. 2002. A calcium sensor and its interacting protein kinase are global regulators of abscisic signaling in Arabidosis. Dev Cell, 3: 233~244

Gusta L V, Robertson A J, Churchill G C. 1993. The role of plant growth regulators on the freezing tolerance of winter annual cereals and cell suspension cultures. In: Li P H, Christersson L. Advance in Plant Cold Hardiness. Boca Raton London: CRC Press, 253~272

Guy C L, Haskell D, Neven L et al. 1992. Hydration-state-responsive protein link cold and drought stress in spinach. Planta, 188: 265~270

Guy C L. 1990. Cold acclimation and freezing stress tolerance: role of protein metabolism. Annu Rev Plant Physiol Plant Mol Biol, 41: 187~223

Haake V, Cook D, Riechmann J L et al. 2002. Transcription factor CBF4 is a regulator of drought adaptation in Arabidopsis. Plant Physiol, 130: 639~648

Hajibagheri M A, Hall J L, Flowers T J. 1984. Stereological analysis of leaf cells of the halophyte *Suaeda maritime* (L.) Dum. J Exp Bot, 35: 1947~1557

Hall D O, Rao K K. 1987. Photosynthesis. 4th ed. Edward Arnold, Whistable, Kent. 51

Hall J L, Hawes C. 1991. Electron Microscopy of Plant Cells. London-New York: Academic Press

Hamada A, Shono M, Xia T et al. 2001. Isolation and characterization of a Na^+/H^+ antiporter gene from the halophyte *Atriplex gmelini*. Plant Mol Biol, 46: 35~42

Hamilton E W, Heckathorn A. 2001. Mitochondrial adaptations to NaCl. Complex I is protected by anti-oxidants and small heat shock proteins, whereas complex II is protected by proline and betaine. Plant Physiol, 126: 1266~1274

Handa S, Bressan R A, Handa A K et al. 1983. Solutes contributing to osmotic adjustment in cultured plant cells adapted to water stress. Plant Physiol, 73: 834~843

Hansen G. 2000. Evidence for *Agrobacterium*-induced apoptosis in maize cell. Mol Plant Microbe Interact, 13: 649~657

Hanson A D, May A M, Gramet R et al. 1985. Betaine synthesis in chenopodes: localization in chloroplasts. Proc Natl Acad Sci USA, 82: 3678~3682

Hardham A R, Gunning B E. 1978. Structure of cortical microtubule arrays in plant cells. J Cell Biol, 77: 14~34

Hare P D, Cress W A, Van Staden J. 1999. Proline synthesis and degradation: a model system for elucidating stress-related signal transduction. J Exp Bot, 50: 413~434

Hare P D, Cress W A. 1997. Metabolic implications of stress-induced proline accumulation in plants. Plant Growth Regul, 21: 79~102

Harinasut P, Tsutsui K, Takabe T et al. 1996. Exogenous glycinebetaine accumulation and increased salt-tolerance in rice seedlings. Biosci Biotechnol Biochem, 60: 366~368

Hasegawa P M, Bressan R A, Zhu J K et al. 2000. Plant cellular and molecular responses to high salinity. Annu Rev Plant Physiol Plant Mol Biol, 51: 463~499

Hatano S, Kabata K. 1982. Transition of lipid metabolism in relation to frost hardiness in *Chlorella ellipsoidea*. In: Li P H, Palva E T. Plant Cold Hardiness and Freezing Stress. Vol 2. New York: Academic Press, 145~156

Haussinger D, Stoll B, vom Dahl S. 1994. Effect of hepatocyte swelling on microtubule stability and tubulin mRNA levels. Biochem Cell Biol, 72: 12~19

Hayashi H, Alia, Mustardy L et al. 1997. Transformation of *Arabidopsis thaliana* with the codA gene for choline oxidase: accumulation of glycinebetaine and enhanced tolerance to salt and cold stress. Plant J, 12: 133~142

Hayashi H, Alia, Sakamoto A et al. 1998. Enhanced germination under high-salt conditions of seeds of transgenic *Arabidopsis* with a bacterial gene (codA) for choline oxidase. J Plant Res, 111: 357~362

Heber U. 1968. Freezing injury in relation to loss of enzyme activities and protection against freezing. Cryobiology, 5: 188~201

Hecht K. 1912. Studien uber den vorgang der plasmolyse. Cohn's Beitrage Biologie der Pflanzen, 11: 133~145

Hellegren J, Widell S, Lundborg T. 1987. Freezing injury in purified plasma membranes from cold acclimated and non-acclimated needles of *Pinus silvestris*: is the plasma membrane bound ion-stimulated ATPase the primary site of freezing injury? *In*: Li P H, Alan R. Plant Cold Hardiness. New York: Liss Press. 211~230

Hepler P K, Palevitz B A, Lancelle S A et al. 1990. Cortical endoplasmic reticulum in plants. J Cell Sci, 96: 355~373

Hernandez J A, Olmos E, Corpas F J et al. 1995. Salt-induced oxidative stress in chloroplasts of pea plants. Plant Sci, 105: 151~167

Hernández J A, Corpas F J, Gómez M et al. 1993. Salt-induced oxidative stress mediated by activated oxygen species in pea leaf mitochondria. Physiol Plant, 89: 103~110

Hetherington A M, Brownlee C. 2004. The generation of Ca^{2+} signals in plants. Annu Rev Plant Biol, 55: 401~427

Hisahara S, Kanuka H, Shoji S et al. 1998. *Caenorhabditis elegans* anti-apoptotic gene *ced*-9 prevents *ced*-3-induced cell death in *Drodophila* cells. J Cell Sci, 111: 667~673

Hoffman E K, Pedersen S F. 1998. Sensors and signal transduction in the activation of cell volume regulatory ion transport systems. *In*: Lang F. Cell Volume Regulation. Contrib Nephrol, Vol 123. Karger: Basel. 50~78

Hogetsu T. 1986. Re-formation of microtubules in *Closterium ehrenbergii* Meneghini after cold-induced depolymerization. Planta, 167: 437~443

Holdaway-Clarke T L, Walker N A, Hepler P K et al. 2000. Physiological elevations in cytoplasmic free calcium by cold or ion injection result in transient closure of higher plant plasmodesmata. Planta, 210: 329~335

Holmstrom K, Somersalo S, Mandal A et al. 2000. Improved tolerance to salinity and low temperature in transgenic tobacco producing glycine betaine. J Exp Bot, 51: 177~185

Hong Z, Lakkineni K, Zhang K et al. 2000. Removal of feedback inhibition of Δ^1-pyrroline-5-carboxylate synthetase results in increased proline accumulation and protection of plants from osmotic stress. Plant Physiol, 122: 1129~1136

Horton P, Ruban A, Wentworth M. 2000. Allosteric regulation of the light harvesting system of photosystem. II. Phil Trans R Soc Lond B, 355: 1361~1370

Hoshida H, Tanka Y, Hibino T et al. 2000. Enhanced to salt stress in transgenic rice that overexpresses chloroplast glutamine synthase. Plant Mol Biol, 43: 103~111

Hsieh T H, Lee J T, Yang P T et al. 2002. Heterology expression of the Arabidopsis *C-repeat / dehydration response element binding factor* 1 gene confers elevated tolerance to chilling and oxidative stresses in transgenic tomato. Plant Physiol, 129: 1086~1094

Hu X, Jiang M, Zhang A et al. 2005. Abscisic acid-induced apoplastic and cytosolic antioxidant enzymes in maize leaves. Planta, 223: 57~68

Hu X, Zhang A, Zhang J et al. 2006. Abscisic acid is a key inducer of hydrogen peroxide production in leaves of maize plants exposed to water stress. Plant Cell Physiol, 47: 1484~1495

Huang J, Hirji R, Adam L et al. 2000. Genetic engineering of glycinebetaine production toward enhancing stress tolerance in plant: metabolic limitations. Plant Physiol, 122: 747~756

Hughes M A, Dunn M A. 1996. The molecular biology of plant acclimation to low temperature. J Exp Bot, 47: 291~305

Huner N P A, Hopkins W G, Elfman B et al. 1982. Influence of growth at cold-hardening temperature on protein structure and function. *In*: Li P H, Sakai A. Plant Cold Hardiness and Freezing Stress. Vol 2. New York: Academic Press. 129~144

Huner N P A, McDowall F D H. 1979. The effects of low temperature acclimation of winter rye on catalytic properties of its ribulose bisphosphate carboxylase-oxygenase. Can J Biochem, 57: 1036~1041

Hunt L, Mills J N, Pical C et al. 2003. Phospholipase cis required for the control of stomatal aperture by ABA. Plant J, 34: 47~55

Hussey P J, Ketelaar T, Deeks M J. 2006. Control of the actin cytoskeleton in plant cell growth. Annu Rev Plant Biol，57：109～125

Hwang J U，Suh S，Yi H et al. 1997. Actin filaments modulate both stomatal opening and inward K$^+$-channel activi-
ties in guard cells of *Vicia faba* L. Plant Physiol，115：335～342

Ilker R，Breidenbach R W，Lyons J M. 1979. Sequence of ultrastructural changes in tomato cotyledons during short
periods of chilling. *In*：Lyons L M. Low Temperature Stress in Crop Plant. New York：Academic Press. 97～113

Ingram J，Bartels D. 1996. The molecular basis of dehydration tolerance in plants. Annu Rev Plant Physiol Plant Mol
Biol，47：377～403

Inze D，Van Montagu M. 1995. Oxidative stress in plants. Curr Opin Biotechnol，6：153～158

Iraki N M，Singh N，Bressan R A et al. 1989. Cell walls of tobacco cells and changes in composition associated with
reduced growth upon adaptation to water and saline stress. Plant Physiol，91：48～53

Irigoyen J J，Perezde J J，Sanchez-Diaz M. 1996. Drought enhances chilling tolerance in a chilling-sensitive maize (*Zea
may*) variety. New Phytol，134：53～59

Ishikawa H A. 1996. Ultrastructural features of chilling injury：injured cells and the early events during chilling of sus-
pension-cultured mung bean cells. Am J Bot，83：825～835

Ishikawa M，Yoshida S. 1985. Seasonal changes in plasma membranes and mitochondria isolated from Jerusalem arti-
choke tubers. Possible relationship to cold hardiness. Plant Cell Physiol，26：1331～1334

Ishitani M，Xiong L M，Stevenson B et al. 1997. Genetic analysis of osmotic and cold stress signal transduction in Ar-
abidopsis：interactions and convergence of abscisic acid-dependent and abscisic acid-independent pathways. Plant
Cell，9：1935～1949

Iturbe-Ormaetxe I，Escuredo P R，Arrese-Igor C et al. 1998. Oxidative damage in pea plants exposed to water deficit
or paraquat. Plant Physiol，116：173～181

Iuchi S，Kobayashi M，Taji T et al. 2001. Regulation of drought tolerance by gene manipulation of 9-cis-epoxycarote-
noid dioxygenase，a key enzyme in abscisic acid biosynthesis in *Arabidopsis*. Plant J，27：325～333

Jabs T，Dietrich R A，Dangl J L. 1996. Initiation of runaway cell death in an *Arabidopsis* mutant by extracelluar su-
peroxide. Science，273：1853～1856

Jabs T. 1999. Reactive oxygen intermediates as mediators of programmed cell death in plants and animals. Biochem
Pharmacol，57：231～245

Jacbo T，Ritchie S，Assmann S M et al. 1999. Abscisic acid signal transduction in guard cells is mediated by phospho-
lipase D activity. Proc Natl Acad Sci USA，96：12192～12197

Jacinto T，Mcgurl B，Franceschi V et al. 1997. Tomato prosystemin promoter confers wound-inducible，cascular bun-
dle-specific expression of the β-gluvuronidase gene in transgenic tomato plants. Planta，203：406～412

Jagels R. 1970. Photosynthetic apparatus in *Selaginella*. Ⅱ. Changes in plastid ultrastructure and pigment content un-
der different light and temperature regimes. Can J Bot，48：1853～1860

Jaglo-Ottosen K R，Gilmour S J，Zarka D G et al. 1998. *Arabidopsis CBF* 1 overexpression induces *COR* genes and en-
hances freezing tolerance. Science，280：104～106

Jaglo-Ottosen K R，Kleff S，Amundsen K L et al. 2001. Components of the Arabidopsis C-repeat/ dehydration-re-
sponsive element binding factor cold-response pathway are conserved in *Brassica napus* and other plant spe-
cies. Plant Physiol，127：910～917

Jahn T，Fuglsang A T，Olsson A et al. 1997. The 14-3-3 protein interacts directly with the C-terminal region of the
plant plasma membrane H$^+$-ATPase. Plant Cell，9：1805～1814

Jan L Y，Jan Y N. 1992. Structural elements involved in specific K$^+$ channel functions. Annu Rev Physiol，54：537～
555

Janicka-Russak M，Klobus G. 2006. Modification of plasma membrane and vacuolar H$^+$-ATPase in response to NaCl
and ABA. J Plant Physiol，141：97～107

Janicka-Russak M，Klobus G. 2007. Modificaton of plasma membrane and vacuolar H$^+$-ATPases in response to NaCl
and ABA. J Plant Physiol，164：295～302

Jeffree C E, Yeoman M M. 1983. Development of intercellular connections between opposing cells in a graft union. New Phytol, 93: 491~509

Jian L C, Deng J M, Li P H. 2003. Seasonal alteration of the cytosolic and nuclear Ca^{2+} concentration in over-wintering woody and herbaceous perennials in relation to the development of dormancy and cold hardiness. J Am Soc Hoet Sci, 128: 29~35

Jian L C, Li J H, Chen W P et al. 1999. Cytochemical localization of calcium and Ca^{2+}-ATPase activity in plant cells under chilling stress: a comparative study between the chilling-sensitive maize and the chilling-insensitive winter wheat. Plant Cell Physiol, 40: 1061~1071

Jian L C, Li J H, Li P H et al. 2000a. Intercellular communication channels and intracellular calcium levels involved in the dormancy development of poplar plants. In: Viemont D, Crabbe J. Dormancy of Plants: from Whole Plant Behavior to Cellular Contron. CABI. 291~311

Jian L C, Li J H, Li P H et al. 2000b. An electron microscopic-cytochemical localization of plasma membrane Ca^{2+}-ATPase activity in poplar apical bud cells during the induction of dormancy by short-day photoperiods. Cell Res, 10: 103~114

Jian L C, Li J H, Li P H et al. 2000c. Structural association of endoplasmic reticulum with other membrane systems in poplar apical bud cells and its alteration during the short day-induced dormancy. Acta Bot Sin, 42: 803~810

Jian L C, Sun L H, Li J H et al. 2000d. Ca^{2+}-homeostasis differs between plant species with different cold-tolerance at 4℃ chilling. Acta Bot Sin, 42: 358~366

Jian L C, Li J H, Li P H. 2000e. Seasonal alteration in amount of Ca^{2+} in apical bud cells of mulberry (*Morus bombciz* Koidz): an electron microscopy- cytochemical study. Tree Physiol, 20: 623~628

Jian L C, Li P H, Sun L H et al. 1997a. Alterations in ultrastructure and subcellular localization of Ca^{2+} in poplar apical bud cells during the induction of dormancy. J Exp Bot, 48: 1195~1207

Jian L C, Li J H, Li P H. 1997b. Is Ca^{2+} homeostasis essential in the cold acclimation of winter wheat-seedlings. In: Bold Z. Cereal Adaptation to Low Temperature Stress in Controlled Environments. Martonvasar: Agr Res Inst Hungarian Acad Sci. 69~72

Jian L C, Sun D L, Deng J M et al. 2004. Alterations of intracellular Ca^{2+} concentration and ultrastructure in spruce apical bud cells during seasonal transition. Forestry Studies in China, 6: 1~9

Jian L C, Sun L H, Dong H Z et al. 1982. Changes in ATPase activity during freezing injury and cold hardening. In: Plant Cold Hardiness and Freezing Stress. New York: Academic Press. 243~259

Jian L C, Sun L H, Dong H Z. 1982. Adaptive changes in ATPase activity in the cells of winter wheat seedlings during cold hardening. Plant Physiol, 70: 127~131

Jian L C, Sun L H, Wei X Y. 1992. Microtubule cytoskeleton in relation to plant cold hardiness. In: Li P H, Christersson L. Advances in Plant Cold Hardiness. Boca Raton London: CRC Press. 123~136

Jian L C, Wang H, Deng J M et al. 2005. Plasmodesmata diversity in wheat young leaf tissues. Journal of Chinese Electron Microscopy Society, 24: 151~156

Jian L C, Wang H. 2004. Plasmodesmatal dynamics in both woody poplar and herbaceous winter wheat under controlled short day and in field winter period. Acta Bot Sin, 46: 230~235

Jiang M, Zhang J. 2001. Effect of abscisic acid on active oxygen species, antioxidative defence system and oxidative damage in leaves of maize seedlings. Plant Cell Physiol, 42: 1265~1273

Jiang M, Zhang J. 2002. Involvement of plasma membrane NADPH oxidase in abscisic acid- and water stress-induced antioxidant defense in leaves of maize seedlings. Planta, 215: 1022~1030

Jiang M, Zhang J. 2002. Water stress-induced abscisic acid accumulation triggers the increased generation of reactive oxygen species and up-regulates the activities of antioxidant enzymes in maize leaves. J Exp Bot, 53: 2401~2410

Jiang M, Zhang J. 2003. Cross-talk between calcium and reactive oxygen species originated form NADPH oxidase in abscisic acid-induced antioxidant defense in leaves of maize seedlings. Plant Cell Environ, 26: 929~939

Jiang X, Wang X. 2004. Cytochrome c-mediated apoptosis. Annu Rev Biochem, 73: 87~106

Job D, Fischer E H, Margolis R L. 1981. Rapid disassembly of cold-stable microtubules by calmodulin. Proc Natl Acad Sci USA, 78: 4679~4682

Job D, Margolis R L. 1984. Isolation from bovine brain of a superstable microtubule subpopulation with microtubule seeding activity. Biochemistry, 23: 3025~3031

Job D, Rauch C T, Fischer E H et al. 1982. Recycling of cold-stable microtubules: evidence that cold stability is due to substoichiometric polymer blocks. Biochemistry, 21: 509~515

Job D, Rauch C T, Fischer E H et al. 1983. Regulation of microtubule cold stability by calmodulin-dependent and-independent phosphorylation. Proc Natl Acad Sci USA, 80: 3894~3898

Johannes V, Brosnan J M, Sanders D. 1992. Parallel pathways for intracellular Ca^{2+} release form the vacuole of higher plants. Plant J, 2: 97~102

Johansson I, Larsson C, Ek B et al. 1996. The major integral proteins of spinach leaf plasma membranes are putative aquaporins and are phosphorylated in response to Ca^{2+} and apoplastic water potential. Plant Cell, 8: 1181~1191

Johnson-Flanagan A M, Singh J. 1986. Membrane deletion during plasmolysis in hardened and non-hardened plant cells. Plant Cell Environ, 9: 299~306

Johnson-Flanagan A M, Singh J. 1987. Alteration of gene expression during the induction of freezing tolerance in *Brassica napus* suspension cultures. Plant Physiol, 85: 699~705

Jokinen K, Somersalo S, Makela P et al. 1999. Glycinebetaine from sugar beet enhances the yield of field of field-grown tomatoes. Acta Hort, 487: 233~236

Jonak C, Kiegerl S, Ligterink W et al. 1996. Stress signaling in plants: a mitogen-activated protein kinase pathway is activated by cold and drought. Proc Natl Acad Sci USA, 93: 11274~11279

Jones A M, Dangl J L. 1996. Logjam at the Styx: programmed cell death in plants. Trends Plant Sci, 1: 114~119

Jones A. 2000. Does the plant mitochondrion integrate cellular stress and regulate programmed cell death? Trends Plant Sci, 5: 225~230

Jones M G K. 1976. The origin and development of plasmodesmata. *In*: Gunning B E S, Robards A W. Intercellular Communication in Plants: Studies on Plasmodesmata. Berlin, Heideberg, New York: Springer-Verlag. 81~105

Jones M M, Osmond C B, Turner N C. 1980. Accumulation of solutes in leaves of sorghum and sunflower in response to water deficit. Aust J Plant Physiol, 7: 193~205

Joshi H C. 1998. Microtubule dynamics in living cells. Curr Opin Cell Biol, 10: 35~44

Juniper B E, Lawton J R. 1979. The effect of caffeine, different fixation regimes and low temperature on microtubules in the cells of higher plants. Planta, 145: 411~416

Kacperska-Palacz A. 1978. Mechanism of cold acclimation in herbaceous plants. *In*: Li P H, Sakai A. Plant Cold Hardiness and Freezing Stress. New York: Academic Press. 139~152

Karakas B, Ozias-Akins P, Stushnoff C. 1997. Salinity and drought tolerance of mannitol-accumulating transgenic tobacco. Plant Cell Environ, 20: 609~616

Karp G. 1984. Cell Biology. 2nd ed. New York: McGraw-Hill Company

Karpilova I, Chugunova N, Bil K et al. 1980. Ontogenetic changes of chloroplast ultrastructure, photosynthates, and photosynthate outflow from the leaves in cucumber plants under conditions of reduced night temperature. Sov Plant Physiol, 29: 113~120

Karpinski S, Reynolds H, Karpinska B et al. 1999. Systemic signaling and acclimation in response to excess excitation energy in *Arabidopsis*. Science, 284: 654~657

Kasai M, Yamamoto Y, Maeshima M et al. 1993. Effects of in vivo treatment with abscisic-acid and/or cytokinin on activities of vacuolar H^+ pumps of tonoplast-enriched membrane vesicles prepared from barley roots. Plant Cell Physiol, 34: 1107~1115

Kasuga M, Liu Q, Miura S et al. 1999. Improving plant drought, salt, and freezing tolerance by gene transfer of a single stress-inducible transcription factor. Nat Biotechnol, 17: 287~291

Katagiri T, Takahashi S, Shinozaki K. 2001. Involvement of a novel Arabidopsis phospholipase D, AtPLDδ, in dehydration-inducible accumulation of phosphatidic acid in stress signalling. Plant J, 26: 595~605

Katsuara M. 1997. Apoptosis-like cell death in barley roots under salt stress. Plant Cell Physiol, 38: 1091~1093

Kawai-Yamada M, Jin L, Yoshinaga K et al. 2001. Mammalian Bax-induced plant cell death can be down-regulated by overexpression of *Arabidopsis Bax inhibitor*-1 (*AtBI*-1). Proc Natl Acad Sci USA, 98: 12295~12300

Kazuoka T, Oeda K. 1994. Purification and characterization of COR85-oligomeric complex from cold-acclimated spinach. Plant Cell Physiol, 35: 601~611

Keller B U, Hedrich R, Raschke K. 1989. Voltage-dependent anion channels in the plasma membrane of guard cells. Nature, 341: 450~453

Kerr G P, Carter J V. 1990a. Relationship between freezing tolerance of root-tip cells and cold stability of microtubules in rye (*Secale cereale* L. cv Puma). Plant Physiol, 93: 77~82

Kerr G P, Carter J V. 1990b. Tubulin isotypes in rye roots are altered during cold acclimation. Plant Physiol, 93: 83~88

Kerr J F R, Harmon B V. 1991. Definition and incidence of apoptosis: an historical perspective. *In*: Tomei L D, Cope F O. Apoptosis: the Molecular Basis of Cell Death. New York: Cold Spring Harbor Laboratory Press. 5~29

Kerr J F R, Wyllie A H, Currie A R. 1972. Apoptosis: a basic biological phenomenon with wide ranging implications in tissue kinetics. Br J Cancer, 26: 239~257

KHodasevich E V, Arnautova A I, Myshkovetz E N. 1978. The structural organization of chloroplasts related to reversible degradation of the pigment pool in conifers. Plant Physiol (Russian), 25: 810~818

Kim Y, Kim E J, Rea P A. 1994. Isolation and characterization of cDNAs encoding the vacuolar H^+-pyrophosphatase of *Beta vulgaris*. Plant Physiol, 106: 375~382

Kimball S L, Salisbury F B. 1973. Ultrastructural changes of plants exposed to low temperatures. Am J Bot, 60: 1028~1033

Kinoshita T, Nishimura M, Shimazaki K. 1995. Cytosolic concentration of Ca^{2+} regulates the plasma membrane H^+-ATPase in guard cells of fava bean. Plant Cell, 7: 1333~1342

Kinoshita T, Shimazaki K. 1999. Blue light activates the plasma membrane H^+-ATPase by phosphorylation of the C-termimus in stomatal guard cells. EMBO J, 18: 5548~5558

Kirti P B, Hadi S, Kumar P A et al. 1991. Production of sodium chloride-tolerant *Brassica juncea* plants by in vitro selection at the somatic embryo level. Theor Appl Genet, 83: 233~236

Kishitani S, Takanami T, Suzuki M et al. 2000. Compatibility of glycinebetaine in rice plants: evaluation using transgenic rice plants with a gene for peroxisomal betaine aldehyde dehydrogenase from barley. Plant Cell Environ, 23: 107~114

Kishitani S, Watanabe K, Yasuda S et al. 1994. Accumulation of glycinebetaine during cold acclimation and freezing tolerance in leaves of winter and spring barley plants. Plant Cell Eniron, 17: 89~95

Kishor P B K, Hong Z, Miao G H et al. 1995. Overexpression of Δ^1-pyrroline-5-carboxylate synthetase increases proline production and confers osmotolerance in transgenic plants. Plant Physiol, 108: 1387~1394

Klauer S F, Franceschi V R. 1997. Mechanism of transport of vegetative storage proteins to the vacuole of the paraveinal mesophyll of soybean leaf. Protoplasma, 200: 174~185

Kluck R M, Bossy-Wetzel E, Green D R et al. 1997. The release of cytochrome *c* from mitochondria: a primary site for Bcl-2 regulation of apoptosis. Science, 275: 1132~1136

Kluge C, Golldack D, Dietz K J. 1999. Subunit D of the vacuolar H^+-ATPase of *Arabidaopsis thaliana*. Biochim Biophys Aata, 1419: 105~110

Knebel W, Quader H, Schnepf E. 1990. Mobile and immobile endoplasmic reticulum in onion bulb epidermis cells: short-and long-term observations with a confocal laser scanning microscope. Eur J Cell Biol, 52: 328~340

Knight H, Trewavas A J, Knight M R. 1996. Cold calcium signaling in Arabidopsis involves two cellular pools and a change in calcium signature after acclimation. Plant Cell, 8: 489~503

Knight H, Trewavas A J, Knight M R. 1997. Calcium signalling in *Arabidopsis thaliana* responding to drought and salinity. Plant J, 12: 1067～1078

Knight H. 2000. Calcium signaling during abiotic stress in plants. Int Rev Cytol, 195: 269～324

Knight M R, Campbell A K, Smith S M et al. 1991. Transgenic plant aequorin reports the effects of touch and cold-shock and elicitors on cytoplasmic calcium. Nature, 352: 524～526

Knight M R, Read N D, Campbell A K et al. 1993. Imaging calcium dynamics in living plants using semi-synthetic recombinant aequorins. J Cell Biol, 121: 83～90

Knight M R, Smith S M, Trewavas A J. 1992. Wind-induced plant motion immediately increases cytosolic calcium. Proc Natl Acad Sci USA, 89: 4967～4971

Ko J H, Lee S H. 1995. Role of calcium in the osmoregulation under salt stress in *Dunaliella salina*. J Plant Biol, 38: 243～250

Kodama H, Hamada T, Horiguchi G et al. 1994. Genetic enhancement of cold tolerance by expression of a gene for chloroplast-3-fatty acid desaturase in transgenic tobacco. Plant Physiol, 105: 601～605

Kollmann R, Glockmann C. 1991. Studies on graft unions. III. On the mechanism of secondary formation of plasmodesmata at the graft interface. Protoplasma, 165: 71～85

Kollmann R, Yang S, Glockmann C. 1985. Studies on graft unions. II. Continuous and half plasmodesmata in different regions of the graft interface. Protoplasma, 126: 19～29

Komis G, Apostolakos P, Galatis B. 2001. Altered patterns of tubulin polymerization in dividing leaf cells of *Chlorophyton comosum* after a hyperosmotic treatment. New Phytol, 249: 193～207

Komis G, Apostolakos P, Galatis B. 2002. Hyperosmotic stress-induced actin filament reorganization in leaf cells of *Chlorophyton comosum*. J Exp Bot, 53: 1699～1710

Konarev B G. 1953. Dynamics of nucleic acid in plants during hungry metabolism. DAN SSSR, 89: 551～554

Konarev B G. 1958. Chromatin pyroninphilic dye in methyl green-pyronin stain is an indicative for characterizing deoxyribose nucleic acid degradation. DAN SSSR, 120: 409～411

Konstantinova T, Parvanova D, Atanassov A et al. 2002. Freezing tolerant tobacco, transformed to accumulate osmoprotectants. Plant Sci, 163: 157～164

Kornberg R D. 1974. Chromatin structure: a repeating unit of histones and DNA. Science, 184: 868～871

Koukalova B, Kovarik A, Fajkus J et al. 1997. Chromation fragmentation associated with apoptotic changes in tobacco cells exposed to cold stress. FEBS Lett, 414: 289～292

Kovtun Y, Chiu W L, Tena G et al. 2000. From the cover: functional analysis of oxidative stress-activated mitogen-activated protein kinase cascade in plants. Proc Natl Acad Sci USA, 97: 2940～2945

Kramer D, Anderson W P, Preston J. 1978. Transfer cells in the root epidermis of *Atriplex hastat* L. as a response to salinity: a comparative cytological and X-ray microprobe investigation. Aust J Plant Physiol, 5: 739～747

Kramer D. 1983. The possible role of transfer cells in the adaptation of plants to salinity. Physiol Plant, 58: 549～555

Kratsch H A, Wise R R. 2000. The ultrastructure of chilling stress. Plant Cell Envion, 23: 337～350

Kroemer G, Reed J C. 2000. Mitochondrial control of cell death. Nat Med, 6: 513～519

Kudoh H, Sonike K. 2002. Irreversible damage to photosystem I by chilling in the light: cause of the degradation of chlorophyll after returning to normal growth temperature. Planta, 215: 541～548

Kuhn C, Franceschi V R, Schulz A. 1997. Macromolecular trafficking indicated by localization and turnover of sucrose transporters in enucleate sieve elements. Science, 275: 1298～1300

Kuiper P J C. 1984. Functioning of plant cell membranes under saline conditions: membrane lipid composition and AT-Pase. *In*: Staples R C and Toenniessen G H eds. Salinity Tolerance in Plants. New York: John Wiley & Sons Inc. 77～92

Kumar D, Klessig D F. 2000. Differential induction of tobacco MAP kinases by the defense signals nitric oxide, salicylic acid, ethylene, and jasmonic acid. Mol Plant Microbe Interact, 13: 347～351

Kuo A, Cappelluti S, Cervantes-Cervantes M et al. 1996. Okadaic acid, a protein phosphatase inhibitor, blocks calcium changes, gene expression, and cell death induced by gibberellin in wheat aleurone cells. Plant Cell, 8: 259~269

Kurkova E B, Balnokin Yu V. 1994. Pinocytosis and its possible role in ion transport in halophyte salt-accumulating organ cells. Fiziol Biokhim Kul't Rast (Moscow), 41: 578~582

Kurnick N B. 1950. Methylgreen-pyronine basis of selective staining of nucleic acid. J Gener Physiol, 33: 243~264

Kwak J M, Mori I C, Pei Z M et al. 2003. NADPH oxidase AtrbohD and AtrbohF genes function in ROS-dependent ABA signaling in *Arabidopsis*. EMBO J, 22: 2623~2633

Lachaud S, Maurousset L. 1996. Occurrence of plasmodesmata between differentiating vessels and other xylem cells in *Sorbus torminalis* L. Crantz and their fate during xylem maturation. Protoplasma, 191: 220~226

Lacomme C, Santa-CruZ S. 1999. Bax-induced cell death in tobacco is similar to the hypersensitive response. Proc Natl Acad Sci USA, 96: 7956~7961

Lam E, Kato N, Lawton M. 2001. Programmed cell death, mitochondria and the plant hypersensitive response. Nature, 411: 848~853

Lamattina L, Garcia-Mata C, Graziano M et al. 2003. Nitric oxide: The versatility of an extensive signal molecule. Annu Rev Plant Biol, 54: 109~136

Lamb C, Dixon R A. 1997. The oxidative burst in plant disease resistance. Annu Rev Plant Physiol Plant Mol Biol, 48: 251~275

Lamotte O, Courtois C, Barnavon L. 2005. Nitric oxide in plants: the biosynthesis and signaling properties of a fascinating molecule. Planta, 221: 1~4

Lancelle S A, Cristi M, Hepler P K. 1987. Ultrastructure of the cytoskeleton in freeze-substituted pollen tubes of *Nicotiana alata*. Protoplasma, 140: 141~150

Lang-Pauluzzi I, Gunning B E S. 2000. A plasmolytic cycle: the fate of cytoskeletal elements. Protoplasma, 212: 174~185

Leach R P, Wheeler K P, Flowers T J et al. 1990. Molecular markers for ion compartmentation in cell of higher plants. J Exp Bot, 230: 1089~1094

Ledbetter M C, Porter K R. 1963. A "microtubule" in plant cell fine structure. J Cell Biol, 19: 239~250

Lee Y, Choi D, Kende H. 2001. Expansins: ever-expanding numbers and functions. Curr Opin Plant Biol, 4: 527~532

Lee Y, Kende H. 2001. Expression of beta-expansins is correlated with internodal elongation in deepwater rice. Plant Physiol, 127: 645~654

Lee-Stadelmann O Y, Bushnell W R, Stadelmann E J. 1984. Changes in plasmolysis form in epidermal cells of *Hordeum vulgare* infected by *Erysiphe graminis*: evidence for increased membrane-wall adhesion. Can J Bot, 62: 1714~1723

Lehr A, Kirsh M, Viereck R et al. 1999. cDNA and genomic cloning of sugar beet V-type H^+-ATPase subunit A and c isoforms: evidence for co-ordinate expression during plant development and co-ordinate induction in response to high salinity. Plant Mol Biol, 39: 463~475

Leigh R A, Ahmad N, Wyn Jones R G. 1981. Assessment of glycinebetaine and praline compartmentation by analysis of isolated beet vacuoles. Planta, 153: 34~41

Leonardi A, Heimovaara-Dijkstra S, Wang M. 1995. Differential involvement of abscisic acid in dehydration and osmotic stress in rice cell suspension. Physiol Plant, 93: 31~37

Leopold A C, Musgrave M E, Williams K M. 1981. Solute leakage resulting from leaf desiccation. Plant Physiol, 68: 1222~1225

Leopold A C, Willing R P. 1984. Evidence for toxicity effects of salt on membrane. In: Staples R C and Toenniessen G H eds. Salinity Tolerance in Plants. New York: John Wiley & Sons Inc. 67~76

Leung J, Merlot S, Giraudat J. 1997. The *Arabidopsis* abscisic acid-insensitive (*ABI2*) and *ABI*1 genes encode homologous protein phosphatases 2C involved in abscisic acid signal transduction. Plant cell, 9: 759~771

Levine A, Tenhaken R, Dixon R et al. 1994. H_2O_2 from the oxidative burst orchestrates the plant hypersensitive disease resistance response. Cell, 79: 583~593

Levitt J. 1980. Responses of plants to environmental stress. Vol 1. Chilling, Freezing and High Temperature Stress, 2nd ed. London, New York: Academic Press

Lewin B. 1997. Gene VI. Oxford: Oxford University Press

Lewis B D, Karlin-Neumann G, Davis R W et al. 1997. Ca^{2+}-activated anion channels and membrane depolarizations induced by blue light and cold in *Arabidopsis* seedlings. Plant Physiol, 114: 1327~1334

Lewis W H. 1980. Polyploidy-biological relevance. New York: Plenum Press

Le-Lay P, Eullaffroy P. Juneau P et al. 2000. Evidence of chlorophyll synthesis pathway alteration in desiccated barley leaves. Plant Cell Physiol, 41: 565~570

Li D H, Yang X, Cui K M et al. 2003. Morphological changes in nucellar cells undergoing programmed cell death (PCD) during pollen chamber formation in *Ginkgo biloba*. Acta Bot Sin, 45: 53~63

Li G, Knowles P F, Murphy D J et al. 1990. Lipid-protein interactions in thylakoid membranes of chilling-resistant and-sensitive plants studied by spin label electron spin resonance spectroscopy. J Biol Chem, 265: 16867~16872

Li J, Wang X Q, Watson M B et al. 2000. Regulation of abscisic acid-induced stomatal closure and anion channels by guard cell AAPK kinase. Science, 287: 300~303

Li P H, Huner N P A, Toivio-Kinnucan M et al. 1981. Potato freezing injury and survival relationships to other stress. Am Potato J, 58: 15~29

Li P H, Palva E T. 2002. Plant Cold Hardiness: Gene Regulation and Genetic Engineering. New York: Kluwer Academic/Plenum Publishers

Li P H, Sakai A. 1982. Plant cold hardiness and freezing stress. Vol 2. New York: Academic Press

Li P H. 1991. Mefluidide induced cold hardiness in plants. Crit Rev Plant Sci, 9: 497~517

Liang Z, Li Y U, Shao Y et al. 1993. Studies on some properties of betaine aldehyde dehydrogenase from spinach. Chin J Bot, 5: 154~160

Lichtscheidl I K, Lancell S A, Hepler P K. 1990. Actin-endoplasmic reticulum complexes in *Drosera*. Their structural relationship with the plasmalemma, nucleus, and organelles in cells prepared by high pressure freezing. Protoplasma, 155: 116~126

Lichtscheidl I K, Url W G. 1990. Organization and dynamics of cortical endoplasmic reticulum in inner epidermal cells of onion bulb scales. Protoplasma, 157: 203~215

Liu M Q, Lu C F, Shen X et al. 2006. Characterization and function analysis of a cold-induced AmCIP gene encoding a dehydrin-like protein in *Ammopiptanthus mongolicus*. DNA Sequence, 17: 342~349

Liu Q, Kasuga M, Sakuma Y et al. 1998. Two transcription factors, DREBI and DREB2, with an EREBP/AP2 DNA binding domain separate two celluar signal transduction pathways in drought- and low-temperature-responsive gene expression in Arabidopsis. Plant Cell, 10: 1391~1406

Liu T, Van Staden J, Cress W A. 2000. Salinity induced nuclear and DNA degradation in meristematic cells of soybean roots. Plant Growth Regul, 30: 49~54

Liu W, Wang G, Yakovlev A G. 2002. Identification and functional analysis of the rat caspase-3 gene promoter. J Biol Chem, 277: 8273~8278

Low P S, Merida J R. 1996. The oxidative burst in plant defense: function and signal transduction. Physiol Plant, 96: 533~542

Lucas W J, Bouche-Pillon S, Jcakson D P et al. 1995. Selective trafficking of KNOTTED1 homeodomain protein and its mRNA through plasmodesmata. Science, 270: 1980~1983

Lucas W J, Ding B, Van der Schoot C. 1993. Plasmodesmata and the supracellular nature of plants. New Phytol, 125: 435~476

Lucas W J. 1995. Plasmodesmata: intercellular channels for macromolecular transport in plants. Curr Opin Cell Biol, 7: 673~680

Lynch D V, Thompson G A. 1984. Microsomal phospholipid molecular species alterations during low temperature acclimation in *Dunaliella*. Plant Physiol, 74: 193~197

Lynch J, Polito V S, Lauchli A. 1989. Salinity stress increases cytoplasmic Ca activity in maize root protoplasts. Plant Physiol, 90: 1271~1274

Lyons J M, Raison J K, Steponkus P L. 1979. The plant membrane in response to low temperature: An overview. *In*: Lyons J M et al. eds. Low Temperature Stress in Crop Plants. New York: Academic Press. 1~24

Lyons J M, Raison J K. 1970. Oxidative activity of mitochondria isolated from plant tissues sensitive and resistant to chilling injury. Plant Physiol, 45: 386~389

Lyons J M, Wheaton T A, Pratt H K. 1964. Relationship between the physical nature of mitochondrial membranes and chilling sensitivity in plants. Plant Physiol, 39: 262~268

Lyons J M. 1973. Chilling injury in plants. Ann Rev Plant Physiol, 24: 445~466

Maathuis F J M, Flowers T J, Yeo A R. 1992. Sodium chloride compartmentation in leaf vacuoles of the halophyte *Suaeda maritime* (L.) Dum. and its relation to tonoplast permeability. J Exp Bot, 43: 1219~1223

Maeda M, Thompson G A Jr. 1986. On the mechanism of rapid plasma membrane and chloroplast envelope expansion in *Dunaliella salina* exposed to hypoosmotic shock. J Cell Biol, 102: 289~297

Maeshima M, Hara-Nishimura I, Takeuchi Y et al. 1994. Accumulation of vacuolar H^+-pyrophosphatase and H^+-ATPase during reformation of the central vacuole in germinating pumpkin seeds. Plant Physiol, 106: 61~69

Maggio A, Reddy M P, Joly R J. 2000. Leaf gas exchange and solute accumulation in the halophyte *Salvadora persica* grow at moderate salinity. Environ Exp Bot, 44: 31~38

Makela P, Jokinen K, Kontturi M et al. 1998. Foliar application of glycinebetaine-a novel product from sugar beet-as an approach to increase tomato yield. Ind Crop Prod, 7: 139~148

Makela P, Kontturi M, Pehu E et al. 1999. Photo-synthetic response of drought- and salt-stressed tomato and turnip rape plants to foliar-applied glycinebetaine. Physiol Plant, 105: 45~50

Makela P, Peltonen-Sainio P, Jokinen K et al. 1996. Uptake and translocation of foliar-applied glycinebetaine in crop plants. Plant Sci, 121: 221~230

Mani S, van de Cotte B, van Montagu M et al. 2002. Altered levels of proline dehydrogenase cause hypersensitivity to proline and its analogs in *Arabidopsis*. Plant Physiol, 128: 73~78

Mano J, Ohno C, Domae Y et al. 2001. Chloroplastic ascorbate peroxidase is the primary target of methylviologen-induced photooxidative stress in spinach leaves: its relevance to monodehydroascorbate radical detected with in vivo ESR. Biochim Biophys Acta, 1504: 275~287

Mansour M M F, Al-Mutawa M M. 2000. Protoplasmic characteristics of wheat cultivars differing in drought tolerance. Physiol Mol Biol Plant, 6: 35~43

Margolis R L, Rauch C T, Pirollet F et al. 1990. Specific association of STOP protein with microtubules in vitro and with stable microtubules in mitotic spindles of cultured cells. EMBO J, 9: 4095~4102

Margolis R L, Rauch C T. 1981. Characterization of rat brain crude extract microtubule assembly: correlation of cold stability with the phosphorylation state of a microtubule-associated 64K protein. Biochemistry, 20: 4451~4458

Margolis R L. 1981. Role of GTP hydrolysis in microtubule treadmilling and assembly. Proc Natl Acad Sci USA, 78: 1586~1590

Martin B, Oquist G. 1979. Seasonal and experimentally induced changes in the ultrastructure of chloroplastsof *Pinus sivestris*. Physiol Plant, 46: 42~49

Marty F. 1999. Plant vacuoles. Plant Cell, 11: 587~599

Mateo A, Muhlenbock P, Rusterucci C et al. 2004. Lesion simulation disease 1 is required for acclimation to conditions that promote excess excitation energy. Plant Physiol, 136: 2818~2830

Matsuda Y, Okuda T, Sagisaka S. 1994. Regulation of protein synthesis by hydrogen peroxide in crowns of winter wheat. Biosci Biotech Biochem, 58: 906~909

Matsumoto H, Yamaya T. 1984. Repression of the K^+ uptake and cation-stimulated ATPase activity associated with the plasma membrane-enriched fraction of cucumber roots due to Ca^{2+} starvation. Plant Cell Physiol, 25: 1501~1508

Mazars C, Thion L, Thuleau P et al. 1997. Organization of cytoskeleton controls the changes in cytosolic calcium of cold-shocked *Nicotiana plumbaginifolia* protoplasts. Cell Calcium, 22: 413~420

McAinsh M R, Brownlee C, Hetherington A M. 1990. Abscisic acid-induced elevation of guard cell cytosolic Ca^{2+} precedes stomatal closure. Nature, 343: 186~188

McCoy T. 1987. Tissue culture evaluation of NaCl tolerant in *Medicago* species: cellular and whole plant responses. Pant Cell Rep, 6: 31~34

McNeil S D, Nuccio M L, Ziemak M J et al. 2001. Enhanced synthesis of choline and glycine betain in transgenic tobacco plants that over-express phosphoethanolamine N-methyltransferase. Proc Natl Acad Sci USA, 10001~10005

McQueen-Mason S J, Cosgrove D J. 1995. Expansion mode of action on cell walls. Analysis of wall hydrolysis, stress relaxation, and binding. Plant Physiol, 107: 87~100

Medhy M C. 1994. Active oxygen species in plant defense against pathogens. Plant Physiol, 105: 467~472

Mehlhorn H. 1990. Ethylene-promoted ascorbate peroxidase activity protects plants against hydrogen peroxide, ozone and paraquat. Plant Cell Environ, 13: 971~976

Melis A. 1999. Photosystem-II damage and repair cycle in chloroplasts: what modulates the rate of photodamage *in vivo*? Trends Plant Sci, 4: 130~135

Mena-Petite A, Gonzalez-Moro B, Gonzalez-Murua C et al. 2000. Sequential effects of acidic precipitation and drought on photosynthesis and chlorophyll fluorescence parameters of *Pinus radiate* seedlings. J Plant Physiol, 156: 84~92

Miller A J, Sanders D. 1987. Detection of cytosolic free Ca^{2+} induced by photosynthesis. Nature, 326: 397~400

Miller D D, de Ruijter N C A, Emons A M C. 1997. From signal to form: aspects of the cytoskeleton-plasma membrane-cell wall continuum in root hair tips. J Exp Bot, 48: 1881~1896

Miller O L, Beatty B R. 1969. Visualization of nucleolar genes. Science, 164: 955~957

Minorsky P V, Spanswick R M. 1989. Electrophysiological evidence for a role for calcium in temperature sensing by roots of cucumber seedlings. Plant Cell Environ, 12: 137~144

Minorsky P V. 1985. A Heuristic hypothesis of chilling injury in plants: a role for calcium as the primary physiological transducer of injury. Plant Cell Environ, 8: 75~94

Mita T, Shibaoka H. 1984. Gibberellin stabilizes microtubules in onion leaf sheath cells. Protoplasma, 119: 100~109

Mitchell P. 1961. Coupling of phosphorylation to electron and hydrogen transfer by a chemi-osmotic type of mechanism. Nature, 191: 144~148

Mitchell P. 1967. Proton-translocation phosphorylation in mitochondria, chloroplasts and bacteria: natural fuel cells and solar cells. Fed Proc, 26: 1370~1379

Mitsuhara I, Malic A M, Miura M et al. 1999. Animal cell death suppressors Bcl-xL and Ced-9 inhibit cell death in tobacco plants. Curr Biol, 9: 775~778

Mittler R, Vanderauwera S, Gillery M et al. 2004. Reactive oxygen gene network of plants. Trends Plant Sci, 9: 490~498

Mittler R. 2002. Oxidative stress, antioxidants and stress tolerance. Trends Plant Sci, 7: 405~410

Mizoguchi T, Irie K, Hirayama T et al. 1996. A gene encoding a mitogen-activated protein kinase kinase kinase is induced simultaneously with genes for a mitogen-activated protein kinase and an S6 ribosomal protein kinase by touch, cold, and water stress in *Arabidopsis thaliana*. Proc Natl Acad Sci USA, 93: 765~769

Mizuno K. 1985. In vitro assembly of microtubules from tubulins of several higher plants. Cell Biol Int Rep, 9: 13~21

Moedar W, Barry C S, Tauriainen A A et al. 2002. Ethylene synthesis regulated by biphasic induction of 1-aminocyclopropane-1-carboxylic acid synthase and 1-aminocyclopropane-1- carboxylic acid oxidase genes is required for hydrogen peroxide accumulation and cell death in ozone-exposed tomato. Plant Physiol, 130: 1918~1926

Mohanty A, Kathuria H, Ferjani A et al. 2002. Transgenics of an elite indica rice variety Pusa Basmati1 habouring the codA gene are highly tolerant to salt stress. Theor Appl Genet, 106: 51~57

Mohapatra S S, Poole R J, Dhindsa R S. 1988. Alterations in membrane protein-profile during cold treatment of alfalfa. Plant Physiol, 86: 1005~1007

Monroy A F, Dhindsa R S. 1995. Low-temperature signal transduction: induction of cold acclimation-specific genes of alfalfa by calcium at 25℃. Plant Cell, 7: 321~331

Monroy A F, Sangwan V, Dhindsa R S. 1998. Low temperature signal transduction during cold acclimation: protein phosphatase 2A as an early target for cold-inactivation. Plant J, 13: 653~660

Monroy A F, Sarhan F, Dhind R S. 1993. Cold-induced changes in freezing tolerance, protein phosphorylation, and gene Expression (evidence for a role of calcium). Plant Physiol, 102: 1227~1235

Moran J F, Becana M, Iturbe-Ormaetxe I et al. 1994. Drought induces oxidative stress in pea plants. Planta, 194: 346~352

Morita S, Kaminaka H, Masumura T et al. 1999. Induction of rice cytosolic ascorbate peroxidase mRNA by oxidative stress: the involvement of hydrogen peroxide in oxidative stress signalling. Plant Cell Physiol, 40: 417~422

Munnik T, Meijer H J, Ter Riet B et al. 2000. Hyperosmotic stress stimulates phospholipase D activity and elevates the levels of phosphatidic acid and diacylglycerol pyrophosphate. Plant J, 22: 147~154

Munns R, Brady C J, Barlow E W R. 1979. Solute accumulation in the apex and leaves of wheat during water stress. Aust J Plant Physiol, 6: 379~389

Munns R. 1993. Physiological processes limiting plant growth in saline soils: some dogmas and hypotheses. Plant Cell Environ, 16: 15~24

Munns R. 2002. Comparative physiology of salt and water stress. Plant Cell Environ, 25: 239~250

Murata N, Ishizaki-Nishizawa O, Higashi S et al. 1992. Genetically engineered alteration in the chilling sensitivity of plants. Nature, 356: 710~713

Murata N, Yamaya T. 1984. Temperature-dependent phase behavior of phosphatidylycerols form chilling-sensitive and chilling-resistant plants. Plant Physiol, 74: 1016~1024

Murata N. 1983. Molecular species composition of phosphatidylgly-cerols from chilling- sensitive and chilling-resistant plants. Plant Cell Physiol, 24: 81~86

Murphy C, Wilson J M. 1981. Ultrastructural features of chilling-injury in *Episcia reptans*. Plant Cell Environ, 4: 261~265

Nagata S. 2000. Apoptotic DNA fragmentation. Exp Cell Res, 256: 12~18

Nakamura R L, McKendree W L, Hirsch R E et al. 1995. Expression of an Arabidopsis potassium channel gene in guard cells. Plant Physiol, 109: 371~374

Nakamura Y, Shimosato N, Shimosato N. 1992. Stimulation of the extrusion of protons and H^+-ATPase activities with the decline in pyrophosphatase activity of the tonoplast in intact mung bean roots under high NaCl stress and its relation to external levels of Ca^{2+} ions. Plant Cell Physiol, 33: 139~149

Nakamura Y, Wakabayashi K, Kamisaka S et al. 2002. Effects of temperature on the cell wall and osmotic properties in dark-grown rice and azuku bean seedings. J Plant Res, 115: 455~461

Nanjo T, Fujita M, Seki M et al. 2003. Toxicity of free proline revealed in an *Arabidopsis* T-DNA-tagged mutant deficient in proline dehydrogenase. Plant Cell Physiol, 44: 541~548

Narasimhan M L, Binzel M L, Perez-Prat E et al. 1991. NaCl regulation of tonoplast ATPase 70-kilodalton subunit mRNA in tobacco cells. Plant Physiol, 97: 562~568

NDong C, Danyluk J, Wilson K E et al. 2002. Cold-regulated cereal chloroplast late embryogenesis abundant-like proteins. Molecular characterization and functional analyses. Plant Physiol, 129: 1368~1381

Neill S J, Desikan R, Clarke A et al. 2002b. Nitric oxide is a novel component of abscisic acid signaling in stomatal guard cells. Plant Physiol, 128: 13~16

Neill S J, Desikan R, Hancock J T. 2003. Nitric oxide signalling in plants. New Phytol, 159: 11~35

Neill S J, Desikan R, Hancock J. 2002a. Hydrogen peroxide signalling. Curr Opin Biotechnol, 5: 388~395

Nelmes B J, Preston R D, Ashworth D. 1973. A possible function of microtubules suggested by their abnormal distribution in rubbery wood. J Cell Sci, 13: 741~747

Neves-Piestun B G, Bernstein N. 2001. Salinity-induced inhibition of leaf elongation in maize is not mediated by changes in cell wall acidification capacity. Plant Physiol, 125: 1419~1428

Nguyen L, Lucas W J, Ding B et al. 1996. Viral RNA trafficking is inhibited in replicase-mediated resistant transgenic tobacco plants. Proc Natl Acad Sci USA, 93: 12643~12647

Niki T, Sakai A. 1981. Ultrustrustural changes related to frost hardiness in the cortical parenchyma cells from mulberry twigs. Plant Cell Physiol, 22: 171~183

Niki T, Yoshida S, Sakai A. 1978. Studies on chilling injury in plant cells I. Ultrastructural changes associated with chilling injury in callus tissues of *Cornus stolonifera*. Plant Cell Physiol, 19: 139~148

Ning S B, Song Y C, Wang L et al. 1999. A novel method for *in situ* detection of apoptotic cell death in plants. Chin Sci Bull, 44: 1014~1017

Ning S B, Wang L, Song Y C. 2002. Identification of programmed cell death *in situ* in individual plant cells *in vivo* using a chromosome preparation technique. J Exp Bot, 53: 651~658

Nir I, Klein S, Poljakoff-Mayber A. 1970a. Changes in fine structure of root cells from maize seedlings exposed to water stress. Aust J Biol Sci, 23: 489~491

Nir I, Poljakoff-Mayber A, Klein S. 1970b. The effect of water stress on mitochondria of root cells: a biochemical and cytochemical study. Plant Physiol, 45: 173~177

Nitsch J P. 1957. Photoperiodism in woody plants. Pro Am Soc Hort Sci, 70: 526~544

Niu X, Bressan R A, Hasegawa P M et al. 1995. Ion homeostasis in NaCl stress environments. Plant Physiol, 109: 735~742

Niu X, Damsz B, Kononowicz AK. 1996. NaCl-induced alterations in both cell structure and tissue-specific plasma membrane H^+-ATPase gene expression. Plant Physiol, 111: 679~686

Niu X, Narasimhan M L, Salzman R A et al. 1992. NaCl regulation of plasma membrane H^+-ATPase gene expression in a glycophyte and a halophyte. Plant Physiol, 103: 713~718

Nogues S, Backer N R. 2000. Effects drought on photosynthesis in the plants grown under enhanced UV-B radiation. J Expl Bot, 51: 1309~1317

Nomura M, Hibino T, Takabe T et al. 1998. Transgenically produced glycinebetaine protects ribulose 1, 5-bisphosphate carboxylase/oxygenase from inactivation in *Synechococcus* sp. PCC7942 under salt stress. Plant Cell Physiol, 39: 425~432

Nomura M, Ishitani M, Takabe T et al. 1995. Synechococcus sp. PCC7942 transformed with *Escherichia coli* bet genes produces glycine betaine from choline and acquires resistance to salt stress. Plant Physiol, 107: 703~708

Norman S M, Poling S M, Maier V P et al. 1983. Inhibition of abscisic acid biosynthesis in *Cercospora rosicola* by inhibitors of gibberellin biosynthesis and plant growth retardants. Plant Physiol, 71: 15~18

Nyyssola A, Kerovuo J, Kaukinen P et al. 2000. Extreme halophiles betaine from glycine by methylation. J Biol Chem, 275: 22196~22201

Obara K, Kuriyama H, Fukuda H. 2001. Direct evidence of active and rapid nuclear degradation triggered by vacuole rupture during programmed cell death in Zinnia. Plant Physiol, 125: 615~626

Offler C E, McCurdy D W, Patrick J W. 2003. Transfer cells: cells specialized for a special purpose. Annu Rev Plant Biol, 54: 431~454

Oparka K J. 1994. Plasmolysis: new insights into an old process. New Phytol, 126: 571~591

Oparka K J, Prior D A M, Crawford J W. 1994. Behaviour of plasma membrane, cortical ER and plasmodesmata during plasmolysis of onion epidermal cells. Plant Cell Environ, 17: 163~171

Orvar B L, Sangwan V, Omann F et al. 2000. Early steps in cold sensing by plant cells: the role of actin cytoskeleton and membrane fluidity. Plant J, 23: 785~794

Overmyer K, Brosché M, Pellinen R et al. 2005. Ozone-induced programmed cell death in the Arabidopsis *radical-induced cell death*1 Mutant. Plant Physiol, 137: 1092~1104

Overmyer K, Tuominen H, Kettunen R et al. 2000. Ozone-sensitive Arabidopsis *rcd1* mutant reveals opposite roles for ethylene and jasmonate signaling pathways in regulating superoxide- dependent cell death. Plant Cell, 12: 1849~1862

O'Kane D, Gill V, Boyd P et al. 1996. Chilling, oxidative stress and antioxidant responses in *Arabidopsis thaliana* callus. Planta, 198: 371~377

Pagnussat G C, Lanteri M L, Lombardo M C et al. 2004. Nitric oxide mediates the indole acetic acid induction activation of a mitogen-activated protein kinase cascade involved in adventitious root development. Plant Physiol, 135: 279~286

Palade G E. 1955. A small particulate component of the cytoplasm. J Biophys Biochem Cytol, 1: 59~68

Palade G E. 1975. Intracellular aspects of the process of protein synthesis. Science, 189: 347~358

Paleg L G, Aspinall D. 1981. The Physiology and Biochemistry of Drought Resistance in Plants. New York-London: Academic Press

Palevitz B A, Hepler P. 1985. Changes in dye coupling of stomatal cells of *Allium* and *Commelina* demonstrated by microinjection of Lucifer yellow. Planta, 164: 473~479

Palta J P, Jensen KG, Li P H. 1982. Cell membrane alterations following a slow freeze-thaw cycle: ion leakage, injury and recovery. *In*: Li P H and Sakai A eds. Plant Cold Hardiness and Freezing Stress. Vol 2. New York: Academic Press. 221~242

Palta J P, Li P H. 1978. Cell membrane properties in relation to freezing injury. *In*: Li P H, Sakai A eds. Plant Cold Hardiness and Freezing Stress. New York: Academic Press. 93~115

Pan S M. 1988. Betaine aldehyde dehydrogenase in spinach. Bot Bull Acad Sin (Taipei), 29: 255

Papageoriou G C, Murata N. 1995. The unusually strong stabilizing effects of glycine betaine on the structure and function of the oxygen-evolving photosystem II complex. Photosyn Res, 44: 234~252

Pardo J M, Reddy M P, Yang S et al. 1998. Stress signaling through Ca^{2+}/calmodulin- dependent protein phosphatase calcineurin mediates salt adaptation in plants. Proc Natl Acad Sci USA, 95: 9681~9686

Pardo J M, Serrano R. 1989. Structure of a plasma membrane H^+-ATPase gene from the plant *Arabidopsis thaliana*. J Biol Chem, 264: 8857~8562

Park E J, Jeknic Z, Sakamoto A et al. 2004. Genetic engineering of glycinebetaine synthesis in tomato protects seeds, plants, and flowers from chilling damage. Plant J, 40: 474~487

Park K Y, Jung J Y, Park J et al. 2003. A role for phosphatidylinositol 3-phosphate in abscisic acid-induced reactive oxygen species generation in guard cells. Plant Physiol, 132: 92~98

Parker J. 1963. Cold resistance in woody plants. Bot Rev, 29: 123~201

Parkinson M, Yeoman M M. 1982. Graft formation in cultured, explanted internodes. New Phytol, 91: 711~719

Pastori G M, Foyer C H. 2002. Common components, networks, and pathways of cross- tolerance to stress. The central role of "redox" and abscisic acid-mediated controls. Plant Physiol, 129: 460~468

Pavet V, Olmos E, Kiddle G et al. 2005. Ascorbic acid deficiency activates cell death and disease resistance responses in Arabidopsis. Plant Physiol, 139: 1291~1303

Pearce R S, McDonald I. 1977. Ultrastructural damage due to freezing followed by thawing in shoot meristem and leaf mesophyll cells of tall fescue (*Festuca arundinacea* Schreb.). Planta, 134: 159~168

Pearce R S, Willison J H M. 1985. A freeze-etch study of the effects of extracellular freezing on cellular membranes of wheat. Planta, 163: 304~316

Pedersen S F, Mills J W, Hoffmann E K. 1999. Role of the F-actin cytoskeleton in the RVD and RVI processes in Ehrlich ascites tumor cells. Exp Cell Res, 252: 63~74

Pedroso M C, Magalhaes J R, Durzan D. 2000. A nitric oxide burst precedes apoptosis in angiosperm and gymnosperm callus cells and foliar tissues. J Exp Bot, 51: 1027~1036

Pei Z M，Murata T，Benning G et al. 2000. Ca^{2+} channels activated by hydrogen peroxide mediate abscisic acid signaling in guard cell. Nature，406：731～734

Peng M，Kuc J. 1992. Peroxidase-generated hydrogen peroxide as a source of antifungal activity in vitro and on tobacco leaf disks. Phytopathology，82：696～699

Penman S. 1995. Rethinking cell structure. Proc Natl Acad Sci USA，92：5251～5257

Pennel R I，Lamb C. 1997. Programmed cell death in plant. Plant Cell，9：1157～1168

Penner E，Neher E. 1988. The role of calcium in stimulus-secretion coupling in excitable and non-excitable cells. J Exp Biol，139：329～345

Perez-Prat E，Narasimhan M L，Binzel M L et al. 1992. Induction of a putative Ca^{2+}-ATPase mRNA in NaCl-adapted cells. Plant Physiol，100：1471～1478

Perfettini J L，Roumier T，Kroemer G. 2005. Mitochondrial fusion and fission in the control of apoptosis. Trends Cell Biol，15：179～183

Pezzotti M，Feron R，Mariani C. 2002. Pollination modulates expression of the PPAL gene，a pistil-specific β-expansin. Plant Mol Biol，49：187～197

Pfanner N，Wiedemann N，Meisinger C. 2004. Double membrane fusion. Science，305：1723，1724

Pfeiffer W，Hager A. 1993. A Ca^{2+}-ATPase and a Mg^{2+}/H$^+$-antiporter are present on tonoplast membranes from roots of Zea mays L. Planta，191：377～385

Pilon-Smits E A H，Terry N，Sears T et al. 1998. Trehalose-producing transgenic tobacco plants show improved growth performance under drought stress. J Plant Physiol，152：525～532

Pilon-Smits E A H，Terry N，Sears T et al. 1999. Enhanced drought resistance fructan- producing tobacco under drought stress. Plant Physiol Biochem，37：313～317

Piperno G，LeDizet M，Chang X J. 1987. Microtubules containing acetylated alpha-tubulin in mammalian cells in culture. J Cell Biol，104：289～302

Pirollet F，Job D，Fischer E H et al. 1983. Purification and characterization of sheep brain cold-stable microtubules. Proc Natl Acad Sci USA，80：1560～1564

Plaut Z. 1997. Response of root growth to a combination of three environmental factors. In：Altman A，Waisel Y eds. Biology of Root Formation and Development. New York：Plenum Press. 243～252

Poljakoff-Mayber A，Gale J. 1975. Plants in Saline Environments. New York：Academic Press. 55～146

Poljakoff-Mayber A. 1981. Ultrastructural consequences of drought. In：Paleg L G，Aspinall D eds. Drought Resistance in Plants. New York：Academic Press. 389～403

Poller A，Otter T，Seifert F. 1994. Apoplastic peroxidases and lignification in needles of Norway spruce (Picea abies L.) . Plant Physiol，106：53～60

Pomeroy M K，Siminovitch D. 1971. Seasonal cytological changes in secondary phloem parenchyma cells in Robinia pseudoacacia in relation to cold hardiness. Can J Bot，49：787～795

Pont-Lezica R F，McNally J G，Pickard B G. 1993. Wall-to-membrane linkers in onion epidermis：some hypotheses. Plant Cell Environ，16：111～123

Porse B J，Garrett R A. 1999. Ribosomal mechanics，antibodies and GTP hydrolysis. Cell，97：423～426

Porter K R. 1976. Motility in cells. In：Goldman R，Pollard T，Rosenbaum J. In Cell Motility. Vol 1. New York：Cold Spring Harbor Laboratory. 1～28

Prasad T K，Anderson M D，Martin B A et al. 1994. Evidence for chilling-induced oxidative stress in maize seedlings and a regulatory role for hydrogen peroxide. Plant Cell，6：65～74

Prasad T K，Anderson M D，Stewart C R. 1994. Acclimation，hydrogen peroxide and abscisic acid protect mitochondria against irreversible chilling injury in maize seedling. Plant Physiol，105：619～627

Prasad T K，Anderson M D，Stewart C R. 1995. Localization and characterization of peroxidases in the mitochondria of chilling-acclimated maize seedlings. Plant Physiol，108：1597～1605

Price A H，Taylor A，Ripley S J et al. 1994. Oxidative signals in tobacco increase cytosolic calcium. Plant Cell，6：

1301~1310

Prichard J, Hetherington P R, Fry S C et al. 1993. Xyloglucan endotransglycosylase activity, microfibril orientation and the profiles of cell wall properties along growing regions of maize roots. J Exp Bot, 44: 1281~1289

Qiao J, Mitsuhara I, Yazaki Y et al. 2002. Enhanced resistance to salt, cold and wound stresses by overproduction of animal cell death suppressors Bcl-xL and Ced-9 in tobacco cells—their possible contribution through improved function of organella. Plant Cell Physiol, 43: 992~1005

Quamme H, Stushnoff C, Weiser C J. 1972. The relationship of exotherms to cold injury apple stem tissue. J Am Soc Hortic Sci, 97: 608~613

Quan R, Shang M, Zhang H et al. 2004. Engineering of enhanced glycine betaine synthesis improves drought tolerance in maize. Plant Biotechnol J, 2: 477~486

Rajashekar C B, Lafta A. 1996. Cell-wall changes and cell tension in response to cold acclimation and exogenous abscisic acid in leaves and cell cultures. Plant Physiol, 111: 605~612

Rajendrakumar C S V, Suryanarayana T, Reddy A R. 1997. DNA helix destabilization by proline and betaine: possible role in the salinity tolerance process. FEBS Lett, 410: 201~205

Rea P A, Poole R J, Rea P A et al. 1993. Vacuolar H^+-translocating pyrophosphatase. Annu Rev Plant Physiol Plant Mol Biol, 44: 157~180

Reed J C. 1997. Double identity for proteins of the Bcl-2 family. Nature, 387: 773~776

Reed J C. 2000. Mechanisms of apoptosis. Am J Pathol, 157: 1415~1430

Reid R J, Tester M, Smith F A. 1993. Effects of salinity and turgor on calcium influx in *Chara*. Plant Cell Environ, 16: 547~554

Rhodes D, Handa S, Bressan R H et al. 1986. Metabolic changes associated with adaptation of plant cells to water stress. Plant Physiol, 82: 890~903

Riechmann J L, Heard J, Martin G et al. 2000. *Arabidopsis* transcription factors: genome-wide comparative analysis among eukaryotes. Science, 290: 2105~2110

Rikin A, Atsmon D, Gitler C. 1983. Quantitation of chill-induced release of a tubulin-like factor and its prevention by abscisic acid in *Gossypium hirsutum* L. Plant Physiol, 71: 747, 748

Rincon M, Hanson J B. 1986. Controls on calcium ion fluxes in injured or shocked corn root cells: Importance of proton pumping and cell membrane potential. Physiol Plant, 67: 576~583

Rinne P L H, van der Schoot C. 1998. Symplasmic fields in the tunica of the shoot apical meristem coordinate morphogenesis events. Development, 125: 1477~1488

Ristic Z, Ashworth E N. 1994. Response of xylem ray parenchyma cells of red osier dogwood (*Cornus sericea* L.) to freezing stress: microscopic evidence of protoplasm contraction. Plant Physiol, 104: 737~746

Ristic Z, Ashworth E N. 1995. Response of xylem ray parenchyma cells of supercooling wood tissues to freezing stress: microscopic study. Int J Plant Sci, 156: 784~792

Ristic Z, Ashworth E N. 1997. Mechanisms of freezing resistance of wood tissues: Recent advancements. *In*: Basra A S, Basra R K eds. Mechanisms of Environmental Stress Resistance in Plants. Netherlands: Harwood Academic Press. 123~136

Robards A W, Lucas W J. 1990. Plasmodesmata. Annu Rev Plant Physiol Plant Mol Biol, 41: 369~419

Robinson D G, Galili G, Herman E et al. 1998. Topical aspects of vacuolar protein transport: autophagy and prevacuolar compartments. J Exp Bot, 49: 1263~1270

Robinson D G, Hinz G. 1997. Vacuole biogenesis and protein transport to the plant vacuole: A comparison with the yeast vacuole and the mammalian lysosome. Protoplasma, 197: 1~25

Robinson S P, Jones G P. 1986. Accumulation of glycinebetaine in chloroplasts provides osmotic adjustment during salt stress. Aust J Plant Physiol, 13: 659~668

Rochat E, Therrien. 1975. Etude des proteines des bles resistant Kharkov, et sensible, Selkirk au cours de l'endurcissement au froid. I. Proteines solubles. Can J Bot, 53: 2411~2416

Rock C D. 2000. Pathways to abscisic acid-regulated gene expression. New Phytol, 148: 357~396

Rojas M R, Zerbini F M, Allison R F et al. 1997. Capsid protein and helper component-proteinase function as potyvirus cell-to-cell movement proteins. Virology, 237: 283~295

Rose J K, Lee H H, Bennett A B. 1997. Expression of a divergent expansin gene is fruit-specific and ripening-regulated. Proc Nat Acad Sci USA, 94: 5955~5960

Roxas V P, Smith R K Jr, Allen E R et al. 1997. Overexpression of glutathione S-transferase/ glutathioneperoxidase enhances the growth of transgenic tobacco seedlings during stress. Nat Biotechnol, 5: 988~991

Rozwadowski K L, Khachatourians G G, Selvaraj G. 1991. Choline oxidase, a catabolic enzyme in *Arthrobacter pascens*, facilitates adaptation to osmotic stress in *Escherichia coli*. J Bacteriol, 173: 472~478

Rudulier D L, Strom A R, Dandekar A M et al. 1984. Molecular biology of osmo- regulation. Science, 224: 1064~1068

Ruelland E, Cantrel C, Gawer M et al. 2002. Activation of phospholipases C and D is an early response to a cold exposure in Arabidopsis suspension cells. Plant Physiol, 130: 999~1007

Rus A M, Estañ M T, Gisbert C et al. 2001. Expressing the yeast *HAL1* gene in tomato increases fruit yield and enhances K^+/Na^+ selectivity under salt stress. Plant Cell Environ, 24: 875~880

Russell A J, Knight M R, Cove D J et al. 1996. The moss, physcomitrella patens, transformed with apoaequorin cDNA responds to cold shock, mechanical perturbation and pH with transient increases in cytoplasmic calcium. Transgenic Res, 5: 167~170

Ryerson D E, Heath M C. 1996. Cleavage of nuclear DNA into oligonucleosomal fragments during cell death induced by fungal infection or by abiotic treatments. Plant Cell, 8: 393~402

Ryu S B, Costa A, Xin Z et al. 1995. Induction of cold Hardiness by salt stress involves synthesis of cold- and abscisic acid-responsive proteins in potato (*Solanum commersonii* Dun). Plant Cell Physiol, 36: 1245~1251

Sacher R F, Staples R C. 1985. Inositol and sugars in adaptation of tomato to salt. Plant Physiol, 77: 206~210

Sakai A, Larcher W. 1987. Frost survival of plants: responses and adaptation to freezing stress. Berlin: Springer-Verlag

Sakamoto A, Alia, Murata N. 1998. Metabolic engineering of rice leading to biosynthesis of glycinebetaine and tolerance to salt and cold. Plant Mol Biol, 38: 1011~1019

Sakamoto A, Murata N. 2001. The use of bacterial choline oxidase, a glycinebetaine- synthesizing enzyme, to create stress-resistant transgenic plants. Plant Physiol, 125: 180~188

Sakamoto A, Valverde R, Alia et al. 2000. Transformation of Arabidopsis with the codA gene for choline oxidase enhances freezing tolerance of plants. Plant J, 22: 449~453

Sakiyama M, Shibaoka H. 1990. Effects of abscisic acid on the orientation and cold stability of cortical microtubules in epicotyl cells of the dwarf pea. Protoplasma, 157: 165~171

Samuel M A, Miles G P, Ellis B E. 2000. Ozone treatment rapidly activates MAP kinase signalling in plants. Plant J, 22: 367~376

Sanders D, Brownlee C, Harper J F. 1999. Communicating with calcium. Plant Cell, 11: 691~706

Saneoka H, Nagasaka C, Hahn D T et al. 1995. Salt tolerance of glycinebetaine-deficient and-containing maize lines. Plant Physiol, 107: 631~638

Sang Y, Zheng S, Li W et al. 2001. Regulation of plant water loss by manipulating the expression of phospholipase Dα. Plant J, 28: 135~144

Sangwan V, Foulds I, Singh J et al. 2001. Cold-activation of *Brassica napus BN*115 promoter is mediated by structural changes in membranes and cytoskeleton, and requires Ca^{2+} influx. Plant J, 27: 1~12

Sangwan V, Orvar B L, Beyerly J et al. 2002b. Opposite changes in membrane fluidity mimic cold and heat stress activation of distinct plant MAP kinase pathways. Plant J, 31: 629~638

Sangwan V, Orvar B L, Dhindsa R S. 2002a. Early events during low temperature signaling. *In*: Li P H, Palva E T eds. Plant Cold Hardiness: Gene Regulation and Genetic Engineering. New York: Kluwer Academic/Plenum

Publishers. 43～53

Sarafian V, Kim Y, Poole R J et al. 1992. Molecular cloning and sequence of cDNA encoding the pyrophosphate-energized vacuolar membrane proton pump of *Arabidopsis thaliana*. Proc Natl Acad Sci USA, 89: 1775～1779

Saviani E E, Orsi C H, Oliveira J F et al. 2002. Participation of the mitochondrial permeability transition pore in nitric oxide-induced plant cell death. FEBS Lett, 510: 136～140

Savouré A, Thorin D, Davey M et al. 1999. NaCl and $CuSO_4$ treatments trigger distinct oxidative defence mechanism in *Nicontana plumbaginifolia* L. Plant Cell Environ, 22: 387～396

Scandalios J G. 1993. Oxygen stress and superoxide dismutases. Plant Physiol, 101: 7～12

Schachtman D P, Schroeder J I, Lucas W J et al. 1992. Expression of an inward-rectifying potassium channel by the Arabidopsis KAT1 cDNA. Science, 258: 1654～1658

Schleicher T. 1982. Calmodulin. *In*: Lloyd C W. The Cytoskeleton in Plant Growth and Development. London: Academic Press

Schroeder J I, Allen G J, Hugouvieux V et al. 2001. Guard cell signal transduction. Ann Rev Plant Physiol Plant Mol Biol, 52: 625～658

Schroeder J I, Raschke K, Neher E. 1987. Voltage dependence of K channels in guard-cell protoplasts. Proc Natl Acad Sci USA, 84: 4108～4112

Seki M, Kamei A, Yamaguchi-Shinozaki K et al. 2003. Molecular responses to drought, salinity and frost: common and different paths for plant protection. Curr Opin Biotechnol, 14: 194～199

Seki M, Narusaka M, Kamiya A et al. 2002. Functional annotation of a full-length *Arabidopsis* cDNA collection. Science, 296: 141～145

Senser M, Beck E. 1977. On the mechanisms of frost injury and frost hardening of spruce chloroplasts. Planta, 137: 195～201

Senser M, Beck E. 1984. Correlation of chloroplast ultrastructure and membrane lipid composition to the different degrees of frost resistance achieved in leaves of spinach, ivy, and spruce. J Plant Physiol, 117: 41～45

Seo M and Koshiba T. 2002. Complex regulation of ABA biosynthesis in plants. Trends Plant Sci, 7: 41～48

Seo M, Koiwai H, Akaba S et al. 2000. Abscisic aldehyde oxidase in leaves of *Arabidopsis thaliana*. Plant J, 23: 481～488

Serrano E E, Zeiger E, Hagiwara S. 1988. Red light stimulates an electrogenic proton pump in *Vicia* guard cell protoplasts. Proc Natl Acad Sci USA, 85: 436～440

Sgherri C L M, Navari-Izzo F. 1995. Sunflower seedlings subjected to increasing water deficit stress: oxidative stress and defence mechanisms. Physiol Plant, 93: 25～30

Sgherri C L M, Pinzion C, Navari-Izzo F. 1993. Chemical changes and O_2^- production in thylakoid membranes under water stress. Physiol Plant, 87: 211～216

Shangguan Z P, Shao M A, Dyckmans J. 2000. Nitrogen nutrition and water stress effects on leaf photosynthetic gas exchange and water use efficiency in winter wheat. Environ Exp Bot, 44: 141～149

Sharma Y K, Davis K R. 1997. The effects of ozone on antioxidant responses in plants. Free Rad Biol Med, 23: 480～488

Sharma Y K, Leon J, Raskin I et al. 1996. Ozone-induced responses in Arabidopsis thaliana: the role of salicylic acid in the accumulation of defense-related transcripts and induced resistance. Proc Natl Acad Sci USA, 93: 5099～5104

Sheen J. 1996. Ca^{2+}-dependent protein kinases and stress signal transduction in plants. Science, 274: 1900～1902

Shen B, Jensen R G, Bohnert H J. 1997. Increased resistance to oxidative stress in transgenic plants by targeting mannitol biosynthesis to chloroplasts. Plant Physiol, 113: 1177～1183

Shepherd V A, Goodwin P B. 1992. Seasonal patterns of cell-to-cell communication in *Chara corallina* Klein ex Willd. I. Cell-to-cell communication in vegetative lateral branches during winter and spring. Plant Cell Environ, 15: 137～150

Sheveleva E, Chmara W, Bohnert H J et al. 1997. Increased salt and drought tolerance by D-ononitol production in transgenic *Nicotiana tabacum* L. Plant Physiol, 115: 1211~1219

Shi H, Ishitani M, Kim C et al. 2000. The Arabidopsis thaliana salt tolerance gene SOS1 encodes a putative Na^+/H^+ antiporter. Proc Natl Acad Sci USA, 97: 6896~6901

Shi H, Lee B H, Wu S J et al. 2003. Overexpression of a plasma membrane Na^+/H^+ antiporter gene improves salt tolerance in *Arabidopsis thaliana*. Nat Biotechnol, 21: 81~85

Shi H, Quintero F J, Pardo J M et al. 2002. The putative plasma membrane Na^+/H^+ antiporter SOS1 controls long-distance Na^+ transport in plants. Plant Cell, 14: 465~477

Shimazaki K, Goh C-H, Kinoshita T. 1999. Involvement of intracellular Ca^{2+} in blue light-dependent proton pumping in guard cell protoplasts from *Vicia faba*. Physiol Plant, 105: 554~561

Shimizu S, Konishi A, Kodama T et al. 2000. BH4 domain of antiapoptotic Bcl-2 family members closes voltage-dependent anion channel and inhibits apoptotic mitochondrial changes and cell death. Proc Natl Acad Sci USA, 97: 3100~3105

Shinozaki K, Yamaguchi-Shinozaki K, Seki M. 2003. Regulatory network of gene expression in the drought and cold stress responses. Curr Opin Biotechnol, 6: 410~417

Shinozaki K, Yamaguchi-Shinozaki K. 1996. Molecular responses to drought and cold stress. Curr Opin Biotechnol, 7: 161~167

Shinozaki K, Yamaguchi-Shinozaki K. 1997. Gene expression and signal transduction in water stress response. Plant Physiol, 115: 327~334

Shinozaki K, Yamaguchi-Shinozaki K. 2000. Molecular responses to dehydration and low temperature: differences and cross-talk between two stress signaling pathways. Curr Opin Biotechnol, 3: 217~223

Shope J C, DeWald D B, Mott K A. 2003. Changes in surface area of intact guard cells are correlated with membrane internalization. Plant Physiol, 133: 1314~1321

Sikorska E, Kacperska A. 1982. Freezing-induced membrane alterations: injury or adaptation? *In*: Li P H, Sakai A eds. Plant Cold Hardiness and Freezing Stress. Vol 2. New York: Academic Press. 261~272

Siminovitch D, Rheaume B, Pomeroy K et al. 1968. Phospholipid, protein and nucleic acid increases in protoplasm and membrane structures associated with development of extreme freezing resistance in black locust tree cells. Cryobiology, 5: 202~225

Siminovitch D, Singh J, Roche I A. 1975. Augmentation of phospholipids and membrane substance without changes in unsaturation of fatty acids during hardening of black locust bark. Cryobiology, 12: 144~153

Singer S J, Nicolson G L. 1972. The fluid mosaic model of the structure of cell membranes. Science, 175: 720~731

Singh D K, Sale P W G, Pallaghy C K et al. 2000. Role of praline and leaf expansion rate in the recovery of stressed white clover leaves with increases phosphorus concentration. New Phytol, 146: 261~269

Singh J, Miller R W. 1980. Spin-label studies of membranes in rye protoplasts during extracellular freezing. Plant Physiol, 66: 349~352

Singh J, Miller R W. 1982. Spin-probe studies during freezing of cells isolated from cold-hardened and nonhardened winter rye: molecular mechanism of membrane freezing injury. Plant Physiol, 69: 1423~1428

Sivamani E, Bahieldin A, Wraith J M et al. 2000. Improved biomass productivity and water use efficiency under water deficit conditions in transgenic wheat constitutively expressing the barley *HVA*1 gene. Plant Sci, 155: 1~9

Skriver, K, Mundy J. 1990. Gene expression in response to abscisic acid and osmotic stress. Plant Cell, 2: 503~512

Slack C R, Roughan P G, Bassett H C M. 1974. Selective inhibition of mesophyll chloroplast development in some C_4-pathway species by low night temperature. Planta, 118: 57~73

Sloboda R D, Rosenbaum J L. 1979. Decoration and stabilization of intact, smooth-walled microtubules with microtubule-associated proteins. Biochemistry, 18: 48~54

Smirnoff N, Cumbes Q J. 1989. Hyroxyl radical scavenging activity of compatible solutes. Phytochemistry, 28: 1057~1060

Smirnoff N. 1993. The role of active oxygen in the response of plants to water deficit and desiccation. New Phytol, 125: 27~58.

Smith M M, Hodson M J, Öpik H et al. 1982. Salt-induced ultrastructural damage to mitochondria in root tips of a salt-sensitive ecotype of *Agrostis stolonifera*. J Exp Bot, 33: 886~895

Smolenska G, Kuiper P J C. 1977. Effect of low temperature upon lipid and fatty acid composition of roots and leaves of winter rape plants. Physiol Plant, 41: 29~35

Smolenska-Sym G, Kacperska A. 1996. Inositol-1, 4, 5-triphosphate formation in leaves of winter oilseed rape plants in reponse to freezing, tissue water and abscisic acid. Physiol Plant, 96: 692~698

Sobczyk E A, Kacperska-Palacz A. 1980. Changes in some enzyme activities during cold acclimation of winter rape plants. Acta Physiol Plant, 2: 123~131

Sokorska E, Kacperska-Palacz A. 1979. Phospholipid involvement in frost tolerance. Physiol Plant, 47: 144~150

Song Q S, Han W L, Liu H T. 1999. The cDNA clonging and sequencing of a novel mouse apoptosis related gene TFAR19. J Beijing Med Univ, 31: 309~311

Sonobe S, Takahashi S. 1994. Association of microtubules with the plasma membrane of tobacco BY-2 cells *in vitro*. Plant Cell Physiol, 35: 451~460

Sonobe S, Yamamoto S, Motomura M et al. 2001. Isolation of cortical MTs from tobacco BY-2 cells. Plant Cell Physiol, 42: 162~169

Spollen W G, Sharp R E. 1991. Spatial distribution of turgor and root growth at low water potentials. Plant Physiol, 96: 438~443

Stadelmann E. 1964. Zu Plasmolyse und deplasmolyse von *Allium*-Epidermen. Protoplasma, 59: 14~68

Stadelmann E. 1966. Evaluation of turgidity plasmolysis and deplasmolysis of plant cells. *In*: Prescott D M ed. Methods in Cell Physiology. New York: Academic Press. 143~216

Staehelin L A. 1997. The plant ER: a dynamic organelle composed of a large number of discrete functional domains. Plant J, 11: 1151~1165

Staples R C, Toenniessen G H. 1984. Salinity tolerance in plants: strategies for crop improvement. New York: John Wiley & Sons Inc. 1~227

Staxen I I, Pical C, Montgomery L T et al. 1999. Abscisic acid induces oscillations in guard-cell cytosolic free calcium that involve phosphoinositide-specific phospholipase C. Proc Natl Acad Sci USA, 96: 1779~1784

Stefanowska M, Kuras M, Kacperska A. 2002. Low temperature-induced modifications in cell ultrastructure and localization of phenolics in winter oilseed rape (*Brassica napus* L. var. oleifera L.) leaves. Ann Bot (Lond), 90: 637~645

Stein J C, Hansen G. 1999. Mannose induces an endonuclease responsible for DNA laddering in plant cells. Plant Physiol, 121: 71~80

Stephens R E. 1972. Studies on the development of the sea urchin *Strongylocentrotus droebachiensis*. II. Regulation of mitotic spindle equilibrium by environmental temperature. Biol Bull (Woods Hole), 142: 145~159

Stephens R E. 1973. A thermodynamic analysis of mitotic spindle equilibrium at active metaphase. J Cell Biol, 57: 133~147

Steponkus P L. 1993. Advances in low-temperature biology. London: J A I Press

Steponkus P L, Garber M P, Myers S P et al. 1977. Effects of cold acclimation and freezing on structure and function of chloroplast thylakoids. Cryobiology, 14: 303~321

Steponkus P L, Uemura M, Joseph R A et al. 1998. Mode of action of the *COR15a* gene on the freezing tolerance of *Arabidopsis thaliana*. Proc Natl Acad Sci USA, 95: 14570~14575

Steponkus P L, Wiest S C. 1978. Plasma membrane alterations following cold acclimation and freezing. *In*: Li P H and Sakai A eds. Plant Cold Hardiness and Freezing Stress. New York: Academic Press. 75~91

Steponkus P L. 1984. Role of plasma membrane in freezing injury and cold acclimation. Ann Rev Plant Physiol, 35: 543~584

Stewart C R. 1977. Inhibition of proline oxidation by water stress. Plant Physiol, 59: 930~932

Stockinger E J, Gilmour S J, Thomashow M F. 1997. *Arabidopsis thaliana CBF* 1 encodes an AP2 domain-containing transcriptional activator that binds to the C-repeat/DRE, a cis-acting DNA regulatory element that stimulates transcription in response to low temperature and water deficit. Proc Natl Acad Sci USA, 94: 1035~1040

Stohr C, Strube F, Marx G et al. 2001. A plasma membrane-bound enzyme of tobacco roots catalyses the formation of nitric oxide from nitrite. Planta, 212: 835~841

Streb P, Feierabend J. 1996. Oxidative stress responses accompanying photoinactivation of catalase in NaCl-treated rye leaves. Bot Acta, 109: 125~132

Strogonov B P. 1975. Structure and function of plant cell in saline. *In*: Habitats New Trends in the Study of Salt Tolerance. New York: Halsted Press

Sun Y L, Zhao Y, Hong X et al. 1999. Cytochrome c release and caspase activation during menadione-induced apoptosis in plants. FEBS Lett, 462: 317~321

Sussman M R. 1994. Molecular analysis of proteins in the plant plasma membrane. Annu Rev Plant Physiol Plant Mol Biol, 45: 211~234

Sutinen S, Skarby L, Wallin G et al. 1990. Long-term exposure of Norway spruce, *Picea abies* (L.) Karst., to ozone in open top chambers: II. Effects on the ultrastructure of needles. New Phytol, 115: 345, 355

Swanson S, Bethke P C, Jones R L. 1998. Barley aleurone cells contain two types of vacuoles: characterization of lytic compartments using fluorescent probes. Plant Cell, 13: 685~698

Swidzinski J A, Leaver C J, Sweetlove L J. 2004. A proteomic analysis of plant programmed cell death. Phytochemistry, 65: 1829~1838

Tabaeizadeh Z. 1998. Drought-induced responses in plant cells. Int Rev Cytol, 182: 193~247

Tahtiharju S, Sangwan V, Monroy A F et al. 1997. The induction of *kin* genes in cold-acclimating *Arabidopsis thaliana*. Evidence of a role for calcium. Planta, 203: 442~447

Taiz L. 1992. The plant vacuole. J Exp Bot, 172: 113~122

Takabe T. Hayashi Y, Tanak A et al. 1998. Evaluation of glycinebetaine accumulation for stress tolerance in transgenic plants. *In*: Proceedings of International Workshop on Breeding and Biotechnology for Environmental Stress in Rice. National Agricultural Experiment Station and Japan International Science and Technology Exchange Center, Sapporo. 63~68

Talbott L D, Zeiger E. 1996. Central roles for potassium and sucrose in guard-cell osmoregulation. Plant Physiol, 111: 1051~1057

Talbott L D, Zeiger E. 1998. The role of sucrose in guard cell osmoregulation. J Exp Bot, 49s: 329~337

Tambussi E A, Bartoli CG, Beltrano J et al. 2000. Oxidative damage to thylakoid proteins in water-stressed leaves of wheat (*Triticum aestivum*). Physiol plant, 108: 398~404

Tamminen I, Puhakainen T, Makela P et al. 2002. Engineering trehalose biosynthesis improves stress tolerance in Arabidopsis. *In*: Li P H, Palva E T eds. Plant Cold Hardiness: Gene Regulation and Genetic Engineering. New York: Kluwer Academic/Plenum Publishers. 249~257

Tanaka Y, Chiba K, Maeda M et al. 1993 Molecular cloning of cDNA for vacuolar membrane proton-translocating inorganic pyrophosphatase in *Hordeum vulgare*. Biochem Biophys Res Commun, 190: 1110~1114

Tantau H, Dörffling K. 1991. In vitro-selection of hydroxyproline-resistant cell lines of wheat (*Triticum aestivum*): accumulation of proline, decrease in osmotic potential, and increase in frost tolerance. Physiol Plant, 82: 243~248

Tao D L, Li P H, Carter J V. 1983. Role of cell wall in freezing tolerance of cultured potato cells and their protoplasts. Physiol Plant, 58: 527~532

Tarczynski M C, Jensen R G, Bohnert H J. 1992. Expression of a bacterial mtlD gene in transgenic tobacco leads to production and accumulation of mannitol. Proc Natl Acad Sci USA, 89: 2600~2604

Tarczynski M C, Jensen R G, Bohnert H J. 1993. Stress protection of transgenic tobacco by production of the osmolyte mannitol. Science, 259: 508~510

Taylor N L, Day D A, Millar A H. 2002. Environmental stress causes oxidative damage to plant mitochondria leading to inhibition of glycine decarboxylase. J Biol Chem, 277: 42663~42668

Tester M, Davenport R. 2003. Na$^+$ Tolerance and Na$^+$ Transport in Higher Plants. Ann Bot, 91: 503~527

Thion L, Mazars C, Thuleau P et al. 1996. Activation of plasma membrane voltage- dependent calcium-permeable channels by disruption of microtubules in carrot cells. FEBS Lett, 393: 13~18

Thomas J C, Sepahi M, Arendall B. 1995. Enhancement of seed germination in high salinity by engineering mannitol expression in *Arabidopsis thaliana*. Plant Cell Environ, 18: 801~806

Thomashow M F. 1998. Role of cold-responsive genes in plant freezing tolerance. Plant Physiol, 118: 1~8

Thomashow M F. 1999. Plant cold acclimation: Freezing tolerance genes and regulation mechanisms. Annu Rev Plant Physiol Plant Mol Biol, 50: 571~599

Thompson A J, Jackson A C, Symonds R C et al. 2000. Ectopic expression of a tomato 9-*cis*-epoxycarotenoid dioxygenase gene causes over-production of abscisic acid. Plant J, 23: 363~374

Thorpe N O. 1984. Cell Biology. New York: John Wiley and Sons

Timothy R P, David W K, Samuel C S. 1978. Relationship between chloroplast membrane fatty acid composition and photosynthetic response to a chilling temperature in four alfalfa cultivars. Plant Physiol, 61: 472, 473

Torrecilla I, Bonilla I, Bonilla I et al. 2000. Use of recombinant aequorin to study calcium transients in response to heat and cold in cyanobacterial. Plant Physiol, 123: 161~175

Torriglia A, Perani P, Brossas J Y et al. 2000. A caspase-independent cell clearance program. The LEI/L-DNase II pathway. Ann N Y Acad Sci, 926: 192~203

Tripath J N, Zhang J, Robin S et al. 2000. For cell membrane stability mapped in rice under drought stress. Theor Appl Genet, 100: 1197~1202

Tsiantis M S, Bartholomew D M, Smith J A C. 1996. Salt regulation of transcript levels for the c subunit of a leaf vacuolar H$^+$-ATPase in the halophyte Mesembryanthemum crystallinum. Plant J, 9: 729~736

Tsien R Y, Pozzan T, Rink T J. 1984. Measuring and manipulating cytosolic Ca^{2+} with trapped indicators. Trends Biochem Sci, 9: 263~266

Tsujimoto Y, Shimizu S, Eguchi Y et al. 1997. Bcl-2 and Bcl-xL block apoptosis as well as necrosis: possible involvement of common mediators in apoptoic and necrotic signal transduction pathways. Leukemia, 11: 380~382

Tsujimoto Y, Shimizu S. 2000. VDAC regulation by the Bcl-2 family of proteins. Cell Death Differ, 7: 1174 ~1181

Tucker E B. 1988. lnositol bisphosphate and inositol trisphos phate inhibit cell-to-cell passage of carboxyfluorescein in staminal hairs of *Setcreasea purpurea*. Planta, 174: 358~363

Tucker E B. 1990. Calcium-loades 1, 2-bis (2-aminophenoxy) ethane-N, N, N, N-tetraacetic acid blocks cell-to-cell diffusion of carboxyfluorescein in staminal hair of *Setcreasea purpurea*. Planta, 182: 34~38

Uno Y, Furihata T, Abe H et al. 2000. *Arabidopsis* basic leucine zipper transcription factors involved in an abscisic acid-dependent signal transduction pathway under drought and high-salinity conditions. Proc Natl Acad Sci USA, 97: 11632~11637

Urao T, Katagiri T, Mizoguchi T et al. 1994. Two genes that encode Ca^{2+}-dependent protein kinases are induced by drought and high-salt stresses in *Arabidopsis thaliana*. Mol Gen Genet, 244: 331~340

Urao T, Yakubov B, Satoh R et al. 1999. A transmembrane hybrid-type histidine kinase in Arabidopsis functions as an osmosensor. Plant Cell, 11: 1743~1754

Urao T, Yamaguchi-Shinozaki K, Shinozaki K. 2000. Two-component systems in plant signal transduction. Trends Plant Sci, 5: 67~74

Van Bel A J E, Van Kesteren W J P eds. 1999. Plasmodesmata—structure, function, role in cell communication. Heidelberg: Springer

Van Breusegem F, Dat J F. 2006. Reactive oxygen species in plant cell death. Plant Physiol, 141: 384~390

Van Buskirk H A, Thomashow M F. 2006. Arabidopsis transcription factors regulating cold acclimation. Physiol

Plant, 126: 72~80

Van C W, Van M M, Inze D. 1994. Superoxide dismatases. *In*: Foyer C H, Mulineaux P M eds. Causes of Photooxidative Stress and Amelioration of Defense Systems in Plants. Boca Raton FL: CRC Press. 317~341

Van der Schoot C. 1996. Dormancy and symplasmic network at the shoot apicalmeristem. *In*: Lang G A. Plant Dormancy. Melksham: CAB Inetrational. 59~81

Van Huystee R B, Weiser C J, Li P H. 1967. Cold acclimation in *Cornus stolonifera* under natural and controlled photoperiod. Bot Gaz, 128: 200~205

Vaux D L, Korsmeyer S J. 1999. Cell death in development. Cell, 96: 245~254

Vigh L, Horváth L I, Horváth I et al. 1979. Protoplast plasmalemma fluidity of hardened wheats correlates with frost resistance. FEBS Lett, 107: 291-294

Vinocur B, Altman A. 2005. Recent advances in engineering plant tolerance to abiotic stress: achievements and limitations. Curr Opin Biotechnol, 16: 123~132

Vitart V, Baxter I, Doerner P et al. 2001. Evidence for a role in growth and salt resistance of a plasma membrane H$^+$-ATPase in the root endodermis. Plant J, 27: 191~201

Vranova E, Inze D, Van Breusegem F. 2002. Signal transduction during oxidative stress. J Exp Bot, 53: 1227~1236

Véry A-A, Gaymard F, Bosseux C et al. 1995. Expression of a cloned plant K$^+$ channel in *Xenopus* oocytes: analysis of macroscopic currents. Plant J, 7: 321~332

Walker S A, Viprey V, Downie J A. 2000. Dissection of nodulation signaling using pea mutants defective for calcium spiking induced by Nod factors and chitin oligomers. Proc Natl Acad Sci USA, 97: 13413~13418

Wan C Y, Wilkins T A. 1994. Isolation of multiple cDNAs encoding the vacuolar H$^+$-ATPase subunit B from developing cotton (*Gossypium hirsutum* L.) ovules. Plant Physiol, 106: 393, 394

Wang H, Datla R, Georges F et al. 1995. Promoters from kin1 and cor6.6, two homologous Arabidopsis thaliana genes: transcriptional regulation and gene expression induced by low temperature, ABA, osmoticum and dehydration. Plant Mol Biol, 28: 605~617

Wang H, Li J, Bostock R M et al. 1996. Apoptosis: a functional paradigm for programmed plant cell death induced by a host-selective phytotoxin and invoked during development. Plant Cell, 8: 375~391

Wang N, Butler J P, Ingber D E. 1993. Mechano-transduction across the cell surface and through the cytoskeleton. Science, 260: 1124~1127

Wang Q Y, Nick P. 2001. Cold acclimation can induce microtubular cold stability in a manner distinct from abscisic acid. Plant Cell Physiol, 42: 999~1005

Wang W, Vinocur B, Altman A. 2003. Plant responses to drought, salinity and extreme temperatures: towards genetic engineering for stress tolerance. Planta, 218: 1~14

Wang X. 1999. The role of phospholipase D in signaling cascades. Plant Physiol, 120: 645~652

Wasteneys G O, Galway M E. 2003. Remodeling the cytoskeleton for growth and form: an overview with some new views. Annu Rev Plant Biol, 54: 691~722

Watad A A, Lerner H R, Reinhold L. 1985. Stability of the salt-resistance character in Nicotiana cell lines adapted to grow in high NaCl concentrations. Physiol Veg, 23: 887~894

Webb B C, Wilson L. 1980. Cold-stable microtubules from brain. Biochemistry, 19: 1993~2001

Wei C X, Lan S Y, Xu Z X. 2002. Ultrastructural features of nucleus degradation during programmed cell death of starchy endosperm cells in rice. Acta Bot Sin, 44: 1396~1402

Wei X Y, Jian L C. 1992. Scanning electron microscopic observation of cytoskeletal arrangement in wheat young leaf cells and its intercellular connection. Acta Bot Sin, 34: 799~802

Wei X Y, Jian L C. 1993. Cytoskeletal arrangement and its intercellular connection in wheat young leaf cells. Cell Res, 3: 131~139

Wei X Y, Jian L C. 1995. Changes of the nucleoplasmic filaments (NFs) under the stress of low temperature and its effects. Chin J Bot, 7: 35~42

Weiser C J. 1970. Cold resistance and injury in woody plants: knowledge of hardy plant adaptations to freezing stress may help us to reduce winter damage. Science, 169: 1269~1278

Welti R, Li W, Li M et al. 2002. Profiling membrane lipids in plant stress responses. Role of phospholipase D alpha in freezing-induced lipid changes in *Arabidopsis*. J Biol Chem, 277: 31994~32002

Wendehenne D, Durner J, Klessing D F. 2004. Nitric oxide: a new player in plant signaling and defence responses. Curr Opin Plant Biol, 7: 449~455

Weretilnyk E A, Hanson A D. 1988. Betaine aldehyde dehydrogenase polymorphism in spinach: genetic and biochemical characterization. Biochem Genet, 26: 143~147

Weretilnyk E A, Hanson A D. 1989. Betaine aldehyde dehydrogenase from spinach leaves: purification, *in vitro* translation of the mRNA, and regulation by salinity. Arch Biochem Biophys, 271: 56~63

Willekens H, Inze D, Van Montagu M et al. 1995. Catalases in plants. Mol Breed, 1: 207~228

Willemot C, Hope H J, Williams R J et al. 1977. Changes in fatty acid composition of winter wheat during frost hardening. Cryobiology, 14: 87~93

Willemot C. 1975. Stimulation of phospholipid biosynthesis during frost hardening of winter wheat. Plant Physiol, 55: 356~360

Williams R C Jr, Correia J J, DeVries A L. 1985. Formation of microtubules at low temperature by tubulin from antarctic fish. Biochemistry, 24: 2790~2798

Wilson J M. 1979. Drought resistance as related to low temperature stress. *In*: Lyons J M et al. eds. Low Temperature Stress in Crop Plants. London: Academic press Inc. 47~65

Wilson L G, Fry J C. 1986. Extensin-a major cell wall glycoprotein. Plant Cell Environ, 9: 239~260

Wimmers L E, Ewing N N, Bennett A B. 1992. Higher plant Ca^{2+}-ATPase: primary structure and regulation of mRNA abundance by salt. Proc Natl Acad Sci USA, 89: 9205~9209

Winter E. 1982. Salt tolerance of trifolium alexandrinum L. Ⅲ. * effects of salt on ultrastructure of phloem and xylem transfer cells in petioles and leaves. Aust J Plant Physiol, 9: 239~250

Wise R R, McWilliam J R, Naylor A W. 1983. A comparative study of low-temperature-induced ultrastructural alterations of three species with differing chilling sensitivities. Plant Cell Environ, 6: 525~535

Wise R R, Naylor A W. 1987. Chilling-enhanced photooxidation: The peroxidative destruction of lipids during chilling injury to photosynthesis and ultrastructure. Plant Physiol, 83: 272~277

Wisniewski J P, Cornille P, Agnel J P et al. 1999. The extensin multigene family responds differentially to superoxide or hydrogen peroxide in tomato cell cultures. FEBS Lett, 447: 264~268

Wood N T, Allan A C, Haley A et al. 2000. The characterization of differential calcium signaling in tobacco guard cells. Plant J, 24: 335~344

Wu G, Shortt B J, Lawrence E B et al. 1995. Disease resistance conferred by expression of a gene encoding H_2O_2-generating glucose oxidase in transgenic potato plants. Plant Cell, 7: 1357~1368

Wu J L, Seliskar D M. 1998. Salinity adaptation of plasma membrane H^+-ATPase in the salt marsh plant *Spartina patens*: ATP hydrolysis and enzyme kinetics. J Exp Bot, 49: 1005~1013

Wu Y, Kuzma J, Marechal E et al. 1997. Abscisic acid signaling through cyclic ADP-ribose in plants. Science, 278: 2126~2130

Wu Y, Sharp R E, Durachko D M et al. 1996. Growth maintenance of the maize primary root at low water potentials involves increases in cell-wall extension properties, expansin activity, and wall susceptibility to expansins. Plant Physiol, 111: 765~772

Wu Y, Spollen W G, Sharp R E et al. 1994. Root growth maintenance at low water potentials (increased activity of xyloglucan endotransglycosylase and its possible regulation by abscisic acid). Plant Physiol, 106: 607~615

Wyn Jones R G, Storey R. 1981. Betaines. *In*: Paleg L G, Aspinalld D eds. The Physiology and Biochemistry of Drought Resistance in Plants. New York: Academic Press. 171~204

Xin Z, Li P H. 1993. Relationship between proline and abscisic acid in the induction of chilling tolerance in maize suspension-cultured cells. Plant Physiol, 103: 607~613

Xing W, Rajashekar C B. 1999. Alleviation of water stress in beans by exogenous glycine betaine. Plant Sci, 148: 185~195

Xiong L, Ishitani M, Lee H et al. 2001. The Arabidopsis *LOS5/ABA3* locus encodes a molybdenum cofactor sulfurase and modulates cold stress- and osmotic stress-responsive gene expression. Plant Cell, 13: 2063~2083

Xiong L, Lee H, Ishitani M et al. 2002. Regulation of osmotic stress-responsive gene expression by the LOS6/ABA1 locus in Arabidopsis. J Biol Chem, 277: 8588~8596

Xiong L, Schumaker K S, Zhu J K. 2002. Cell signaling during cold, drought, and salt stress. Plant Cell, 14 (Suppl): 165~183

Xu D, Duan X, Wang B et al. 1996. Expression of a late embryogenesis abundant protein gene, HVA1, from barley confers tolerance to water deficit and salt stress in transgenic rice. Plant Physiol, 110: 249~257

Yalpani N, Enyedi A J, Leon J et al. 1994. Ultraviolet light and ozone stimulate accumulation of salicylic acid, pathogenesis-related proteins and virus resistance in tobacco. Planta, 193: 372~376

Yamada T, Kuroda K, Jitsuyama Y et al. 2002. Roles of the plasma membrane and the cell wall in the responses of plant cells to freezing. Planta, 215: 770~778

Yamaguchi T, Apse M P, Shi H et al. 2003. Topological analysis of a plant vacuolar Na^+/H^+ antiporter reveals a luminal C terminus that regulates antiporter cation selectivity. Proc Natl Acad Sci USA, 100: 12510~12515

Yamaguchi-Shinozaki K, Shinozaki K. 1994. A novel *cis*-acting element in an *Arabidopsis* gene is involved in responsiveness to drought, low temperature, or high-salt stress. Plant Cell, 6: 251~264

Yamaguchi-Shinozaki K, Shinozaki K. 2006. Transcriptional regulatory networks in cellular responses and tolerance to dehydration and cold stresses. Annu Rev Plant Biol, 57: 781~803

Yamaki S, Uritani I. 1974. Mechanism of chilling injury in sweet potato. Plant Cell Physiol, 15: 385~388

Yamasaki H, Sakehama Y. 2000. Simultaneous production of nitric oxide and peroxynitrite by plant nitrate reductase: in vitro evidence for the NR-dependent formation of active nitrogen species. FEBS Lett, 468: 89~92

Yang G, Rhodes D, Joly R J. 1996. Effects of high temperature on membrane stability and chlorophyll fluorescence in glycinebetaine-deficient and glycinebetaine- containing maize lines. Aust J Plant Physiol, 23: 437~443

Yang Y L, Guo J K, Zhang F et al. 2004. NaCl induced changes of the H^+-ATPase in root plasma membrane of two wheat cultivars. Plant Sci, 166: 913~918

Yao N, Eisfelder B J, Marvin J et al. 2004. The mitochondrion-and organelle commonly in programmed cell death in *Arabidopsis thaliana*. Plant J, 40: 596~610

Yen C H, Yang C H. 1998. Evidence for programmed cell death during leaf senescence in plants. Plant Cell Physiol, 39: 922~927

Yen S K, Chung M C, Chen P C et al. 2001. Environmental and developmental regulation of the wound-induced cell wall protein WI12 in the halophyte ice plant. Plant Physiol, 127: 517~528

Yeo A R, Kramer D, Lauchli A. 1977. Ion distribution in salt-stressed mature *Zea mays* roots in relation to ultrastructure and retention of sodium. J Exp Bot, 28: 17~19

Yeo A R. 1983 Salinity resistance: physiologies and prices. Physiol Plant, 58: 214~222

Yeo E T, Kwon H B, Han S E et al. 2000. Genetic engineering of drought resistant potato plants by introduction of the trehalose-6-phosphate synthase (TPS1) gene from *Saccharomyces cerevisiae*. Mol Cells, 10: 263~268

Yoe de D E, Brown G N. 1979. Glycerolipid and fatty acid changes in eastern white pine chloroplast lamellae during the onset of winter. Plant Physiol, 64: 924~929

Yoshiba Y, Kiyosue T, Nakashima K et al. 1997. Regulation of levels of proline as an osmolyte in plant under water stress. Plant Cell Physiol, 38: 1095~1102

Yoshida S, Hotsubo K, Kawamura Y et al. 1999. Alterations of intracellular pH in response to low temperature stresses. Plant Res, 112: 225~230

Yoshida S, Matsuura E C. 1991. Comparison of temperature dependency of tonoplast proton translocation between plants sensitive and insensitive to chilling. Plant Physiol, 95: 504~508

Yoshida S, Sakai A. 1973. phospholipid changes associated with cold hardiness of cortical cells from polar stem. Plant Cell Physiol, 14: 353~359

Yoshida S, Uemura M. 1984. Protein and lipid compositions of isolated plasma membranes from orchard grass (*Dactylis glomerata* L.) and changes during cold acclimation. Plant Physiol, 75: 31~37

Yoshida S. 1974. Studies on lipid changes associated with frost hardiness in cortex in woody plants. Contrib Inst Low Temp Sci Ser B, 18: 1~43

Yoshida S. 1978. Phospholipid degradation and its control during freezing of plant cells. *In*: Li P H and Sakai A eds. Plant Cold Hardiness and Freezing Stress. New York: Academic Press. 117~135

Yoshida S. 1984. Chemical and biophysical changes in the plasma membrane during cold acclimation of mulberry bark cells (*Morus bombycis* Koidz. cv Goroji). Plant Physiol, 76: 257~265

Yoshida S. 1984. Studies on freezing injury of plant cells: I. relation between thermotropic properties of isolated plasma membrane vesicles and freezing injury. Plant Physiol, 75: 38~42

Yoshida S. 1991. Chilling-induced inactivation and its recovery of tonoplast H^+-ATPase in Mung Bean cell suspension cultures. Plant Physiol, 95: 456~460

Yun J G, Hayashi T, Yazawa S et al. 1996. Acute morphological changes of palisade cells of *Saintpaulia* leaves induced by a rapid temperature drop. J Plant Res, 109: 339~342

Yuwansiri R, Park E J, Jeknic Z et al. 2002. Enhancing cold tolerance in plant by genetic engineering of glycinebetaine synthesis. *In*: Li P H, Palva E T eds. Plant Cold Hardiness. New York-London: Kluwer Academic/Plenum Publishers. 259~275

Zago E, Morsa S, Dat J F et al. 2006. Nitric oxide-and hydrogen peroxide-responsive gene regulation during cell death induction in tobacco. Plant Physiol, 141: 404~411

Zeevaart J A D, Creelman R A. 1988. Metabolism and physiology of abscisic acid. Annu Rev Plant Physiol Plant Mol Biol, 39: 439~473

Zeiger E, Gotow K, Mawson B et al. 1987. The guard cell chloroplast: properties and function. *In*: Biggins J. Proceedings of the 7th International Photosynthesis Congress. Vol 4. Dordrecht: Martinus Nijhoff Publishers. 273~280

Zeiger E. 1983. The biology of stomatal guard cells. Annu Rev Plant Physiol, 34: 441~475

Zeiger E. 2000. Sensory transduction of blue light in guard cells. Trends Plant Sci, 5: 183~184

Zelazny A M, Shaish A, Pick U. 1995. Plasma membrane sterols are essential for sensing osmotic changes in the halotolerant alga *Dunaliella*. Plant Physiol, 109: 1395~1403

Zentella R, Mascorro-Gallardo J O, Van Dijck P et al. 1999. A *Selaginella lepidophylla* trehalose-6-phosphate synthase complements growth and stress-tolerance defects in a yeast *tps*1 mutant. Plant Physiol, 119: 1473~1482

Zhang A, Jiang M, Zhang J et al. 2006. Mitogen-activate protein kinase is involved in absicsic acid induced antioxidant defense and acts downstream of reactive oxygen species production in leaves of maize plants. Plant Physiol, 141: 475~487

Zhang H X, Blumwald E. 2001. Transgenic salt-tolerant tomato plants accumulate salt in foliage but not in fruit. Nat Biotechol, 19: 765~768

Zhang H X, Hodson J N, Williams J P et al. 2001. Engineering salt-tolerant *Brassica* plants: Characterization of yield and seed oil quality in transgenic plants with increased vacuolar sodium accumulation. Proc Natl Acad Sci USA, 98: 12832~12836

Zhang J Z, Creelman R A, Zhu J K. 2004. From laboratory to field. Using information from Arabidopsis to engineer salt, cold, and drought tolerance in crops. Plant Physiol, 135: 615~621

Zhang W H, Liu Y L. 2002. Relationship between tonoplast H^+-ATPase activity, ion uptake and calcium in barley root under NaCl stress. Acta Bot Sin, 44: 667~672

Zhang W H, Yu B I, Chen Q et al. 2004. Tonoplast H^+-ATPase activity in barley roots is regulated by ATP and pyrophosphate contents under NaCl stress. J Plant Physiol Mol Biol, 30: 45~52

Zhang W, Yu L, Zhang Y et al. 2005. Phospholipase D in the signaling networks of plant response to abscisic acid and reactive oxygen species. Biochim Biophys Acta, 1736: 1~9

Zhang X, Zhang L, Dong F et al. 2001. Hydrogen peroxide is involved in abscisic acid-induced stomatal closure in *Vicia faba*. Plant Physiol, 126: 1438~1448

Zhang Y Y, Wang L L, Liu Y L et al. 2006. Nitric oxide enhances salt tolerance in maize seedlings through increasing activities of proton-pump and Na$^+$/H$^+$ antiport in the tonoplast. Planta, 224: 545~555

Zhao F, Wang Z, Zhang Q et al. 2006. Analysis of the physiological mechanism of salt-tolerant transgenic rice carrying a vacuolar Na$^+$/H$^+$ antiporter gene from *Suaeda salsa*. J Plant Res, 119: 95~104

Zhao H W, Chen Y J, Hu Y L et al. 2000. Construction of a trehalose-6-phosphate synthase gene driven by drought-responsive promoter and expression of drought-resistance in transgenic tobacco. Acta Bot Sin, 42: 616~619

Zhao L, Zhang F, Guo J et al. 2004. Nitric oxide functions as a signal in slat resistance in the calluses from two ecotype of reed. Plant Physiol, 134: 849~857

Zhu B, Chen T H, Li P H. 1996. Analysis of late-blight disease resistance and freezing tolerance in transgenic potato plants expressing sense and antisense genes for an osmotin-like protein. Planta, 198: 70~77

Zhu J K. 2001. Cell signaling under salt, water and cold stresses. Curr Opin Plant Biol, 4: 401~406

Zhu J K. 2002. Salt and drought stress signal transduction in plants. Annu Rev Plant Biol, 53: 247~273

Zischka H, Oehme F, Pintsch T. 1999. Rearrangement of cortex proteins constitutes an osmoprotective mechanism in *Dictyostelium*. EMBO J, 18: 4241~4249